建设工程常用图表手册系列

# 给水排水工程常用图表手册

金智华　主编

机 械 工 业 出 版 社

为满足当今快节奏设计、施工的需求，本书以简明、实用、内容新颖为原则，以给水排水工程有关的规范、规定、技术标准为依据，主要介绍了建筑给水排水工程常用材料及工、机具，建筑给水排水系统设计，建筑给水排水系统安装，常规给水处理、城市污水处理、给水排水工程造价等建筑给水排水工程中常用的设计资料、数据、公式及有关图表。

本书可供建筑给水排水工程专业技术人员、管理人员、现场施工人员以及大中专院校相关专业师生参考和使用。

**图书在版编目（CIP）数据**

给水排水工程常用图表手册/金智华主编. —北京：机械工业出版社，2013.2

（建设工程常用图表手册系列）

ISBN 978-7-111-41096-6

Ⅰ.①给… Ⅱ.①金… Ⅲ.①给水工程—技术手册②排水工程—技术手册 Ⅳ.①TU991-62

中国版本图书馆 CIP 数据核字（2013）第 007597 号

机械工业出版社（北京市百万庄大街 22 号 邮政编码 100037）
策划编辑：闫云霞 责任编辑：闫云霞 范秋涛
版式设计：霍永明 责任校对：张 媛
封面设计：张 静 责任印制：乔 宇
北京机工印刷厂印刷（三河市南杨庄国丰装订厂装订）
2013 年 3 月第 1 版第 1 次印刷
184mm×260mm · 18.75 印张 · 463 千字
标准书号：ISBN 978-7-111-41096-6
定价：49.00 元

凡购本书，如有缺页、倒页、脱页，由本社发行部调换

| 电话服务 | 网络服务 |
|---|---|
| 社服务中心：(010)88361066 | 教 材 网：http://www.cmpedu.com |
| 销 售 一 部：(010)68326294 | 机工官网：http://www.cmpbook.com |
| 销 售 二 部：(010)88379649 | 机工官博：http://weibo.com/cmp1952 |
| 读者购书热线：(010)88379203 | **封面无防伪标均为盗版** |

# 编　委　会

**主　编**　金智华

**参　编**　（按笔画顺序排列）

马　军　白雅君　刘学丽　刘海锋
曲彦泽　张　健　张　敏　张大林
李　生　李　红　李三华　李晓玲
李晓颖　远程飞　勇纯利　姜立娜
常　伟　程　惠　蒋　彤　韩　旭

# 前　　言

目前，我国国民经济实力不断增强，建筑业也在迅速发展，给水排水工程是非常重要的一个组成部分。给水排水工程技术在理论和实践上都在不断地完善和发展，因此，对建筑给水排水专业人员提出了更高的要求，应具有更先进的设计理念和更高的设计水平，不断引进先进技术。

为了满足给水排水工程建设的需求，本书编写组以简明、实用、内容新颖为原则，以给水排水工程有关的规范、规定、技术标准为依据，编写此手册。本书从实用、简捷出发，图、表并举，便于查用，向读者提供了快速检索并查用建筑给水排水工程设计所需的资料、数据、计算方法等。力求内容全面系统，可快速、简捷地查询和应用。

本书可供建筑给水排水工程专业技术人员、管理人员、现场施工人员以及大中专院校相关专业师生参考和使用。

由于编者的经验和学识有限，尽管尽心尽力，书中疏漏或不妥之处在所难免，恳请有关专家和读者提出宝贵意见。

编　者

# 目　录

# 1 工程常用材料及工、机具

## 1.1 常用管材

### 1.1.1 钢管

**1. 焊接钢管**

低压流体输送用焊接、镀锌焊接钢管规格见表1-1。

**表1-1 低压流体输送用焊接、镀锌焊接钢管规格**

| 公称直径 | | 外径/mm | | 普通钢管 | | | 加厚钢管 | | |
|---|---|---|---|---|---|---|---|---|---|
| | | | | 壁厚 | | 理论质量/(kg/m) | 壁厚 | | 理论质量/(kg/m) |
| mm | in | 外径 | 允许偏差 | 公称尺寸/mm | 允许偏差 | | 公称尺寸/mm | 允许偏差 | |
| 8 | 1/4 | 13.5 | ±5% | 2.25 | +12% −15% | 0.62 | 2.75 | +12% −15% | 0.73 |
| 10 | 3/8 | 17.0 | | 2.25 | | 0.82 | 2.75 | | 0.97 |
| 15 | 1/2 | 21.3 | | 2.75 | | 1.26 | 3.25 | | 1.45 |
| 20 | 3/4 | 26.8 | | 2.75 | | 1.63 | 3.50 | | 2.01 |
| 25 | 1 | 33.5 | | 3.25 | | 2.42 | 4.00 | | 2.91 |
| 32 | 5/4 | 42.3 | | 3.25 | | 3.13 | 4.00 | | 3.78 |
| 40 | 3/2 | 48.0 | | 3.50 | | 3.84 | 4.25 | | 4.58 |
| 50 | 2 | 60.0 | ±1% | 3.50 | | 4.88 | 4.50 | | 6.16 |
| 65 | 5/2 | 75.5 | | 3.75 | | 6.64 | 4.50 | | 7.88 |
| 80 | 3 | 88.5 | | 4.00 | | 8.34 | 4.75 | | 9.81 |
| 100 | 4 | 114.0 | | 4.00 | | 10.85 | 5.00 | | 13.44 |
| 125 | 5 | 140.0 | | 4.50 | | 15.04 | 5.50 | | 18.24 |
| 150 | 6 | 165.0 | | 4.50 | | 17.81 | 5.50 | | 21.63 |

注：in为非法定计量单位，1in=25.4mm，下同。

外径不小于114.3mm的低压流体输送用焊接钢管，管端切口斜度应不大于3mm，如图1-1所示。

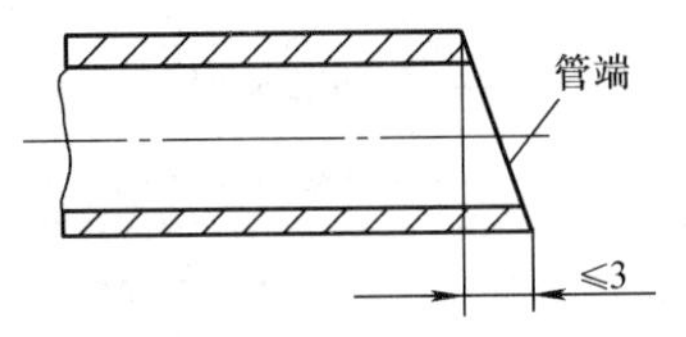


图1-1 钢管管端切口

低压流体输送用焊接钢管力学性能要求应符合表1-2的规定。

**表 1-2 低压流体输送用焊接钢管力学性能**

| 牌号 | 下屈服强度 $R_{eL}$/(N/mm²) 不小于 | | 抗拉强度 $R_m$ /(N/mm²) 不小于 | 断后伸长率 $A$(%) 不小于 | |
|---|---|---|---|---|---|
| | $t$≤16mm | $t$>16mm | | $D$≤168.3mm | $D$>168.3mm |
| Q195 | 195 | 185 | 315 | 15 | 20 |
| Q215A、Q215B | 215 | 205 | 335 | | |
| Q235A、Q235B | 235 | 225 | 370 | | |
| Q295A、Q295B | 295 | 275 | 390 | 13 | 18 |
| Q345A、Q345B | 345 | 325 | 470 | | |

钢管的公称口径与钢管的外径、壁厚对照表见表 1-3。

**表 1-3 钢管的公称口径与钢管的外径、壁厚对照表** （单位：mm）

| 公称口径 | 外径 | 壁厚 | | 公称口径 | 外径 | 壁厚 | |
|---|---|---|---|---|---|---|---|
| | | 普通钢管 | 加厚钢管 | | | 普通钢管 | 加厚钢管 |
| 6 | 10.2 | 2.0 | 2.5 | 40 | 48.3 | 3.5 | 4.5 |
| 8 | 13.5 | 2.5 | 2.8 | 50 | 60.3 | 3.8 | 4.5 |
| 10 | 17.2 | 2.5 | 2.8 | 65 | 76.1 | 4.0 | 4.5 |
| 15 | 21.3 | 2.8 | 3.5 | 80 | 88.9 | 4.0 | 5.0 |
| 20 | 26.9 | 2.8 | 3.5 | 100 | 114.3 | 4.0 | 5.0 |
| 25 | 33.7 | 3.2 | 4.0 | 125 | 139.7 | 4.0 | 5.5 |
| 32 | 42.4 | 3.5 | 4.0 | 150 | 168.3 | 4.5 | 6.0 |

注：表中的公称口径是近似内径的名义尺寸，不表示外径减去两个壁厚所得的内径。

低压流体输送用焊接钢管的外径和壁厚的允许偏差见表 1-4。

**表 1-4 低压流体输送用焊接钢管的外径和壁厚的允许偏差** （单位：mm）

| 外径 $D$ | 外径允许偏差 | | 壁厚 $t$ 允许偏差 |
|---|---|---|---|
| | 管体 | 管端(距管端 100mm 范围内) | |
| $D$≤48.3 | ±0.5 | — | ±10% $t$ |
| 48.3<$D$≤273.1 | ±1% $D$ | — | |
| 273.1<$D$≤508 | ±0.75% $D$ | +2.4；-0.8 | ±10% $t$ |
| $D$>508 | ±1% $D$ 或 ±10.0，两者取最小值 | +3.2；-0.8 | |

**2. 连接用薄壁不锈钢管**

产品标记由产品名称或代号、管子外径×壁厚、材料代号和标准编号组合，如图 1-2 所示。

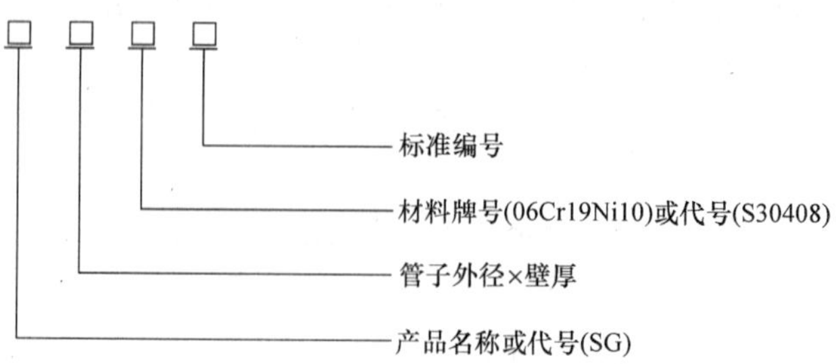


图 1-2 薄壁不锈钢管的标记

钢管的尺寸与偏差应符合表1-5的规定，根据需方要求，经供需双方协商，可供应其他外径和壁厚的钢管。

表1-5 钢管的基本尺寸 （单位：mm）

| 钢管外径 $D$ | | 外径允许偏差 $C$ | 壁厚 $S$ | | 壁厚允许偏差 |
|---|---|---|---|---|---|
| Ⅰ系列 | Ⅱ系列 | | $S_1$ | $S_2$ | |
| 12.7 | — | ±0.10 | 0.8 | 0.6 | ±10% $S$ |
| 16<br>18 | 15.9 | ±0.10 | 1.0 | 0.8 | |
| 20<br>22 | 22.2 | ±0.11 | 1.2 | 1.0 | |
| 25.4<br>28 | 28.6 | ±0.14 | 1.2 | 1.0 | |
| 32<br>35 | 34 | ±0.17 | 1.5 | 1.2 | |
| 40<br>42 | 42.7 | ±0.21 | 1.5 | 1.2 | |
| 50.8<br>54 | 48.6 | ±0.26 | 1.5 | 1.2 | |
| 60.3<br>63.5 | — | ±0.32 | 2.0 | 1.5 | |
| 76.1 | — | ±0.38 | 2.0 | 1.5 | |
| 88.9 | | ±0.44 | 2.0 | — | |
| 101.6<br>108 | | ±0.54 | 2.0 | — | |

钢管长度为定尺长度，一般为3000～6000mm，根据需方要求，经供需双方协商，也可提供其他定尺长度，其允许偏差为0～+20mm。钢管的弯曲度为任意2mm/m。

钢管的两端应锯切平整并与钢管轴线垂直，钢管端部的切斜应符合表1-6的规定。

表1-6 钢管端部的切斜 （单位：mm）

| 钢管外径尺寸 | 切斜≤ |
|---|---|
| ≤20 | 1.5 |
| >20～50 | 2.0 |
| >50～108 | 3.0 |

钢管按理论质量交货，也可按实际质量交货。按理论质量交货时，理论质量按下式计算：

$$W = \frac{\pi}{1000}S(D - S)\rho$$

式中 $W$——钢管的理论质量(kg/m)；

$\pi$——圆周率，取3.1416；

$S$——钢管的公称壁厚(mm)；

$D$——钢管的公称外径(mm)；

$\rho$——钢的密度(kg/dm$^3$)，各牌号钢的密度见表1-7。

**表1-7　钢的密度和理论质量计算公式**

| 序号 | 新牌号 | 旧牌号 | 密度/(kg/dm$^3$) | 换算后的公式 |
|---|---|---|---|---|
| 1 | 06Cr19Ni10 | 0Cr18Ni9 | 7.93 | $W=0.02491S(D-S)$ |
| 2 | 022Cr19Ni10 | 00Cr19Ni10 | 7.90 | $W=0.02482S(D-S)$ |
| 3 | 06Cr17Ni12Mo2 | 0Cr17Ni12Mo2 | 8.00 | $W=0.02513S(D-S)$ |
| 4 | 022Cr17Ni12Mo2 | 00Cr17Ni14Mo2 | | |
| 5 | 019Cr19Mo2NbTi | 00Cr18Mo2 | 7.77 | $W=0.02435S(D-S)$ |

钢管的材料牌号及适用条件应符合表1-8的规定。

**表1-8　钢管的材料牌号及适用条件**

| 序号 | 新牌号 | 旧牌号 | 适用条件 |
|---|---|---|---|
| 1 | 06Cr19Ni10 | 0Cr18Ni9 | 饮用净水、生活饮用水、空气、医用气体、冷水、热水等管道用 |
| 2 | 022Cr19Ni10 | 00Cr19Ni10 | 饮用净水、冷水、热水等管道用 |
| 3 | 06Cr17Ni12Mo2 | 0Cr17Ni12Mo2 | 耐腐蚀性比06Cr19Ni10高的场合 |
| 4 | 022Cr17Ni12Mo2 | 00Cr17Ni14Mo2 | 耐腐蚀性比06Cr17Ni12Mo2更高的场合 |
| 5 | 019Cr19Mo2NbTi | 00Cr18Mo2 | 介质中含较高级离子的使用环境 |

钢的牌号和化学成分(熔炼分析)应符合表1-9的规定。

**表1-9　钢的牌号和化学成分(熔炼分析)**

| 序号 | 统一数字代号 | 新牌号 | 旧牌号 | 化学成分(质量分数,%) | | | | | | | | | |
|---|---|---|---|---|---|---|---|---|---|---|---|---|---|
| | | | | C | Si | Mn | P | S | Ni | Cr | Mo | N | 其他元素 |
| 1 | S30408 | 06Cr19Ni10 | 0Cr18Ni9 | ≤0.08 | ≤0.75 | ≤2.00 | ≤0.040 | ≤0.030 | 8.00~11.00 | 18.00~20.00 | — | — | — |
| 2 | S30403 | 022Cr19Ni10 | 00Cr19Ni10 | ≤0.030 | ≤0.75 | ≤2.00 | ≤0.040 | ≤0.030 | 8.00~12.00 | 18.00~20.00 | — | — | — |
| 3 | S31608 | 06Cr17Ni12Mo2 | 0Cr17Ni12Mo2 | ≤0.08 | ≤0.75 | ≤2.00 | ≤0.040 | ≤0.030 | 10.00~14.00 | 16.00~18.00 | 2.00~3.00 | — | — |
| 4 | S31603 | 022Cr17Ni12Mo2 | 00Cr17Ni14Mo2 | ≤0.030 | ≤0.75 | ≤2.00 | ≤0.040 | ≤0.030 | 10.00~14.00 | 16.00~18.00 | 2.00~3.00 | — | — |
| 5 | S11972 | 019Cr19Mo2NbTi | 00Cr18Mo2 | ≤0.025 | ≤1.00 | ≤1.00 | ≤0.040 | ≤0.030 | ≤1.00 | 17.50~19.50 | 1.75~2.50 | ≤0.035 | (Ti+Nb)[0.2+4(C+N)]~0.8 |

钢管的力学性能应符合表1-10的规定。其中规定非比例延伸强度仅在需方要求、合同中注明才给予保证。

**表 1-10　钢管的力学性能**

| 序号 | 新牌号 | 旧牌号 | 规定非比例延伸强度 $R_P$/MPa | 抗拉强度 $R_m$/MPa | 断后伸长率 A(%) | |
|---|---|---|---|---|---|---|
| | | | | | 热处理状态 | 非热处理状态 |
| | | | ≥ | | | |
| 1 | 06Cr19Ni10 | 0Cr18Ni9 | 210 | 520 | 35 | 25 |
| 2 | 022Cr19Ni10 | 00Cr19Ni10 | 180 | 480 | | |
| 3 | 06Cr17Ni12Mo2 | 0Cr17Ni12Mo2 | 210 | 520 | | |
| 4 | 022Cr17Ni12Mo2 | 00Cr17Ni14Mo2 | 180 | 480 | | |
| 5 | 019Cr19Mo2NbTi | 00Cr18Mo2 | 240 | 410 | 20 | — |

## 1.1.2　铸铁管

### 1. 连续铸铁管

连续铸铁管如图 1-3 所示。

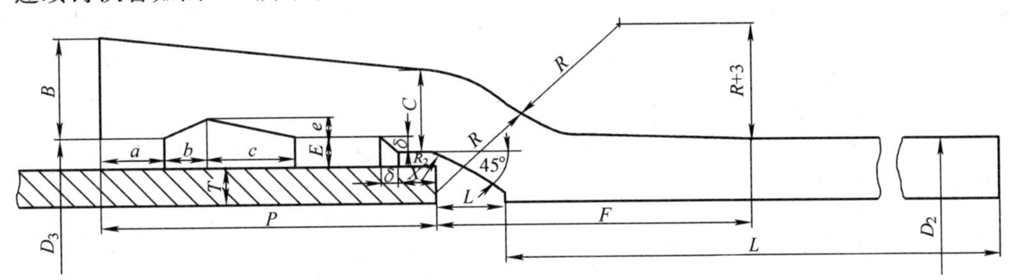


图 1-3　连续铸铁管

连续铸铁管承口尺寸见表 1-11。

**表 1-11　连续铸铁管承口尺寸**　（单位：mm）

| 公称直径 DN | 承口内径 $D_3$ | B | C | E | P | l | F | δ | X | R |
|---|---|---|---|---|---|---|---|---|---|---|
| 75 | 113.0 | 26 | 12 | 10 | 90 | 9 | 75 | 5 | 13 | 32 |
| 100 | 138.0 | 26 | 12 | 10 | 95 | 10 | 75 | 5 | 13 | 32 |
| 150 | 189.0 | 26 | 12 | 10 | 100 | 10 | 75 | 5 | 13 | 32 |
| 200 | 240.0 | 28 | 13 | 10 | 100 | 11 | 77 | 5 | 13 | 33 |
| 250 | 293.0 | 32 | 15 | 11 | 105 | 12 | 83 | 5 | 18 | 37 |
| 300 | 344.8 | 33 | 16 | 11 | 105 | 13 | 85 | 5 | 18 | 38 |
| 350 | 396.0 | 34 | 17 | 11 | 110 | 13 | 87 | 5 | 18 | 39 |
| 400 | 447.6 | 36 | 18 | 11 | 110 | 14 | 89 | 5 | 24 | 40 |
| 450 | 498.8 | 37 | 19 | 11 | 115 | 14 | 91 | 5 | 24 | 41 |
| 500 | 552.0 | 40 | 21 | 12 | 115 | 15 | 97 | 6 | 24 | 45 |
| 600 | 654.8 | 44 | 23 | 12 | 120 | 16 | 101 | 6 | 24 | 47 |
| 700 | 757.0 | 48 | 26 | 12 | 125 | 17 | 105 | 6 | 24 | 50 |
| 800 | 860.0 | 51 | 28 | 12 | 130 | 18 | 111 | 6 | 24 | 52 |
| 900 | 963.0 | 56 | 31 | 12 | 135 | 19 | 115 | 6 | 24 | 55 |
| 1000 | 1067.0 | 60 | 33 | 13 | 140 | 21 | 121 | 6 | 24 | 59 |
| 1100 | 1170.0 | 64 | 36 | 13 | 145 | 22 | 126 | 6 | 24 | 62 |
| 1200 | 1272.0 | 68 | 38 | 13 | 150 | 23 | 130 | 6 | 24 | 64 |

连续铸铁管承插口连接部分尺寸见表 1-12。

**表 1-12　连续铸铁管承插口连接部分尺寸**　　　（单位：mm）

| 公称直径 | 各部尺寸 | | | |
|---|---|---|---|---|
| *DN* | *a* | *b* | *c* | *e* |
| 75 ~ 450 | 15 | 10 | 20 | 6 |
| 500 ~ 800 | 18 | 12 | 25 | 7 |
| 900 ~ 1200 | 20 | 14 | 30 | 8 |

注：$R = C + 2E$；$R_2 = E$(图 1-3)。

连续铸铁管的壁厚及质量见表 1-13。

**表 1-13　连续铸铁管的壁厚及质量**

| 公称直径 *DN* /mm | 外径 $D_2$/mm | 壁厚 *T*/mm | | | 承口凸部质量 /kg | 直部 1m 质量/kg | | | 有效长度 *L*/mm 总质量/kg | | | | | | | | |
|---|---|---|---|---|---|---|---|---|---|---|---|---|---|---|---|---|---|
| | | | | | | | | | 4 000 | | | 5 000 | | | 6 000 | | |
| | | LA 级 | A 级 | B 级 | | LA 级 | A 级 | B 级 | LA 级 | A 级 | B 级 | LA 级 | A 级 | B 级 | LA 级 | A 级 | B 级 |
| 75 | 93.0 | 9.0 | 9.0 | 9.0 | 4.8 | 17.1 | 17.0 | 17.1 | 73.2 | 73.2 | 73.2 | 90.3 | 90.3 | 90.3 | — | — | — |
| 100 | 118.0 | 9.0 | 9.0 | 9.0 | 6.23 | 22.2 | 22.2 | 22.2 | 95.1 | 95.1 | 95.1 | 117 | 117 | 117 | — | — | — |
| 150 | 169.0 | 9.0 | 9.2 | 10.0 | 9.09 | 32.6 | 33.3 | 36.0 | 139.5 | 142.3 | 153.1 | 172.1 | 175.6 | 189 | 205 | 209 | 225 |
| 200 | 220.0 | 9.2 | 10.1 | 11.0 | 12.56 | 43.9 | 48.0 | 52.0 | 188.2 | 204.6 | 220.6 | 232.1 | 252.6 | 273 | 276 | 301 | 325 |
| 250 | 271.6 | 10.0 | 11.0 | 12.0 | 16.54 | 59.2 | 64.8 | 70.5 | 253.3 | 275.7 | 298.5 | 312.5 | 340.5 | 369 | 372 | 405 | 440 |
| 300 | 322.8 | 10.8 | 11.9 | 13.0 | 21.86 | 75.2 | 83.7 | 91.1 | 326.7 | 356.7 | 386.3 | 402.9 | 440.4 | 477 | 479 | 524 | 568 |
| 350 | 374.0 | 11.7 | 12.8 | 14.0 | 26.96 | 95.9 | 104.6 | 114.0 | 410.6 | 445.4 | 483 | 506.5 | 550 | 597 | 602 | 655 | 711 |
| 400 | 425.6 | 12.5 | 13.8 | 15.0 | 32.78 | 116.8 | 128.5 | 139.3 | 500 | 546.8 | 590 | 616.8 | 675.3 | 729 | 734 | 804 | 869 |
| 450 | 475.8 | 13.3 | 14.7 | 16.0 | 40.14 | 139.4 | 153.7 | 166.8 | 597.7 | 654.9 | 707.3 | 737.1 | 808.6 | 874 | 877 | 952 | 1 041 |
| 500 | 528.0 | 14.2 | 15.6 | 17.0 | 46.88 | 165.0 | 180.8 | 196.5 | 706.9 | 770 | 832.9 | 871.9 | 951 | 1 029 | 1 037 | 1 132 | 1 226 |
| 600 | 630.8 | 15.8 | 17.4 | 19.0 | 62.71 | 219.8 | 241.4 | 262.9 | 941.9 | 1 028 | 1 114 | 1 162 | 1 270 | 1 377 | 1 382 | 1 511 | 1 640 |
| 700 | 733.0 | 17.5 | 19.3 | 21.0 | 81.19 | 283.2 | 311.6 | 338.2 | 1 214 | 1 328 | 1 434 | 1 497 | 1 639 | 1 772 | 1 780 | 1 951 | 2 110 |
| 800 | 835.0 | 19.2 | 21.1 | 23.0 | 102.63 | 354.7 | 388.9 | 423.0 | 1 521 | 1 658 | 1 795 | 1 876 | 2 047 | 2 218 | 2 231 | 2 436 | 2 641 |
| 900 | 939.0 | 20.8 | 22.9 | 25.0 | 127.05 | 432.0 | 474.5 | 516.9 | 1 855 | 2 025 | 2 195 | 2 287 | 2 499 | 2 712 | 2 719 | 2 974 | 3 228 |
| 1 000 | 1 041.0 | 22.5 | 24.8 | 27.0 | 156.46 | 518.4 | 570.0 | 619.3 | 2 230 | 2 436 | 2 634 | 2 748 | 3 006 | 3 253 | 3 266 | 3 576 | 3 872 |
| 1 100 | 1 144.0 | 24.2 | 25.6 | 29.0 | 194.04 | 613.0 | 672.3 | 731.4 | 2 646 | 2 883 | 3 120 | 3 259 | 3 556 | 3 851 | 3 872 | 4 228 | 4 582 |
| 1 200 | 1 246.0 | 25.8 | 28.4 | 31.0 | 223.46 | 712.0 | 782.2 | 852.0 | 3 071 | 3 352 | 3 631 | 3 783 | 4 134 | 4 483 | 4 495 | 4 916 | 5 335 |

注：1. 计算质量时，铸铁相对密度采用 7.20，承口质量为近似值。

2. 总质量 = 直部 1m 质量 × 有效长度 + 承口凸部质量(计算结果四舍五入，保留三位有效数字)。

### 2. 建筑排水用承插式铸铁管

承插式铸铁管直管及管件壁厚及管件长度、质量见表 1-14。

**表 1-14　承插式铸铁管直管及管件壁厚及管件长度、质量**

| 公称直径 *DN*/mm | 外径 $D_2$/mm | 壁厚 *T*/mm | 承口凸部质量/kg | 直部 1m 质量/kg | 理论质量/kg | | | |
|---|---|---|---|---|---|---|---|---|
| | | | | | 有效长度 *L*/mm | | | 总长度 $L_1$/mm |
| | | | | | 500 | 1 000 | 1 500 | 1 830 |
| 50 | 61 | 5.5 | 0.94 | 6.90 | 4.35 | 7.84 | 11.29 | 13.30 |
| 75 | 86 | 5.5 | 1.20 | 10.82 | 6.21 | 11.22 | 16.24 | 19.16 |
| 100 | 111 | 5.5 | 1.56 | 13.13 | 8.15 | 14.72 | 21.25 | 25.19 |
| 125 | 137 | 6.0 | 2.64 | 17.78 | 11.53 | 20.42 | 29.41 | 34.43 |
| 150 | 162 | 6.0 | 3.20 | 21.17 | 13.79 | 24.37 | 34.96 | 41.05 |
| 200 | 214 | 7.0 | 4.40 | 32.78 | 20.75 | 37.18 | 53.57 | 62.75 |
| 250 | 268 | 9.0 | — | 52.73 | 26.36 | 52.73 | 79.09 | 96.5 |
| 300 | 320 | 10.0 | — | 70.10 | 35.05 | 70.10 | 115.15 | 128.28 |

承插式铸铁管承插口尺寸见表 1-15。

**表 1-15 承插式铸铁管承插口尺寸** （单位：mm）

| 公称直径 $DN$ | 插口外径 $D_2$ | 承口内径 $D_3$ | $D_4$ | $D_5$ | $\phi$ | $C$ | $H$ | $A$ | $T$ | $M$ | $B$ | $F$ | $P$ | $R_1$ | $R_2$ | $R_3$ | $R$ | $n\times d$ | $\alpha$ |
|---|---|---|---|---|---|---|---|---|---|---|---|---|---|---|---|---|---|---|---|
| 50 | 61 | 67 | 78 | 94 | 108 | 6 | 44 | 16 | 5.5 | 5.5 | 4 | 14 | 38 | 8 | 5 | 7 | 13 | 3×10 | 60° |
| 75 | 86 | 92 | 103 | 117 | 137 | 6 | 45 | 17 | 5.5 | 5.5 | 4 | 16 | 39 | 8 | 5 | 7 | 14 | 3×12 | 60° |
| 100 | 111 | 117 | 128 | 143 | 166 | 6 | 46 | 18 | 5.5 | 5.5 | 4 | 16 | 40 | 8 | 5 | 7 | 15 | 3×14 | 60° |
| 125 | 137 | 145 | 159 | 173 | 205 | 7 | 48 | 20 | 6.0 | 7.0 | 5 | 16 | 40 | 10 | 6 | 8 | 2 | 3×14<br>4×14 | 90° |
| 150 | 162 | 170 | 184 | 199 | 227 | 7 | 48 | 24 | 6.0 | 7.0 | 5 | 18 | 42 | 10 | 6 | 8 | 20 | 3×16<br>4×16 | 90° |
| 200 | 214 | 224 | 244 | 258 | 284 | 8 | 58 | 27 | 7.0 | 10 | 6 | 18 | 50 | 10 | 6 | 8 | 22 | 3×16<br>4×16 | 90° |
| 250 | 268 | 290 | 310 | 335 | 370 | 12 | 69 | 28 | 9.0 | 10 | 6 | 25 | 58 | 12 | 8 | 10 | 25 | 6×20 | 90° |
| 300 | 320 | 352 | 378 | 396 | 4.4 | 14 | 78 | 30 | 10 | 13 | 6 | 28 | 68 | 15 | 8 | 10 | 25 | 8×20 | 90° |

承插式铸铁管承插口形式如图 1-4 所示。

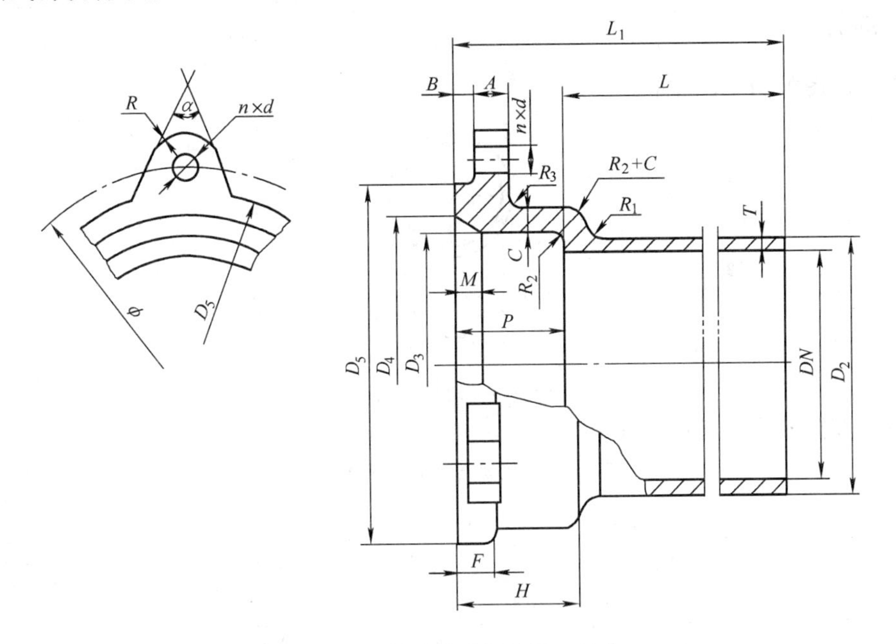


图 1-4 承插式铸铁管承插口形式

### 3. 建筑排水用卡箍式铸铁管

建筑排水用卡箍式铸铁管如图 1-5 所示。

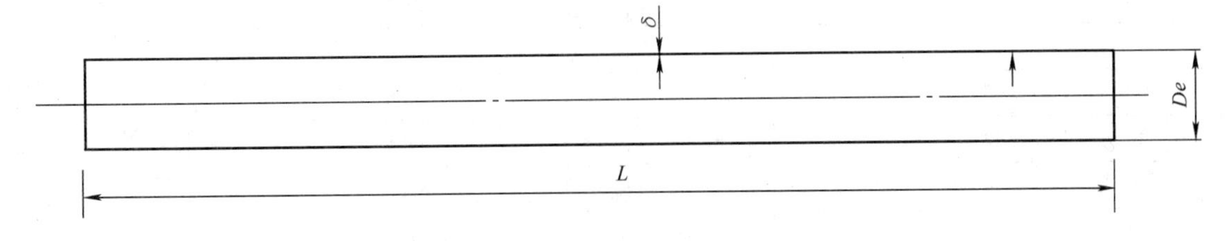


图 1-5 建筑排水用卡箍式铸铁管示意图

卡箍式铸铁管直管尺寸和质量见表1-16。

表1-16　卡箍式铸铁管直管尺寸和质量　　（单位：mm）

| 公称直径 | 外径 | | 壁厚 | | | | 直管单位质量/（kg/m） |
|---|---|---|---|---|---|---|---|
| | | | 直管 | | 管件 | | |
| DN | De | 外径公差 | δ | 公差 | δ | 公差 | |
| 50 | 58 | +2.0<br>−1.0 | 3.5 | −0.5 | 4.2 | −0.7 | 13.0 |
| 75 | 83 | | 3.5 | −0.5 | 4.2 | −0.7 | 18.9 |
| 100 | 110 | | 3.5 | −0.5 | 4.2 | −0.7 | 25.2 |
| 125 | 135 | ±2.0 | 4.0 | −0.5 | 4.7 | −1.0 | 35.4 |
| 150 | 160 | ±2.0 | 4.0 | −0.5 | 5.3 | −1.3 | 42.2 |
| 200 | 210 | | 5.0 | −1.0 | 6.0 | −1.5 | 69.3 |
| 250 | 274 | +2.0<br>−2.5 | 5.5 | −1.0 | 7.0 | −1.5 | 99.8 |
| 300 | 326 | | 6.0 | −1.0 | 8.0 | −1.5 | 129.7 |

## 1.1.3　铜管

铜管剖面图如图1-6所示。

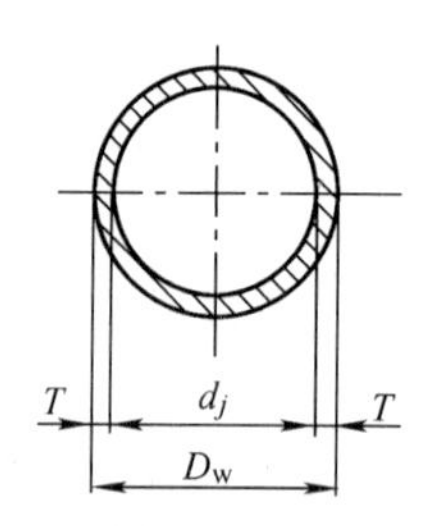


图1-6　铜管剖面图

建筑给水铜管管材规格见表1-17。

表1-17　建筑给水铜管管材规格　　（单位：mm）

| 公称直径 DN | 外径 $D_w$ | 工作压力1.0MPa | | 工作压力1.6MPa | | 工作压力2.5MPa | |
|---|---|---|---|---|---|---|---|
| | | 壁厚 $T$ | 计算内径 $d_j$ | 壁厚 $T$ | 计算内径 $d_j$ | 壁厚 $T$ | 计算内径 $d_j$ |
| 6 | 8 | 0.6 | 6.8 | 0.6 | 6.8 | — | — |
| 8 | 10 | 0.6 | 8.8 | 0.6 | 8.8 | | |
| 10 | 12 | 0.6 | 10.8 | 0.6 | 10.8 | | |
| 15 | 15 | 0.7 | 13.6 | 0.7 | 13.6 | | |
| 20 | 22 | 0.9 | 20.2 | 0.9 | 20.2 | | |
| 25 | 28 | 0.9 | 26.2 | 0.9 | 26.2 | | |
| 32 | 35 | 1.2 | 32.6 | 1.2 | 32.6 | | |
| 40 | 42 | 1.2 | 39.6 | 1.2 | 39.6 | | |
| 50 | 54 | 1.2 | 51.6 | 1.2 | 51.6 | | |
| 65 | 67 | 1.2 | 64.6 | 1.5 | 64.0 | | |
| 80 | 85 | 1.5 | 82 | 1.5 | 82 | | |

（续）

| 公称直径 $DN$ | 外径 $D_w$ | 工作压力 1.0MPa | | 工作压力 1.6MPa | | 工作压力 2.5MPa | |
|---|---|---|---|---|---|---|---|
| | | 壁厚 $T$ | 计算内径 $d_j$ | 壁厚 $T$ | 计算内径 $d_j$ | 壁厚 $T$ | 计算内径 $d_j$ |
| 100 | 108 | 1.5 | 105 | 2.5 | 103 | 3.5 | 101 |
| 125 | 133 | 1.5 | 130 | 3.0 | 127 | 3.5 | 126 |
| 150 | 159 | 2.0 | 155 | 3.0 | 153 | 4.0 | 151 |
| 200 | 219 | 4.0 | 211 | 4.0 | 211 | 5.0 | 209 |
| 250 | 267 | 4.0 | 259 | 5.0 | 257 | 6.0 | 255 |
| 300 | 325 | 5.0 | 315 | 6.0 | 313 | 8.0 | 309 |

注：1. 采用沟槽连接时，管壁应符合表 1-18 的要求。

2. 外径允许偏差应采用高精级。

**表 1-18　铜管沟槽连接时铜管的最小壁厚**　（单位：mm）

| 公称直径 $DN$ | 外径 $D_w$ | 最小壁厚 $T$ | 公称直径 $DN$ | 外径 $D_w$ | 最小壁厚 $T$ |
|---|---|---|---|---|---|
| 50 | 54 | 2.0 | 150 | 159 | 4.0 |
| 65 | 67 | 2.0 | 200 | 219 | 6.0 |
| 80 | 85 | 2.5 | 250 | 267 | 6.0 |
| 100 | 108 | 3.5 | 300 | 325 | 6.0 |
| 125 | 133 | 3.5 | — | — | — |

## 1.1.4　常用非金属管

PVC-U 排水直管示意图如图 1-7 所示。

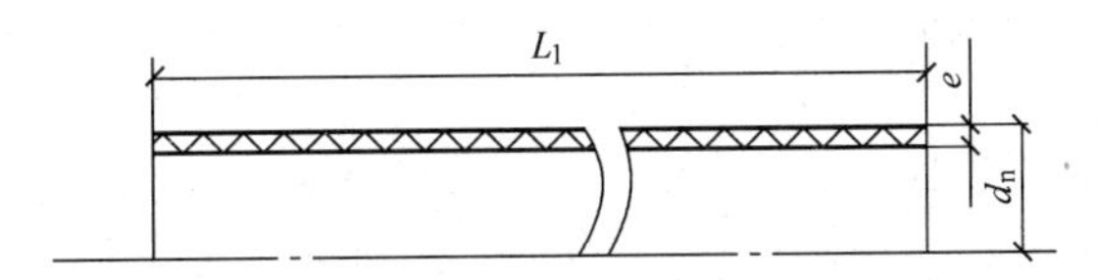


图 1-7　PVC-U 排水直管示意图

PVC-U 排水管规格见表 1-19。

**表 1-19　PVC-U 排水管规格**

| 公称外径 $d_n$/mm | 壁厚 $e$/mm | | 长度 $L_1$/m | 公称外径 $d_n$/mm | 壁厚 $e$/mm | | 长度 $L_1$/m |
|---|---|---|---|---|---|---|---|
| | 普通管 | 压力管 | | | 普通管 | 压力管 | |
| 32 | 1.8 | — | 4～6 | 160 | 4.0 | 5.0 | 4～6 |
| 40 | 1.9 | — | | 200 | 4.5 | 6.0 | |
| 50 | 2.2 | — | | 250 | 6.1 | 8.0 | |
| 75 | 2.3 | — | | 315 | 7.7 | — | |
| 110 | 3.2 | 4.0 | | 400 | 9.8 | — | |

PVC-U 饮用水直管规格见表 1-20。

**表 1-20　PVC-U 饮用水直管规格**

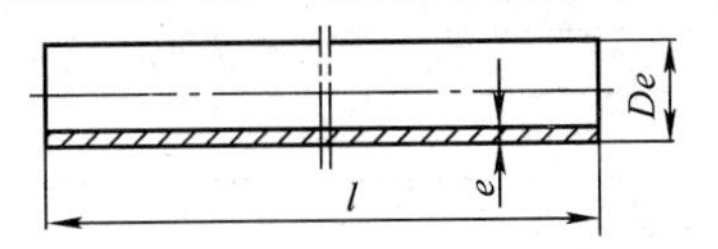

（续）

| 公称外径 De/mm | e/mm | | | L/m |
|---|---|---|---|---|
| | 0.6MPa | 1.0MPa | 1.6MPa | |
| 20 | — | 2.1 | 2.3 | 4～6 |
| 25 | — | 2.1 | 2.3 | |
| 32 | — | 2.3 | 2.5 | |
| 40 | — | 2.3 | 3.0 | |
| 50 | — | 2.5 | 3.7 | |
| 63 | 2.3 | 3.0 | 4.7 | |
| 75 | 2.5 | 3.6 | 5.6 | |
| 90 | 3.0 | 4.3 | 6.7 | |
| 110 | 3.5 | 4.8 | 7.2 | |
| 160 | 4.7 | 7.0 | 9.5 | |
| 200 | 5.9 | 8.7 | 11.9 | |

PVC-U 饮用水扩口管规格见表 1-21。

**表 1-21　PVC-U 饮用水扩口管规格**

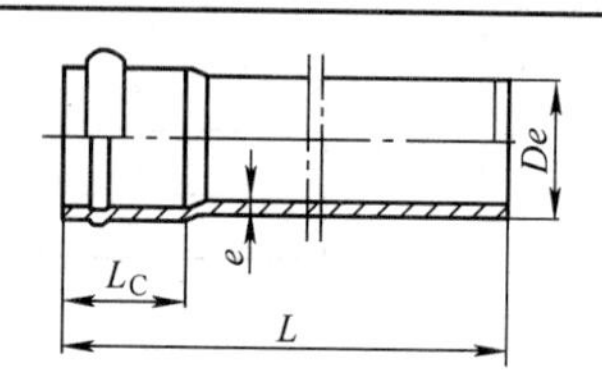


| 公称外径 De/mm | 0.6MPa | | 1.0MPa | | 1.6MPa | | L/mm |
|---|---|---|---|---|---|---|---|
| | e/mm | $L_C$/mm | e/mm | $L_C$/mm | e/mm | $L_C$/mm | |
| 63 | 2.3 | 117.2 | 3.0 | 117.2 | 4.7 | 117.2 | 4～6 |
| 75 | 2.5 | 123.2 | 3.6 | 123.2 | 5.6 | 123.2 | |
| 90 | 3.0 | 129.0 | 4.3 | 129.0 | 6.7 | 129.0 | |
| 110 | 3.5 | 135.9 | 4.8 | 135.9 | 7.2 | 135.9 | 4～6 |
| 160 | 4.7 | 153.3 | 7.0 | 153.3 | 9.5 | 153.3 | |
| 200 | 5.9 | 164.3 | 8.7 | 164.3 | 11.9 | 164.3 | |
| 250 | 7.3 | 181.4 | 10.9 | 181.4 | 14.8 | 181.4 | |
| 315 | 9.2 | 205.2 | 13.7 | 205.2 | 18.7 | 205.2 | |
| 400 | 10.6 | 233.0 | 15.3 | 233.0 | 23.7 | 233.0 | |
| 500 | 13.3 | 268.0 | 19.1 | 268.0 | — | — | |
| 630 | 16.7 | 308.0 | 24.1 | 308.0 | — | — | |
| 710 | 18.9 | 333.0 | 27.2 | 333.0 | — | — | |
| 800 | 19.6 | 377.0 | — | — | — | — | |

## 1.1.5　复合管

### 1. 给水用钢骨架聚乙烯塑料复合管

复合管公称内径、公称压力、公称壁厚及极限偏差见表 1-22。

**表 1-22　复合管公称内径、公称压力、公称壁厚及极限偏差**

| 公称内径/mm | 公称压力/MPa | | | |
|---|---|---|---|---|
| | 1.0 | 1.6 | 2.5 | 4.0 |
| | 公称壁厚及极限偏差/mm | | | |
| 50 | — | — | $9^{+1.4}_{0}$ | $10.6^{+1.6}_{0}$ |
| 65 | — | — | $9^{+1.4}_{0}$ | $10.6^{+1.6}_{0}$ |

（续）

| 公称内径/mm | 公称压力/MPa | | | |
|---|---|---|---|---|
| | 1.0 | 1.6 | 2.5 | 4.0 |
| | 公称壁厚及极限偏差/mm | | | |
| 80 | — | — | $9^{+1.4}_{0}$ | $11.7^{+1.8}_{0}$ |
| 100 | — | $9^{+1.4}_{0}$ | $11.7^{+1.8}_{0}$ | — |
| 125 | — | $10^{+1.5}_{0}$ | $11.8^{+1.8}_{0}$ | — |
| 150 | $12^{+1.8}_{0}$ | $12^{+1.8}_{0}$ | — | — |
| 200 | $12.5^{+1.9}_{0}$ | $12.5^{+1.9}_{0}$ | — | — |
| 250 | $12.5^{+1.9}_{0}$ | $15^{+2.4}_{0}$ | — | — |
| 300 | $12.5^{+1.9}_{0}$ | $15^{+2.4}_{0}$ | — | — |
| 350 | $15^{+2.3}_{0}$ | $15^{+2.9}_{0}$ | — | — |
| 400 | $15^{+2.3}_{0}$ | $15^{+2.9}_{0}$ | — | — |
| 450 | $16^{+2.4}_{0}$ | $16^{+3.1}_{0}$ | — | — |
| 500 | $15^{+2.4}_{0}$ | $16^{+3.1}_{0}$ | — | — |
| 600 | $20^{+3}_{0}$ | — | — | — |

注：同一规格不同压力等级的复合管的钢丝材料、钢丝直径、网格间距等会有所不同。

### 2. 排水用硬聚氯乙烯（PVC-U）玻璃微珠复合管

硬聚氯乙烯（PVC-U）玻璃微珠复合管管材规格见表1-23。

**表1-23　硬聚氯乙烯（PVC-U）玻璃微珠复合管管材规格**　（单位：mm）

| 公称外径 *De* | 壁厚 *e* | | 公称外径 *De* | 壁厚 *e* | |
|---|---|---|---|---|---|
| | $e_1$ | $e_2$ | | $e_1$ | $e_2$ |
| 40 | 2.0 | — | 160 | 3.2 | 4.0 |
| 50 | 2.0 | 2.5 | 200 | 3.9 | 4.9 |
| 75 | 2.5 | 3.0 | 250 | 4.9 | 6.2 |
| 90 | 3.0 | 3.2 | 315 | 6.2 | 7.7 |
| 110 | 3.0 | 3.2 | 400 | — | 9.8 |
| 125 | 3.0 | 3.2 | — | — | — |

硬聚氯乙烯（PVC-U）玻璃微珠复合管管材截面尺寸如图1-8所示。

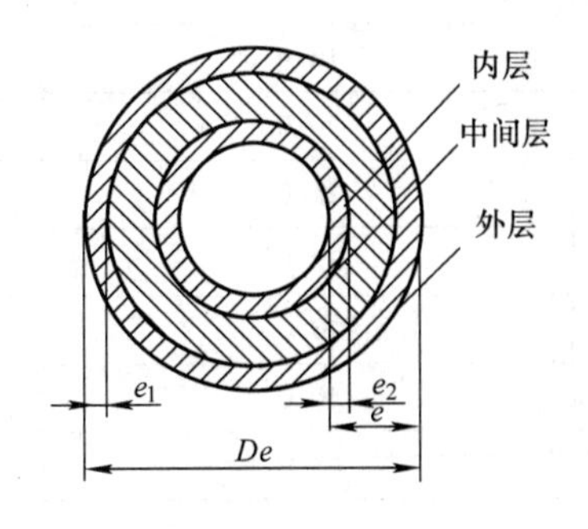


图1-8　硬聚氯乙烯（PVC-U）玻璃微珠复合管管材截面尺寸

**3. 铝塑复合管**（PAP 管）

内层热熔承插连接示意图如图 1-9 所示。

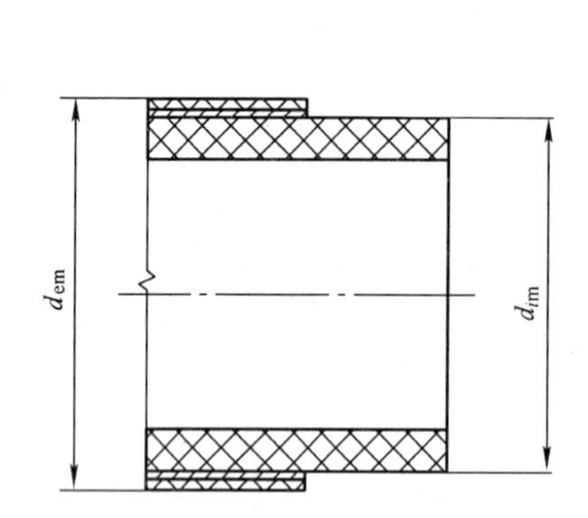


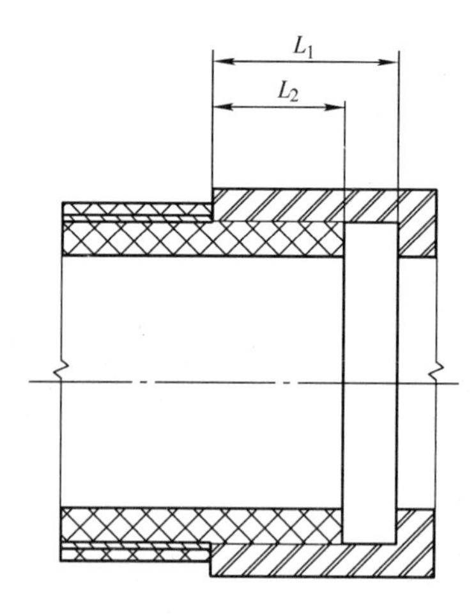


图 1-9　内层热熔承插连接示意图

内层熔接铝塑管结构尺寸见表 1-24。

**表 1-24　内层熔接铝塑管结构尺寸**　　（单位：mm）

| 公称外径 $d_n$ | 平均外径 | | 参考内径 $d_i$ | 外径圆度 | | 管壁厚 $e_m$ | | 内层塑料最小壁厚 $e_i$ | 外层塑料最小壁厚 $e_w$ | 铝管层最小壁厚 $e_a$ |
|---|---|---|---|---|---|---|---|---|---|---|
| | $d_{em,min}$ | $d_{em,max}$ | | 盘管 | 直管 | 最小值 | 公差 | | | |
| 16 | 18.6 | 18.9 | 11.8 | ≤1.2 | ≤0.6 | 3.10 | +0.60 | 1.8 | 0.2 | 0.18 |
| 20 | 22.6 | 22.9 | 15.4 | ≤1.5 | ≤0.8 | 3.30 | | 2.0 | | |
| 25 | 27.6 | 27.9 | 19.7 | ≤1.8 | ≤1.0 | 3.60 | +0.70 | 2.3 | | |
| 32 | 35.4 | 35.7 | 25.4 | ≤2.2 | ≤1.2 | 4.60 | +0.80 | 2.9 | | 0.23 |
| 40 | 43.4 | 43.7 | 31.7 | — | ≤1.4 | 5.40 | +0.90 | 3.7 | | 0.25 |
| 50 | 53.4 | 53.7 | 39.8 | | ≤1.6 | 6.30 | +1.00 | 4.6 | | 0.28 |
| 63 | 66.4 | 66.8 | 50.2 | | ≤2.0 | 7.50 | +1.20 | 5.8 | | |
| 75 | 78.4 | 79.0 | 59.0 | | ≤2.5 | 9.00 | +1.40 | 7.3 | | |

内层熔接铝塑管与管件热熔承插连接的尺寸要求见表 1-25。

**表 1-25　内层熔接铝塑管与管件热熔承插连接的尺寸要求**　　（单位：mm）

| 公称外径 $d_n$ | 管件最小壁厚 | 熔接铝塑管内层塑料最小外径 $d_{im}$ | 最大承插深度 $L_1$ | 最小承插深度 $L_2$ |
|---|---|---|---|---|
| 16 | 3.3 | 16.0 | 13.0 | 9.8 |
| 20 | 4.1 | 20.0 | 14.5 | 11.0 |
| 25 | 5.1 | 25.0 | 16.0 | 12.5 |
| 32 | 6.5 | 32.0 | 18.1 | 14.6 |
| 40 | 8.1 | 40.0 | 20.5 | 17.0 |
| 50 | 10.1 | 50.0 | 23.5 | 20.0 |
| 63 | 12.7 | 63.0 | 27.4 | 23.9 |
| 75 | 15.1 | 75.0 | 31.0 | 27.5 |

外层熔接型铝塑复合管管材的尺寸见表 1-26。

表 1-26 外层熔接型铝塑复合管管材的尺寸 （单位：mm）

| 公称外径 $d_n$ | 平均外径 | | 外径圆度 | | 管壁厚 $e_m$ | | 内层塑料最小壁厚 $e_i$ | 外层塑料最小壁厚 $e_w$ | 铝管层最小壁厚 $e_a$ |
|---|---|---|---|---|---|---|---|---|---|
| | $d_{em,min}$ | $d_{em,max}$ | 盘管 | 直管 | $e_{min}$ | $e_{max}$ | | | |
| 16 | 16.0 | 16.3 | ≤1.0 | ≤0.5 | 2.75 | 3.10 | 0.80 | 1.60 | 0.20 |
| 20 | 20.0 | 20.3 | ≤1.2 | ≤0.6 | 3.00 | 3.40 | 0.90 | 1.70 | 0.25 |
| 25 | 25.0 | 25.3 | ≤1.5 | ≤0.8 | 3.25 | 3.65 | 1.00 | 1.80 | 0.30 |
| 32 | 32.0 | 32.3 | ≤2.0 | ≤1.0 | 4.00 | 4.50 | 1.10 | 2.10 | 0.35 |
| 40 | 40.0 | 40.4 | — | ≤1.2 | 5.00 | 5.60 | 1.50 | 2.60 | 0.40 |
| 50 | 50.0 | 50.5 | — | ≤1.5 | 5.50 | 6.10 | 1.80 | 3.00 | 0.50 |
| 63 | 63.0 | 63.6 | — | ≤1.9 | 7.00 | 7.80 | 2.40 | 3.80 | 0.60 |
| 75 | 75.0 | 75.7 | — | ≤2.3 | 8.50 | 9.50 | 2.60 | 4.80 | 0.70 |

### 1.1.6 钢筋混凝土管

钢筋混凝土排水管规格见表 1-27。

表 1-27 钢筋混凝土排水管规格 （单位：mm）

| 轻型钢筋混凝土管 | | | 重型钢筋混凝土管 | | |
|---|---|---|---|---|---|
| 公称内径 | 最小壁厚 | 最小管长 | 公称内径 | 最小壁厚 | 最小管长 |
| 100 | 25 | 2000 | — | — | 2000 |
| 150 | 25 | | — | — | |
| 200 | 27 | | — | — | |
| 250 | 28 | | — | — | |
| 300 | 30 | | 300 | 58 | |
| 350 | 33 | | 350 | 60 | |
| 400 | 35 | | 400 | 65 | |
| 450 | 40 | | 450 | 67 | |
| 500 | 42 | | 550 | 75 | |
| 600 | 50 | | 650 | 80 | |
| 700 | 55 | | 750 | 90 | |
| 800 | 65 | | 850 | 95 | |
| 900 | 70 | | 950 | 100 | |
| 1000 | 75 | | 1050 | 110 | |
| 1100 | 85 | | 1300 | 125 | |
| 1200 | 90 | | 1550 | 175 | |
| 1350 | 100 | | — | — | |
| 1500 | 115 | | — | — | |
| 1650 | 125 | | — | — | |
| 1800 | 140 | | — | — | |

## 1.2 常用管件

### 1.2.1 螺纹连接管件

螺纹管件习惯上也称为丝扣管件，各种常用的管配件如图 1-10 所示。

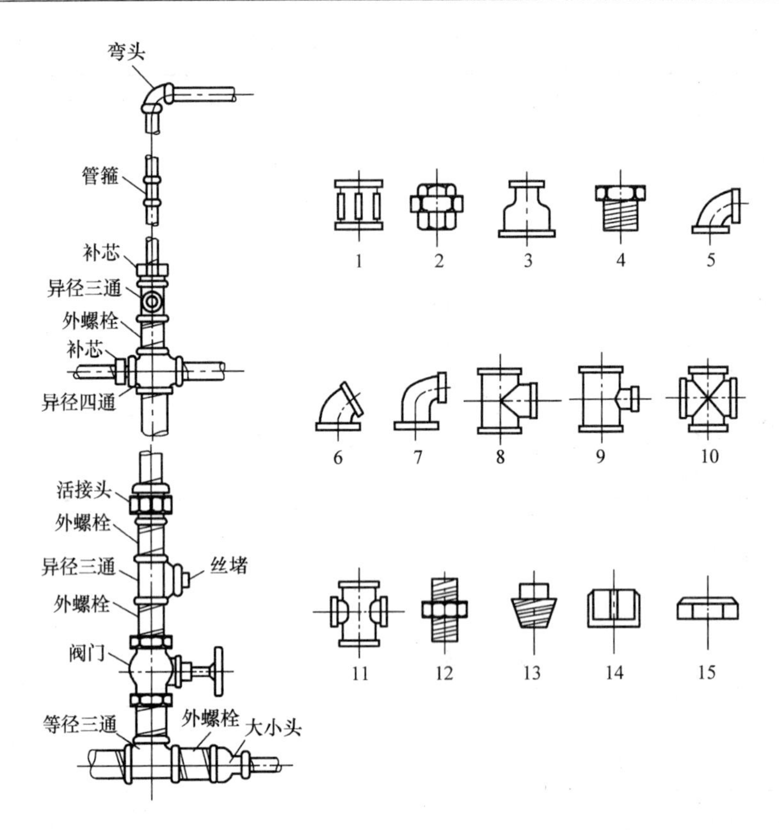


图 1-10　低压流体输送用焊接钢管螺纹连接配件

1—管箍　2—活接头　3—大小头　4—补芯　5—90°弯头　6—45°弯头
7—异径弯头　8—等径三通　9—异径三通　10—等径四通
11—异径四通　12—外螺栓　13—丝堵　14—管帽　15—锁紧螺母

各种常用管配件的名称及作用见表 1-28。

**表 1-28　各种常用管配件的名称及作用**

| 名　称 | 作　用 |
|---|---|
| 管箍（又称管接头、内螺栓、束结） | 用于直线连接两根公称直径相同的管子 |
| 90°弯头（又称正弯） | 用于连接两根公称直径相同的管子，使管路做 90°转弯 |
| 45°弯头（又称直弯） | 用于连接两根公称直径相同的管子，使管路做 45°转弯 |
| 异径弯头（又称大小弯） | 用于连接两根公称直径不同的管子，使管路做 90°转弯 |
| 等径三通 | 等径三通供由直管中接出垂直支管用，连接的三根管子公称直径相同 |
| 异径三通 | 异径三通包括中小及中大三通，作用与等径三通相似。当支管的公称直径小于直管的公称直径时用中三通，支管的公称直径大于直管的公称直径时用中大三通 |
| 等径四通 | 用来连接四根公称直径相同并垂直相交的管子 |
| 异径四通 | 异径四通与等径四通相似，但管子的公称直径有两种，其中相对的两根管子的公称直径相同 |
| 异径管箍（又称异径管接头、大小头） | 用来连接两根公称直径不同的直线管子，使管路的直径放大或缩小 |

（续）

| 名　称 | 作　用 |
|---|---|
| 活接头（又称油任） | 作用与管箍相同，但比管箍装拆方便，用于经常装拆或两端已经固定的管路上 |
| 内外螺纹管接头（又称补芯） | 用于直线管路变径处，与异径管箍不同的是它的一端是外螺纹，另一端是内螺纹。外螺纹一端通过带有内螺纹的管配件与大管径管子连接，内螺纹一端则直接与小管径管子连接 |
| 外接头（又称双头外螺纹、短接） | 用于连接距离很短的两个公称直径相同的内螺纹管件或阀件 |
| 头丝堵（又称管塞） | 用于堵塞管配件的端头或堵塞管道预留管口 |
| 管帽 | 用于堵塞管子端头，管帽带有内螺纹 |

## 1.2.2　卡压式管件

Ⅰ系列不锈钢卡压式管件承口的尺寸见表1-29。

**表1-29　Ⅰ系列不锈钢卡压式管件承口的尺寸**　（单位：mm）

| 公称直径 $DN$ | 管外径 $D_w$ | 壁厚（最小）$t$ | 承口内径 $d_1$ | 承口端内径 $d_2$ | 承口端外径 $D_1$ | 承口长度 $L_1$ |
|---|---|---|---|---|---|---|
| 15 | 18.0 | 1.2 | 18.2 | 18.9 | 26.2 | 20 |
| 20 | 22.0 | 1.2 | 22.2 | 23.0 | 31.6 | 21 |
| 25 | 28.0 | 1.2 | 28.2 | 28.9 | 37.2 | 23 |
| 32 | 35.0 | 1.2 | 35.3 | 36.5 | 44.3 | 26 |
| 40 | 42.0 | 1.2 | 42.3 | 43.0 | 53.3 | 30 |
| 50 | 54.0 | 1.2 | 54.4 | 55.0 | 65.4 | 35 |
| 65 | 76.1 | 1.5 | 76.7 | 78.0 | 94.7 | 53 |
| 80 | 88.9 | 1.5 | 89.5 | 91.0 | 109.5 | 60 |
| 100 | 108.0 | 1.5 | 108.8 | 111.0 | 132.8 | 75 |

Ⅱ系列不锈钢卡压式管件承口的尺寸见表1-30。

**表1-30　Ⅱ系列不锈钢卡压式管件承口的尺寸**　（单位：mm）

| 公称直径 $DN$ | 管外径 $D_w$ | 壁厚（最小）$t$ | 承口内径 $d_1$ | 承口端内径 $d_2$ | 承口端外径 $D_1$ | 承口长度 $L_1$ |
|---|---|---|---|---|---|---|
| 15 | 15.88 | 0.6 | 16.3 | 16.6 | 22.2 | 21 |
| 20 | 22.22 | 0.8 | 22.5 | 22.8 | 30.1 | 24 |
| 25 | 28.58 | 0.8 | 28.9 | 29.2 | 36.4 | 24 |
| 32 | 34.00 | 1.0 | 34.8 | 36.6 | 45.4 | 39 |
| 40 | 42.70 | 1.0 | 43.5 | 46.0 | 56.2 | 47 |
| 50 | 48.60 | 1.0 | 49.5 | 52.4 | 63.2 | 52 |

不锈钢压缩式管件承口尺寸见表1-31。

**表1-31　不锈钢压缩式管件承口尺寸**　（单位：mm）

| 公称直径 $DN$ | 管外径 $D_w$ | 承口内径 $d_1$ | 螺纹尺寸 $d_2$ | 承口外径 $d_3$ | 壁厚 $t$ | 承口长度 $L_1$ |
|---|---|---|---|---|---|---|
| 15 | 14 | $14^{+0.07}_{+0.02}$ | $G\frac{1}{2}$ | 18.4 | 2.2 | 10 |
| 20 | 20 | $20^{+0.09}_{+0.02}$ | $G\frac{3}{4}$ | 24 | 2 | 10 |
| 25 | 26 | $26^{+0.104}_{+0.02}$ | G1 | 30 | 2 | 12 |
| 32 | 35 | $35^{+0.15}_{+0.05}$ | $G1\frac{1}{4}$ | 38.6 | 1.8 | 12 |
| 40 | 40 | $40^{+0.15}_{+0.05}$ | $G1\frac{1}{2}$ | 44.4 | 2.2 | 14 |
| 50 | 50 | $50^{+0.15}_{+0.05}$ | G2 | 56.2 | 3.1 | 14 |

## 1.2.3　铸铁管件

### 1. 给水铸铁管件

给水铸铁管件多采用承插式连接，管件从种类上分，大体上有渐缩管（大小头）、三通、四通、弯头等。从形式上可分为承插、双承、双盘及三承三盘等。常用的给水铸铁管件如图 1-11 所示。

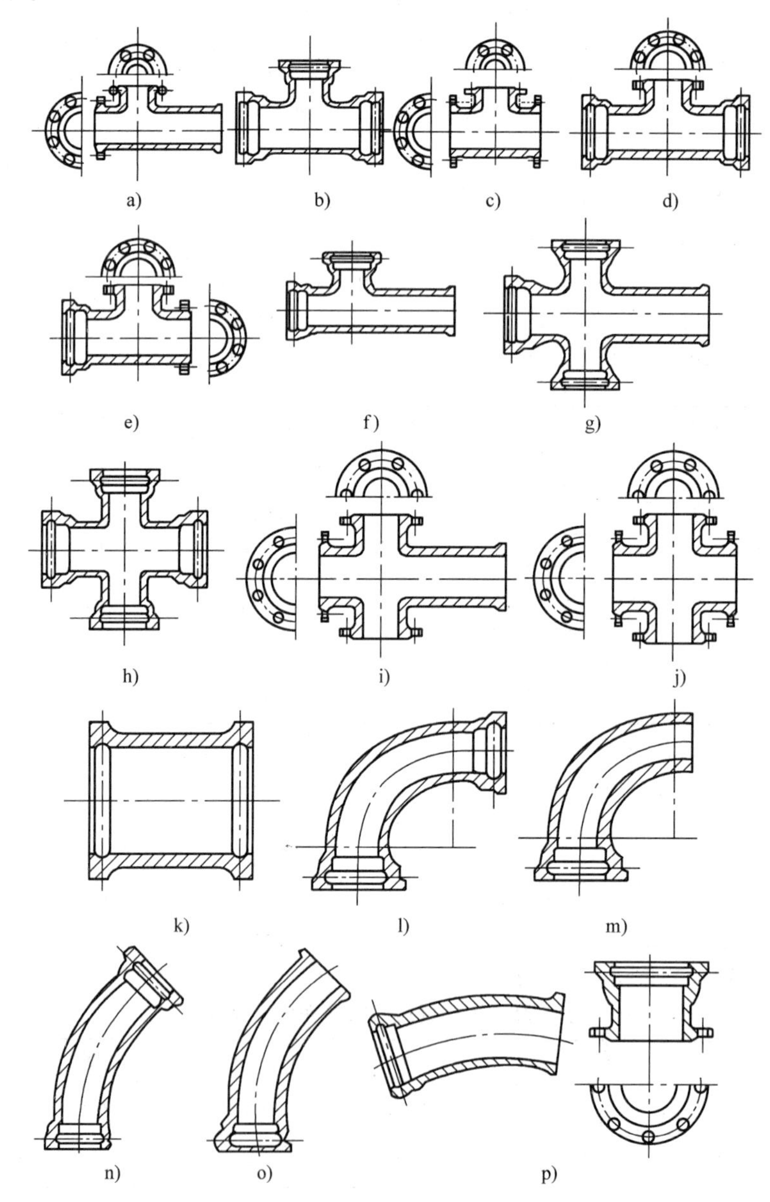


图 1-11　给水铸铁管件

a）双盘三通　b）三承三通　c）三盘三通　d）双承单盘三通　e）单承双盘三通　f）双承三通　g）三承四通　h）四承四通　i）三盘四通　j）四盘四通　k）铸铁管箍　l）90°双承弯管　m）90°承插弯管　n）45°双承弯管　o）45°承插弯管　p）22.5°承插弯管

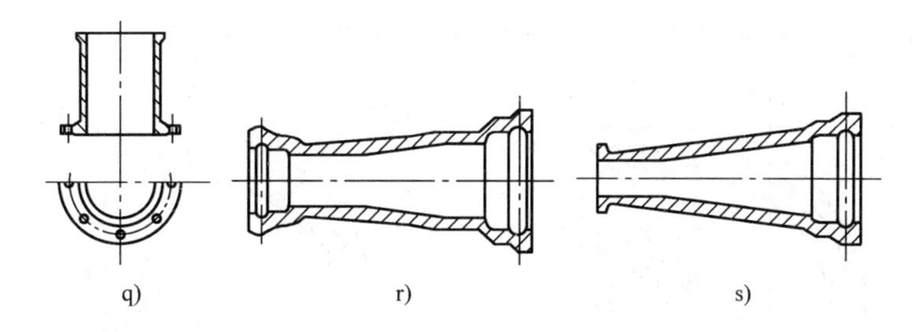

图 1-11　（续）

q）甲乙短管　r）双承大小头　s）承插大小头

## 2. 衬塑可锻铸铁管件

衬塑可锻铸铁管件的分类见表 1-32。

**表 1-32　衬塑可锻铸铁管件的分类**

| 管件名称 | 图示 | 代号 | 管件名称 | 图示 | 代号 |
|---|---|---|---|---|---|
| 90°弯头 | | C90 | 外接头 | | C270 |
| 90°异径弯头 | | C90R | 异径外接头 | | C240 |
| 45°弯头 | | C120 | 内外螺纹 | | C241 |
| 三通 | | C130 | 管帽 | | C300 |
| 异径三通 | | C130R | 六角管帽 | | C301 |
| 四通 | | C180 | 平型活接头 | | C330 |
| 异径四通 | | C180R | — | — | — |

衬塑管件按结构形式分为接口芯子带螺纹和不带螺纹两种，如图 1-12 所示。

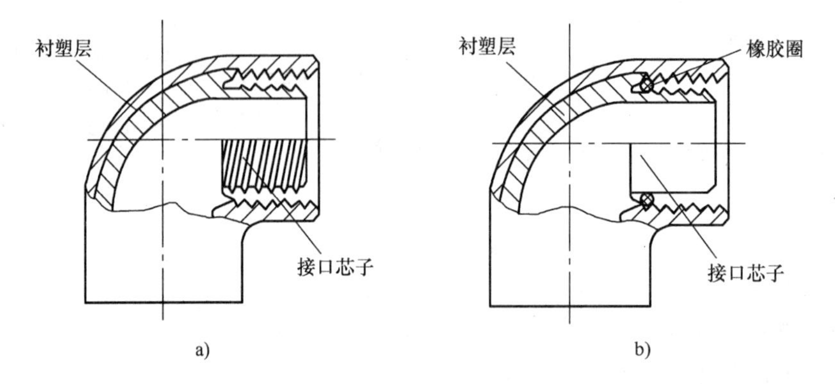


图 1-12　衬塑管件结构图
a）接口芯子带螺纹　b）接口芯子不带螺纹

衬塑管件接口芯子尺寸应符合表 1-33 规定。

**表 1-33　衬塑管件接口芯子尺寸**　（单位：mm）

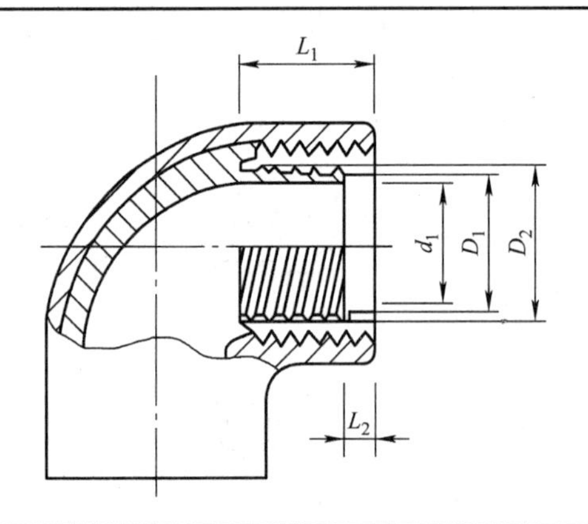


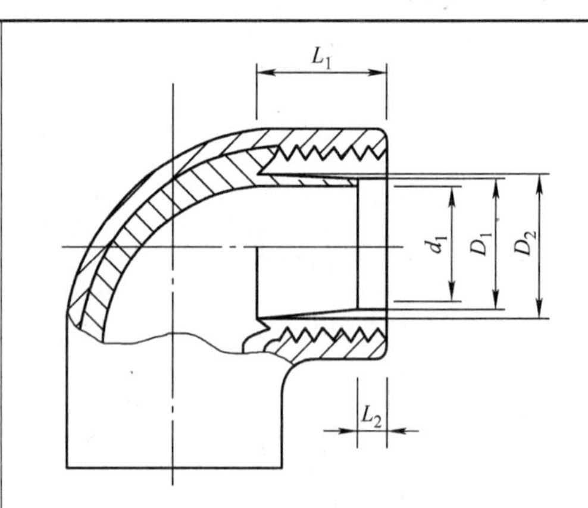


| 公称直径 DN | 带螺纹 | | | | | 不带螺纹 | | | | |
|---|---|---|---|---|---|---|---|---|---|---|
| | 管件端面与接口芯子底面间距 $L_1^{\pm2.0}$ | 管件端面与接口芯子端面间距 $L_2^{\pm1.0}$ | 接口芯子内径 $d_1^{\pm0.5}$ | 接口芯子外径（近似值） | | 管件端面与接口芯子底面间距 $L_1^{\pm2.0}$ | 管件端面与接口芯子端面间距 $L_2^{\pm1.0}$ | 接口芯子内径 $d_1^{\pm0.5}$ | 接口芯子外径（近似值） | |
| | | | | $D_1$ | $D_2$ | | | | $D_1$ | $D_2$ |
| 15 | 11 | 5 | 11.0 | 12.8 | 15.8 | 13 | 5 | 11.0 | 12.8 | 14.1 |
| 20 | 13 | 5 | 15.9 | 18.3 | 21.4 | 15 | 5 | 16.5 | 18.3 | 19.6 |
| 25 | 15 | 6 | 21.5 | 24.0 | 27.2 | 17 | 6 | 22.0 | 24.0 | 25.4 |
| 32 | 17 | 6 | 29.4 | 32.8 | 36.0 | 20 | 6 | 30.5 | 32.8 | 34.2 |
| 40 | 18 | 7 | 34.7 | 38.0 | 41.2 | 20 | 7 | 35.0 | 38.0 | 39.4 |
| 50 | 20 | 7 | 46.2 | 50.0 | 53.2 | 24 | 7 | 47.0 | 50.0 | 51.4 |
| 65 | 23 | 8 | 59.7 | 65.0 | 68.2 | 26 | 8 | 61.0 | 65.0 | 66.4 |
| 80 | 25 | 8 | 70.0 | 76.5 | 80.5 | 28 | 8 | 71.5 | 76.5 | 77.9 |
| 100 | 28 | 9 | 96.0 | 102.0 | 106.0 | 32 | 9 | 97.0 | 102.0 | 103.4 |
| 125 | 30 | 12 | 119.0 | 128.0 | 132.0 | 35 | 12 | 122.0 | 128.1 | 129.4 |
| 150 | 33 | 13 | 143.5 | 151.0 | 156.0 | 37 | 13 | 145.0 | 151.0 | 152.4 |

### 3. 排水铸铁管件

排水铸铁管件的种类比较多，连接的形式只有承插式一种。与给水铸铁管件相比，其管壁较薄，承口也较浅，重量也比较轻，如图 1-13 ~ 图 1-20 所示为常用的排水铸铁管件。

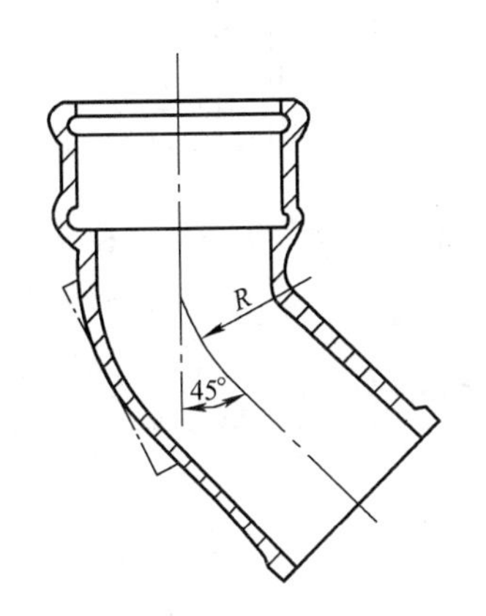


图 1-13　45°弯管

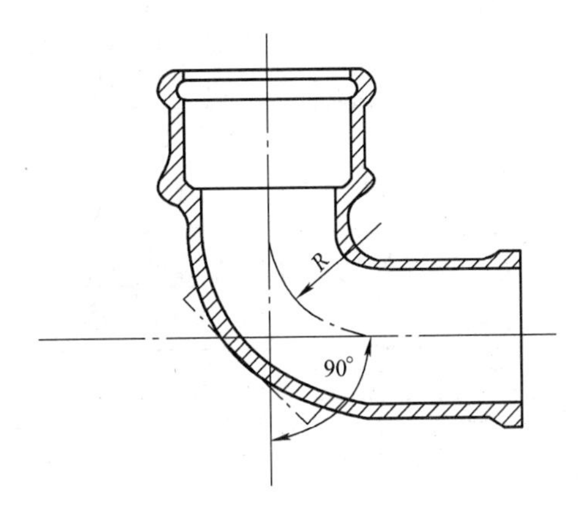


图 1-14　90°弯管

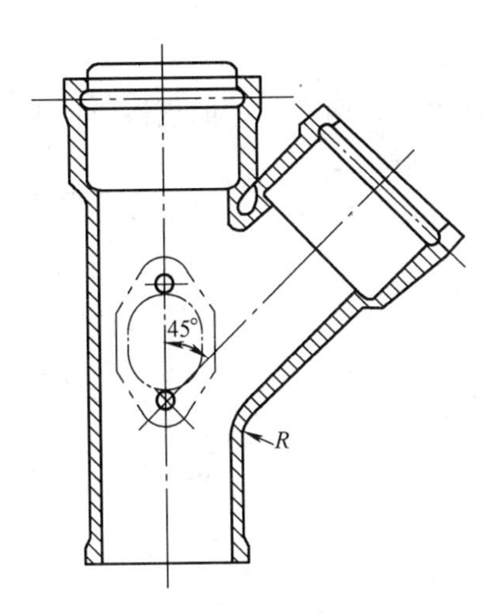


图 1-15　45°承插三通管

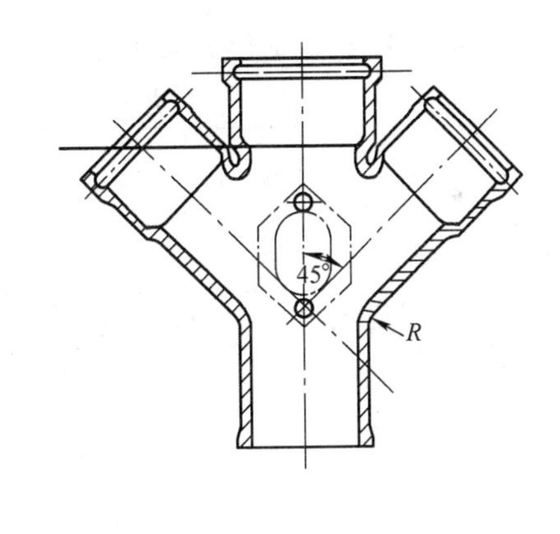


图 1-16　45°承插四通管

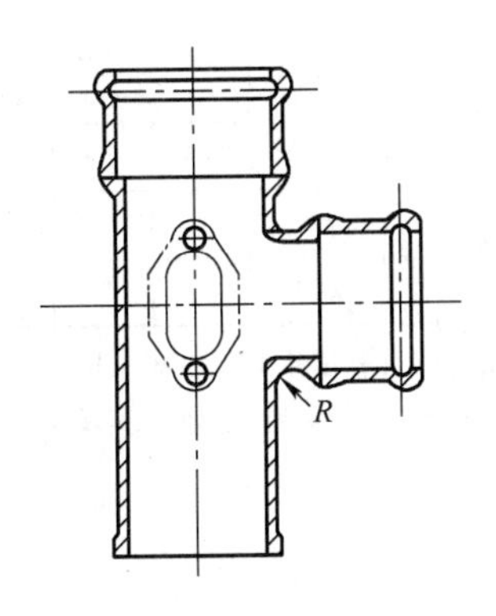


图 1-17　90°承插三通管

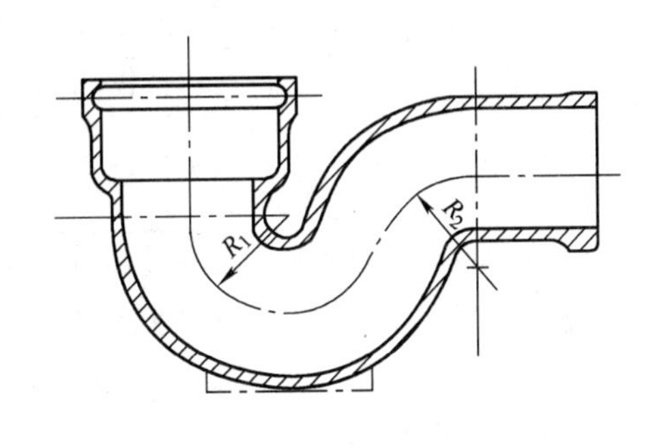


图 1-18　P 形存水弯管

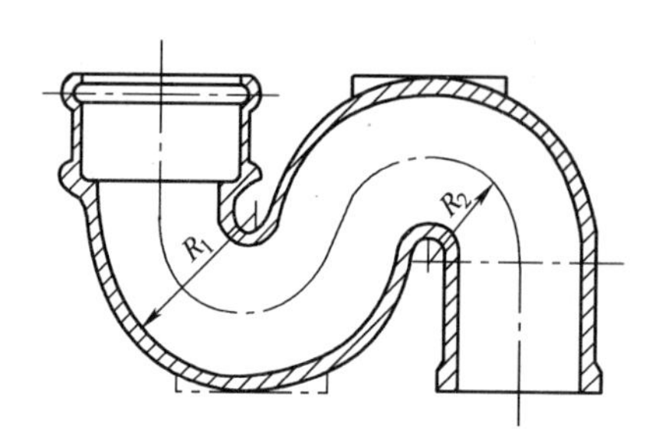


图 1-19　S 形存水弯管

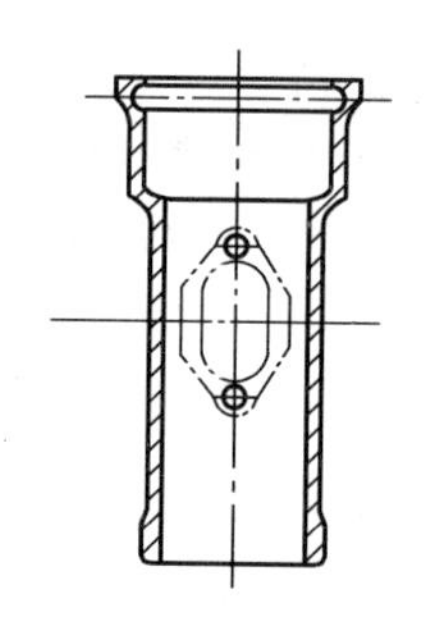

图 1-20　承插短管（带检查口）

铸铁管、管件的尺寸允许偏差应符合表 1-34 的要求。

**表 1-34　铸铁管、管件的尺寸允许偏差**

| 承插口环隙（$E$） | | 承插口深度（$H$） | 管子平直度/（mm/m） | |
|---|---|---|---|---|
| $DN \leqslant 800$ | $\pm E/3$ | $\pm 0.05H$ | $DN < 200$ | 3 |
| $DN > 800$ | $\pm(E/3+1)$ | — | $DN200 \sim DN450$ | 2 |
| | | | $DN > 450$ | 1.5 |

## 1.2.4　石棉水泥管件

石棉水泥管件根据工作压力可分为无压和承压两种类型，两种管件的规格详见表 1-35。

**表 1-35　石棉水泥连接管与橡胶圈**

| 连接件 | 示图 | 符号 | 当公称直径 $DN$ 为下列值（mm）时的尺寸（mm）及质量（kg） | | | | | | | | | | | |
|---|---|---|---|---|---|---|---|---|---|---|---|---|---|---|
| | | | 50 | 75 | 100 | 125 | 150 | 200 | 250 | 300 | 350 | 400 | 500 | 600 |
| 无压石棉水泥管连接管 | 麻辫 $D_1$ $D_2$ $D_W$ $L$ | $D_W$ | 58 | 83 | 109 | 135 | 159 | 215 | 265 | 315 | 364 | 414 | 514 | 812 |
| | | $D_1$ | 95 | 120 | 147 | 171 | 198 | 263 | 309 | 370 | 420 | 567 | 575 | 683 |
| | | $D_2$ | 71 | 96 | 123 | 147 | 170 | 235 | 279 | 338 | 386 | 431 | 535 | 639 |
| | | $L$ | 150 | 150 | 150 | 150 | 150 | 150 | 150 | 150 | 150 | 180 | 180 | 200 |
| | | 重量 | 0.94 | 1.25 | 1.55 | 1.82 | 2.44 | 3.3 | 4.2 | 5.3 | 6.45 | 9.25 | 12.6 | 18.4 |
| 输水石棉水泥管用橡胶圈 | — | 内径 | 53 | 73 | 90 | 110 | 122 | 160 | 200 | 230 | 264 | 300 | 373 | — |
| | | 外径 | 77 | 97 | 118 | 138 | 150 | 188 | 228 | 258 | 298 | 334 | 407 | — |
| | | 径值允差 | ±4 | ±4 | ±4 | ±4 | ±4 | ±4 | ±6 | ±6 | ±6 | ±6 | ±6 | — |
| | | 截面 | 12 | 12 | 14 | 14 | 14 | 14 | 14 | 14 | 17 | 17 | 17 | — |
| | | 截面允差 | ±7 | ±7 | ±7 | ±7 | ±7 | ±7 | ±1 | ±1 | ±1 | ±1 | ±1 | — |

注：橡胶圈用于以石棉水泥管连接时的接口密封。橡胶圈颜色任意，但不应具有浓重的橡胶味。橡胶圈应放在气温为 0～20℃ 的室内储存，并防止阳光直接照射。存放地点距热源要在 1m 以外，并防止油、苯及碳酸化合物的作用。

## 1.2.5　PVC 排水管件

PVC 排水管件是目前建筑物排水系统中使用量最大的管件，其品种和规格繁多，完全可满足各种设计及安装的要求。常用的 PVC 排水管件见表 1-36。

**表 1-36 PVC 排水管件**

| 名称 | 图示 | 管径 | 名称 | 图示 | 管径 |
|---|---|---|---|---|---|
| 异径三通 | 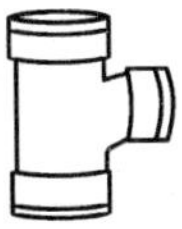 | Φ75×50、Φ110×50、Φ110×75、Φ160×110、Φ200×110、Φ200×160 | 45°弯头 |  | Φ40、Φ50、Φ75、Φ110、Φ160、Φ200、Φ250 |
| 顺水三通（带检查口） | 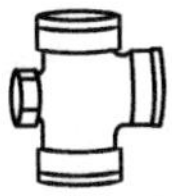 | Φ75、Φ110、Φ160 | 顺水三通（等径三通） | 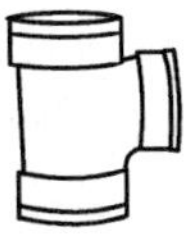 | Φ32、Φ40、Φ50、Φ75、Φ110、Φ160、Φ200 |
| 45°斜三通 | 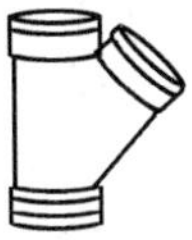 | Φ40、Φ50、Φ75、Φ110、Φ160 | 顺水四通（平面等径四通） | 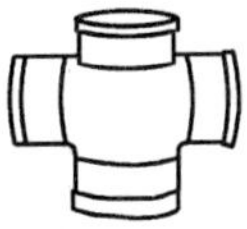 | Φ50、Φ75、Φ110、Φ160 |
| 45°异径斜三通 | 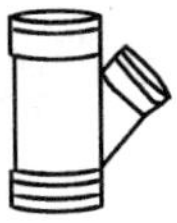 | Φ75×50、Φ110×50、Φ110×75、Φ160×110 | 直角四通（立体四通） | 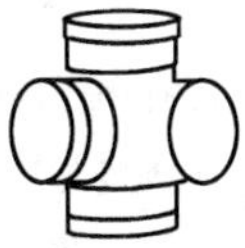 | Φ50、Φ75、Φ110 |
| 88°弯头（大弧度） |  | Φ110、Φ160 | 检查口 | 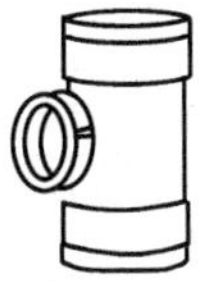 | Φ50、Φ75、Φ110、Φ160、Φ200 |
| 90°直角弯头 | 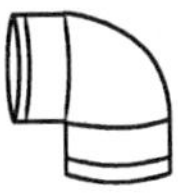 | Φ32、Φ40、Φ50、Φ75、Φ110、Φ160、Φ200、Φ250 | 平面异径四通 |  | Φ75×50、Φ110×50、Φ110×75、Φ160×110 |
| 直通（管箍） | 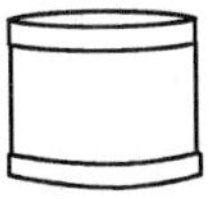 | Φ32、Φ40、Φ50、Φ75、Φ110、Φ160、Φ200、Φ250 | H 形管 | 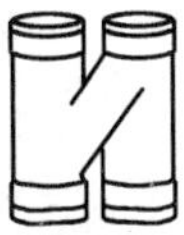 | Φ110×50、Φ110×75、Φ110×110、Φ160×110 |
| 88°三通（大弧度） | 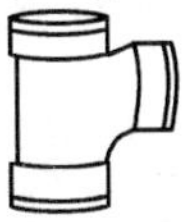 | Φ110×110 | 承口异径接头（大小头） | 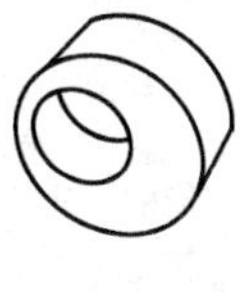 | Φ40×32、Φ50×40、Φ75×50、Φ110×50、Φ110×75、Φ160×110、Φ200×110、Φ200×160、Φ250×160、Φ250×200 |
| 90°弯头带检查口 |  | Φ40、Φ50、Φ75、Φ110、Φ160 | | | |

（续）

| 名称 | 图示 | 管径 | 名称 | 图示 | 管径 |
|---|---|---|---|---|---|
| 偏心异径接头 |  | Φ50×40、Φ75×50、Φ110×50、Φ110×75、Φ160×110 | 简易伸缩节 |  | Φ50、Φ75、Φ110、Φ160、Φ200 |
| 三通（带伸缩节） |  | Φ50、Φ75、Φ110、Φ160、Φ200 | 伸缩节 |  | Φ50、Φ75、Φ110、Φ160 |
|  |  |  | — | — | — |

# 1.3　常用附件

## 1.3.1　常用配水附件

水龙头也称水嘴，安装在洗涤器具及其他用水点或生产设备上，用以开启或关闭水流。水龙头的种类、类型与功能见表1-37。

**表1-37　水龙头的种类、类型与功能**

| 种类 | | | 类型与功能 |
|---|---|---|---|
| 单水龙头 | | | 有手柄型和杠杆型，出水阻力小，出水量丰富。水芯改成节水型，即可节水 |
| 混合水龙头 | 双阀型 | | 利用冷、热水两个手柄调节热水温度和热水量，是最简易的方式。出水阻力小，出水量丰富<br>热水温度微调困难 |
| 混合水龙头 | 单一阀型 | 混合型 | 调节热水温度和调节热水量的手柄各自是分开的<br>通过旋转调温手柄，可以从凉水到热水较大幅度地调温，比较简单地得到希望的温度 |
| 混合水龙头 | 单一阀型 | 单杆型 | 利用一个杆就可以出水或关水，而且热水温度和热水量的调节也简单<br>适用于操作次数多或者一只手作业的厨房使用的水龙头 |
| 混合水龙头 | 单一阀型 | 单杆型 | 也有的利用恒温器的作用，在杆的中央部位，按最常用的热水温度作为稳定的出水温度 |
| 混合水龙头 | 单一阀型 | 恒温型 | 如果对好温度调节手柄的刻度，便可得到希望温度的热水。在使用中即使冷热水的压力有变化或者同时使用，仍然可以得到设定的热水温度，适用于淋浴或往浴缸中放水<br>不存在因为调节水温而浪费水，有助于节水、节能 |
| 附加功能 | 自动水龙头 | | 手不用触及水龙头，只要把手等放在出口的下面，便可出水<br>水温、流量可以调节。在停电等情况下不希望停水，也应该有备用的水龙头 |
| 附加功能 | 暂时断水功能 | | 双阀等具有该功能，调节到使用温度，就能自动断水，当再次使用时，不再需要调节水温，很方便 |
| 附加功能 | 定量断水功能 | | 如果设定希望的热水量，那么当达到设定的水量时便会自动断水<br>往浴缸中放热水，不会出现水放多了的情况，有助于节水、节能。也可以连续出水 |
| 附加功能 | 自闭断水功能 | | 按一下手杆或按钮，便可出来适量的热水，然后自动断水的水龙头结构<br>不会浪费热水，操作方便，适用于公共场所<br>出水口侧的一次出水量，可以调节到装满热水的量 |
| 附加功能 | 手动喷头 | | 通过操作混合水龙头的阀门或手杆，便可淋浴<br>淋浴喷头有喷洒和按摩转换功能，是一种节水喷头<br>舒适的用水量应在10L/min左右 |

**1. 旋塞式水嘴**

旋塞式水嘴(图 1-21)的主要零件为柱状旋塞,沿径向开有一圆形孔,旋塞限定旋转 90°即可完全关闭,可在短时间内获得较大流量。

**2. 瓷片式水嘴**

瓷片式水嘴(图 1-22)内部有两个置于同一轴线上的圆柱形硬质瓷片,其中一片固定,另一片通过转动阀柄能绕中心轴线转动。

盥洗水嘴(图 1-23)是设在洗脸盆和化验盆上的专用冷水、热水水嘴。

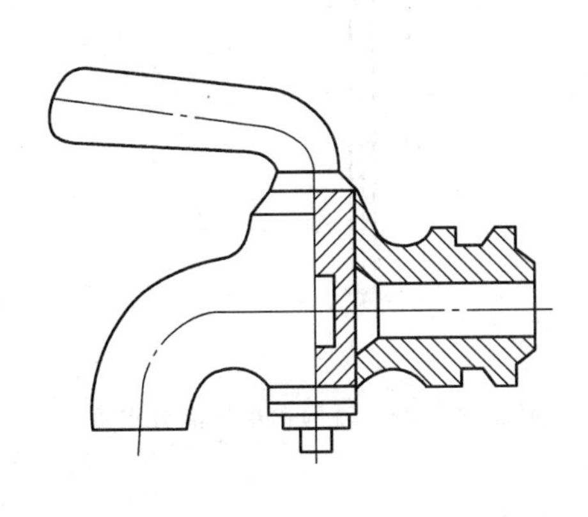

图 1-21 旋塞式水嘴

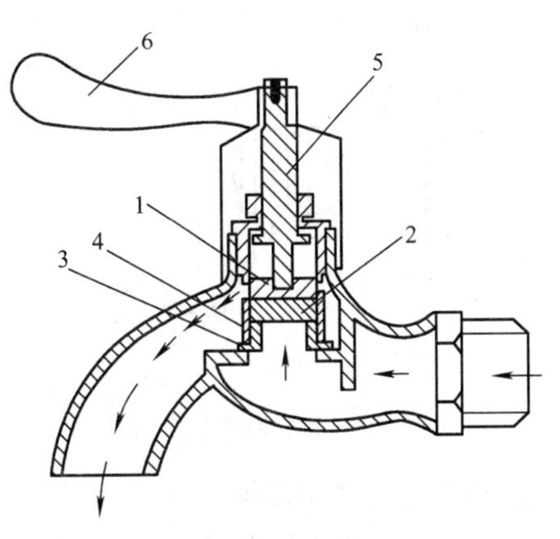


图 1-22 瓷片式水嘴

1—可旋转圆柱形瓷片 2—固定圆柱形瓷片 3—橡胶垫圈 4—阀体 5—传动轴 6—手柄

**3. 混合式冷(热)水水嘴**

混合式冷(热)水水嘴有双把手(图 1-24、图 1-25)和单把手(图 1-26、图 1-27)之分。

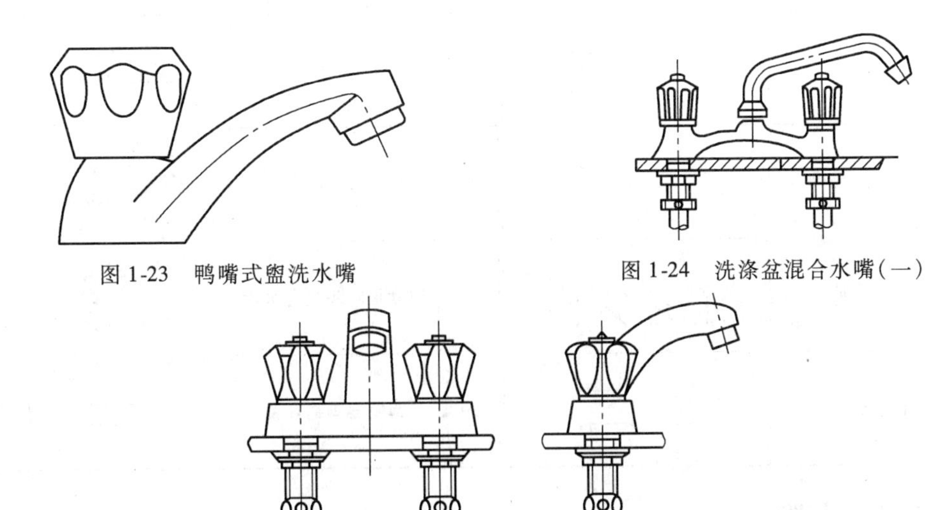

图 1-23 鸭嘴式盥洗水嘴

图 1-24 洗涤盆混合水嘴(一)

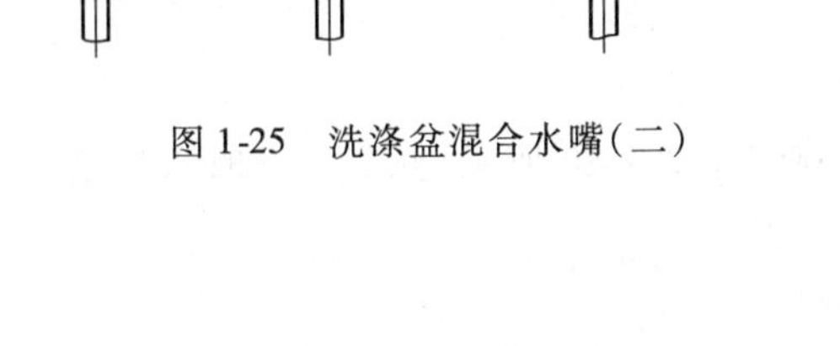

图 1-25 洗涤盆混合水嘴(二)

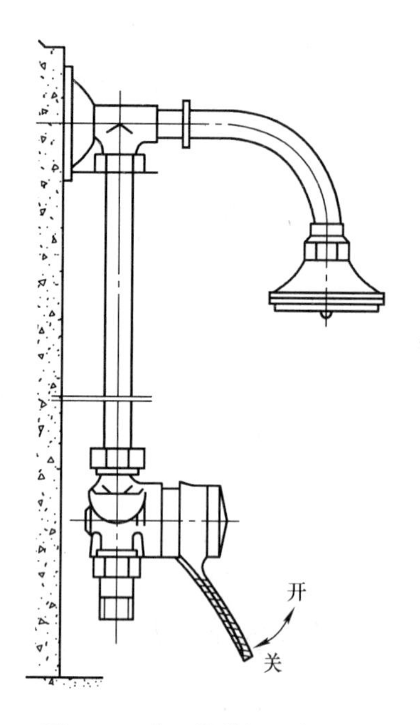


图 1-26　淋浴器单把混合水嘴

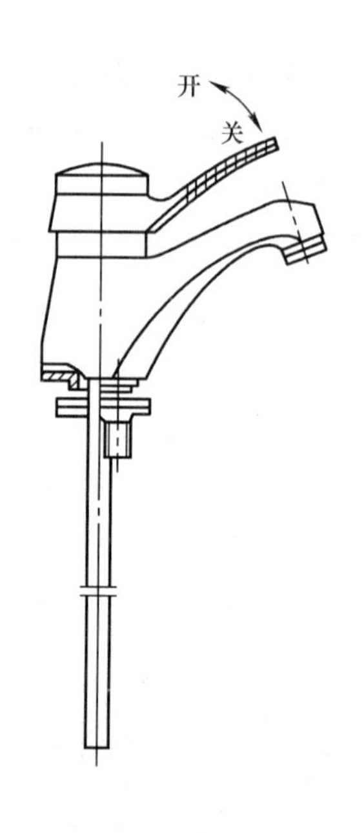


图 1-27　洗脸盆单把混合水嘴

**4. 给水配件常用图例**

给水配件图例宜符合表 1-38 的要求。

**表 1-38　给水配件图例**

| 序号 | 名称 | 图例 | 序号 | 名称 | 图例 |
|---|---|---|---|---|---|
| 1 | 水嘴 | 平面　系统 | 6 | 脚踏开关水嘴 | |
| 2 | 皮带水嘴 | 平面　系统 | 7 | 混合水嘴 | |
| 3 | 洒水(栓)水嘴 | | 8 | 旋转水嘴 | |
| 4 | 化验水嘴 | | 9 | 浴盆带喷头混合水嘴 | |
| 5 | 肘式水嘴 | | 10 | 蹲便器脚踏开关 | |

## 1.3.2　常用控制附件

**1. 闸阀**

(1) 闸板闸阀　闸板闸阀如图 1-28 所示，此阀全开时水流呈直线通过，阻力小，但水中有杂质落入阀座后，使闸阀不能关闭到底，因而产生磨损和漏水。

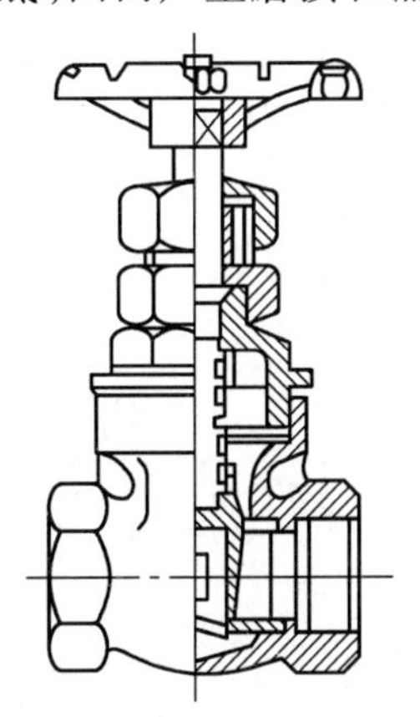

图 1-28　闸板闸阀

（2）给水排水用软密封闸阀　闸阀的主要尺寸应符合表 1-39 的规定。

**表 1-39　闸阀的主要尺寸**　（单位：mm）

| 公称通径 *DN* | 结构长度 *L*① | | 阀体与阀盖最小壁厚② | | | | 阀杆最小直径③ | | | | 最大高度 | |
|---|---|---|---|---|---|---|---|---|---|---|---|---|
| | 短系列 | 长系列 | *PN*0.6 MPa | *PN*1.0 MPa | *PN*1.6 MPa | *PN*2.5 MPa | *PN*0.6 MPa | *PN*1.0 MPa | *PN*1.6 MPa | *PN*2.5 MPa | 暗杆型 *H* | 明杆型 $H_1$ |
| 50 | 178 | 250 | 7 | | 7 | 7 | 18 | | 18 | 18 | 380 | 420 |
| 65 | 190 | 270 | 7 | | 7 | 7 | 18 | | 18 | 18 | 410 | 500 |
| 80 | 203 | 280 | 8 | | 8 | 8 | 20 | | 20 | 20 | 460 | 570 |
| 100 | 229 | 300 | 8 | | 8 | 8 | 20 | | 24 | 24 | 540 | 670 |
| 125 | 254 | 325 | 8 | | 9 | 9 | 24 | | 28 | 28 | 610 | 820 |
| 150 | 267 | 350 | 9 | | 10 | 10 | 24 | | 28 | 28 | 670 | 920 |
| 200 | 292 | 400 | 10 | | 10 | 11 | 28 | | 32 | 32 | 780 | 1120 |
| 250 | 330 | 450 | 11 | | 11 | 12 | 28 | | 36 | 36 | 890 | 1380 |
| 300 | 356 | 500 | 12 | | 12 | 14 | 36 | | 40 | 40 | 990 | 1590 |
| 350 | 381 | 550 | 13 | | 14 | 16 | 36 | | 44 | 44 | 1110 | 1800 |
| 400 | 406 | 600 | 14 | | 15 | 17 | 44 | | 50 | 50 | 1240 | 1990 |
| 450 | 432 | 650 | 15 | | 16 | — | 44 | | 55 | — | 1350 | — |
| 500 | 457 | 700 | 15 | | 16 | — | 50 | | 55 | — | 1450 | — |
| 600 | 508 | 800 | 16 | | 18 | — | 50 | | 55 | — | 1700 | — |
| 700 | 610 | 900 | 18 | | 20 | — | 65 | | 70 | — | 1850 | — |
| 800 | 660 | 1000 | 20 | | 22 | — | 65 | | 70 | — | 2000 | — |

① 结构长度 *L* 的公差要求：公称通径 *DN*≤50mm 时，公差为 ±2mm；*DN*＞250～500mm 时，公差为 ±3mm；*DN*＞500～800mm 时，公差为 ±4mm。

② 阀体与阀盖最小壁厚数值仅适用于球墨铸铁 QT450－10，对其他牌号的材料需另行计算。

③ 阀杆最小直径是指阀杆与轴封密封圈配合处的直径。

闸阀的结构形式应为下列中的一种：暗杆型闸阀，如图 1-29 所示；明杆型闸阀如图 1-30 所示。

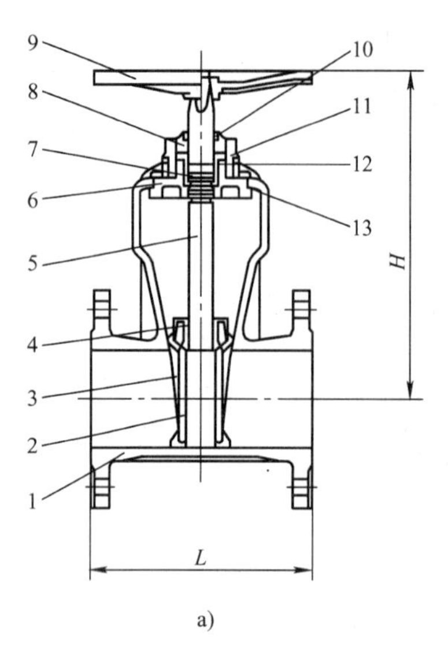


a)

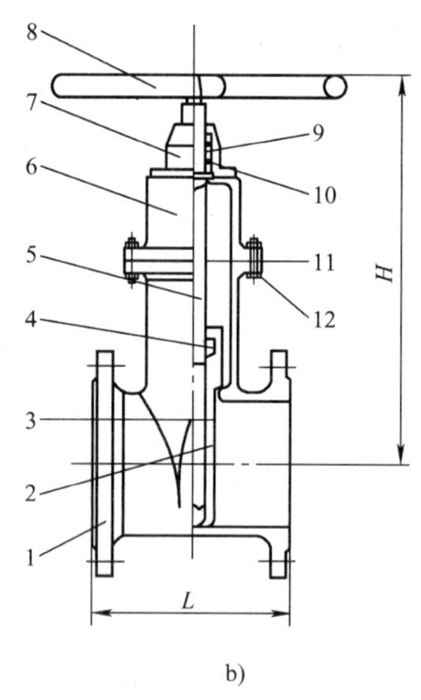


b)

图 1-29　暗杆型闸阀

1—阀体　2—闸板骨架　3—闸板橡胶　4—闸板螺母　5—阀杆　6—阀盖　7—卡环　8—轴盖　9—手轮　10—防尘圈　11—密封函　12—密封圈　13—阀盖密封圈

1—阀体　2—闸板骨架　3—闸板橡胶　4—闸板螺母　5—阀杆　6—阀盖　7—轴盖　8—手轮　9—密封函　10—密封圈　11—阀盖密封圈　12—螺栓

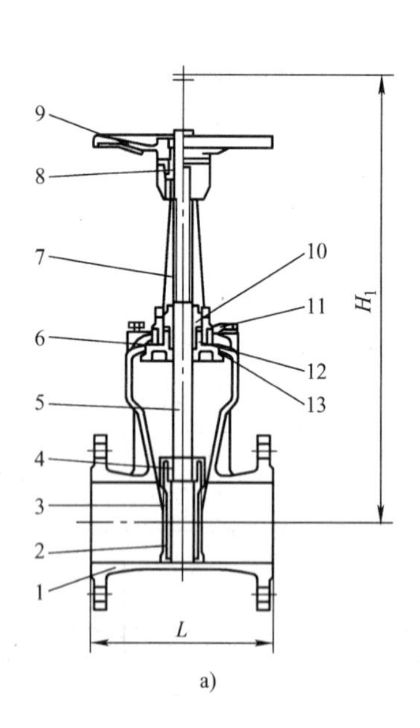


a)

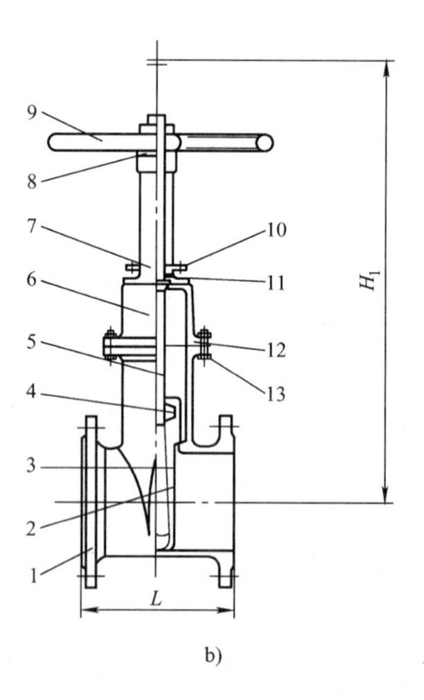


b)

图 1-30　明杆型闸阀

a)

1—阀体　2—闸板骨架　3—闸板橡胶　4—闸板螺母　5—阀杆　6—阀盖　7—支架　8—支架螺母　9—手轮　10—轴盖　11—密封函　12—密封圈　13—阀盖密封圈

b)

1—阀体　2—闸板骨架　3—闸板橡胶　4—闸板螺母　5—阀杆　6—阀盖　7—支架　8—支架螺母　9—手轮　10—密封函　11—密封圈　12—阀盖密封圈　13—螺栓

**2. 止回阀**

止回阀用来阻止水流的反向流动。止回阀主要有升降式和旋启式两种。升降式止回阀(图 1-31a)装在水平管道上,水头损失较大,只适用于小管径。旋启式止回阀(图 1-31b)一般直径较大,水平、垂直管道上均可装置。

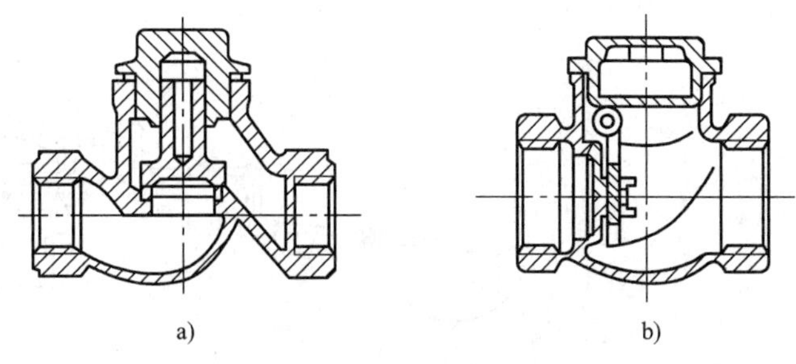


图 1-31　止回阀

a)升降式止回阀　b)旋启式止回阀

**3. 倒流防止器**

倒流防止器(也称防污隔断阀)由两个止回阀中间加一个排水器组成,如图 1-32 所示,其用于防止生活饮用水管道发生回流污染。

**4. 安全阀**

安全阀是在管网和其他设备所承受的压力超过规定的情况时,为避免遭受破坏而装设的附件。通常有弹簧式和杠杆式两种,杠杆式安全阀如图 1-33 所示。

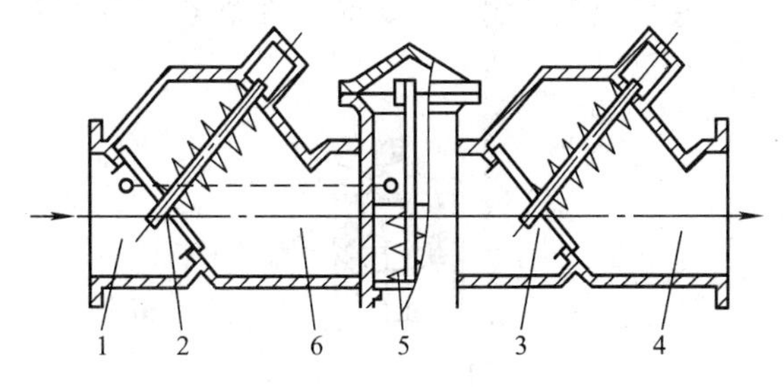


图 1-32　倒流防止器

1—进口　2—进水止回阀　3—出水止回阀

4—出口　5—泄水阀　6—阀腔

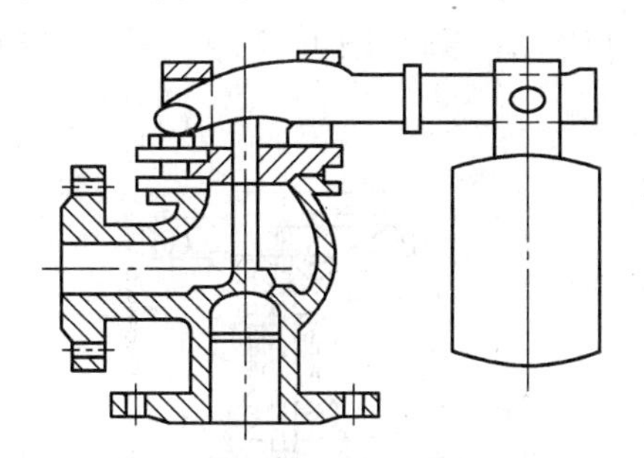

图 1-33　杠杆式安全阀

**5. 自动水位控制阀**

水位控制阀的公称直径应与进水管管径一致,常见的有浮球阀(图 1-34)、液控浮球阀(图 1-35)、活塞式液压水位控制阀和薄膜式液压水位控制阀等。

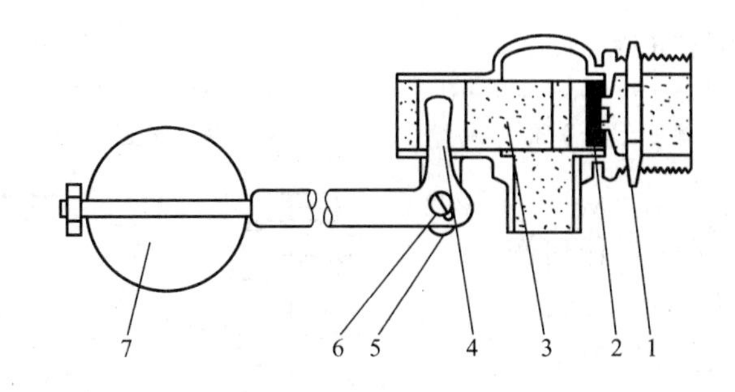


图 1-34　浮球阀

1—阀体　2—橡胶密封垫　3—活塞　4—杠杆　5—开口销　6—销子　7—铜浮球

**6. 截止阀**

截止阀是利用装在阀杆下面的阀盘与阀体的凸缘部分相配合以控制阀门启闭的阀件。如图 1-36 所示是最为常用的截止阀。

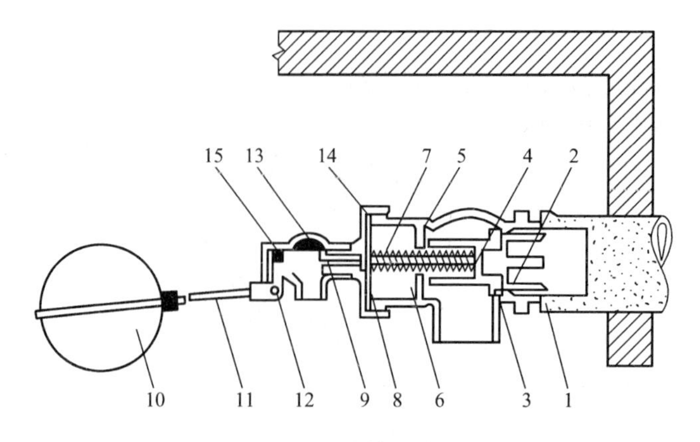


图 1-35　液控浮球阀

1—主阀体　2—导向叉　3—橡胶密封垫　4—连接管　5—密封圈压板　6—L 形密封圈　7—回位弹簧　8—阀盖　9—小孔顶针　10—铜浮球　11—杠杆　12—小阀体　13—小密封胶垫　14—O 形橡胶密封圈　15—活塞

**7. 减压阀**

可调式减压阀(图 1-37)安装后需按阀后压力要求进行调试,调试时需在静态条件下进行。

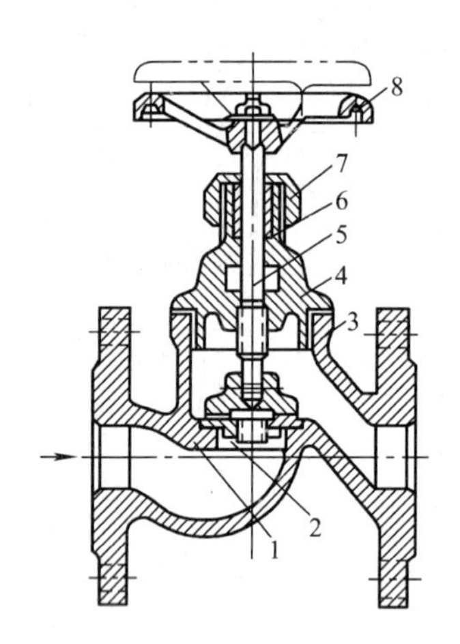


图 1-36　截止阀

1—阀座　2—阀盘　3—阀体　4—阀盖　5—阀杆　6—填料　7—压盖螺母　8—手轮

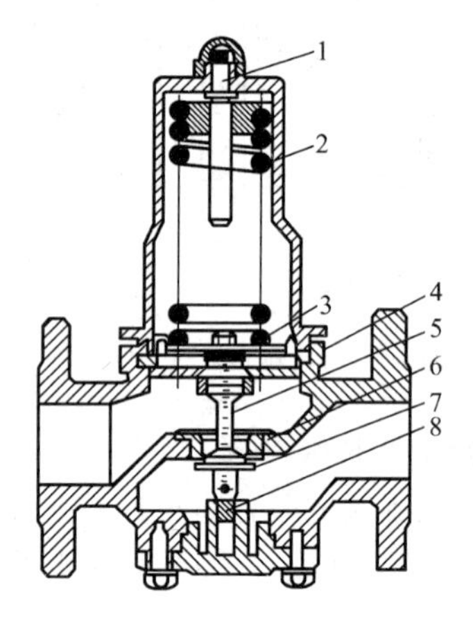


图 1-37　可调式减压阀

1—调节螺杆　2—弹簧　3—膜片　4—阀体　5—阀芯　6—阀座　7—阀瓣　8—限位螺母

**8. 蝶阀**

蝶阀安装时两边不必另加任何密封垫片,只需将法兰夹紧即可,夹紧时需使蝶阀处于“开”的状态,如图 1-38 所示。

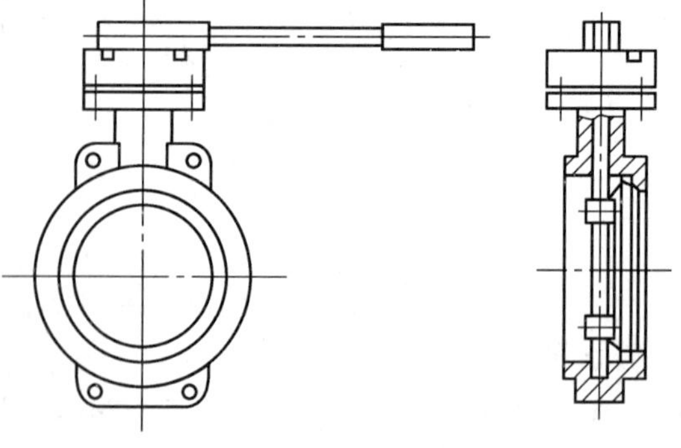

图 1-38　蝶阀

**9. 球阀**

球阀如图 1-39 所示,它具有截止阀或闸阀的功能,与截止阀和闸阀相比,其阻力小、密封性能好、机械强度高及耐腐蚀。

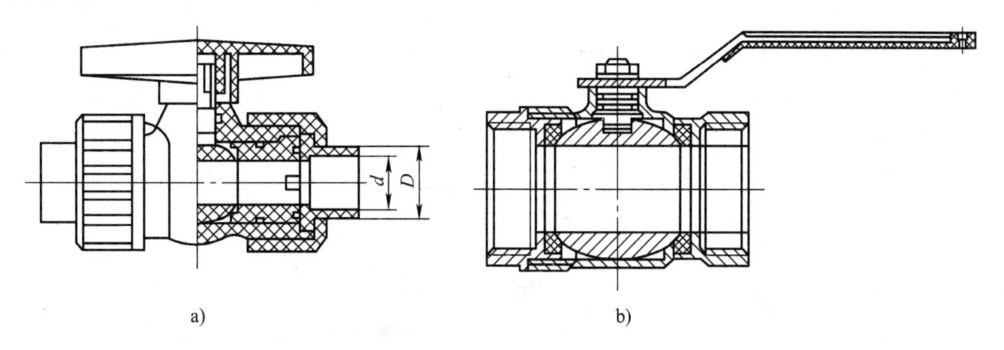


a)　　b)

图 1-39　球阀

a)球阀　b)ABS 球阀

### 10. 常用图例

阀门图例宜符合表 1-40 的要求。

**表 1-40　阀门图例**

| 序号 | 名称 | 图例 | 备注 |
|---|---|---|---|
| 1 | 闸阀 | | — |
| 2 | 角阀 | | — |
| 3 | 三通阀 | | — |
| 4 | 四通阀 | | — |
| 5 | 截止阀 | | — |
| 6 | 蝶阀 | | — |
| 7 | 电动闸阀 | | — |
| 8 | 液动闸阀 | | — |
| 9 | 气动闸阀 | | — |
| 10 | 电动蝶阀 | | — |
| 11 | 液动蝶阀 | | — |

（续）

| 序号 | 名称 | 图例 | 备注 |
| --- | --- | --- | --- |
| 12 | 气动蝶阀 |  | — |
| 13 | 减压阀 |  | 左侧为高压端 |
| 14 | 旋塞阀 | 平面 系统 | — |
| 15 | 底阀 | 平面 系统 | — |
| 16 | 球阀 |  | — |
| 17 | 隔膜阀 |  | — |
| 18 | 气开隔膜阀 |  | — |
| 19 | 气闭隔膜阀 |  | — |
| 20 | 电动隔膜阀 |  | — |
| 21 | 温度调节阀 |  | — |
| 22 | 压力调节阀 |  | — |
| 23 | 电磁阀 | M | — |
| 24 | 止回阀 |  | — |
| 25 | 消声止回阀 |  | — |
| 26 | 持压阀 | C | — |

（续）

| 序号 | 名称 | 图例 | 备注 |
| --- | --- | --- | --- |
| 27 | 泄压阀 |  | — |
| 28 | 弹簧安全阀 |  | 左侧为通用 |
| 29 | 平衡锤安全阀 |  | — |
| 30 | 自动排气阀 | 平面 系统 | — |
| 31 | 浮球阀 | 平面 系统 | — |
| 32 | 水力液位控制阀 | 平面 系统 | — |
| 33 | 延时自闭冲洗阀 |  | — |
| 34 | 感应式冲洗阀 |  | — |
| 35 | 吸水喇叭口 | 平面 系统 | — |
| 36 | 疏水阀 |  | — |

## 1.3.3 水泵及隔振装置的布置要求

循环水泵的安装位置有两种情况，如图 1-40 所示。安装完成后，对于输送高、低温液体用的泵，启动前一定要按设备技术条件的规定进行预热和预冷。

水泵机组隔振安装结构如图 1-41 所示。

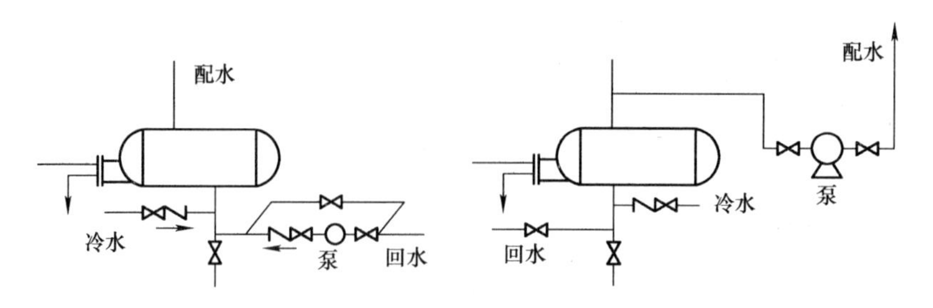


图 1-40　循环水泵的安装位置

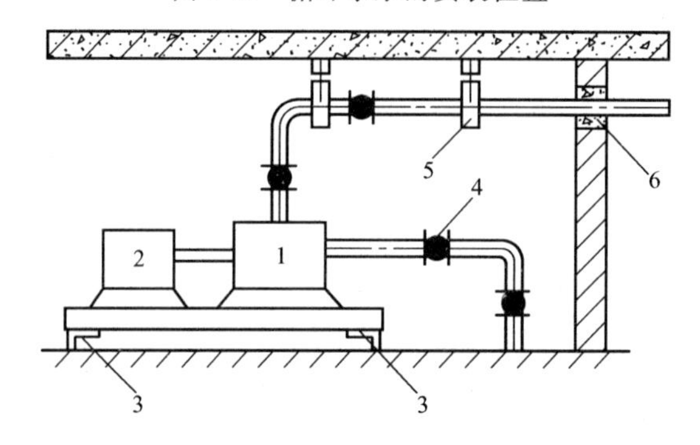


图 1-41　水泵机组隔振安装结构

1—水泵　2—电动机　3—隔振垫　4—可曲挠接头　5—弹性吊架　6—玻璃纤维

水泵的平面布置应符合表 1-41 中的规定。

**表 1-41　水泵机组外轮廓面与墙和相邻机组间的间距**

| 电动机额定功率/kW | 水泵机组外轮廓面与墙面之间的最小间距/m | 相邻水泵机组外轮廓面之间最小距离/m |
|---|---|---|
| ≤22 | 0.8 | 0.4 |
| >22 ~ 55 | 1.0 | 0.8 |
| 55 ~ 160 | 1.2 | 1.2 |

注:1. 水泵侧面有管道时,外轮廓面计至管道外壁面。

2. 水泵机组是指水泵与电动机的联合体,或已安装在金属架上的多台水泵联合体。

给水排水设备图例宜符合表 1-42 的要求。

**表 1-42　给水排水设备图例**

| 序号 | 名称 | 图例 | 备注 |
|---|---|---|---|
| 1 | 卧式水泵 | 或 平面 系统 | — |
| 2 | 立式水泵 | 平面 系统 | — |
| 3 | 潜水泵 | | — |

（续）

| 序号 | 名称 | 图例 | 备注 |
| --- | --- | --- | --- |
| 4 | 定量泵 |  | — |
| 5 | 管道泵 |  | — |
| 6 | 卧室容积热交换器 |  | — |
| 7 | 立式容积热交换器 |  | — |
| 8 | 快速管式热交换器 |  | — |
| 9 | 板式热交换器 |  | — |
| 10 | 开水器 |  | — |
| 11 | 喷射器 |  | 小三角为进水端 |
| 12 | 除垢器 |  | — |
| 13 | 水锤消除器 |  | — |
| 14 | 搅拌器 | M | — |
| 15 | 紫外线消毒器 | ZWX | — |

## 1.3.4　压力表及流量计

**1. 压力表**

弹簧管压力表主要由表盘、弹簧管、拉杆、扇形齿轮、轴心架和指针等机件组成，如图 1-42 所示。

**2. 流量计**

（1）旋翼式水表　旋翼式水表按传动机构所处状态可分为干式和湿式两种。湿式水表技术数据及外形尺寸见表 1-43。

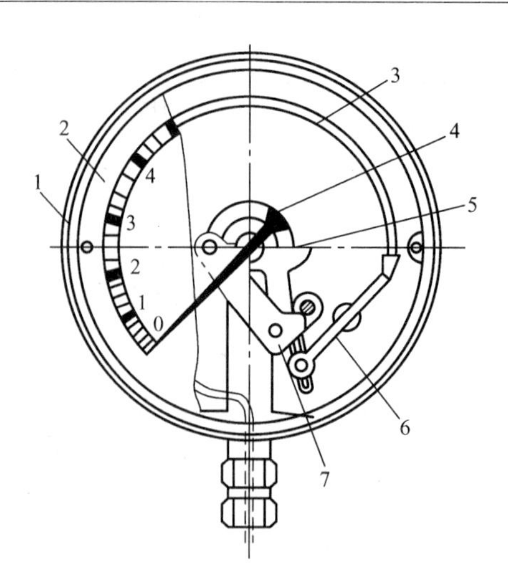


图 1-42　弹簧管压力表

1—表壳　2—表盘　3—弹簧管　4—指针　5—扇形齿轮　6—拉杆　7—轴心架

**表 1-43　旋翼湿式水表技术数据及外形尺寸**

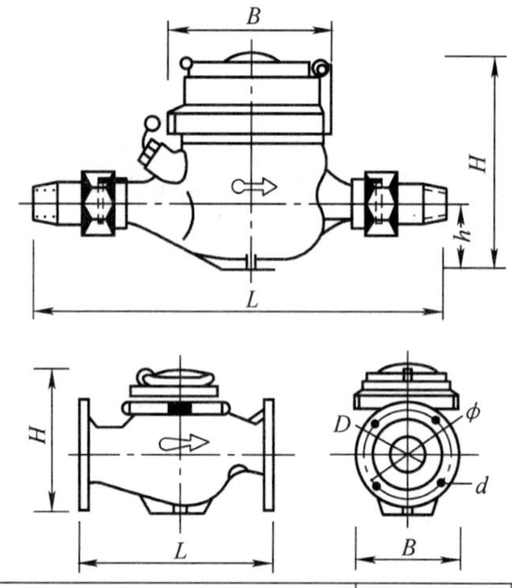


| 型号 | 公称直径/mm | 流量/($m^3$/h) | | | | | 最大示值/$m^3$ | 外形尺寸/mm | | | |
|---|---|---|---|---|---|---|---|---|---|---|---|
| | | 特性 | 最大 | 额定 | 最小 | 灵敏度 | | 长 | 宽 | 高 | |
| | | | | | | | | *L* | *B* | *H* | *h* |
| L×S-15 | 15 | 3 | 1.5 | 1.0 | 0.045 | 0.017 | 10000 | 243 | 97 | 117 | 36 |
| L×S-20 | 20 | 5 | 2.5 | 1.6 | 0.075 | 0.075 | 10000 | 293 | 97 | 118 | 37 |
| L×S-25 | 25 | 7 | 3.5 | 2.2 | 0.090 | 0.03 | 10000 | 343 | 101 | 128.8 | 38 |
| L×S-32 | 32 | 10 | 5.0 | 3.2 | 0.12 | 0.04 | 10000 | 358 | 101 | 130.8 | 41 |
| L×S-40 | 40 | 20 | 10.0 | 6.3 | 0.22 | 0.07 | 100000 | 385 | 126 | 150.8 | 47 |
| L×S-50 | 50 | 30 | 15.0 | 1.0 | 0.40 | 0.09 | 100000 | 280 | 160 | 200 | — |
| L×S-80 | 80 | 70 | 35.0 | 22.0 | 1.10 | 0.30 | 1000000 | 370 | 316 | 275 | — |
| L×S-100 | 100 | 100 | 50.0 | 32.0 | 1.40 | 0.40 | 1000000 | 370 | 328 | 300 | — |
| L×S-150 | 150 | 200 | 100.0 | 63.0 | 2.40 | 0.55 | 1000000 | 500 | 400 | 388 | — |

注：1. 特性流量：当水头损失为 10$mH_2O$ 时水表的出水流量，使用中不允许在特性流量下工作。
2. 最大流量：水表使用的上限流量，在最大流量时水表只能在短时间内（每昼夜不超过 1h）使用。
3. 额定流量：保证水表能长期正常运转的最大流量。
4. 最小流量：水表能开始准确指示的最小流量。
5. 灵敏度：水表能连续记录（开始运转）时的最小流量。
6. 本水表只能用于通过洁净冷水，水温不超过 +45℃，承受工作压力最大为 1MPa。

(2)叶轮式水表　叶轮式水表适宜用在管径较大的地方，通常为水平安装，如图 1-43 所示。其技术数据及外形尺寸见表 1-44。

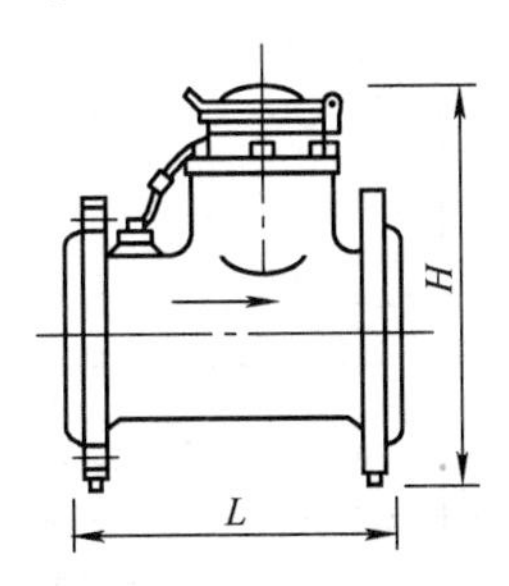


图 1-43　大口径水平叶轮式水表

**表 1-44　大口径水平叶轮式水表技术数据及外形尺寸**

| 公称直径/mm | 流量/($m^3$/h) | | | | 最小示值/$m^3$ | 最大示值/$m^3$ | 长度 $L$/mm | 高度 $H$/mm | |
|---|---|---|---|---|---|---|---|---|---|
| | 流通能力 | 最大流量 | 额定流量 | 最小流量 | | | | 干式 | 湿式 |
| 80 | 65 | 100 | 60 | 2 | 0.01 | 1000000 | 250 | 281 | 245 |
| 100 | 110 | 150 | 100 | 3 | 0.01 | 1000000 | 250 | 301 | 265 |
| 150 | 275 | 300 | 200 | 5 | 0.01 | 1000000 | 300 | 350 | 314 |
| 200 | 500 | 600 | 400 | 10 | 0.10 | 10000000 | 350 | 402 | 366 |

### 3. 常用图例

给水排水专业所用仪表图例宜符合表 1-45 的要求。

**表 1-45　仪表图例**

| 序号 | 名称 | 图例 | 备注 |
|---|---|---|---|
| 1 | 温度计 | | — |
| 2 | 压力表 | | — |
| 3 | 自动记录压力表 | | — |
| 4 | 水表 | | — |
| 5 | 压力控制器 | | — |
| 6 | 自动记录流量表 | | — |
| 7 | 转子流量计 | 平面　系统 | — |

（续）

| 序号 | 名称 | 图例 | 备注 |
|---|---|---|---|
| 8 | 真空表 |  | — |
| 9 | 温度传感器 | ---[T]--- | — |
| 10 | 压力传感器 | ---[P]--- | — |
| 11 | pH 传感器 | ---[pH]--- | — |
| 12 | 酸传感器 | ---[H]--- | — |
| 13 | 碱传感器 | ----[Na]---- | — |
| 14 | 余氯传感器 | ----[Cl]---- | — |

# 1.4　常用水处理材料

## 1.4.1　颗粒活性炭

水处理用颗粒活性炭规格及性能见表 1-46。

**表 1-46　水处理用颗粒活性炭规格及性能**

| 牌号 | 规格 | 性能 | 用途 |
|---|---|---|---|
| ZJ-15（原 8# 炭） | 粒度（筛目）10 ~ 20 目<br>碘值 > 800mg/g<br>机械强度 > 70%<br>含水率 < 5% | 外观：$\phi$1.5 暗黑色柱状颗粒<br>比表面积（BET 法）900$m^2$/g<br>总孔容积 0.90$cm^3$/g<br>真密度 0.77g/$cm^3$<br>堆密度 450 ~ 530g/L | 生活用水净化，工业用纯水的预处理和污水的深度处理 |
| QJ-20 | 粒度（筛目）8 ~ 14 目<br>碘值 > 900mg/g<br>机械强度 > 85%<br>含水率 < 5% | 外观：球状，直径 2mm 左右<br>比表面积（BET 法）900$m^2$/g<br>总孔容积 0.90$cm^3$/g<br>真密度 0.75g/$cm^3$<br>堆密度 400g/L | 液相吸附，如生活用水净化，工业废水深度处理，用以脱除各种有机物、臭味、杂质等 |
| DK-15 | 粒度：直径 1 ~ 1.5mm<br>长度 2 ~ 4mm<br>碘值 > 800mg/g<br>酚值 > 150mg/L | 外观：圆柱状颗粒<br>比表面积（BET 法）800$m^2$/g<br>总孔容积 0.70$cm^3$/g<br>真密度 0.85g/$cm^3$<br>堆密度 500g/L<br>灰分 8%<br>pH 值 9 | 饮用水和工业用水的净化，脱臭除味，以及装填各种空气过滤器 |

（续）

| 牌号 | 规格 | 性能 | 用途 |
| --- | --- | --- | --- |
| DH-15 | 粒度：直径 1.5mm<br>长度 2～4mm<br>碘值 >900mg/g<br>机械强度 >85%<br>含水率 <3%<br>苯吸附率 >30% | 外观：圆柱状颗粒<br>比表面积（BET 法）950$m^2$/g<br>总孔容积 0.80$cm^3$/g<br>真密度 0.80g/$cm^3$<br>堆密度 460g/L<br>灰分 10%<br>pH 值 9 | 给水及工业废水深度处理，以及空气净化，触媒载体等 |
| DX-15 | 粒度：直径 1.5mm<br>长度 2～4mm<br>碘值 >1000mg/g<br>机械强度 >80%<br>含水率 <3%<br>亚甲蓝值 >150mg/g | 外观：圆柱状颗粒<br>总表面积 1100$m^2$/g<br>总孔容积 0.90$cm^3$/g<br>真密度 0.75g/$cm^3$<br>堆密度≈420g/L<br>灰分 12%<br>pH 值 9 | 生活污水及工业废水处理，液体提纯，金属提取 |
| PJ-09 | 粒度：12～14 目<br>碘值 >900mg/g<br>机械强度 >85%<br>含水率 <5% | 外观：不定形颗粒<br>比表面积 1000$m^2$/g<br>总孔容积 0.80$cm^3$/g<br>真密度 2.15g/$cm^3$<br>堆密度 400g/L<br>pH 值 9 | 饮用水及工业用水净化，污水处理脱氯、脱色、除臭等 |
| ZJ-25 原 $2^{\#}$ 炭 $3^{\#}$筛余炭 | 粒度：6～12 目<br>碘值 >700mg/g<br>机械强度 >85%<br>含水率 <5% | 外观：黑色柱状颗粒<br>比表面积 800$m^2$/g<br>总孔容积 0.70$cm^3$/g<br>堆密度 520g/L | 吸附污水中的有机物质及臭味，适用于在固定式过滤装置中，进行工业废水深度处理 |
| DX-30 | 粒度：直径 3mm<br>长度 3～6mm<br>碘值 >980mg/g<br>机械强度 >90%<br>含水率 <3%<br>苯吸附率 >35% | 外观：圆柱状颗粒<br>总表面积 1100$m^2$/g<br>总孔容积 0.90$cm^3$/g<br>真密度 0.75g/$cm^3$<br>堆密度 420g/L<br>灰分 12%<br>pH 值 9 | 有机溶剂回收，液体精制，废水处理等 |
| DH-30 | 粒度：直径 3mm<br>长度 3～6mm<br>碘值 >900mg/g<br>机械强度 >93%<br>含水率 <3%<br>苯吸附率 >35% | 外观：圆柱状颗粒<br>总表面积 950$m^2$/g<br>总孔容积 0.80$cm^3$/g<br>真密度 0.80g/$cm^3$<br>堆密度 460g/L<br>灰分 10%<br>pH 值 9 | 有机溶剂回收，煤气、烟道气脱硫，各种气体和液体净化，以及固定床合成触媒载体 |

（续）

| 牌号 | 规格 | 性能 | 用途 |
|---|---|---|---|
| PJ-20 | 粒度 8 ~ 16 目<br>碘值 > 900mg/g<br>机械强度 > 85%<br>含水率 < 3%<br>半脱氯值 < 5cm | 外观：不定形颗粒<br>总表面积 $1000m^2/g$<br>总孔容积 $0.80cm^3/g$<br>真密度 $0.80g/cm^3$<br>堆密度 400g/L<br>pH 值 9 | 饮用水及食品、化工、电力等工业用水的净化、脱氯、除油去臭等 |
| GH-16 | 粒度（8 ~ 28 目）≥90%<br>碘值≥1000mg/g<br>机械强度≥90% | 比表面积（BET）$1000m^2/g$<br>总孔容积 $0.90cm^3/g$<br>真密度 $2g/cm^3$<br>堆密度 0.34 ~ $0.44g/cm^3$<br>pH 值 9 | 饮用水净化，充填大、中、小型净水器及家用净水器，也可用于酒类、糖类、饮料脱色和精制、气相吸附 |
| GH-17 | 粒度（8 ~ 24 目）≥90%<br>碘值≥700mg/g<br>苯吸附量≥45% | 堆密度≥$0.35g/cm^3$<br>pH 值 8 ~ 10 | 饮用水净化，工业废水深度处理，也可用于水中的色、味等及去除少量酚、汞、余氯 |
| GH-18 | 粒度（4 ~ 10 目）≥80%<br>碘值≥1000mg/g<br>苯吸附量≥450mg/g<br>醋酸吸附量≥500mg/g | 堆密度 0.3 ~ $0.4g/cm^3$ | 主要用于气相吸附，也可用于给水净化污水处理，酒精、饮料的除臭、除味等 |
| GH-70 | 颗粒直径 2.5 ~ 3.5mm<br>苯吸附量≥300mg/g<br>机械强度≥80% | 外观：圆柱状颗粒<br>比表面积（BET）$900m^2/g$<br>总孔容积 $0.70cm^3/g$<br>真密度 $2g/cm^3$<br>堆密度 0.35 ~ $0.45g/cm^3$ | 橡胶、油漆工业回收苯、汽油等溶剂，废气处理脱硫，也可用于废水深度处理 |
| GH-1 | 粒度（28 ~ 42 目）≥80%<br>平均粒径 0.44 ~ 0.49mm<br>醋酸吸附量 500mg/g<br>机械强度≥70%<br>含水率≤3%<br>最小流动化速度 9 ~ 12.5cm/s | 比表面积（BET）1300 ~ $1400m^2/g$<br>总孔容积 $1.0cm^3/g$<br>真密度 $2g/cm^3$<br>堆密度 0.40 ~ $0.45g/cm^3$<br>pH 值 5 ~ 7 | 主要供流化床合成维尼纶触媒载体使用，也可用于水质深度净化，溶剂回收及各种气体分离 |
| GH-11 | 粒度（28 ~ 42 目）≥80%<br>平均粒径 0.44 ~ 0.49mm<br>醋酸吸附量≥500mg/g<br>机械强度≥70%<br>含水率≤3%<br>最小流动化速度 12.5cm/s | 比表面积（BET）1000 ~ $1200m^2/g$<br>总孔容积 $0.9cm^3/g$<br>真密度≈$2g/cm^3$<br>堆密度 0.37 ~ $0.43g/cm^3$<br>pH 值 5 ~ 7 | 主要供流化床合成维尼纶触媒载体使用，也可用于味精、葡萄糖、医药工业脱色、精制和水质深度净化，及贵重金属分离提纯 |
| GH-21 | 粒度（28 ~ 42 目）≥80%<br>平均粒径 0.44 ~ 0.49mm<br>醋酸吸附量≥500mg/g<br>机械强度≥70%<br>含水率≤3%<br>最小流动化速度 9 ~ 12.5cm/s | 比表面积（BET）1100 ~ $1300m^2/g$<br>总孔容积 $1cm^3/g$<br>真密度≈$2g/cm^3$<br>堆密度 0.37 ~ $0.45g/cm^3$<br>pH 值 5 ~ 7 | 主要用于流化床合成维尼纶触媒载体，也可用于水质深度净化，溶剂回收，气体分离，含铬污水处理等 |

（续）

| 牌号 | 规格 | 性能 | 用途 |
|---|---|---|---|
| JS 活性炭 | 粒度 28 ~ 25 目<br>碘吸附率≥60%<br>余氯吸附率≥90%<br>$H_2S$ 吸附率≥98% | 比表面积≥1200$m^2/g$<br>pH 值 4.5 ~ 7.5 | 饮用水去除游离性余氯、有机酚类、氰化物、铜、镉、铬、铅、汞等金属离子以及去除臭味等 |
| MPY-1 | 粒度（8 ~ 25 目）≥95%<br>碘吸附率≥30%<br>含水率≤10% | | 气相及液相吸附脱色，适用于含酚污水、染色废水及电镀液等净化处理 |
| MPY-2 | 粒度（8 ~ 25 目）≥95%<br>碘吸附率≥60%<br>余氯吸附率≥90%<br>铁盐≤0.10%<br>含水率≤10% | | |
| MPY-3 | 粒度（8 ~ 25 目）≥95%<br>苯吸附率≥40%<br>铁盐≤0.05%<br>含水率≤10% | | |
| YJ 型活性炭 | 粒度：直径 3 ~ 4mm<br>长度 2 ~ 20mm<br>碘吸附率≥22%<br>含水率 < 5% | 外观：圆柱形颗粒 | 水处理及空气净化 |
| 工业炭（工业品活性炭） | 粒度：按用途不同，细度有粗、细之分<br>亚甲基蓝吸附力 1:0.28<br>铁盐≤0.1%<br>含水率≤10% | 比表面积 1200 ~ 1500$m^2/g$<br>pH 值 4.5 ~ 7.5 | 糖精及各种化工原料、药物粗制品的脱色，水的净化除臭、脱色等，粗粒炭适用于胶状介质脱色，滤速快 |
| 15#颗粒状活性炭 | 粒度：直径 3 ~ 3.5mm<br>长度 5 ~ 20mm<br>碘吸附率≥53%<br>机械强度≥5kg | 外观：圆柱形颗粒 | 空气净化，水处理及溶剂回收，各种气体处里 |
| 航标用活性炭 | 粒度：1 ~ 8mm<br>吸附力丙酮≥70%（液相吸附）<br>含水率≤5% | 外观：无定形颗粒状<br>堆密度 180 ~ 220g/L<br>磨损率≤5% | 航标充乙炔气钢瓶装填，吸收丙酮之用，也可用于空气过滤、净化水质、除臭及杂质 |
| 防净 2#活性炭 | 粒度（8 ~ 20 目）≥90%<br>含水率≤15% | 外观：细散颗粒，具有显著的吸附选择性，对除氯具有特殊效能<br>脱余氯能力≥90%<br>除硫化氢≥98%<br>pH 值 4.5 ~ 7.5<br>堆密度≤250g/L | 饮水脱除余反氯、除臭 |

（续）

| 牌号 | 规格 | 性能 | 用途 |
|---|---|---|---|
| 活性炭棒 | 粒度：直径 50±2mm<br>长度 255±2mm | 外观：棒状<br>除硫化氢能力≥95%<br>过滤速度≥50L/h<br>孔径：15±1mm | 去除饮用水的臭味和浑浊杂质 |
| 766-2 型活性炭 | 溴酚蓝≥90%<br>糖色≥90%<br>含水率≤10% | pH 值≤5 | 糖类脱色精制，也可用于水质净化脱除油污及其他杂质 |
| KH-3 颗粒状活性炭 | 粒度：直径 2.7～3.3mm<br>长度 5～20mm<br>含水率≤5%<br>苯静吸附≥25% | 外观：黑色圆柱形颗粒<br>机械强度 98% | 净化空气中的杂质和杂菌，也可用于脱硫、有机溶剂回收、饮水除臭净化，各种工业废水深度处理 |

## 1.4.2 滤料

### 1. 石英砂滤料

石英砂滤料级配见表 1-47。

**表 1-47 石英砂滤料级配**

| 名称 | 粒径/mm | 粒径级配/mm | | |
|---|---|---|---|---|
| | | $D_{10}$ | $D_{80}$ | $K_{80}$ |
| 石英矿破碎的石英砂 | 0.6～0.9 | 0.54 | 0.84 | 1.56 |
| | 0.5～1.2 | 0.65 | 1.09 | 1.68 |
| | 0.5～1.0 | 0.52 | 0.98 | 1.88 |
| | 0.6～1.3 | 0.65 | 1.09 | 1.68 |
| | 1～2 | 1.27 | 1.81 | 1.42 |
| | 2～4 | 2.52 | 2.74 | 1.09 |
| 天然石英砂 | 0.5～0.8 | 0.54 | 0.84 | 1.56 |
| | 0.5～1.2 | 0.65 | 1.09 | 1.68 |
| 普通石英砂 | 0.5～1.0 | 0.52 | 0.98 | 1.88 |
| | 0.6～1.3 | 0.65 | 1.09 | 1.68 |
| | 1～2 | 1.27 | 1.81 | 1.42 |
| | 2～4 | 2.52 | 2.74 | 1.09 |
| 石英海砂 | 0.5～1.0 | 0.6 | 1.05 | ≤1.8 |

### 2. 无烟煤滤料

无烟煤滤料可用于生活饮用水和工业生产用水以及各种池型的普通快滤池、双层及三层滤池、各种污水过滤器、净水机械过滤器及化工、冶金、热电、制药、造纸、印染、食品等的生产前后的水质处理。无烟煤滤料技术指标见表 1-48。

**表 1-48 无烟煤滤料技术指标**

| 分析项目 | 测试数据 | 分析项目 | 测试数据 |
|---|---|---|---|
| 固定炭 | ≥70% | 破碎率 | ≤0.68% |
| 密度 | 1.57g/cm$^3$ | 盐酸可溶率 | ≤0.98% |
| 表观密度 | 0.95g/cm$^3$ | 磨损率 | ≤0.35% |
| 含泥量 | ≤1% | 硫含量（S） | ≤0.05% |
| 孔隙率 | 53% | 锌含量 | ≤0.04% |
| 均匀系数 | K60≤1.5 | 铜含量 | ≤0.025% |
| 不均匀系数 | K80≤1.8 | 其他重金属含量不超过国家饮用水标准 | |

## 1.4.3 絮凝剂

常用高分子絮凝剂规格及性能见表 1-49。

**表 1-49 常用高分子絮凝剂规格及性能**

| 名称 | 产品牌号 | 离子类型 | 性状 | 分子量/万 | 有效成分含量（%） | 水解度（%） | 游离单体含量（%） | 使用说明 |
|---|---|---|---|---|---|---|---|---|
| 聚丙烯酰胺（PAM）（3 号药剂） | PAM2-3 | 阴离子型 | 胶状液体 | ≥200 | 8～10 | 30 | ≤0.08 | 饮用水絮凝，民用食品加工 |
| | PAM2-4 | 阴离子型 | 胶状液体 | ≥200 | 8～10 | 30 | | 工业废液絮凝澄清 |
| | PAM3-1 | 非离子型 | 胶状液体 | 300～500 | 8～10 | <5 | | 絮凝沉降剂，增稠剂 |
| | PAM3-2 | 阴离子型 | 胶状液体 | 300～500 | 8～10 | 30 | | 絮凝沉降剂，增稠剂 |
| | PAM4-1 | 非离子型 | 胶状液体 | ≥500 | 8～10 | <5 | | |
| | PAM4-2 | 阴离子型 | 胶状液体 | ≥500 | 8～10 | 30 | | |
| | PAM5-1 | 非离子型 | 固体，粉状 | <300 | ≥85 | <5 | | |
| | PAM5-2 | 非离子型 | 固体，粉状 | ≥300 | ≥85 | <5 | | |
| | PAM5-3 | 阴离子型 | 固体 | <300 | ≥85 | 30 | | |
| | PAM5-4 | 阴离子型 | 固体 | ≥300 | ≥85 | 30 | | |
| 聚丙烯酰胺（阴离子型）（PHP） | PHP-10 | 阴离子型 | 胶状颗粒 | Ⅰ型：300～500、Ⅱ型：500～700、Ⅲ型：700～100、Ⅳ型：1000～1500 | ～70 | 5～10 | ～0.5 | 水溶性 24h，出厂时已部分溶解 |
| | PHP-20 | | 胶状颗粒 | | ～70 | 10～20 | ～0.5 | |
| | PHP-30 | | 胶状颗粒 | | ～70 | 20 | ～0.5 | |
| | PHP-40 | | 胶状颗粒 | | ～70 | 30～40 | ～0.5 | |
| | PHP-50 | | 胶状颗粒 | | ～70 | 40～50 | ～0.5 | |
| | PHP-60 | | 胶状颗粒 | | ～70 | 50～60 | ～0.5 | |
| 聚丙烯酰胺（非离子型）（PHP） | PHP-10 | （非离子型） | 白色粉末 | Ⅰ型：300～500、Ⅱ型：500～700、Ⅲ型：700～100、Ⅳ型：1000～1500 | ≥90 | 5～10 | <0.5 | 水溶性 4h，出厂时已部分溶解 |
| | PHP-20 | | 白色粉末 | | ≥90 | 10～20 | <0.5 | |
| | PHP-30 | | 白色粉末 | | ≥90 | 20～30 | <0.5 | |
| | PHP-40 | | 白色粉末 | | ≥90 | 30～40 | <0.5 | |
| | PHP-50 | | 白色粉末 | | ≥90 | 40～50 | <0.5 | |
| | PHP-60 | | 白色粉末 | | ≥90 | 50～60 | <0.5 | |

# 1.5 常用安装工具

## 1.5.1 管钳

### 1. 管子钳

管子钳又称管子扳手、牙钳、喉钳，是连接管道螺纹用的工具，用来拧紧或拆卸管子的螺纹。常见的管子钳外形如图 1-44 所示，钳口和钳把由碳素工具钢制成。

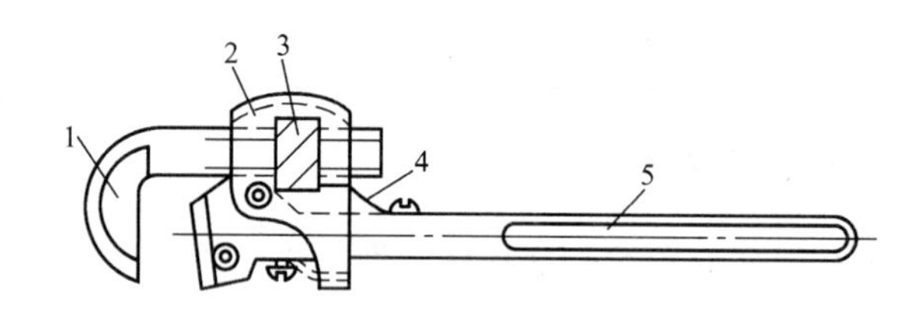


图 1-44 管子钳外形

1—活动钳口 2—套夹 3—螺母 4—弹簧 5—钳柄

每一种规格的管子钳只在一定范围内适用于某种直径的管子。常用管子钳规格及使用范围见表 1-50。

**表 1-50 管子钳规格及使用范围** （单位：mm）

| 规格（长度） | 口宽 | 使用范围（管径） | 规格（长度） | 口宽 | 使用范围（管径） |
|---|---|---|---|---|---|
| 200（8in） | 25 | 15~20 | 450（18in） | 60 | 40~50 |
| 250（10in） | 30 | 20~25 | 600（24in） | 75 | 50~70 |
| 300（12in） | 40 | 25~30 | 900（36in） | 85 | 70~80 |
| 350（14in） | 45 | 30~40 | 1200（48in） | 110 | 80~100 |

管子钳的基本尺寸见表 1-51。

**表 1-51 管子钳的基本尺寸** （单位：mm）

| 规格 | 全长 $L$ | | 最大夹持管径 $D$ |
|---|---|---|---|
| | 基本尺寸 | 偏差（精确到 0.00） | |
| 150 | 150 | ±3% | 20 |
| 200 | 200 | | 25 |
| 250 | 250 | | 30 |
| 300 | 300 | ±4% | 40 |
| 350 | 350 | | 50 |
| 450 | 450 | | 60 |
| 600 | 600 | ±5% | 75 |
| 900 | 900 | | 85 |
| 1200 | 1200 | | 110 |

### 2. 链条钳

链条钳的各部分均为优质碳素钢制成，钢链经热处理和拉力试验。链条钳外形如图 1-45 所示。其规格及其适用范围见表 1-52。

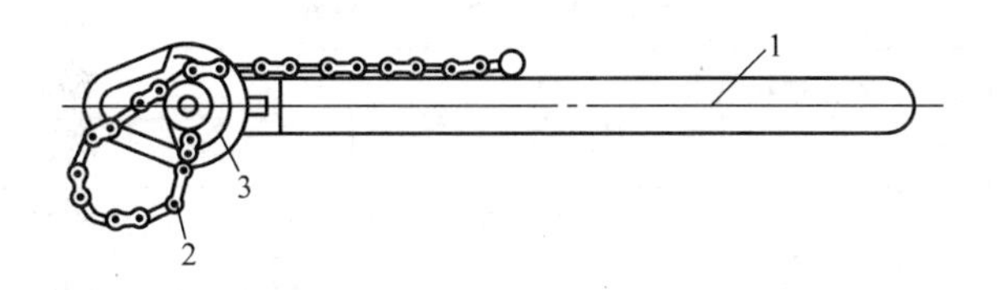


图 1-45 链条钳外形

1—钳柄 2—链条 3—钳头

**表 1-52 链条钳的规格及其适用范围** (单位：mm)

| 规格（公称尺寸） | 链长 | 可扳管子规格 |
| --- | --- | --- |
| 900 | 700 | 40～100 |
| 1000 | 870 | 50～150 |
| 1200 | 1070 | 50～250 |

## 1.5.2 管子台虎钳

管子台虎钳（又称管压力钳、龙门压力钳）安装在钳工工作台上，可固定工件，便于对工件进行加工，如用来夹紧锯切管子或对管子套制螺纹等，如图 1-46 所示。

管子台虎钳的规格，习惯上以号数称呼，各号规格与相应的管子规格见表 1-53。

管子台虎钳规格见表 1-54。

**表 1-53 管子台虎钳号数与直径对照**

| 规格（习惯称呼号数） | 1 | 2 | 3 | 4 |
| --- | --- | --- | --- | --- |
| 能夹管子直径/mm | 10～73 | 10～89 | 13～114 | 17～165 |

**表 1-54 管子台虎钳规格**

| 规格 | 1 | 2 | 3 |
| --- | --- | --- | --- |
| 工作范围/mm | $\phi$10～$\phi$60 | $\phi$10～$\phi$90 | $\phi$15～$\phi$115 |
| 规格 | 4 | 5 | 6 |
| 工作范围/mm | $\phi$15～$\phi$165 | $\phi$30～$\phi$220 | $\phi$30～$\phi$300 |

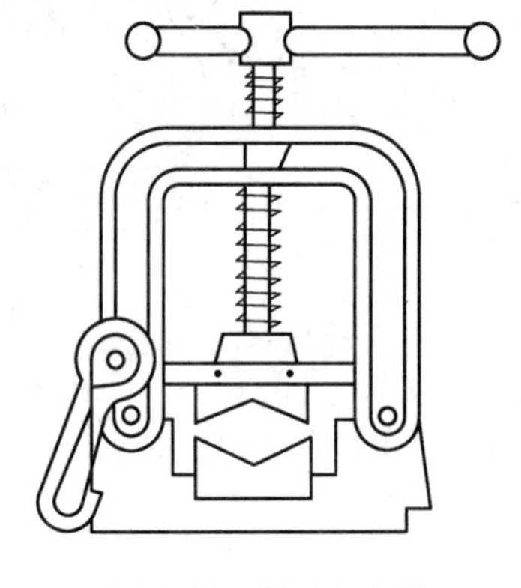

图 1-46 管子台虎钳

## 1.5.3 管子铰板

**1. 普通式管子铰板**

普通式管子铰板主要由板体、扳手、板牙三部分组成，如图 1-47 所示。每种规格的管子铰板都分别附有几套相应的板牙，每套板牙可以套两种尺寸的螺纹。

普通式管子铰板规格见表1-55。

**2. 轻便式管子铰板。**

轻便式管子铰板的规格见表1-56。

如图 1-48 所示，轻便式管子铰板只有一个扳手，扳手端头内，备有 *R*1/2 管螺纹，以便操作者根据施工场地具体情况，选配一根长短适宜的扳手把。

**表 1-55　管子铰板规格**

| 规格型号 | 最大套螺纹管径/mm | 板牙副数 | 套螺纹管径/mm | | |
|---|---|---|---|---|---|
| | | | 第一副 | 第二副 | 第三副 |
| 1 号（114 型） | 50 | 3 | 15 ~ 20 | 25 ~ 32 | 40 ~ 50 |
| 2 号（117 型） | 100 | 2 | 65 ~ 80 | 95 ~ 100 | — |

**表 1-56　轻便式管子铰板的规格**

| 型号 | 铰制管螺纹公称直径/in | 每套板牙规格/in |
|---|---|---|
| Q74-1 | 圆锥：1/4 ~ 1 | 1/4，3/8，1/2，3/4，1 |
| SH-76 | 圆锥：$1/2 \sim 1\frac{1}{2}$ | $1/2，3/4，1，1\frac{1}{4}，1\frac{1}{2}$ |
| | 圆柱：$1/2 \sim 1\frac{1}{2}$ | $1/2，3/4，1\frac{1}{4}，1\frac{1}{2}$ |

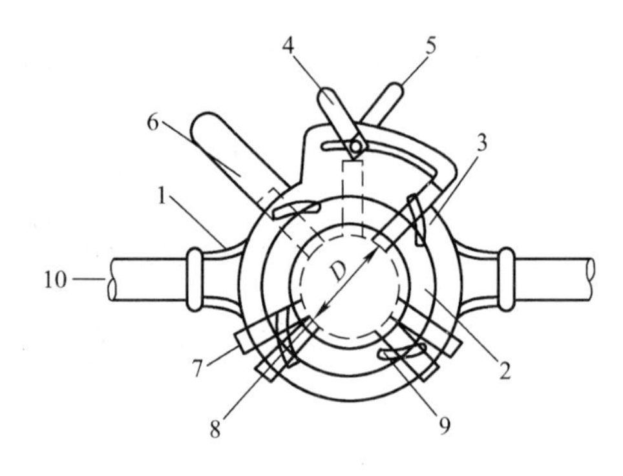


图 1-47　普通式管子铰板

1—铰板本体　2—固定盘　3—活动标盘　4—标盘固定螺栓板
5—板牙松紧螺栓　6—后卡爪滑盘板　7—后卡爪三个顶件
8—板牙（共 4 块）　9—板牙滑轨　10—手柄

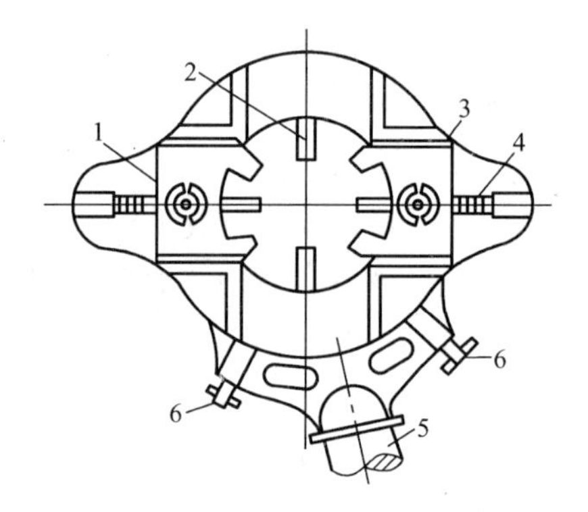


图 1-48　轻便式管子铰板

1—螺母　2—顶杆　3—板牙
4—定位螺钉　5—扳手　6—调位销

## 1.5.4　扳手

### 1. 套筒扳手

套筒扳手是由六角头头部对边距离为公称尺寸大小不同成套组成的，如图 1-49 所示。套筒扳手除具有一般扳手的功用外，特别适用于各种工作空间狭窄和特殊位置。

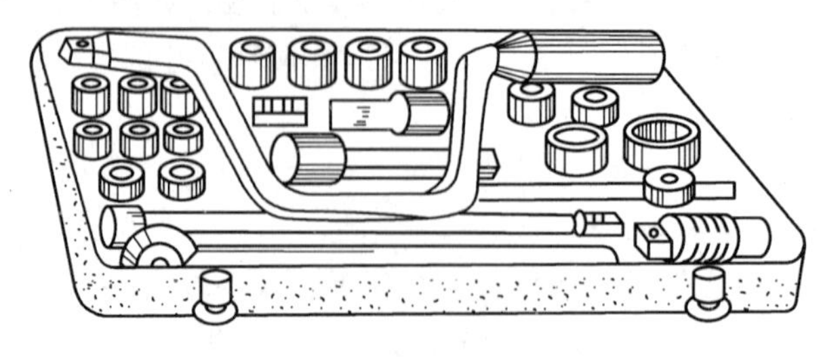

图 1-49　套筒扳手

套筒扳手的规格较多，每套从6件至28件不等，见表1-57。

**表1-57　套筒扳手规格**

| 套筒扳手品种 | 每套套筒扳手配套项目 | | | |
|---|---|---|---|---|
| | 套筒头规格（螺母平行对边距离）/mm | 方孔或方榫尺寸/mm | 手柄及连接杆 | 接头 |
| 小12件 | 4、5、5.5、7、8、9、10、12 | 7 | 棘轮扳手，活络头手柄，通用手柄，长接杆 | — |
| 6件 | 12、14、17、19、22 | 13 | 弯头手柄 | — |
| 9件 | 10、11、12、14、17、19、22、24 | 13 | 弯头手柄 | — |
| 10件 | 10、11、12、14、17、19、22、24、27 | 13 | 弯头手柄 | — |
| 13件 | 10、11、12、14、17、19、22、24、27 | 13 | 棘轮扳手，活络头手柄，通用手柄 | 直接头 |
| 17件 | 10、11、12、14、17、19、22、24、27、30、32 | 13 | 棘轮扳手滑行头手柄，摇头柄，长接杆，短接杆 | 直接头 |
| 28件 | 10、11、12、13、14、15、16、17、18、19、20、21、22、23、24、26、27、28、30、32 | 13 | 棘轮扳手滑行头手柄，摇头柄，长接杆，短接杆 | 直接头<br>万向接头<br>旋具接头 |
| 大19件 | 22、24、27、30、32、36、41、46、50、55 | 20 | 棘轮扳手滑行头手柄，弯头手柄，加力杆，接杆 | 活络头<br>滑行头 |
| | 65、75 | 25 | | |

十字柄套筒扳手的基本尺寸见表1-58。

**表1-58　十字柄套筒扳手的基本尺寸**　（单位：mm）

| 型号 | 套筒对边尺寸 $s_{max}$ | 传动反榫对边尺寸 | 套筒外径 $d_{max}$ | 柄长 $l_{min}$ | 套筒孔深 $t_{min}$ |
|---|---|---|---|---|---|
| 1 | 24 | 12.5 | 38 | 355 | 0.8$s$ |
| 2 | 27 | 12.5 | 42.5 | 450 | 0.8$s$ |
| 3 | 34 | 20 | 49.5 | 630 | 0.8$s$ |
| 4 | 41 | 20 | 63 | 700 | 0.8$s$ |

**2. 活扳手**

活扳手如图1-50所示。活扳手可以在一定范围内调节开口的大小，在一定范围内的螺栓都可以用一个扳手搞定。

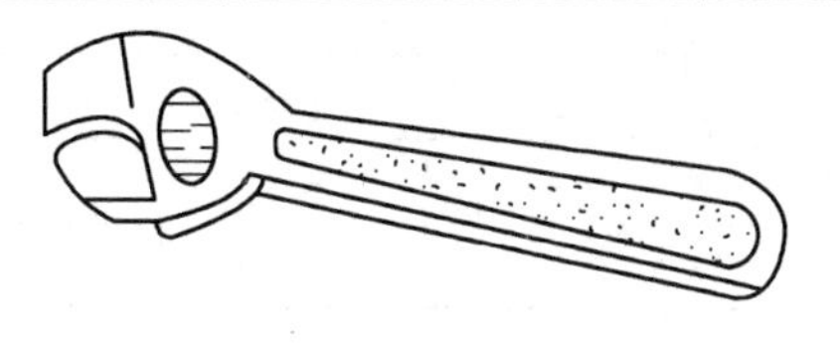

图1-50　活扳手

活扳手规格见表1-59。

**表1-59　活扳手规格**

| 长度 | | | | | | | | | |
|---|---|---|---|---|---|---|---|---|---|
| 长度 | 公制/mm | 100 | 150 | 200 | 250 | 300 | 375 | 450 | 600 |
| | 英制/in | 4 | 6 | 8 | 10 | 12 | 15 | 18 | 24 |
| 开口最大宽度/mm | | 14 | 19 | 24 | 30 | 36 | 46 | 55 | 65 |

活扳手的基本尺寸见表 1-60。

**表 1-60　活扳手的基本尺寸**

| 长度 $l$/mm | | 开口尺寸 $a$/mm | 开口深度 $b$/mm | 扳口前端厚度 $d$/mm | 头部厚度 $e$/mm | 夹角 $\alpha$/(°) | | 小肩离缝 $j$/mm |
|---|---|---|---|---|---|---|---|---|
| 规格 | 公差 | ≥ | min | max | max | A 型 | B 型 | max |
| 100 | +15<br>0 | 13 | 12 | 6 | 10 | 15 | 22.5 | 0.25 |
| 150 | | 19 | 17.5 | 7 | 13 | | | 0.25 |
| 200 | | 24 | 22 | 8.5 | 15 | | | 0.28 |
| 250 | | 28 | 26 | 11 | 17 | | | 0.28 |
| 300 | +30<br>0 | 34 | 31 | 13.5 | 20 | | | 0.30 |
| 375 | | 43 | 40 | 16 | 26 | | | 0.30 |
| 450 | +45<br>0 | 52 | 48 | 19 | 32 | | | 0.36 |
| 600 | | 62 | 57 | 28 | 36 | | | 0.50 |

### 3. 梅花扳手

梅花扳手如图 1-51 所示。梅花扳手主要分为乙字形（俗称钥匙形）、扁梗形、矮颈形三种。

梅花扳手的扳手孔对边尺寸 $S$ 的常用公差见表 1-61。

### 4. 呆扳手

呆扳手也称为固定扳手，有单头和双头两种，如图 1-52 所示。呆扳手因其开口宽度不能改变，所以只能扳动一种（单头）或两种（双头）规格的螺栓或螺母。

单头呆扳手基本尺寸见表 1-62。

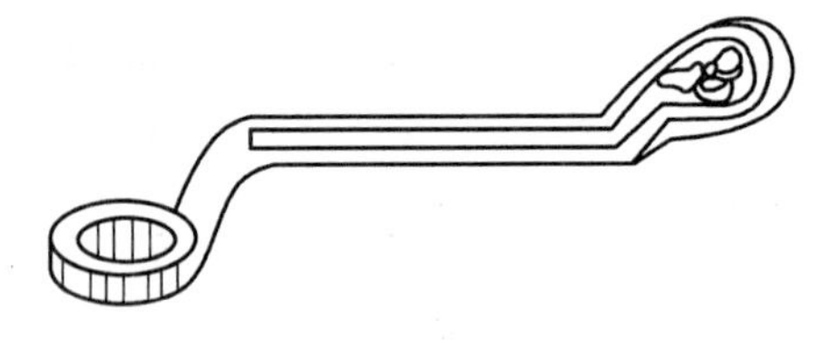

图 1-51　梅花扳手

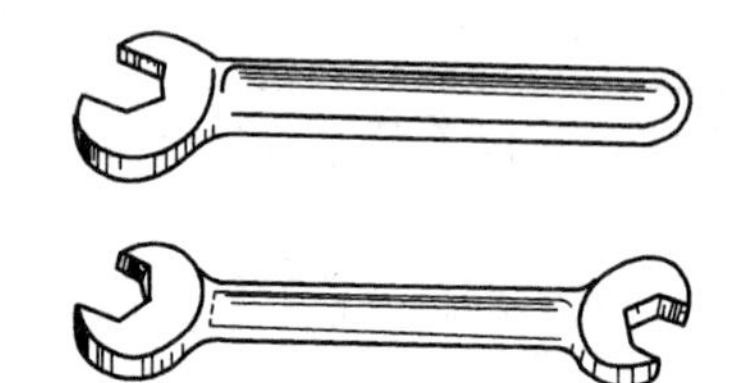

图 1-52　呆扳手

**表 1-61　梅花扳手的扳手孔对边尺寸 $S$ 的常用公差**

| 对边尺寸 $S$ | 公差系列 1 | | 公差系列 2① | |
|---|---|---|---|---|
| | 下偏差 | 上偏差 | 下偏差 | 上偏差 |
| $2 \leqslant S < 3$ | +0.02 | +0.08 | +0.02 | +0.12 |
| $3 \leqslant S < 4$ | +0.02 | +0.10 | +0.02 | +0.14 |
| $4 \leqslant S < 6$ | +0.02 | +0.12 | +0.02 | +0.16 |
| $6 \leqslant S < 10$ | +0.03 | +0.15 | +0.03 | +0.19 |
| $10 \leqslant S < 12$ | +0.04 | +0.19 | +0.04 | +0.24 |
| $12 \leqslant S < 14$ | +0.04 | +0.24 | +0.04 | +0.30 |
| $14 \leqslant S < 17$ | +0.05 | +0.27 | +0.05 | +0.35 |

（续）

| 对边尺寸 $S$ | 公差系列 1 | | 公差系列 2[①] | |
|---|---|---|---|---|
| | 下偏差 | 上偏差 | 下偏差 | 上偏差 |
| $17 \leqslant S < 19$ | +0.05 | +0.30 | +0.05 | +0.40 |
| $19 \leqslant S < 26$ | +0.06 | +0.36 | +0.06 | +0.46 |
| $26 \leqslant S < 33$ | +0.08 | +0.48 | +0.08 | +0.58 |
| $33 \leqslant S < 55$ | +0.10 | +0.60 | +0.10 | +0.70 |
| $55 \leqslant S < 75$ | +0.12 | +0.72 | +0.12 | +0.92 |

① 公差系列 2 仅适用于未经精加工处理的梅花扳手。

**表 1-62 单头呆扳手基本尺寸** （单位：mm）

| 规格 $S$ | 头部外形 $b_{max}$ | 厚度 $e_{max}$ | 全长 $l_{min}$ | 规格 $S$ | 头部外形 $b_{max}$ | 厚度 $e_{max}$ | 全长 $l_{min}$ |
|---|---|---|---|---|---|---|---|
| 5.5 | 19 | 4.5 | 80 | 24 | 57 | 11 | 200 |
| 6 | 20 | 4.5 | 85 | 25 | 60 | 11.5 | 205 |
| 7 | 22 | 5 | 90 | 26 | 62 | 12 | 215 |
| 8 | 24 | 5 | 95 | 27 | 64 | 12.5 | 225 |
| 9 | 26 | 5.5 | 100 | 28 | 66 | 12.5 | 235 |
| 10 | 28 | 6 | 105 | 29 | 68 | 13 | 245 |
| 11 | 30 | 6.5 | 110 | 30 | 70 | 13.5 | 255 |
| 12 | 32 | 7 | 115 | 31 | 72 | 14 | 265 |
| 13 | 34 | 7 | 120 | 32 | 74 | 14.5 | 275 |
| 14 | 36 | 7.5 | 125 | 34 | 78 | 15 | 285 |
| 15 | 39 | 8 | 130 | 36 | 83 | 15.5 | 300 |
| 16 | 41 | 8 | 135 | 41 | 93 | 17.5 | 330 |
| 17 | 43 | 8.5 | 140 | 46 | 104 | 19.5 | 350 |
| 18 | 45 | 9 | 150 | 50 | 112 | 21 | 370 |
| 19 | 47 | 9 | 155 | 55 | 123 | 22 | 390 |
| 20 | 49 | 9.5 | 160 | 60 | 133 | 24 | 420 |
| 21 | 51 | 10 | 170 | 65 | 144 | 26 | 450 |
| 22 | 53 | 10.5 | 180 | 70 | 154 | 28 | 480 |
| 23 | 55 | 10.5 | 190 | | | | |

呆扳手开口对边尺寸 $S$ 的常用公差见表 1-63。

**表 1-63 呆扳手开口对边尺寸 $S$ 的常用公差** （单位：mm）

| 对边尺寸 $S$ | 下偏差 | 上偏差 |
|---|---|---|
| $2 \leqslant S < 3$ | +0.02 | +0.08 |
| $3 \leqslant S < 4$ | +0.02 | +0.10 |
| $4 \leqslant S < 6$ | +0.02 | +0.12 |
| $6 \leqslant S < 10$ | +0.03 | +0.15 |
| $10 \leqslant S < 12$ | +0.04 | +0.19 |

（续）

| 对边尺寸 $S$ | 下偏差 | 上偏差 |
|---|---|---|
| $12 \leqslant S < 14$ | +0.04 | +0.24 |
| $14 \leqslant S < 17$ | +0.05 | +0.27 |
| $17 \leqslant S < 19$ | +0.05 | +0.30 |
| $19 \leqslant S < 26$ | +0.06 | +0.36 |
| $26 \leqslant S < 33$ | +0.08 | +0.48 |
| $33 \leqslant S < 55$ | +0.10 | +0.60 |
| $55 \leqslant S < 75$ | +0.12 | +0.72 |

**5. 电动冲击扳手**

电动冲击扳手的规格、基本参数见表 1-64。

**表 1-64 电动冲击扳手的规格、基本参数**

| 规格 | 适用范围 | 力矩范围/N · m | 方头公称尺寸/mm | 边心距/mm |
|---|---|---|---|---|
| 8 | M6 ~ M8 | 4 ~ 15 | 10 × 10 | ≤26 |
| 12 | M10 ~ M12 | 15 ~ 60 | 12.5 × 12.5 | ≤36 |
| 16 | M14 ~ M16 | 50 ~ 150 | 12.5 × 12.5 | ≤45 |
| 20 | M18 ~ M20 | 120 ~ 220 | 20 × 20 | ≤50 |
| 24 | M22 ~ M24 | 220 ~ 400 | 20 × 20 | ≤50 |
| 30 | M27 ~ M30 | 380 ~ 800 | 20 × 20 | ≤56 |
| 42 | M36 ~ M42 | 750 ~ 2000 | 25 × 25 | ≤66 |

注：1. 力矩范围的上限值（$M_{max}$）是对适用范围中大规格的上述螺栓连接系统最长连续冲击时间（$t_{max}$）后，系统所得到的力矩。$t_{max}$对规格 42 为 10s；对规格 30 为 7s；对其余规格为 5s。

2. 力矩范围的下限值（$M_{min}$）是对适用范围中小规格的上述螺栓连接系统最短连续冲击时间（$t_{min}$）后，系统所得到的力矩。$t_{min}$对各规格为 0.5s。

3. 电扳手的规格是指在刚性衬垫系统上，装配精制的、强度级别为 6.8，内外螺纹公差配合为 6H/6g 的普通粗牙螺纹的螺栓所允许使用的最大螺纹直径 $d$（mm）。

# 1.6 常用测量工具

## 1.6.1 钢直尺（钢板尺）

钢直尺简称直尺，用于测量各种工件和管配件以及放样划线。大多数的钢直尺尺面为公制刻度。如图 1-53 所示为常见的 150mm 钢直尺。

钢直尺的检定项目和主要检定工具见表 1-65。

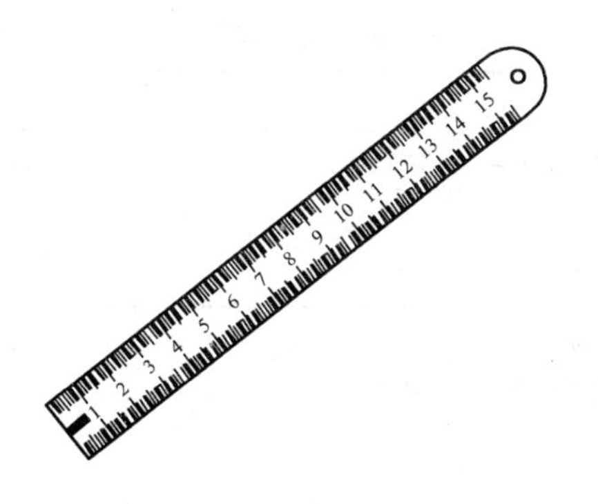

图 1-53　钢直尺

**表 1-65　钢直尺的检定项目和主要检定工具**

| 序号 | 检定项目 | 主要检定工具 | 检定类别 | |
|---|---|---|---|---|
| | | | 新制造 | 使用中 |
| 1 | 外观 | 表面粗糙度比较样块 | + | + |
| 2 | 尺面平面度 | 1 级平尺、1 级塞尺 | + | + |
| 3 | 弹性 | 半径为 250mm 半圆盘 | + | - |
| 4 | 尺的端边、侧边的直线度 | 1 级平尺、1 级塞尺 | + | + |
| 5 | 尺的端边与侧边垂直度 | 1 级直角尺、2 级平尺、1 级塞尺 | + | + |
| 6 | 侧边厚度 | 1 级平尺、1 级塞尺 | + | - |
| 7 | 端边与侧边相交处圆弧半径 | 工具显微镜 | + | + |
| 8 | 线纹宽度及宽度差 | 分度值为 0.01mm 的度数显微镜 | + | - |
| 9 | 示值误差 | 三等标准金属线纹尺、度数显微镜 | + | + |

注：表中“+”号表示应检定，“-”号表示可不检定。

## 1.6.2　钢卷尺

钢卷尺的尺带是采用优质钢材经特殊工艺加工处理制成的。常用卷尺如图 1-54 所示。

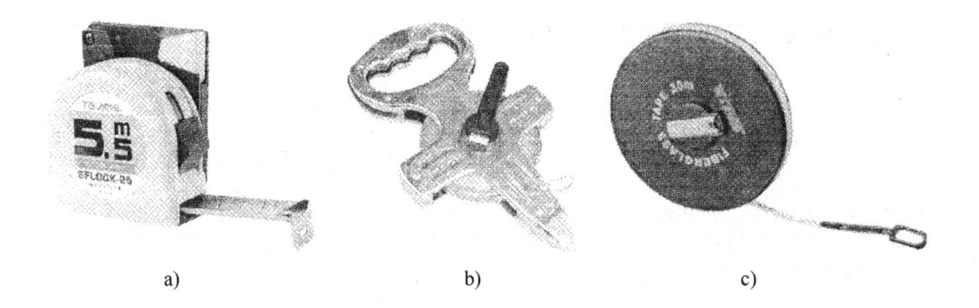


a)　b)　c)

图 1-54　卷尺

a）小卷尺　b）大钢卷尺　c）布卷尺

钢卷尺的规格见表 1-66。

表 1-66　钢卷尺的规格

| 形式 | 规格[①]/m | 尺带[②] | | | | |
|---|---|---|---|---|---|---|
| | | 宽度/mm | 宽度偏差/mm | 厚度/mm | 厚度偏差/mm | 形状 |
| A、B 型 | 0.5 的整数倍 | 4～25 | 0<br>-0.3 | 0.12～0.14 | 0<br>-0.04 | 弧形或平形 |
| C、D 型 | 5 的整数倍 | 8～16 | | 0.14～0.24 | | 平形 |

① 特殊规格和要求由供需双方协商。

② 尺带的宽度和厚度是指金属材料的宽度和厚度。

## 1.6.3　90°角尺（直角尺）

直角尺简称角尺、曲尺（图 1-55），主要用于检验工件的直角度、划垂直线，检验管道法兰的垂直度等，用途较广。

直角尺规格见表 1-67。

表 1-67　直角尺规格　（单位：mm）

| 长度 | 40 | 63 | 100 | 125 | 160 | 200 |
|---|---|---|---|---|---|---|
| 高度 | 63 | 100 | 160 | 200 | 250 | 315 |
| 长度 | 250 | 315 | 400 | 500 | 630 | |
| 高度 | 400 | 500 | 630 | 800 | 1000 | |

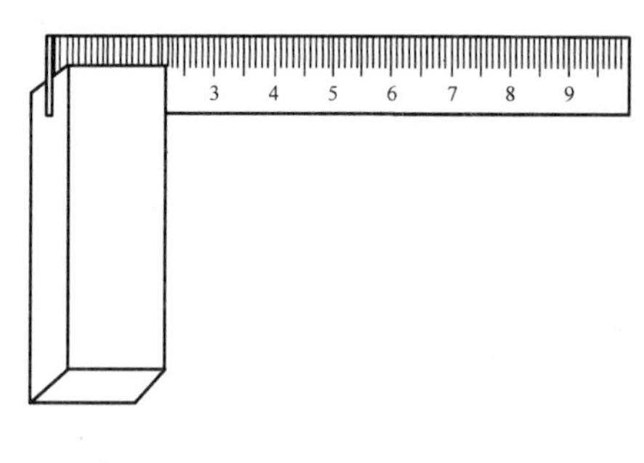


图 1-55　直角尺

## 1.6.4　水平尺

水平尺按其制造材料分为木水平尺、铝制水平尺和铁水平尺。木和铝制水平尺适用于建筑工程，多为泥瓦工及木工使用。如图 1-56 所示为安装用的铁水平尺。

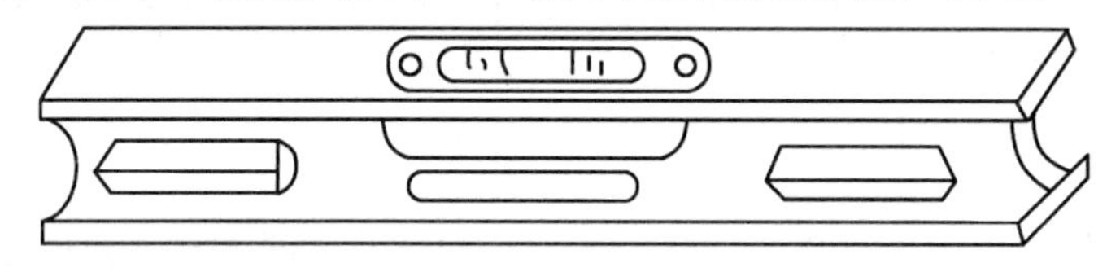

图 1-56　铁水平尺

铁水平尺的灵敏度是由玻璃水准管决定的，与尺身的长度无关。尺身长度可在 150～600mm（表 1-68）。

表 1-68　水平尺规格

| 长度/mm | 150 | 200，250，300，350，400，450，500，550，600 |
|---|---|---|
| 主水准刻度值/（mm/m） | 0.5 | 2 |

方形水平尺规格见表 1-69。

表 1-69　方形水平尺规格

| 框架边长/mm | 150×150 | 200×200 | 250×250 | 300×300 |
|---|---|---|---|---|
| 主水准刻度值/（mm/m） | 0.02，0.025，0.03，0.04，0.05 | | | |

### 1.6.5　线锤

线锤也称线坠，如图 1-57 所示，常用于检测立管和立式容器、设备的垂直度。

线锤规格见表 1-70。

表 1-70　线锤规格

| 材料 | 铜，铁 |
| --- | --- |
| 重量/kg | 0.05，0.1，0.2，0.25，0.3，0.4，0.5 |

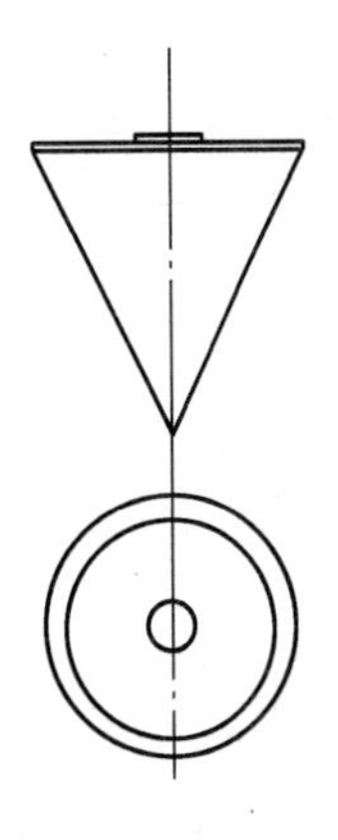

图 1-57　线锤

## 1.7　常用机械

### 1.7.1　手动机械

**1. 千斤顶**

(1) 预应力用液压千斤顶　千斤顶可分为穿心式千斤顶和实心式千斤顶，其分类见表 1-71。

表 1-71　千斤顶分类

| 分类 | | 分类代号 | 示意图 |
| --- | --- | --- | --- |
| 穿心式千斤顶 | 前卡式 | YDCQ | |
| | 后卡式 | YDC | |
| | 穿心拉杆式 | YDCL | |

（续）

| 分类 | | 分类代号 | 示意图 |
|---|---|---|---|
| 实心式千斤顶 | 顶推式 | YDT | 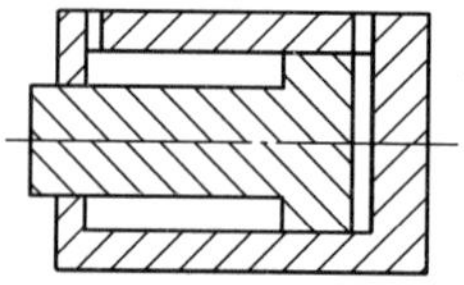 |
| | 机械自锁式 | YDS | 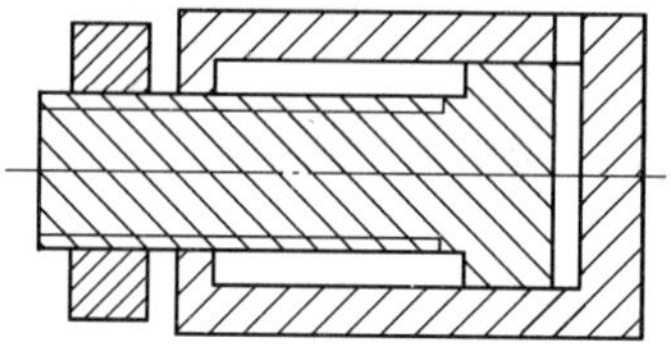 |
| | 实心拉杆式 | YDL | 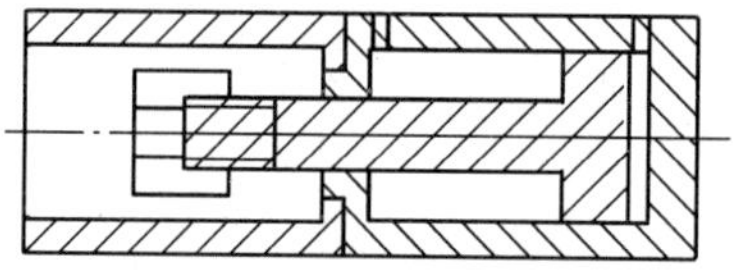 |

公称输出力宜优先选用表 1-72 中的系列，公称行程宜优先选用表 1-73 中的系列。

**表 1-72　公称输出力**

| 第一系列 | 100 | — | 250 | 350 | — | 600 | — | 1 000 | 1 500 |
|---|---|---|---|---|---|---|---|---|---|
| 第二系列 | — | 160 | — | — | 400 | — | 850 | — | — |
| 第一系列 | — | 2 500 | 3 000 | — | 4 000 | — | 6 500 | 9 000 | 12 000 |
| 第二系列 | 2 000 | — | | 3 500 | — | 5 000 | — | — | — |

**表 1-73　公称行程**

| 第一系列 | 50 | — | 100 | — | — | 200 | — | — | — | 500 | — | — |
|---|---|---|---|---|---|---|---|---|---|---|---|---|
| 第二系列 | — | 80 | — | 150 | 180 | — | 250 | 300 | 400 | — | 600 | 1 000 |

液压千斤顶规格见表 1-74。

**表 1-74　液压千斤顶规格**

| 型号 | 起重量/t | 起重高度/mm | 自重/kg |
|---|---|---|---|
| QY1.5 | 1.5 | 90 | 2.5 |
| QY3 | 3 | 130 | 3.5 |
| QY5G | 5 | 160 | 5.0 |
| QY5D | 5 | 125 | 4.5 |
| QY8 | 8 | 160 | 6.5 |
| QY10 | 10 | 160 | 7.5 |
| QY12.5 | 12.5 | 160 | 9.5 |

（续）

| 型号 | 起重量/t | 起重高度/mm | 自重/kg |
|---|---|---|---|
| QY20 | 20 | 180 | 18 |
| QY32 | 32 | 180 | 24 |
| QY50 | 50 | 180 | 40 |

注：Q 代表千斤顶，Y 表示液压，G 表示高型，D 表示低型。

（2）油压千斤顶　典型的油压千斤顶如图 1-58 所示。

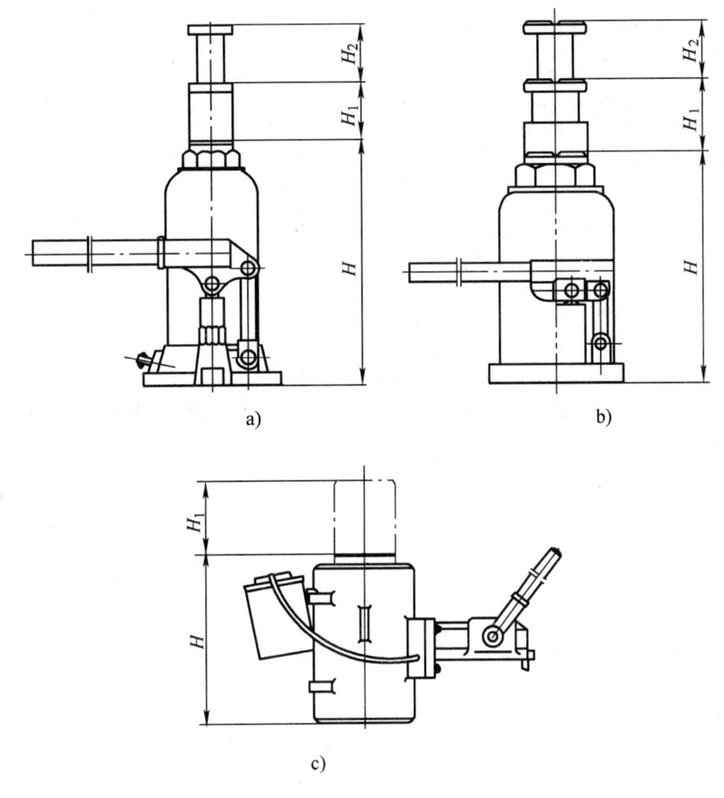


图 1-58　油压千斤顶

a）单级式　b）多级式　c）立卧两用式

$H$—最低高度　$H_1$—起重高度　$H_2$—调整高度

普通型千斤顶的推荐参数见表 1-75。

**表 1-75　普通型千斤顶的推荐参数**

| 型　号 | 额定起重量 $G_n$/t | 最低高度 $H\leqslant$ | 起重高度 $H_1\geqslant$ | 调整高度 $H_2\geqslant$ |
|---|---|---|---|---|
| | | mm | | |
| QYL2 | 2 | 158 | 90 | 60 |
| QYL3 | 3 | 195 | 125 | |
| QYL5 | 5 | 232 | 160 | |
| | | 200 | 125 | |

（续）

| 型　号 | 额定起重量 $G_n$/t | 最低高度 $H\leqslant$ | 起重高度 $H_1\geqslant$ | 调整高度 $H_2\geqslant$ |
|---|---|---|---|---|
| | | mm | | |
| QYL8 | 8 | 236 | 160 | 60 |
| QYL10 | 10 | 240 | | |
| QYL12 | 12 | 245 | | |
| QYL16 | 16 | 250 | | |
| QYL20 | 20 | 280 | 180 | — |
| QYL32 | 32 | 285 | | |
| QYL50 | 50 | 300 | | |
| QYL70 | 70 | 320 | | |
| QW100 | 100 | 360 | 200 | — |
| QW200 | 200 | 400 | | |
| QW320 | 320 | 450 | | |

（3）螺旋千斤顶　普通型螺旋千斤顶如图 1-59 所示，剪式螺旋千斤顶如图 1-60 所示（图 1-59 和图 1-60 中 $H$ 为最低高度，$H_1$ 为起升高度）。

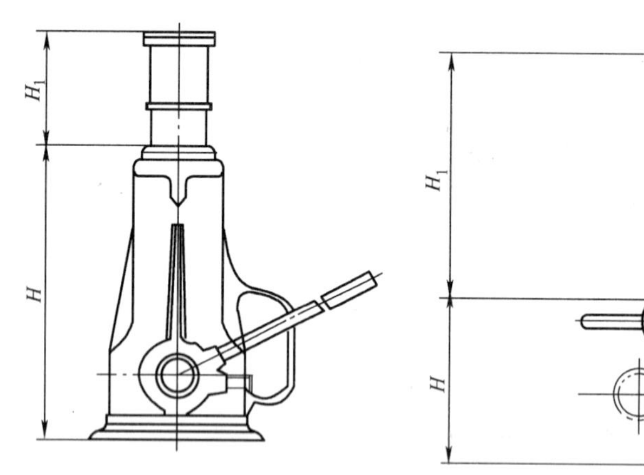


图 1-59　普通型螺旋千斤顶

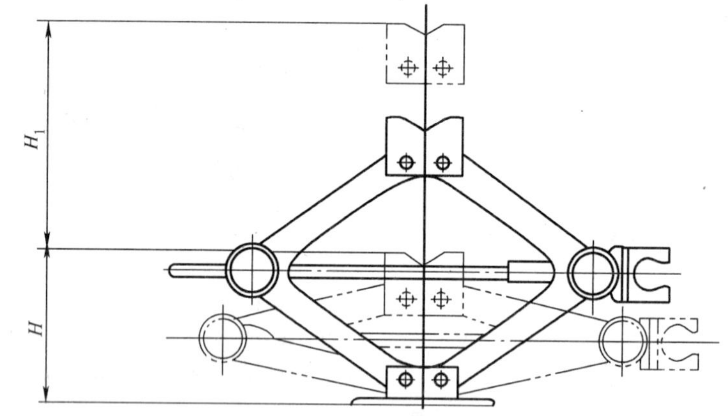


图 1-60　剪式螺旋千斤顶

螺旋千斤顶优先用的额定起重量（$G_n$）参数见表 1-76。

**表 1-76　优先用的额定起重量（$G_n$）参数**

| 项目 | 数值 |
|---|---|
| 额定起重量（$G_n$）/t | 0.5、1、1.6、2、3.2、5、8、10、16、20、50、100 |

螺旋千斤顶规格见表 1-77。

表 1-77　螺旋千斤顶规格

| 型号 | 起重量/t | 起重高度/mm | 自重/kg |
|---|---|---|---|
| Q3 | 3 | 100 | 6 |
| Q5 | 5 | 130 | 7.5 |
| Q10 | 10 | 150 | 11 |
| Q16 | 16 | 180 | 15 |
| QD32 | 32 | 200 | 27 |
| Q32 | 32 | 180 | 20 |
| Q50 | 50 | 250 | 47 |

注：Q 表示千斤顶，D 表示低型。

**2. 手拉葫芦**

手拉葫芦也称倒链、神仙葫芦，如图 1-61 所示，常用于提升高度不超过 3m 和起重量不超过 5t 的场所。

钢丝绳是由许多直径小、强度高的钢丝捻成绳股后再绕制而成的；钢丝绳扣是由钢丝绳截成短节后插绕而成的，如图 1-62 所示。

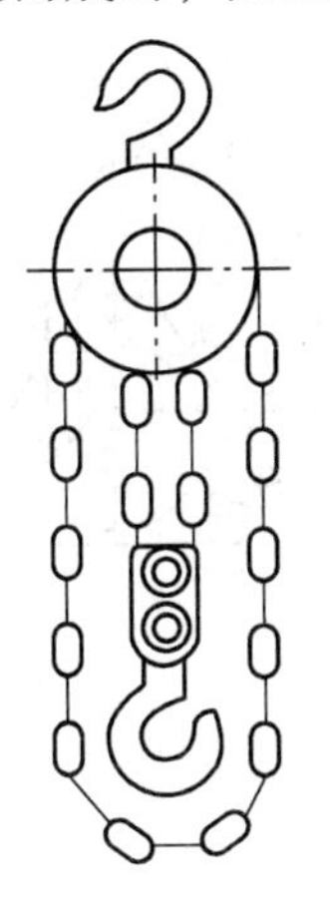

图 1-61　手拉葫芦

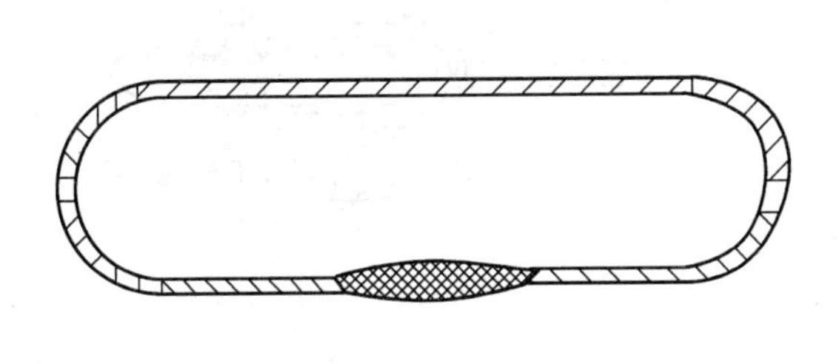

图 1-62　钢丝绳扣

钢丝绳手拉葫芦规格见表 1-78。

表 1-78　钢丝绳手拉葫芦规格

| 型号 | 起重量/t | 提升高度/mm | 重量/kg |
|---|---|---|---|
| QY1.5 | 1.5 | 20 | 10 |
| QY3 | 3 | 10 | 16 |

环链手拉葫芦规格见表 1-79。

表 1-79　环链手拉葫芦规格

| 型号 | 起重量/t | 提升高度/mm | 重量/kg |
|---|---|---|---|
| HS0.5 | 0.5 | 2.5 | 7 |
| HS1 | 1 | 2.5 | 10 |
| HS1.5 | 1.5 | 2.5 | 15 |

（续）

| 型号 | 起重量/t | 提升高度/mm | 重量/kg |
|---|---|---|---|
| HS2 | 2 | 2.5 | 14 |
| HS2.5 | 2.5 | 2.5 | 28 |
| HS3 | 3 | 3 | 24 |
| HS5 | 5 | 3 | 36 |
| HS10 | 10 | 3 | 68 |

### 3. 手动弯管器

携带式手动弯管器如图 1-63 所示，固定式手动弯管器如图 1-64 所示。

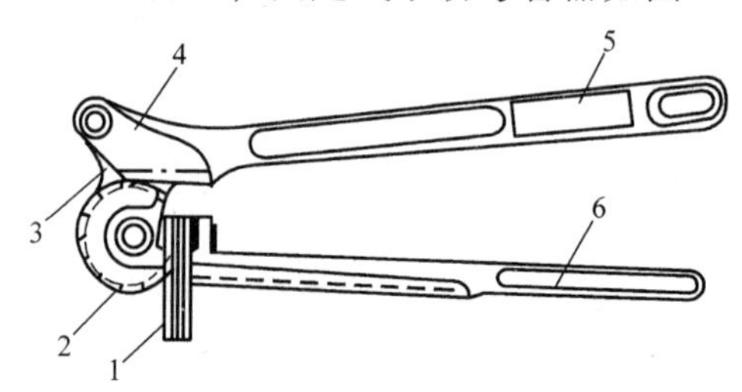


图 1-63　携带式手动弯管器

1—活动挡板　2—弯管胎　3—连板　4—偏心弧形槽　5—离心臂　6—手柄

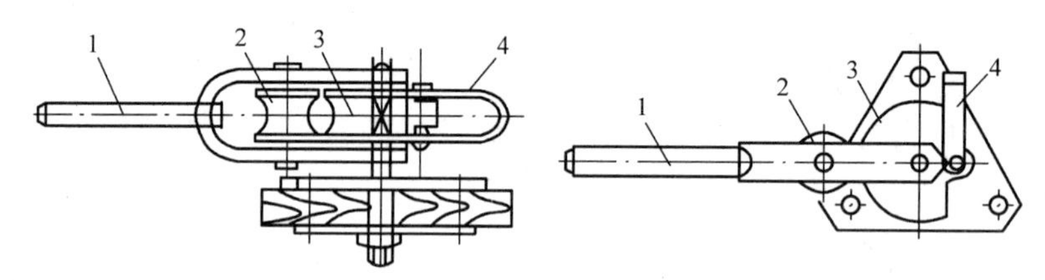


图 1-64　固定式手动弯管器

1—手柄　2—动胎轮　3—定胎轮　4—管子夹持器

液压弯管机如图 1-65 所示。

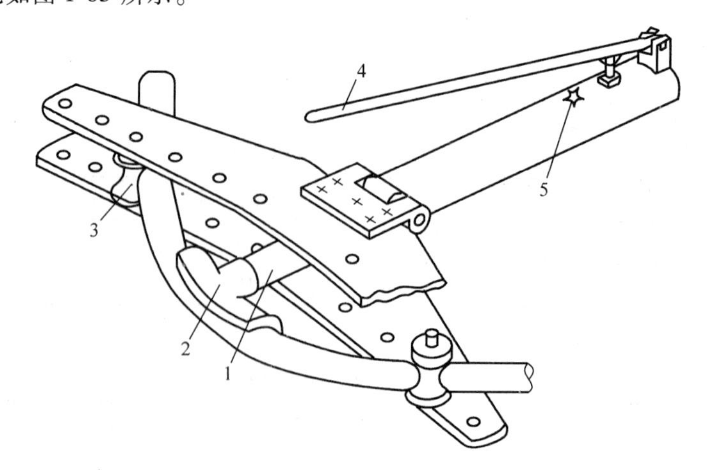


图 1-65　液压弯管机

1—顶杆　2—胎模　3—管托　4—手柄　5—回油阀

手动液压弯管机的规格性能见表1-80。

**表1-80　手动液压弯管机的规格性能**

| 指标 | Ⅰ型 | Ⅱ型 | Ⅲ型 |
|---|---|---|---|
| 弯管直径/mm | 15，20，25 | 25，32，40，50 | 78，89，114，127 |
| 最大弯曲角度/（°） | 90 | 90 | 90 |
| 活塞杆最大行程/mm | 300 | 310 | 550 |
| 最大压力/MPa | 250 | 300 | 300 |
| 液压传动方式 | 手动液压泵 | 手动液压泵 | 电动活塞泵 |
| 手动液压泵的手柄最大推力/N | 200 | 230 | — |
| 电动机功率/kW | — | — | 2.8 |
| 外形尺寸/mm | — | 700×700×220 | 1500×1400×700 |
| 重量/kg | 17.5 | 46 | 632 |

## 1.7.2　电动机械

### 1. 电动弯管机

电动弯管机由电动机通过传动装置、带动主轴以及固定在主轴上的弯管模一起转动进行弯管。电动弯管机弯管示意图如图1-66所示。

当被弯曲管子外径大于60mm时，必须在管内放置弯曲芯棒，芯棒外径比管子内径小1～1.5mm，放在管子起弯点稍前处；芯棒的圆锥部分变为圆柱部分时的交线，要放在管子的起弯面上，如图1-67所示。

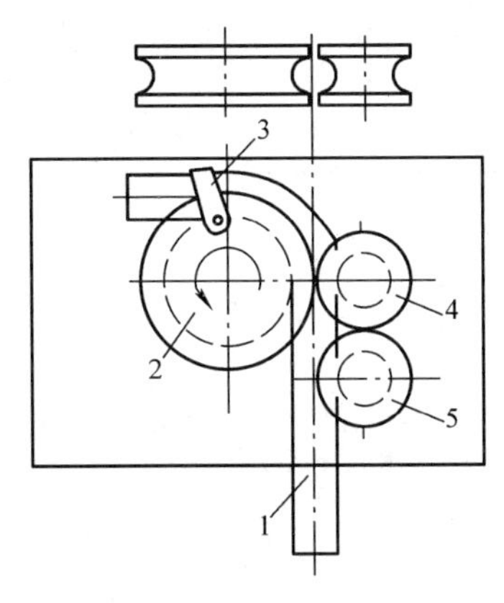


图1-66　电动弯管机弯管示意图

1—管子　2—弯管模

3—U形管卡　4—导向模　5—压紧模

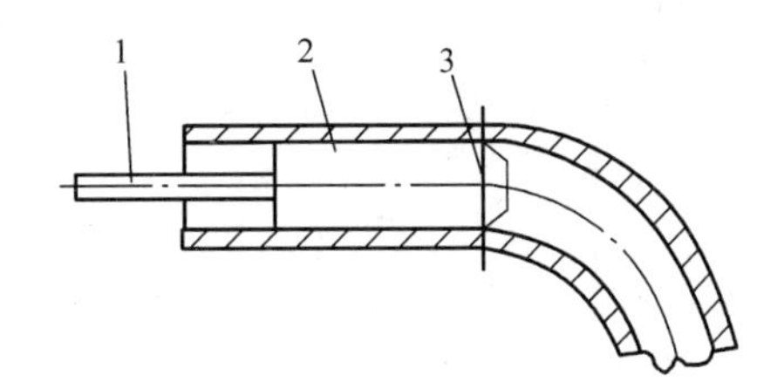


图1-67　弯曲芯棒的放置位置

1—拉杆　2—芯棒

3—管子的开始弯曲面

电动弯管机的规格性能见表1-81。

表 1-81　电动弯管机的规格性能

| 产品名称 | 型号 | 弯管直径范围/mm | 弯曲角度范围/（°） | 弯曲半径范围/mm | 弯曲模转速/（r/min） | 最大厚度/mm | 净重/t | 外形尺寸（长×宽×高）/mm |
|---|---|---|---|---|---|---|---|---|
| 弯管机 | WA27Y-60 | 25～60 | 190 | 75～300 | 1～2 | — | 1.5 | 2805×1025×1170 |
| | WC27-108 | 38～108 | 180 | 150～500 | 0.52 | — | 3.4 | 2730×1880×1145 |
| | WC27-114 | 38～114 | 195 | 150～500 | 0.8 | — | 3.2 | 3235×1460×1225 |
| 液压弯管机 | W27Y-89×6 | 40～80 | 0～195 | 100～500 | 1.2 | 6 | 4.43 | 5380×1170×1230 |
| | W27Y-114×8 | 60～114 | 0～195 | 250～700 | 0.91 | 8 | 5.8 | 5990×2050×1277 |
| | W27Y-159×14 | 60～159 | 0～195 | 250～800 | 0.4 | 14 | 13.5 | 6150×2400×1520 |
| | W27Y-219×8 | 89～219 | 0～195 | 250～800 | 0.4 | 8 | 14 | 6300×2400×1640 |
| | W27Y-219×8 | 89～219 | 0～195 | 400～1000 | 0.5～0.85 | 18 | 26.6 | 9856×4590×1660 |
| 立体液压弯管机 | W28YS-89×6 | 40～89 | 0～195 | 100～500 | 1.2 | 6 | — | — |
| 液压弯管机 | W28YS-114×8 | 60～114 | 0～195 | 250～700 | 0.91 | 8 | — | — |
| | W28YS-159×14 | 60～159 | 0～195 | 250～800 | 0.4 | 14 | — | — |
| | W28YS-219×8 | 89～219 | 0～195 | 250～800 | 0.4 | 8 | — | — |
| 液压弯管机 | W27Y-60A | 24～60 | 0～195 | 72～300 | 3.0 | 5 | 1.4 | 2290×905×1115 |
| | W28Y-114A | 45～114 | 0～195 | 135～600 | 0～2 | 8 | 7 | 4950×1840×1370 |
| 立体弯管机 | W27Y-159 | 60～159 | 0～195 | 200～800 | 0～1 | 12 | 15 | 9370×2500×1500 |
| 液压弯管机 | WC27Y-89 | 36～89 | 0～195 | 178～450 | 0～1.5 | 6 | 5 | 4420×1275×1220 |
| 弯管机 | W27Y-108 | 38～108 | 0～195 | 150～500 | 0.52 | 4 | 3.5 | 2730×1880×1145 |
| 小 R 弯管机 | 60A/XR | 10～42 | 0～195 | 30～80 | 3.0 | — | 3 | 4000×1360×2040 |
| | W27Y0114A/XR | 45～114 | 0～195 | 70～600 | 0.7～2 | 8 | 10 | 6660×2500×1750 |
| 机械弯管机 | WC27-108 | 38～108 | 0～180 | 150～500 | 0.52/1.06 | 6 | 3.4 | 2730×1680×1145 |
| 液压弯管机 | WA27Y-60 | 25～60 | 0～195 | 50～300 | 1～2 | 5 | 1.5 | 2315×1025×1170 |

## 2. 电钻

基本系列电钻型号应符合图 1-68 的规定。

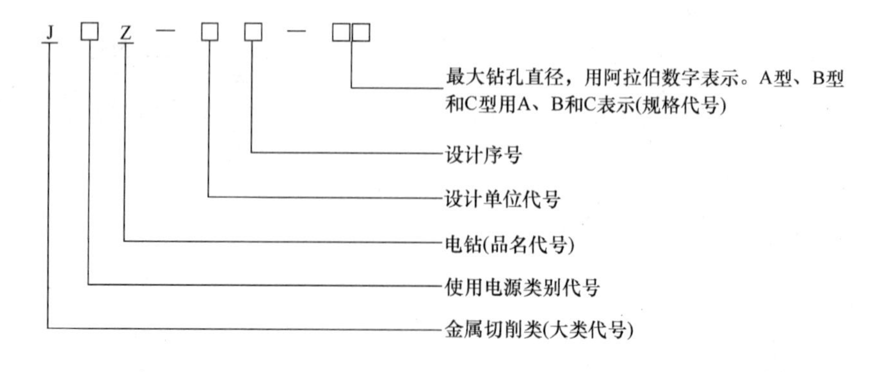


图 1-68　电钻型号

电钻基本参数应符合表 1-82 的规定。

表 1-82 电钻基本参数

| 电钻规格/mm | | 额定输出功率/W ≥ | 额定转矩/（N·m） ≥ |
|---|---|---|---|
| 4 | A | 80 | 0.35 |
| 6 | C | 90 | 0.50 |
| | A | 120 | 0.85 |
| | B | 160 | 1.20 |
| 8 | C | 120 | 1.00 |
| | A | 160 | 1.60 |
| | B | 200 | 2.20 |
| 10 | C | 140 | 1.50 |
| | A | 180 | 2.20 |
| | B | 230 | 3.00 |
| 13 | C | 200 | 2.50 |
| | A | 230 | 4.00 |
| | B | 320 | 6.00 |
| 16 | A | 320 | 7.00 |
| | B | 400 | 9.00 |
| 19 | A | 400 | 12.00 |
| 23 | A | 400 | 16.00 |
| 32 | A | 500 | 32.00 |

注：电钻规格是指电钻钻削强度为390MPa时所允许使用的最大钻头直径。

在距离电钻中心1000mm球面处测得的电钻空载噪声声压级（A计权）的平均值应不大于表1-83规定的限值。

表 1-83 噪声限值

| 电钻规格/mm | 4 | 6 | 8 | 10 | 13 | 16 | 18 | 23 | 32 |
|---|---|---|---|---|---|---|---|---|---|
| 噪声值/dB（A） | | 84 | | 86 | | | 90 | | 92 |

**3. 冲击电钻**

冲击电钻型号应符合图1-69的规定。

在距离冲击电钻中心1000mm球面处测得的冲击电钻空载噪声声压级（A计权）的平均值应不大于表1-84规定的限值。

表 1-84 噪声限值

| 规格/mm | 10 | 13 | 16 | 20 |
|---|---|---|---|---|
| 噪声值/dB（A） | 84（95） | | 86（97） | |

注：当在混合室内测量冲击电钻的噪声值时，其声功率级（A计权）应不大于表中括号内规定的限值。

**4. 电锤**

电锤的型号应符合图1-70的规定。

电锤的基本参数应符合表1-85的规定。

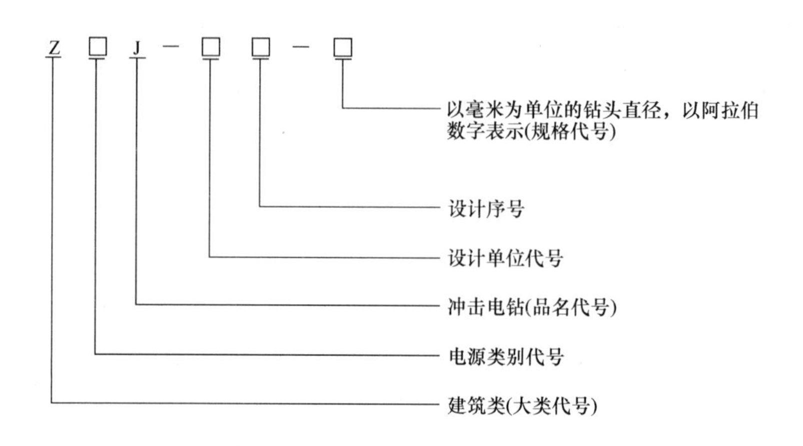


图 1-69 冲击电钻型号

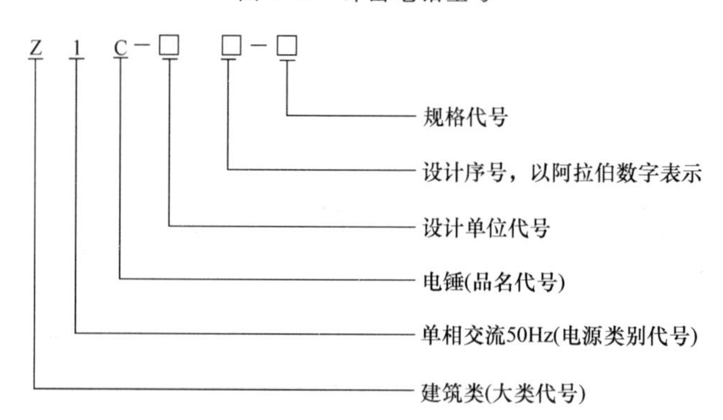


图 1-70 电锤的型号

**表 1-85 电锤的基本参数**

| 电锤规格/mm | 16 | 18 | 20 | 22 | 26 | 32 | 38 | 50 |
|---|---|---|---|---|---|---|---|---|
| 钻削率/（$cm^2$/min）不小于 | 15 | 18 | 21 | 24 | 30 | 40 | 50 | 70 |

注：电锤规格是指在 C30 号混凝土（抗压强度 30～35MPa）上工作时的最大钻孔直径（mm）。

电锤应设置机械过载保护装置，其脱扣力矩应符合表 1-86 的规定。

**表 1-86 脱扣力矩**

| 电锤规格/mm | 16 | 18 | 20 | 22 | 26 | 32 | 38 | 50 |
|---|---|---|---|---|---|---|---|---|
| 脱扣力矩/（N·m）不大于 | 35 | | | 45 | | 50 | | 60 |

电锤按质量制在距离其中心 1000mm 球面处测得的电锤空载噪声声压级（A 计权）的平均值应不大于表 1-87 规定的限值。

**表 1-87 噪声限值**

| 质量 $M$/mg | $M \leqslant 3.5$ | $3.5 < M \leqslant 5$ | $5 < M \leqslant 7$ | $7 < M \leqslant 10$ | $M > 10$ |
|---|---|---|---|---|---|
| A 计权声功率噪声值 $L_{WA}$/dB | 102 | 104 | 107 | 109 | $100 + 11\lg M$ |

# 2 建筑给水系统设计

## 2.1 给水系统组成与分类

### 2.1.1 建筑内部给水系统组成

典型的建筑内部给水系统由水源、管网、水表节点、给水附件、升压和储水设备、室内消防设备、给水局部处理设备等七部分组成，如图 2-1 所示。

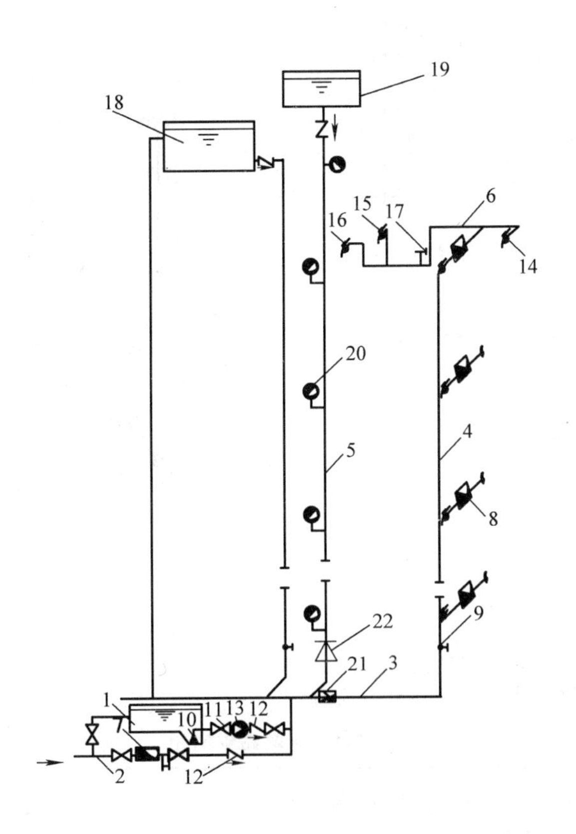


图 2-1 建筑给水系统示意图

1—储水池 2—引入管 3—水平干管 4—给水立管 5—消防给水竖管 6—给水横支管
7—水表节点 8—分户水表 9—截止阀 10—喇叭口 11—闸阀 12—止回阀 13—水泵
14—水龙头 15—盥洗龙头 16—冷水龙头 17—角形截止阀 18—高位生活水箱
19—高位消防水箱 20—室内消火栓 21—减压阀 22—倒流防止器

## 2.1.2 建筑内部给水方式

### 1. 直接给水方式

建筑物内部只设有给水管道系统，不设增压及储水设备，室内给水管道系统与室外供水管网直接相连，利用室外管网压力直接向室内给水系统供水，即直接给水方式，如图 2-2 所示。

### 2. 单设水箱给水方式

单设水箱给水方式如图 2-3 所示，其适用于室外管网水压出现周期性不足及室内用水要求水压稳定，并且允许设置水箱的建筑物。

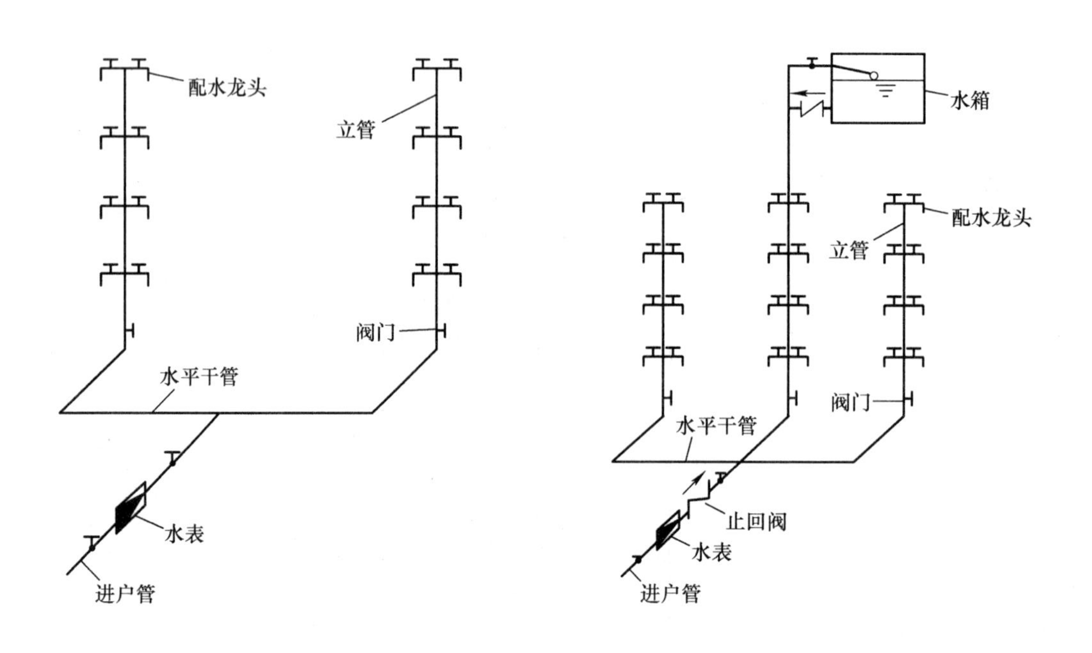


图 2-2　直接给水方式　　　　图 2-3　单设水箱给水方式

水箱布置间距见表 2-1。

**表 2-1　水箱布置间距**　　（单位：m）

<table>
<tr><th rowspan="2">水箱形式</th><th colspan="3">水箱外壁至墙面的距离</th><th rowspan="2">水箱之间的距离</th><th rowspan="2">水箱至建筑结构最低点的距离</th></tr>
<tr><th>有管道一侧</th><td rowspan="3">且管道外壁与建筑本体墙面之间的通道宽度不宜小于 0.6m</td><th>无管道一侧</th></tr>
<tr><td>圆形</td><td>0.8</td><td>0.6</td><td>0.7</td><td>0.8</td></tr>
<tr><td>方形或矩形</td><td>1.0</td><td>0.7</td><td>0.7</td><td>0.8</td></tr>
</table>

在室外管网水压周期性不足的多层建筑中，也可以采用如图 2-4 所示的给水方式。

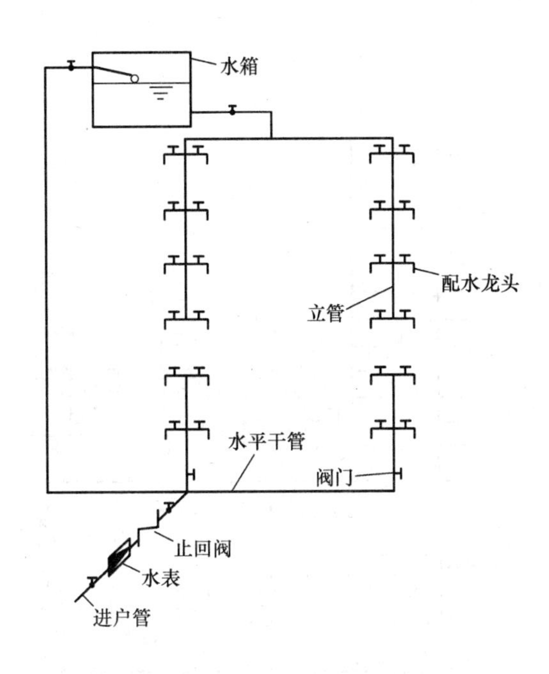


图 2-4 下层直接给水、上层水箱给水方式

**3. 设水池、水泵、水箱联合给水方式**

当室外给水管网水压经常性不足、室内用水不均匀、室外管网不允许水泵直接吸水而且建筑物允许设置水箱时，通常采用水池、水泵、水箱联合给水方式，如图 2-5 所示。

**4. 设气压设备的给水方式**

利用密闭压力水罐取代水泵水箱联合给水方式中的高位水箱，形成气压给水方式，如图 2-6 所示。

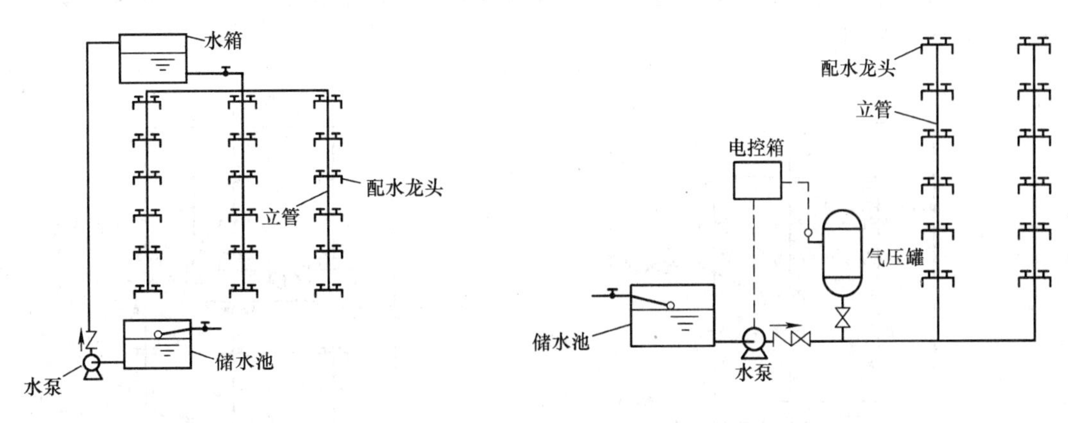


图 2-5 水池、水泵、水箱联合给水方式

图 2-6 气压给水方式

**5. 设变频调速设备的给水方式**

变频调速给水设备的控制方式有恒压变量与变压变量两种。恒压变量控制方式通常采用多泵并联的工作模式（图 2-7）。

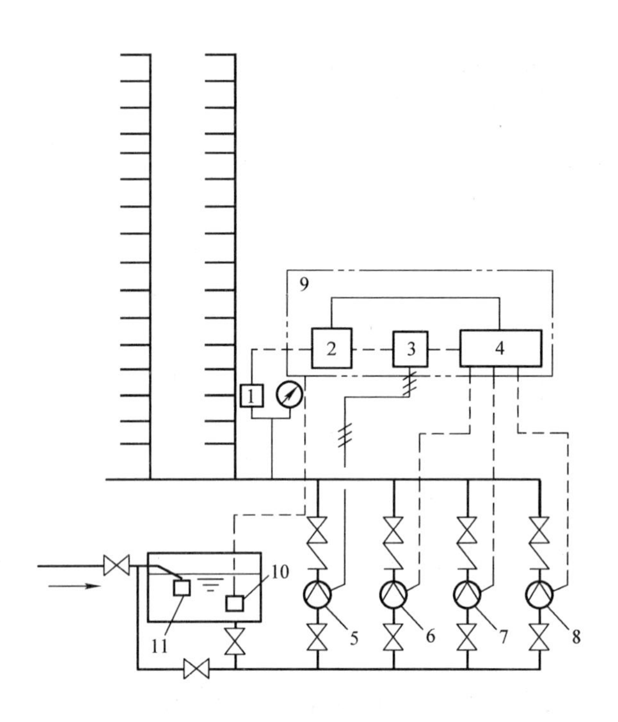


图 2-7 设变频调速设备的给水方式

1—压力传感器 2—计算机控制器 3—变频调速器 4—恒速泵控制器 5—变频调速泵
6、7、8—恒速泵 9—电控柜 10—水位传感器 11—液位自动控制阀

**6. 竖向分区给水方式**

在多层建筑物中，当室外给水管网的压力只能满足建筑物下面几层供水要求时，可将建筑物供水系统划分为上下两区。如图 2-8 所示为多层建筑分区给水方式。

（1）串联给水方式 串联给水方式的各分区均设有水泵和水箱，上区的水泵从下区的水箱中抽水，如图 2-9 所示。

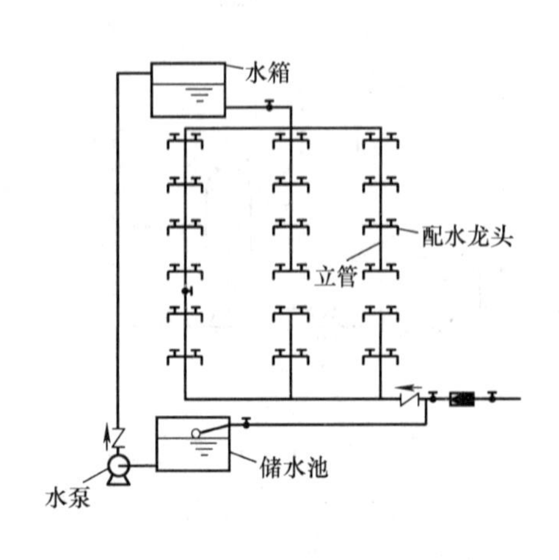


图 2-8 多层建筑分区给水方式

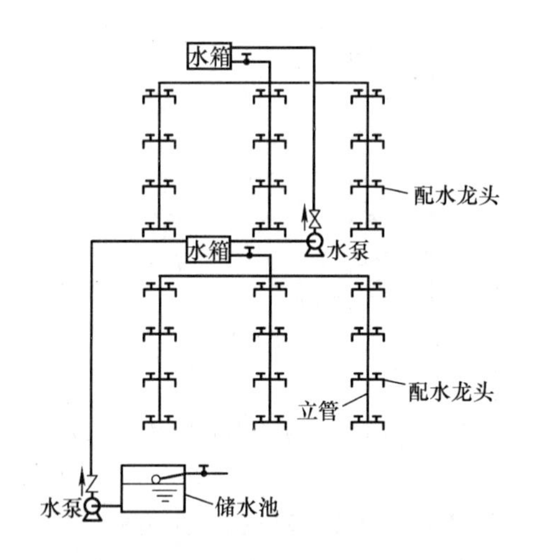


图 2-9 高层建筑串联给水方式

（2）并联给水方式　并联给水方式如图2-10所示，各分区独立设置水箱，供水安全可靠，水泵集中布置，有利于结构设计。

对于分区不多的高层建筑，当电价较低时，也可以采用单管并联给水方式，如图2-11所示。

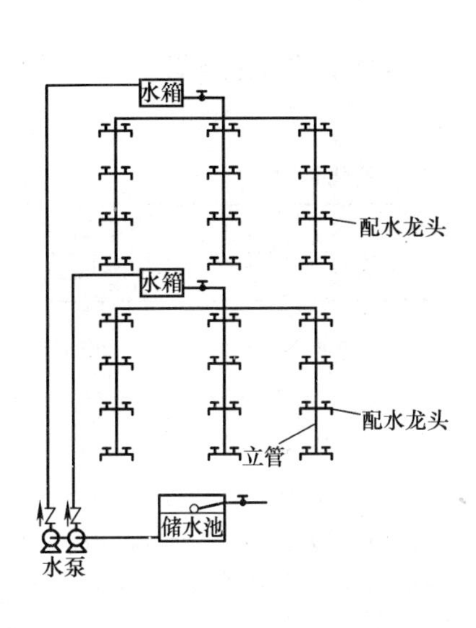


图2-10　高层建筑并联给水方式

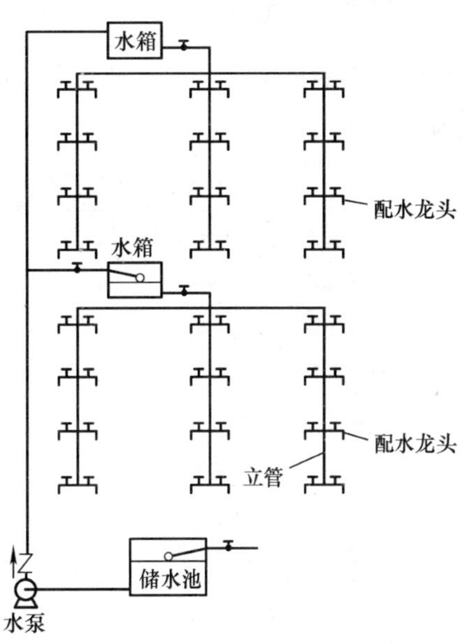


图2-11　单管并联给水方式

（3）减压给水方式　减压给水方式分为减压水箱给水方式和减压阀给水方式，如图2-12所示。

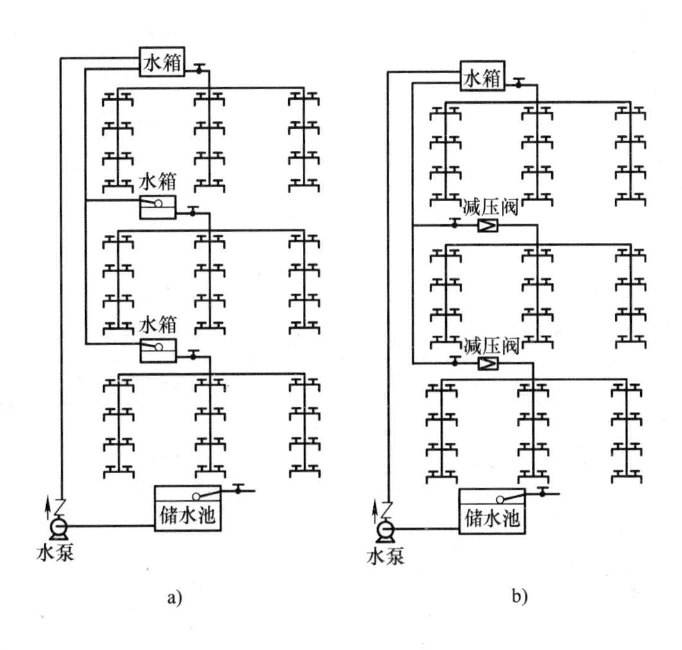


图2-12　减压给水方式

a）水箱减压方式　b）减压阀减压方式

# 2.2　给水系统设计计算

## 2.2.1　用水定额和水压

居住小区的居民生活用水量，应按小区人口和表2-2规定的住宅最高日生活用水定额经计算确定。

**表2-2　住宅最高日生活用水定额及小时变化系数**

| 住宅类别 | | 卫生器具设置标准 | 用水定额/［L/（人·d）］ | 小时变化系数$K_h$ |
|---|---|---|---|---|
| 普通住宅 | Ⅰ | 有大便器、洗涤盆 | 85～150 | 3.0～2.5 |
| | Ⅱ | 有大便器、洗脸盆、洗涤盆、洗衣机、热水器和沐浴设备 | 130～300 | 2.8～2.3 |
| | Ⅲ | 有大便器、洗脸盆、洗涤盆、洗衣机、集中热水供应（或家用热水机组）和沐浴设备 | 180～320 | 2.5～2.0 |
| 别墅 | | 有大便器、洗脸盆、洗涤盆、洗衣机、洒水栓，家用热水机组和沐浴设备 | 200～350 | 2.3～1.8 |

注：1. 当地主管部门对住宅生活用水定额有具体规定时，应按当地规定执行。
2. 别墅用水定额中含庭院绿化用水和汽车洗车用水。

宿舍、旅馆和公共建筑生活用水定额及小时变化系数见表2-3。

**表2-3　宿舍、旅馆和公共建筑生活用水定额及小时变化系数**

| 序号 | 建筑物名称 | 单位 | 最高日生活用水定额/L | 使用时数/h | 小时变化系数$K_h$ |
|---|---|---|---|---|---|
| 1 | 宿舍 | | | | |
| | Ⅰ类、Ⅱ类 | 每人每日 | 150～200 | 24 | 3.0～2.5 |
| | Ⅲ类、Ⅳ类 | 每人每日 | 100～150 | 24 | 3.5～3.0 |
| 2 | 招待所、培训中心、普通旅馆 | | | 24 | 3.0～2.5 |
| | 设公用盥洗室 | 每人每日 | 50～100 | | |
| | 设公用盥洗室、淋浴室 | 每人每日 | 80～130 | | |
| | 设公用盥洗室、淋浴室、洗衣室 | 每人每日 | 100～150 | | |
| | 设单独卫生间、公用洗衣室 | 每人每日 | 120～300 | | |
| 3 | 酒店式公寓 | 每人每日 | 200～300 | 24 | 2.5～2.0 |
| 4 | 宾馆客房 | | | 24 | 2.5～2.0 |
| | 旅客 | 每床位每日 | 250～400 | | |
| | 员工 | 每人每日 | 80～100 | | |
| 5 | 医院住院部 | | | | |
| | 设公用盥洗室 | 每床位每日 | 100～200 | 24 | 2.5～2.0 |
| | 设公用盥洗室、淋浴室 | 每床位每日 | 150～250 | 24 | 2.5～2.0 |
| | 设单独卫生间 | 每床位每日 | 250～400 | 24 | 2.5～2.0 |
| | 医务人员 | 每人每班 | 150～250 | 8 | 2.0～1.5 |
| | 门诊部、诊疗所 | 每病人每次 | 10～15 | 8～12 | 1.5～1.2 |
| | 疗养院、休养所住房部 | 每床位每日 | 200～300 | 24 | 2.0～1.5 |

（续）

| 序号 | 建筑物名称 | 单位 | 最高日生活用水定额/L | 使用时数/h | 小时变化系数 $K_h$ |
|---|---|---|---|---|---|
| 6 | 养老院、托老所<br>全托<br>日托 | <br>每人每日<br>每人每日 | <br>100 ~ 150<br>50 ~ 80 | <br>24<br>10 | <br>2.5 ~ 2.0<br>2.0 |
| 7 | 幼儿园、托儿所<br>有住宿<br>无住宿 | <br>每儿童每日<br>每儿童每日 | <br>50 ~ 100<br>30 ~ 50 | <br>24<br>10 | <br>3.0 ~ 2.5<br>2.0 |
| 8 | 公共浴室<br>淋浴<br>浴盆、淋浴<br>桑拿浴（淋浴、按摩池） | <br>每顾客每次<br>每顾客每次<br>每顾客每次 | <br>100<br>120 ~ 150<br>150 ~ 200 | <br>12<br>12<br>12 | 2.0 ~ 1.5 |
| 9 | 理发室、美容院 | 每顾客每次 | 40 ~ 100 | 12 | 2.0 ~ 1.5 |
| 10 | 洗衣房 | 每公斤干衣 | 40 ~ 80 | 8 | 1.5 ~ 1.2 |
| 11 | 餐饮业<br>中餐酒楼<br>快餐店、职工及学生食堂<br>酒吧、咖啡馆、茶座、卡拉 OK 房 | <br>每顾客每次<br>每顾客每次<br>每顾客每次 | <br>40 ~ 60<br>20 ~ 25<br>5 ~ 15 | <br>10 ~ 12<br>12 ~ 16<br>8 ~ 18 | 1.5 ~ 1.2 |
| 12 | 商场<br>员工及顾客 | 每平方米营业厅面积每日 | 5 ~ 8 | 12 | 1.5 ~ 1.2 |
| 13 | 图书馆 | 每人每次 | 5 ~ 10 | 8 ~ 10 | 1.5 ~ 1.2 |
| 14 | 书店 | 每平方米营业厅面积每日 | 3 ~ 6 | 8 ~ 12 | 1.5 ~ 1.2 |
| 15 | 办公楼 | 每人每班 | 30 ~ 50 | 8 ~ 10 | 1.5 ~ 1.2 |
| 16 | 教学、实验楼<br>中小学校<br>高等院校 | <br>每学生每日<br>每学生每日 | <br>20 ~ 40<br>40 ~ 50 | <br>8 ~ 9<br>8 ~ 9 | <br>1.5 ~ 1.2<br>1.5 ~ 1.2 |
| 17 | 电影院、剧院 | 每观众每场 | 3 ~ 5 | 3 | 1.5 ~ 1.2 |
| 18 | 会展中心（博物馆、展览馆） | 每平方米展厅每日 | 3 ~ 6 | 8 ~ 16 | 1.5 ~ 1.2 |
| 19 | 健身中心 | 每人每次 | 30 ~ 50 | 8 ~ 12 | 1.5 ~ 1.2 |
| 20 | 体育场（馆）<br>运动员淋浴<br>观众 | <br>每人每次<br>每人每场 | <br>30 ~ 40<br>3 | <br>4<br>4 | <br>3.0 ~ 2.0<br>1.2 |
| 21 | 会议厅 | 每座位每次 | 6 ~ 8 | 4 | 1.5 ~ 1.2 |
| 22 | 航站楼、客运站旅客 | 每人次 | 3 ~ 6 | 8 ~ 16 | 1.5 ~ 1.2 |
| 23 | 菜市场地面冲洗及保鲜用水 | 每平方米每日 | 10 ~ 20 | 8 ~ 10 | 2.5 ~ 2.0 |
| 24 | 停车库地面冲洗水 | 每平方米每次 | 2 ~ 3 | 6 ~ 8 | 1.0 |

注：1. 除养老院、托儿所、幼儿园的用水定额中含食堂用水，其他均不含食堂用水。

2. 除注明外，均不含员工生活用水，员工用水定额为每人每班 40 ~ 60L。

3. 医疗建筑用水中已含医疗用水。

4. 空调用水应另计。

汽车冲洗用水定额，应根据采用的冲洗方式，以及车辆用途、道路路面等级和沾污程度等确定，按表 2-4 计算。

**表 2-4　汽车冲洗用水定额**　　（单位：L/辆·次）

| 冲洗方式 | 高压水枪冲洗 | 循环用水冲洗补水 | 抹车、微水冲洗 | 蒸汽冲洗 |
|---|---|---|---|---|
| 轿车 | 40 ~ 60 | 20 ~ 30 | 10 ~ 15 | 3 ~ 5 |
| 公共汽车<br>载重汽车 | 80 ~ 120 | 40 ~ 60 | 15 ~ 30 | — |

注：当汽车冲洗设备用水定额有特殊要求时，其值应按产品要求确定。

卫生器具的给水额定流量、当量、连接管管径和最低工作压力应按表 2-5 确定。

**表 2-5　卫生器具的给水额定流量、当量、连接管管径和最低工作压力**

| 序号 | 给水配件名称 | 额定流量/（L/s） | 当量 | 连接管公称管径/mm | 最低工作压力/MPa |
|---|---|---|---|---|---|
| 1 | 洗涤盆、拖布盆、盥洗槽<br>单阀水嘴<br>单阀水嘴<br>混合水嘴 | <br>0.15 ~ 0.20<br>0.30 ~ 0.40<br>0.15 ~ 0.20（0.14） | <br>0.75 ~ 1.00<br>1.50 ~ 2.00<br>0.75 ~ 1.00（0.70） | <br>15<br>20<br>15 | 0.050 |
| 2 | 洗脸盆<br>单阀水嘴<br>混合水嘴 | <br>0.15<br>0.15（0.10） | <br>0.75<br>0.75（0.50） | <br>15<br>15 | 0.050 |
| 3 | 洗手盆<br>感应水嘴<br>混合水嘴 | <br>0.10<br>0.15（0.10） | <br>0.50<br>0.75（0.50） | <br>15<br>15 | 0.050 |
| 4 | 浴盆<br>单阀水嘴<br>混合水嘴（含带淋浴转换器） | <br>0.20<br>0.24（0.20） | <br>1.00<br>1.20（1.00） | <br>15<br>15 | <br>0.050<br>0.05 ~ 0.07 |
| 5 | 淋浴器<br>混合阀 | <br>0.15（0.10） | <br>0.75（0.50） | <br>15 | <br>0.05 ~ 0.07 |
| 6 | 大便器<br>冲洗水箱浮球阀<br>延时自闭式冲洗阀 | <br>0.10<br>1.20 | <br>0.50<br>6.00 | <br>15<br>25 | <br>0.020<br>0.10 ~ 0.15 |
| 7 | 小便器<br>手动或自动自闭式冲洗阀<br>自动冲洗水箱进水阀 | <br>0.10<br>0.10 | <br>0.50<br>0.50 | <br>15<br>15 | <br>0.050<br>0.020 |
| 8 | 小便槽穿孔冲洗管（每米长） | 0.05 | 0.25 | 15 ~ 20 | 0.015 |
| 9 | 净身盆冲洗水嘴 | 0.10（0.07） | 0.50（0.35） | 15 | 0.050 |
| 10 | 医院倒便器 | 0.20 | 1.00 | 15 | 0.050 |
| 11 | 实验室化验水嘴（鹅颈）<br>单联<br>双联<br>三联 | <br>0.07<br>0.15<br>0.20 | <br>0.35<br>0.75<br>1.00 | <br>15<br>15<br>15 | <br>0.020<br>0.020<br>0.020 |

（续）

| 序号 | 给水配件名称 | 额定流量/（L/s） | 当量 | 连接管公称管径/mm | 最低工作压力/MPa |
|---|---|---|---|---|---|
| 12 | 饮水器喷嘴 | 0.05 | 0.25 | 15 | 0.050 |
| 13 | 洒水栓 | 0.40<br>0.70 | 2.00<br>3.50 | 20<br>25 | 0.05~0.10<br>0.05~0.10 |
| 14 | 室内地面冲洗水嘴 | 0.20 | 1.00 | 15 | 0.050 |
| 15 | 家用洗衣机水嘴 | 0.20 | 1.00 | 15 | 0.050 |

注：1. 表中括弧内的数值是在有热水供应时，单独计算冷水或热水时使用。
2. 当浴盆上附设淋浴器时，或混合水嘴有淋浴器转换开关时，其额定流量和当量只计水嘴，不计淋浴器。但水压应按淋浴器计。
3. 家用燃气热水器，所需水压按产品要求和热水供应系统最不利配水点所需工作压力确定。
4. 绿地的自动喷灌应按产品要求设计。
5. 当卫生器具给水配件所需额定流量和最低工作压力有特殊要求时，其值应按产品要求确定。

### 2.2.2 设计流量和管道水力计算

集体宿舍、旅馆、宾馆、医院、疗养院、幼儿园、养老院、办公楼、商场、客运站、会展中心、中小学教学楼、公共厕所等建筑的生活给水设计秒流量，应按下式计算：

$$q_g = 0.2\alpha\sqrt{N_g}$$

式中 $q_g$——计算管段的给水设计秒流量（L/s）；
$N_g$——计算管段的卫生器具给水当量总数；
$\alpha$——根据建筑物用途而定的系数，应按表2-6采用。

**表2-6 根据建筑物用途而定的系数值（α值）**

| 建筑物名称 | α值 | 建筑物名称 | α值 |
|---|---|---|---|
| 幼儿园、托儿所、养老院 | 1.2 | 医院、疗养院、休养所 | 2.0 |
| 门诊部、诊疗所 | 1.4 | 酒店式公寓 | 2.2 |
| 办公楼、商场 | 1.5 | 宿舍（Ⅰ、Ⅱ类）、旅馆、招待所、宾馆 | 2.5 |
| 图书馆 | 1.6 | 客运站、航站楼、会展中心、公共厕所 | 3.0 |
| 书店 | 1.7 | 学校 | 1.8 |

工业企业的生活间、公共浴室、职工食堂或营业餐馆的厨房、体育场馆运动员休息室、剧院的化妆间、普通理化实验室等建筑的生活给水管道的设计秒流量，应按下式计算：

$$q_g = \sum q_0 N_0 b$$

式中 $q_g$——计算管段的给水设计秒流量（L/s）；
$q_0$——同类型的一个卫生器具给水额定流量（L/s）；
$N_0$——同类型卫生器具数；
$b$——卫生器具的同时给水百分数，应按表2-7~表2-9采用。

**表 2-7　宿舍（Ⅲ类、Ⅳ类）、工业企业生活间、公共浴室、影剧院、体育场馆等卫生器具同时给水百分数**　（单位:%）

| 卫生器具名称 | 宿舍（Ⅲ类、Ⅳ类） | 工业企业生活间 | 公共浴室 | 影剧院 | 体育场馆 |
|---|---|---|---|---|---|
| 洗涤盆（池） | — | 33 | 15 | 15 | 15 |
| 洗手盆 | — | 50 | 50 | 50 | 70（50） |
| 洗脸盆、盥洗槽水嘴 | 5～100 | 60～100 | 60～100 | 50 | 80 |
| 浴盆 | — | — | 50 | — | — |
| 无间隔淋浴器 | 20～100 | 100 | 100 | — | 100 |
| 有间隔淋浴器 | 5～80 | 80 | 60～80 | （60～80） | （60～100） |
| 大便器冲洗水箱 | 5～70 | 30 | 20 | 50（20） | 70（20） |
| 大便槽自动冲洗水箱 | 100 | 100 | — | 100 | 100 |
| 大便器自闭式冲洗阀 | 1～2 | 2 | 2 | 10（2） | 5（2） |
| 小便器自闭式冲洗阀 | 2～10 | 10 | 10 | 50（10） | 70（10） |
| 小便器（槽）自动冲洗水箱 | — | 100 | 100 | 100 | 100 |
| 净身盆 | — | 33 | — | — | — |
| 饮水器 | — | 30～60 | 30 | 30 | 30 |
| 小卖部洗涤盆 | — | — | 50 | 50 | 50 |

注：1. 表中括号内的数值适合电影院、剧院的化妆间、体育场馆的运动员休息室使用。

2. 健身中心的卫生间可采用本表体育场管运动员休息室的同时给水百分率。

**表 2-8　职工食堂、营业餐馆厨房设备同时给水百分数**　（单位:%）

| 厨房设备名称 | 同时给水百分数 | 厨房设备名称 | 同时给水百分数 |
|---|---|---|---|
| 洗涤盆（池） | 70 | 开水器 | 50 |
| 煮锅 | 60 | 蒸汽发生器 | 100 |
| 生产性洗涤机 | 40 | 灶台水嘴 | 30 |
| 器皿洗涤机 | 90 | — | — |

注：职工或学生饭堂的洗碗台水嘴，按100%同时给水，但不与厨房用水叠加。

**表 2-9　实验室化验水嘴同时给水百分数**　（单位:%）

| 化验水嘴名称 | 同时给水百分数 | |
|---|---|---|
| | 科研教学实验室 | 生产实验室 |
| 单联化验水嘴 | 20 | 30 |
| 双联或三联化验水嘴 | 30 | 50 |

给水管段设计秒流量计算表（一）见表2-10。

**表 2-10　给水管段设计秒流量计算表（一）**［$U$（%）；$q$（L/s）］

| $U_0$ | 1.0 | | 1.5 | | 2.0 | | 2.5 | |
|---|---|---|---|---|---|---|---|---|
| $N_g$ | $U$（%） | $q$（L/s） | $U$（%） | $q$（L/s） | $U$（%） | $q$（L/s） | $U$（%） | $q$（L/s） |
| 1 | 100.00 | 0.20 | 100.00 | 0.20 | 100.00 | 0.20 | 100.00 | 0.20 |
| 2 | 70.94 | 0.28 | 71.20 | 0.28 | 71.49 | 0.29 | 71.78 | 0.29 |

（续）

| $U_0$ | 1.0 | | 1.5 | | 2.0 | | 2.5 | |
|---|---|---|---|---|---|---|---|---|
| $N_g$ | $U$（%） | $q$（L/s） | $U$（%） | $q$（L/s） | $U$（%） | $q$（L/s） | $U$（%） | $q$（L/s） |
| 3 | 58.00 | 0.35 | 58.30 | 0.35 | 58.62 | 0.35 | 58.96 | 0.35 |
| 4 | 50.28 | 0.40 | 50.60 | 0.40 | 50.94 | 0.41 | 51.32 | 0.41 |
| 5 | 45.01 | 0.45 | 45.34 | 0.45 | 45.69 | 0.46 | 46.06 | 0.46 |
| 6 | 41.10 | 0.49 | 41.45 | 0.50 | 41.81 | 0.50 | 42.18 | 0.51 |
| 7 | 38.09 | 0.53 | 38.43 | 0.54 | 38.79 | 0.54 | 39.17 | 0.55 |
| 8 | 35.65 | 0.57 | 35.99 | 0.58 | 36.36 | 0.58 | 36.74 | 0.59 |
| 9 | 33.63 | 0.61 | 33.98 | 0.61 | 34.35 | 0.62 | 34.73 | 0.63 |
| 10 | 31.92 | 0.64 | 32.27 | 0.65 | 32.64 | 0.65 | 33.03 | 0.66 |
| 11 | 30.45 | 0.67 | 30.80 | 0.68 | 31.17 | 0.69 | 31.56 | 0.69 |
| 12 | 29.17 | 0.70 | 29.52 | 0.71 | 29.89 | 0.72 | 30.28 | 0.73 |
| 13 | 28.04 | 0.73 | 28.39 | 0.74 | 28.76 | 0.75 | 29.15 | 0.76 |
| 14 | 27.03 | 0.76 | 27.38 | 0.77 | 27.76 | 0.78 | 28.15 | 0.79 |
| 15 | 26.12 | 0.78 | 26.48 | 0.79 | 26.85 | 0.81 | 27.24 | 0.82 |
| 16 | 25.30 | 0.81 | 25.66 | 0.82 | 26.03 | 0.83 | 26.42 | 0.85 |
| 17 | 24.56 | 0.83 | 24.91 | 0.85 | 25.29 | 0.86 | 25.68 | 0.87 |
| 18 | 23.88 | 0.86 | 24.23 | 0.87 | 24.61 | 0.89 | 25.00 | 0.90 |
| 19 | 23.25 | 0.88 | 23.60 | 0.90 | 23.98 | 0.91 | 24.37 | 0.93 |
| 20 | 22.67 | 0.91 | 23.02 | 0.92 | 23.40 | 0.94 | 23.79 | 0.95 |
| 22 | 21.63 | 0.95 | 21.98 | 0.97 | 22.36 | 0.98 | 22.75 | 1.00 |
| 24 | 20.72 | 0.99 | 21.07 | 1.01 | 21.45 | 1.03 | 21.85 | 1.05 |
| 26 | 19.92 | 1.04 | 20.27 | 1.05 | 20.65 | 1.07 | 21.05 | 1.09 |
| 28 | 19.21 | 1.08 | 19.56 | 1.10 | 19.94 | 1.12 | 20.33 | 1.14 |
| 30 | 18.56 | 1.11 | 18.92 | 1.14 | 19.30 | 1.16 | 19.69 | 1.18 |
| 32 | 17.99 | 1.15 | 18.34 | 1.17 | 18.72 | 1.20 | 19.12 | 1.22 |
| 34 | 17.46 | 1.19 | 17.81 | 1.21 | 18.19 | 1.24 | 18.59 | 1.26 |
| 36 | 16.97 | 1.22 | 17.33 | 1.25 | 17.71 | 1.28 | 18.11 | 1.30 |
| 38 | 16.53 | 1.26 | 16.89 | 1.28 | 17.27 | 1.31 | 17.66 | 1.34 |
| 40 | 16.12 | 1.29 | 16.48 | 1.32 | 16.86 | 1.35 | 17.25 | 1.38 |
| 42 | 15.74 | 1.32 | 16.09 | 1.35 | 16.47 | 1.38 | 16.87 | 1.42 |
| 44 | 15.38 | 1.35 | 15.74 | 1.39 | 16.12 | 1.42 | 16.52 | 1.45 |
| 46 | 15.05 | 1.38 | 15.41 | 1.42 | 15.79 | 1.45 | 16.18 | 1.49 |
| 48 | 14.74 | 1.42 | 15.10 | 1.45 | 15.48 | 1.49 | 15.87 | 1.52 |
| 50 | 14.45 | 1.45 | 14.81 | 1.48 | 15.19 | 1.52 | 15.58 | 1.56 |
| 55 | 13.79 | 1.52 | 14.15 | 1.56 | 14.53 | 1.60 | 14.92 | 1.64 |
| 60 | 13.22 | 1.59 | 13.57 | 1.63 | 13.95 | 1.67 | 14.35 | 1.72 |

（续）

| $U_0$ | 1.0 | | 1.5 | | 2.0 | | 2.5 | |
|---|---|---|---|---|---|---|---|---|
| $N_g$ | $U$ (%) | $q$ (L/s) | $U$ (%) | $q$ (L/s) | $U$ (%) | $q$ (L/s) | $U$ (%) | $q$ (L/s) |
| 65 | 12.71 | 1.65 | 13.07 | 1.70 | 13.45 | 1.75 | 13.84 | 1.80 |
| 70 | 12.26 | 1.72 | 12.62 | 1.77 | 13.00 | 1.82 | 13.39 | 1.87 |
| 75 | 11.85 | 1.78 | 12.21 | 1.83 | 12.59 | 1.89 | 12.99 | 1.95 |
| 80 | 11.49 | 1.84 | 11.84 | 1.89 | 12.22 | 1.96 | 12.62 | 2.02 |
| 85 | 11.05 | 1.90 | 11.51 | 1.96 | 11.89 | 2.02 | 12.28 | 2.09 |
| 90 | 10.85 | 1.95 | 11.20 | 2.02 | 11.58 | 2.09 | 11.98 | 2.16 |
| 95 | 10.57 | 2.01 | 10.92 | 2.08 | 11.30 | 2.15 | 11.70 | 2.22 |
| 100 | 10.31 | 2.06 | 10.66 | 2.13 | 11.05 | 2.21 | 11.44 | 2.29 |
| 110 | 9.84 | 2.17 | 10.20 | 2.24 | 10.58 | 2.33 | 10.97 | 2.41 |
| 120 | 9.44 | 2.26 | 9.79 | 2.35 | 10.17 | 2.44 | 10.56 | 2.54 |
| 130 | 9.08 | 2.36 | 9.43 | 2.45 | 9.81 | 2.55 | 10.21 | 2.65 |
| 140 | 8.76 | 2.45 | 9.11 | 2.55 | 9.49 | 2.66 | 9.89 | 2.77 |
| 150 | 8.47 | 2.54 | 8.83 | 2.65 | 9.20 | 2.76 | 9.60 | 2.88 |
| 160 | 8.21 | 2.63 | 8.57 | 2.74 | 8.94 | 2.86 | 9.34 | 2.99 |
| 170 | 7.98 | 2.71 | 8.33 | 2.83 | 8.71 | 2.96 | 9.10 | 3.09 |
| 180 | 7.76 | 2.79 | 8.11 | 2.92 | 8.49 | 3.06 | 8.89 | 3.20 |
| 190 | 7.56 | 2.87 | 7.91 | 3.01 | 8.29 | 3.15 | 8.69 | 3.30 |
| 200 | 7.38 | 2.95 | 7.73 | 3.09 | 7.11 | 3.24 | 8.50 | 3.40 |
| 220 | 7.05 | 3.10 | 7.40 | 3.26 | 7.78 | 3.42 | 8.17 | 3.60 |
| 240 | 6.76 | 3.25 | 7.11 | 3.41 | 7.49 | 3.60 | 7.88 | 3.78 |
| 260 | 6.51 | 3.28 | 6.86 | 3.57 | 7.24 | 3.76 | 6.63 | 3.97 |
| 280 | 6.28 | 3.52 | 6.63 | 3.72 | 7.01 | 3.93 | 6.40 | 4.15 |
| 300 | 6.08 | 3.65 | 6.43 | 3.86 | 6.81 | 4.08 | 6.20 | 4.32 |
| 320 | 5.89 | 3.77 | 6.25 | 4.00 | 6.62 | 4.24 | 6.02 | 4.49 |
| 340 | 5.73 | 3.89 | 6.08 | 4.13 | 6.46 | 4.39 | 6.85 | 4.66 |
| 360 | 5.57 | 4.01 | 5.93 | 4.27 | 6.30 | 4.54 | 6.69 | 4.82 |
| 380 | 5.43 | 4.13 | 5.79 | 4.40 | 6.16 | 4.68 | 6.55 | 4.98 |
| 400 | 5.30 | 4.24 | 5.66 | 4.52 | 6.03 | 4.83 | 6.42 | 5.14 |
| 420 | 5.18 | 4.35 | 5.54 | 4.65 | 5.91 | 4.96 | 6.30 | 5.29 |
| 440 | 5.07 | 4.46 | 5.42 | 4.77 | 5.80 | 5.10 | 6.19 | 5.45 |
| 460 | 4.97 | 4.57 | 5.32 | 4.89 | 5.69 | 5.24 | 6.08 | 5.60 |
| 480 | 4.87 | 4.67 | 5.22 | 5.01 | 5.59 | 5.37 | 5.98 | 5.75 |
| 500 | 4.78 | 4.78 | 5.13 | 5.13 | 5.50 | 5.50 | 5.89 | 5.89 |
| 550 | 4.57 | 5.02 | 4.92 | 5.41 | 5.29 | 5.82 | 5.68 | 6.25 |
| 600 | 4.39 | 5.26 | 4.74 | 5.68 | 5.11 | 6.13 | 5.50 | 6.60 |

（续）

| $U_0$ | 1.0 | | 1.5 | | 2.0 | | 2.5 | |
|---|---|---|---|---|---|---|---|---|
| $N_g$ | $U$ (%) | $q$ (L/s) | $U$ (%) | $q$ (L/s) | $U$ (%) | $q$ (L/s) | $U$ (%) | $q$ (L/s) |
| 650 | 4.23 | 5.49 | 4.58 | 5.95 | 4.95 | 6.43 | 5.34 | 6.94 |
| 700 | 4.08 | 5.72 | 4.43 | 6.20 | 4.81 | 6.73 | 5.19 | 7.27 |
| 750 | 3.95 | 5.93 | 4.30 | 6.46 | 4.68 | 7.02 | 5.07 | 7.60 |
| 800 | 3.84 | 6.14 | 4.19 | 6.70 | 4.56 | 7.30 | 4.95 | 7.92 |
| 850 | 3.73 | 6.34 | 4.08 | 6.94 | 4.45 | 7.57 | 4.84 | 8.23 |
| 900 | 3.64 | 6.54 | 3.98 | 7.17 | 4.36 | 7.84 | 4.75 | 8.54 |
| 950 | 3.55 | 6.74 | 3.90 | 7.40 | 4.27 | 8.11 | 4.66 | 8.85 |
| 1000 | 3.46 | 6.93 | 3.81 | 7.63 | 4.19 | 8.37 | 4.57 | 9.15 |
| 1100 | 3.32 | 7.30 | 3.66 | 8.06 | 4.04 | 8.88 | 4.42 | 9.73 |
| 1200 | 3.09 | 7.65 | 3.54 | 8.49 | 3.91 | 9.38 | 4.29 | 10.31 |
| 1300 | 3.07 | 7.99 | 3.42 | 8.90 | 3.79 | 9.86 | 4.18 | 10.87 |
| 1400 | 2.97 | 8.33 | 3.32 | 9.30 | 3.69 | 10.34 | 4.08 | 11.42 |
| 1500 | 2.88 | 8.65 | 3.23 | 9.69 | 3.60 | 10.80 | 3.99 | 11.96 |
| 1600 | 2.80 | 8.96 | 3.15 | 10.07 | 3.52 | 11.26 | 3.90 | 12.49 |
| 1700 | 2.73 | 9.27 | 3.07 | 10.45 | 3.44 | 11.71 | 3.83 | 13.02 |
| 1800 | 2.66 | 9.57 | 3.00 | 10.81 | 3.37 | 12.15 | 3.76 | 13.53 |
| 1900 | 2.59 | 9.86 | 2.94 | 11.17 | 3.31 | 12.58 | 3.70 | 14.04 |
| 2000 | 2.54 | 10.14 | 2.88 | 11.53 | 3.25 | 13.01 | 3.64 | 14.55 |
| 2200 | 2.43 | 10.70 | 2.78 | 12.22 | 3.15 | 13.85 | 3.53 | 15.54 |
| 2400 | 2.34 | 11.23 | 2.69 | 12.89 | 3.06 | 14.67 | 3.44 | 16.51 |
| 2600 | 2.26 | 11.75 | 2.61 | 13.55 | 2.97 | 15.47 | 3.36 | 17.46 |
| 2800 | 2.19 | 12.26 | 2.53 | 14.19 | 2.90 | 16.25 | 3.29 | 18.40 |
| 3000 | 2.12 | 12.75 | 2.47 | 14.81 | 2.84 | 17.03 | 3.22 | 19.33 |
| 3200 | 2.07 | 13.22 | 2.41 | 15.43 | 2.78 | 17.79 | 3.16 | 20.24 |
| 3400 | 2.01 | 13.69 | 2.36 | 16.03 | 2.73 | 18.54 | 3.11 | 21.14 |
| 3600 | 1.96 | 14.15 | 2.13 | 16.62 | 2.68 | 19.27 | 3.06 | 22.03 |
| 3800 | 1.92 | 14.59 | 2.26 | 17.21 | 2.63 | 20.00 | 3.01 | 22.91 |
| 4000 | 1.88 | 15.03 | 2.22 | 17.78 | 2.59 | 20.72 | 2.97 | 23.78 |
| 4200 | 1.84 | 15.46 | 2.18 | 18.35 | 2.55 | 21.43 | 2.93 | 24.64 |
| 4400 | 1.80 | 15.88 | 2.15 | 18.91 | 2.52 | 22.14 | 2.90 | 25.50 |
| 4600 | 1.77 | 16.30 | 2.12 | 19.46 | 2.48 | 22.84 | 2.86 | 26.35 |
| 4800 | 1.74 | 16.71 | 2.08 | 20.00 | 2.45 | 23.53 | 2.83 | 27.19 |
| 5000 | 1.71 | 17.11 | 2.05 | 20.54 | 2.42 | 24.21 | 2.80 | 28.03 |
| 5500 | 1.65 | 18.10 | 1.99 | 21.87 | 2.35 | 25.90 | 2.74 | 30.09 |
| 6000 | 1.59 | 19.05 | 1.93 | 23.16 | 2.30 | 27.55 | 2.68 | 32.12 |

（续）

| $U_0$ | 1.0 | | 1.5 | | 2.0 | | 2.5 | |
|---|---|---|---|---|---|---|---|---|
| $N_g$ | U（%） | q（L/s） | U（%） | q（L/s） | U（%） | q（L/s） | U（%） | q（L/s） |
| 6500 | 1.54 | 19.97 | 1.88 | 24.43 | 2.24 | 29.18 | 2.63 | 34.13 |
| 7000 | 1.49 | 20.88 | 1.83 | 25.67 | 2.20 | 30.78 | 2.58 | 36.11 |
| 7500 | 1.45 | 21.76 | 1.79 | 26.88 | 2.16 | 32.36 | 2.54 | 38.06 |
| 8000 | 1.41 | 22.62 | 1.76 | 28.08 | 2.12 | 33.92 | 2.50 | 40.00 |
| 8500 | 1.38 | 23.46 | 1.72 | 29.26 | 2.09 | 35.47 | | |
| 9000 | 1.35 | 24.29 | 1.69 | 30.43 | 2.06 | 36.99 | | |
| 9500 | 1.32 | 25.10 | 1.66 | 31.58 | 2.03 | 38.50 | | |
| 10000 | 1.29 | 25.90 | 1.64 | 32.72 | 2.00 | 40.00 | | |
| 11000 | 1.25 | 27.46 | 1.59 | 34.95 | | | | |
| 12000 | 1.21 | 28.97 | 1.55 | 37.14 | | | | |
| 13000 | 1.17 | 30.45 | 1.51 | 39.29 | | | | |
| 14000 | 1.14 | 31.89 | $N_g$=13333<br>U=1.5<br>q=40 | | | | | |
| 15000 | 1.11 | 33.31 | | | | | | |
| 16000 | 1.08 | 34.69 | | | | | | |
| 17000 | 1.06 | 36.05 | | | | | | |
| 18000 | 1.04 | 37.39 | | | | | | |
| 19000 | 1.02 | 38.70 | | | | | | |
| 20000 | 1.00 | 40.00 | | | | | | |

给水管段设计秒流量计算表（二）见表2-11。

**表2-11 给水管段设计秒流量计算表（二）［U（%）；q（L/s）］**

| $U_0$ | 3.0 | | 3.5 | | 4.0 | | 4.5 | |
|---|---|---|---|---|---|---|---|---|
| $N_g$ | U（%） | q（L/s） | U（%） | q（L/s） | U（%） | q（L/s） | U（%） | q（L/s） |
| 1 | 100.00 | 0.20 | 100.00 | 0.20 | 100.00 | 0.20 | 100.00 | 0.20 |
| 2 | 72.08 | 0.29 | 72.39 | 0.29 | 72.70 | 0.29 | 73.02 | 0.29 |
| 3 | 59.31 | 0.36 | 59.66 | 0.36 | 60.02 | 0.36 | 60.38 | 0.36 |
| 4 | 51.66 | 0.41 | 52.03 | 0.42 | 52.41 | 0.42 | 52.80 | 0.42 |
| 5 | 46.43 | 0.46 | 46.82 | 0.47 | 47.21 | 0.47 | 47.60 | 0.48 |
| 6 | 42.57 | 0.51 | 42.96 | 0.52 | 43.35 | 0.52 | 43.76 | 0.53 |
| 7 | 39.56 | 0.55 | 39.96 | 0.56 | 40.36 | 0.57 | 40.76 | 0.57 |
| 8 | 37.13 | 0.59 | 37.53 | 0.60 | 37.94 | 0.61 | 38.35 | 0.61 |
| 9 | 35.12 | 0.63 | 35.53 | 0.64 | 35.93 | 0.65 | 36.35 | 0.65 |
| 10 | 33.42 | 0.67 | 33.83 | 0.68 | 34.24 | 0.68 | 34.65 | 0.69 |
| 11 | 31.96 | 0.70 | 32.36 | 0.71 | 32.77 | 0.72 | 33.19 | 0.73 |
| 12 | 30.68 | 0.74 | 31.09 | 0.75 | 31.50 | 0.76 | 31.92 | 0.77 |
| 13 | 29.55 | 0.77 | 29.96 | 0.78 | 30.37 | 0.79 | 30.79 | 0.80 |

（续）

| $U_0$ | 3.0 | | 3.5 | | 4.0 | | 4.5 | |
|---|---|---|---|---|---|---|---|---|
| $N_g$ | $U$（%） | $q$（L/s） | $U$（%） | $q$（L/s） | $U$（%） | $q$（L/s） | $U$（%） | $q$（L/s） |
| 14 | 28.55 | 0.80 | 28.96 | 0.81 | 29.37 | 0.82 | 29.79 | 0.83 |
| 15 | 27.64 | 0.83 | 28.05 | 0.84 | 28.47 | 0.85 | 28.89 | 0.87 |
| 16 | 26.83 | 0.86 | 27.24 | 0.87 | 27.65 | 0.88 | 28.08 | 0.90 |
| 17 | 26.08 | 0.89 | 26.49 | 0.90 | 26.91 | 0.91 | 27.33 | 0.93 |
| 18 | 25.40 | 0.91 | 25.81 | 0.93 | 26.23 | 0.94 | 26.65 | 0.96 |
| 19 | 24.77 | 0.94 | 25.19 | 0.96 | 25.60 | 0.97 | 26.03 | 0.99 |
| 20 | 24.20 | 0.97 | 24.61 | 0.98 | 25.03 | 1.00 | 25.45 | 1.02 |
| 22 | 23.16 | 1.02 | 23.57 | 1.04 | 23.99 | 1.06 | 24.41 | 1.07 |
| 24 | 22.25 | 1.07 | 22.66 | 1.09 | 23.08 | 1.11 | 23.51 | 1.13 |
| 26 | 21.45 | 1.12 | 21.87 | 1.14 | 22.29 | 1.16 | 22.71 | 1.18 |
| 28 | 20.74 | 1.16 | 21.15 | 1.18 | 21.57 | 1.21 | 22.00 | 1.23 |
| 30 | 20.10 | 1.21 | 20.51 | 1.23 | 20.93 | 1.26 | 21.36 | 1.28 |
| 32 | 19.52 | 1.25 | 19.94 | 1.28 | 20.36 | 1.30 | 20.78 | 1.33 |
| 34 | 18.99 | 1.29 | 19.41 | 1.32 | 19.83 | 1.35 | 20.25 | 1.38 |
| 36 | 18.51 | 1.33 | 18.93 | 1.36 | 19.35 | 1.39 | 19.77 | 1.42 |
| 38 | 18.07 | 1.37 | 18.48 | 1.40 | 18.90 | 1.44 | 19.33 | 1.47 |
| 40 | 17.66 | 1.41 | 18.07 | 1.45 | 18.49 | 1.48 | 18.92 | 1.51 |
| 42 | 17.28 | 1.45 | 17.69 | 1.49 | 18.11 | 1.52 | 18.54 | 1.56 |
| 44 | 16.92 | 1.49 | 17.34 | 1.53 | 17.76 | 1.56 | 18.18 | 1.60 |
| 46 | 16.59 | 1.53 | 17.00 | 1.56 | 17.43 | 1.60 | 17.85 | 1.64 |
| 48 | 16.28 | 1.56 | 16.69 | 1.60 | 17.11 | 1.64 | 17.54 | 1.68 |
| 50 | 15.99 | 1.60 | 16.40 | 1.64 | 16.82 | 1.68 | 17.25 | 1.73 |
| 55 | 15.33 | 1.69 | 15.74 | 1.73 | 16.17 | 1.78 | 16.59 | 1.82 |
| 60 | 14.76 | 1.77 | 15.17 | 1.82 | 15.59 | 1.87 | 16.02 | 1.92 |
| 65 | 14.25 | 1.85 | 14.66 | 1.91 | 15.08 | 1.96 | 15.51 | 2.02 |
| 70 | 13.80 | 1.93 | 14.21 | 1.99 | 14.63 | 2.05 | 15.06 | 2.11 |
| 75 | 13.39 | 2.01 | 13.81 | 2.07 | 14.23 | 2.13 | 14.65 | 2.20 |
| 80 | 13.02 | 2.08 | 13.44 | 2.15 | 13.86 | 2.22 | 14.28 | 2.29 |
| 85 | 12.69 | 2.16 | 13.10 | 2.23 | 13.52 | 2.30 | 13.95 | 2.37 |
| 90 | 12.38 | 2.23 | 12.80 | 2.30 | 13.22 | 2.38 | 13.64 | 2.46 |
| 95 | 12.10 | 2.30 | 12.52 | 2.38 | 12.94 | 2.46 | 13.36 | 2.54 |
| 100 | 11.84 | 2.37 | 12.26 | 2.45 | 12.68 | 2.54 | 13.10 | 2.62 |
| 110 | 11.38 | 2.50 | 11.79 | 2.59 | 12.21 | 2.69 | 12.63 | 2.78 |
| 120 | 10.97 | 2.63 | 11.38 | 2.73 | 11.80 | 2.83 | 12.23 | 2.93 |
| 130 | 10.61 | 2.76 | 11.02 | 2.87 | 11.44 | 2.98 | 11.87 | 3.09 |

（续）

| $U_0$ | 3.0 | | 3.5 | | 4.0 | | 4.5 | |
|---|---|---|---|---|---|---|---|---|
| $N_g$ | $U$（%） | $q$（L/s） | $U$（%） | $q$（L/s） | $U$（%） | $q$（L/s） | $U$（%） | $q$（L/s） |
| 140 | 10.29 | 2.88 | 10.70 | 3.00 | 11.12 | 3.11 | 11.55 | 3.23 |
| 150 | 10.00 | 3.00 | 10.42 | 3.12 | 10.83 | 3.25 | 11.26 | 3.38 |
| 160 | 9.74 | 3.12 | 10.16 | 3.25 | 10.57 | 3.38 | 11.00 | 3.52 |
| 170 | 9.51 | 3.23 | 9.92 | 3.37 | 10.34 | 3.51 | 10.76 | 3.66 |
| 180 | 9.29 | 3.34 | 9.70 | 3.49 | 10.12 | 3.64 | 10.54 | 3.80 |
| 190 | 9.09 | 3.45 | 9.50 | 3.61 | 9.92 | 3.77 | 10.34 | 3.93 |
| 200 | 8.91 | 3.56 | 9.32 | 3.73 | 9.74 | 3.89 | 10.16 | 4.06 |
| 220 | 8.57 | 3.77 | 8.99 | 3.95 | 9.40 | 4.14 | 9.83 | 4.32 |
| 240 | 8.29 | 3.98 | 8.70 | 4.17 | 9.12 | 4.38 | 9.54 | 4.58 |
| 260 | 8.03 | 4.18 | 8.44 | 4.39 | 8.86 | 4.61 | 9.28 | 4.83 |
| 280 | 7.81 | 4.37 | 8.22 | 4.60 | 8.63 | 4.83 | 9.06 | 5.07 |
| 300 | 7.60 | 4.56 | 8.01 | 4.81 | 8.43 | 5.06 | 8.85 | 5.31 |
| 320 | 7.42 | 4.75 | 7.83 | 5.01 | 8.24 | 5.28 | 8.67 | 5.55 |
| 340 | 7.25 | 4.93 | 7.66 | 5.21 | 8.08 | 5.49 | 8.50 | 5.78 |
| 360 | 7.10 | 5.11 | 7.51 | 5.40 | 7.92 | 5.70 | 8.34 | 6.01 |
| 380 | 6.95 | 5.29 | 7.36 | 5.60 | 7.78 | 5.91 | 8.20 | 6.23 |
| 400 | 6.82 | 5.46 | 7.23 | 5.79 | 7.65 | 6.12 | 8.07 | 6.46 |
| 420 | 6.70 | 5.63 | 7.11 | 5.97 | 7.53 | 6.32 | 7.95 | 6.68 |
| 440 | 6.59 | 5.80 | 7.00 | 6.16 | 7.41 | 6.52 | 7.83 | 6.89 |
| 460 | 6.48 | 5.97 | 6.89 | 6.34 | 7.31 | 6.72 | 7.73 | 7.11 |
| 480 | 6.39 | 6.13 | 6.79 | 6.52 | 7.21 | 6.92 | 7.63 | 7.32 |
| 500 | 6.29 | 6.29 | 6.70 | 6.70 | 7.12 | 7.12 | 7.54 | 7.54 |
| 550 | 6.08 | 6.69 | 6.49 | 7.14 | 6.91 | 7.60 | 7.32 | 8.06 |
| 600 | 5.90 | 7.08 | 6.31 | 7.57 | 6.72 | 8.07 | 7.14 | 8.57 |
| 650 | 5.74 | 7.46 | 6.15 | 7.99 | 6.56 | 8.53 | 6.98 | 9.07 |
| 700 | 5.59 | 7.83 | 6.00 | 8.40 | 6.42 | 8.98 | 6.83 | 9.57 |
| 750 | 5.46 | 8.20 | 5.87 | 8.81 | 6.29 | 9.43 | 6.70 | 10.06 |
| 800 | 5.35 | 8.56 | 5.75 | 9.21 | 6.17 | 9.87 | 6.59 | 10.54 |
| 850 | 5.24 | 8.91 | 5.65 | 9.60 | 6.06 | 10.30 | 6.48 | 11.01 |
| 900 | 5.14 | 9.26 | 5.55 | 9.99 | 5.96 | 10.73 | 6.38 | 11.48 |
| 950 | 5.05 | 9.60 | 5.46 | 10.37 | 5.87 | 11.16 | 6.29 | 11.95 |
| 1000 | 4.97 | 9.94 | 5.38 | 10.75 | 5.79 | 11.58 | 6.21 | 12.41 |
| 1100 | 4.82 | 10.61 | 5.23 | 11.50 | 5.64 | 12.41 | 6.06 | 13.32 |
| 1200 | 4.69 | 11.26 | 5.10 | 12.23 | 5.51 | 13.22 | 5.93 | 14.22 |
| 1300 | 4.58 | 11.90 | 4.98 | 12.95 | 5.39 | 14.02 | 5.81 | 15.11 |

（续）

| $U_0$ | 3.0 | | 3.5 | | 4.0 | | 4.5 | |
|---|---|---|---|---|---|---|---|---|
| $N_g$ | $U$（%） | $q$（L/s） | $U$（%） | $q$（L/s） | $U$（%） | $q$（L/s） | $U$（%） | $q$（L/s） |
| 1400 | 4.48 | 12.53 | 4.88 | 13.66 | 5.29 | 14.81 | 5.71 | 15.98 |
| 1500 | 4.38 | 13.15 | 4.79 | 14.36 | 5.20 | 15.60 | 5.61 | 16.84 |
| 1600 | 4.30 | 13.76 | 4.70 | 15.05 | 5.11 | 16.37 | 5.53 | 17.70 |
| 1700 | 4.22 | 14.36 | 4.63 | 15.74 | 5.04 | 17.13 | 5.45 | 18.54 |
| 1800 | 4.16 | 14.96 | 4.56 | 16.41 | 4.97 | 17.89 | 5.38 | 19.38 |
| 1900 | 4.09 | 15.55 | 4.49 | 17.08 | 4.90 | 18.64 | 5.32 | 20.21 |
| 2000 | 4.03 | 16.13 | 4.44 | 17.74 | 4.85 | 19.38 | 5.26 | 21.04 |
| 2200 | 3.93 | 17.28 | 4.33 | 19.05 | 4.74 | 20.85 | 5.15 | 22.67 |
| 2400 | 3.83 | 18.41 | 4.24 | 20.34 | 4.65 | 22.30 | 5.06 | 24.29 |
| 2600 | 3.75 | 19.52 | 4.16 | 21.61 | 4.56 | 23.73 | 4.98 | 25.88 |
| 2800 | 3.68 | 20.61 | 4.08 | 22.86 | 4.49 | 25.15 | 4.90 | 27.46 |
| 3000 | 3.62 | 21.69 | 4.02 | 24.10 | 4.42 | 26.55 | 4.84 | 29.02 |
| 3200 | 3.56 | 22.76 | 3.96 | 25.33 | 4.36 | 27.94 | 4.78 | 30.58 |
| 3400 | 3.50 | 23.81 | 3.90 | 26.54 | 4.31 | 29.31 | 4.72 | 32.12 |
| 3600 | 3.45 | 24.86 | 3.85 | 27.75 | 4.26 | 30.68 | 4.67 | 33.64 |
| 3800 | 3.41 | 25.90 | 3.81 | 28.94 | 4.22 | 32.03 | 4.63 | 35.16 |
| 4000 | 3.37 | 26.92 | 3.77 | 30.13 | 4.17 | 33.38 | 4.58 | 36.67 |
| 4200 | 3.33 | 27.94 | 3.73 | 31.30 | 4.13 | 34.72 | 4.54 | 38.17 |
| 4400 | 3.29 | 28.95 | 3.69 | 32.47 | 4.10 | 36.05 | 4.51 | 39.67 |
| 4600 | 3.26 | 29.96 | 3.66 | 33.64 | 4.06 | 37.37 | $N_g$ = 4444<br>$U$ = 4.5<br>$q$ = 40.00 | |
| 4800 | 3.22 | 30.95 | 3.62 | 34.79 | 4.03 | 38.69 | | |
| 5000 | 3.19 | 31.95 | 3.59 | 35.94 | 4.00 | 40.00 | | |
| 5500 | 3.13 | 34.40 | 3.53 | 38.79 | | | | |
| 6000 | 3.07 | 36.82 | $N_g$ = 35714<br>$U$ = 3.5<br>$q$ = 40.00 | | | | | |
| 6500 | 3.02 | 39.21 | | | | | | |
| 6667 | 3.00 | 40.00 | | | | | | |

给水管段设计秒流量计算表（三）见表2-12。

**表2-12　给水管段设计秒流量计算表（三）**［$U$（%）；$q$（L/s）］

| $U_0$ | 5.0 | | 6.0 | | 7.0 | | 8.0 | |
|---|---|---|---|---|---|---|---|---|
| $N_g$ | $U$ | $q$ | $U$ | $q$ | $U$ | $q$ | $U$ | $q$ |
| 1 | 100.00 | 0.20 | 100.00 | 0.20 | 100.00 | 0.20 | 100.00 | 0.20 |
| 2 | 73.33 | 0.29 | 73.98 | 0.30 | 74.64 | 0.30 | 75.30 | 0.30 |
| 3 | 60.75 | 0.36 | 61.49 | 0.37 | 62.24 | 0.37 | 63.00 | 0.38 |
| 4 | 53.18 | 0.43 | 53.97 | 0.43 | 54.76 | 0.44 | 55.56 | 0.14 |
| 5 | 48.00 | 0.48 | 48.80 | 0.49 | 49.62 | 0.50 | 50.45 | 0.50 |

（续）

| $U_0$ | 5.0 | | 6.0 | | 7.0 | | 8.0 | |
|---|---|---|---|---|---|---|---|---|
| $N_g$ | $U$ | $q$ | $U$ | $q$ | $U$ | $q$ | $U$ | $q$ |
| 6 | 44.16 | 0.53 | 44.98 | 0.54 | 45.81 | 0.55 | 46.65 | 0.56 |
| 7 | 41.17 | 0.58 | 42.01 | 0.59 | 42.85 | 0.60 | 43.70 | 0.61 |
| 8 | 38.76 | 0.62 | 39.60 | 0.63 | 40.45 | 0.65 | 41.31 | 0.66 |
| 9 | 36.76 | 0.66 | 37.61 | 0.68 | 38.46 | 0.69 | 39.33 | 0.71 |
| 10 | 35.07 | 0.70 | 35.92 | 0.72 | 36.78 | 0.74 | 37.65 | 0.75 |
| 11 | 33.61 | 0.74 | 34.46 | 0.76 | 35.33 | 0.78 | 36.20 | 0.80 |
| 12 | 32.34 | 0.78 | 33.19 | 0.80 | 34.06 | 0.82 | 34.93 | 0.84 |
| 13 | 31.22 | 0.81 | 32.07 | 0.83 | 32.94 | 0.86 | 33.82 | 0.88 |
| 14 | 30.22 | 0.85 | 31.07 | 0.87 | 31.94 | 0.89 | 32.82 | 0.92 |
| 15 | 29.32 | 0.88 | 30.18 | 0.91 | 31.05 | 0.93 | 31.93 | 0.96 |
| 16 | 28.50 | 0.91 | 29.36 | 0.94 | 30.23 | 0.97 | 31.12 | 1.00 |
| 17 | 27.76 | 0.94 | 28.62 | 0.97 | 29.50 | 1.00 | 30.38 | 1.03 |
| 18 | 27.08 | 0.97 | 27.94 | 1.01 | 28.82 | 1.04 | 29.70 | 1.07 |
| 19 | 26.45 | 1.01 | 27.32 | 1.04 | 28.19 | 1.07 | 29.08 | 1.10 |
| 20 | 25.88 | 1.04 | 26.74 | 1.07 | 27.62 | 1.10 | 28.50 | 1.14 |
| 22 | 24.84 | 1.09 | 25.71 | 1.13 | 26.58 | 1.17 | 27.47 | 1.2 |
| 24 | 23.94 | 1.15 | 24.80 | 1.19 | 25.68 | 1.23 | 26.57 | 1.28 |
| 26 | 23.14 | 1.20 | 24.01 | 1.25 | 24.98 | 1.29 | 25.77 | 1.34 |
| 28 | 22.43 | 1.26 | 23.30 | 1.30 | 24.18 | 1.35 | 25.06 | 1.40 |
| 30 | 21.79 | 1.31 | 22.66 | 1.36 | 23.54 | 1.41 | 24.43 | 1.47 |
| 32 | 21.21 | 1.36 | 22.08 | 1.41 | 22.96 | 1.47 | 23.85 | 1.53 |
| 34 | 20.68 | 1.41 | 21.55 | 1.47 | 22.43 | 1.53 | 23.32 | 1.59 |
| 36 | 20.20 | 1.45 | 21.07 | 1.52 | 21.95 | 1.58 | 22.84 | 1.64 |
| 38 | 19.76 | 1.50 | 20.63 | 1.57 | 21.51 | 1.63 | 22.40 | 1.70 |
| 40 | 19.35 | 1.55 | 20.22 | 1.62 | 21.10 | 1.69 | 21.99 | 1.76 |
| 42 | 18.97 | 1.55 | 19.84 | 1.67 | 20.72 | 1.74 | 21.61 | 1.82 |
| 44 | 18.61 | 1.64 | 19.48 | 1.71 | 20.36 | 1.79 | 21.25 | 1.87 |
| 46 | 18.28 | 1.68 | 19.15 | 1.76 | 20.03 | 1.84 | 20.92 | 1.92 |
| 48 | 17.97 | 1.73 | 18.84 | 1.81 | 19.72 | 1.89 | 20.61 | 1.98 |
| 50 | 17.68 | 1.77 | 18.55 | 1.86 | 19.43 | 1.94 | 20.32 | 2.03 |
| 55 | 17.02 | 1.87 | 17.89 | 1.97 | 18.77 | 2.07 | 19.66 | 2.16 |
| 60 | 16.45 | 1.97 | 17.32 | 2.08 | 18.20 | 2.18 | 19.08 | 2.29 |
| 65 | 15.94 | 2.07 | 16.81 | 2.19 | 17.69 | 2.30 | 18.58 | 2.42 |
| 70 | 15.49 | 2.17 | 16.36 | 2.29 | 17.24 | 2.41 | 18.13 | 2.54 |
| 75 | 15.08 | 2.26 | 15.95 | 2.39 | 16.83 | 2.52 | 17.72 | 2.66 |

（续）

| $U_0$ | 5.0 | | 6.0 | | 7.0 | | 8.0 | |
|---|---|---|---|---|---|---|---|---|
| $N_g$ | $U$ | $q$ | $U$ | $q$ | $U$ | $q$ | $U$ | $q$ |
| 80 | 14.71 | 2.35 | 15.58 | 2.49 | 16.46 | 2.63 | 17.35 | 2.78 |
| 85 | 14.38 | 2.44 | 15.25 | 2.59 | 16.13 | 2.74 | 17.02 | 2.89 |
| 90 | 14.07 | 2.55 | 4.94 | 2.69 | 15.82 | 2.85 | 16.71 | 3.01 |
| 95 | 13.79 | 2.62 | 14.66 | 2.79 | 15.54 | 2.95 | 16.43 | 3.12 |
| 100 | 13.53 | 2.71 | 14.40 | 2.88 | 15.28 | 3.06 | 16.17 | 3.23 |
| 110 | 13.06 | 2.87 | 13.93 | 3.06 | 14.81 | 3.26 | 15.70 | 3.45 |
| 120 | 12.66 | 3.04 | 13.52 | 3.25 | 14.40 | 3.46 | 15.29 | 3.67 |
| 130 | 12.30 | 3.20 | 13.16 | 3.42 | 14.04 | 3.65 | 14.93 | 3.88 |
| 140 | 11.97 | 3.31 | 12.84 | 3.60 | 13.72 | 3.84 | 14.61 | 4.09 |
| 150 | 11.69 | 3.51 | 12.55 | 3.77 | 13.43 | 4.03 | 14.32 | 4.30 |
| 160 | 11.43 | 3.66 | 12.29 | 3.93 | 13.17 | 4.21 | 14.06 | 4.50 |
| 170 | 11.19 | 3.80 | 12.05 | 4.10 | 12.93 | 4.40 | 13.82 | 4.70 |
| 180 | 10.97 | 3.91 | 11.84 | 4.26 | 12.71 | 4.58 | 13.60 | 4.90 |
| 190 | 10.77 | 11.09 | 11.64 | 4.12 | 12.51 | 4.75 | 13.40 | 5.09 |
| 200 | 10.59 | 4.20 | 11.45 | 4.58 | 12.33 | 4.93 | 13.21 | 5.28 |
| 220 | 10.25 | 4.51 | 11.12 | 4.89 | 11.99 | 5.28 | 12.88 | 5.67 |
| 240 | 9.96 | 4.78 | 10.83 | 5.20 | 11.70 | 5.62 | 12.59 | 6.04 |
| 260 | 9.71 | 5.05 | 10.57 | 5.50 | 11.45 | 5.95 | 12.33 | 6.41 |
| 280 | 9.48 | 5.31 | 10.34 | 5.79 | 11.22 | 6.28 | 12.10 | 6.78 |
| 300 | 9.28 | 5.51 | 10.14 | 6.08 | 11.01 | 6.61 | 11.89 | 7.14 |
| 320 | 9.09 | 5.82 | 9.95 | 6.37 | 10.83 | 6.93 | 11.71 | 7.49 |
| 340 | 8.92 | 6.07 | 9.78 | 6.65 | 10.66 | 7.25 | 11.54 | 7.84 |
| 360 | 8.77 | 6.31 | 9.63 | 6.93 | 10.50 | 7.56 | 11.38 | 8.19 |
| 380 | 8.63 | 6.56 | 9.49 | 7.21 | 10.36 | 7.87 | 11.24 | 8.54 |
| 400 | 8.49 | 6.80 | 9.35 | 7.48 | 10.23 | 8.18 | 11.10 | 8.88 |
| 420 | 8.37 | 7.03 | 9.23 | 7.76 | 10.10 | 8.49 | 10.98 | 9.22 |
| 440 | 8.26 | 7.27 | 9.12 | 8.02 | 9.99 | 8.79 | 10.87 | 9.56 |
| 460 | 8.15 | 7.50 | 9.01 | 8.29 | 9.88 | 9.09 | 10.76 | 9.90 |
| 480 | 8.05 | 7.70 | 8.91 | 8.56 | 9.78 | 9.39 | 10.66 | 10.23 |
| 500 | 7.96 | 7.96 | 8.82 | 8.82 | 9.69 | 9.69 | 10.56 | 10.56 |
| 550 | 7.75 | 8.52 | 8.61 | 9.47 | 9.47 | 10.42 | 10.35 | 11.39 |
| 600 | 7.56 | 9.08 | 8.42 | 10.11 | 9.29 | 11.15 | 10.16 | 12.20 |
| 650 | 7.40 | 9.62 | 8.26 | 10.74 | 9.12 | 11.86 | 10.00 | 13.00 |
| 700 | 7.26 | 10.16 | 8.11 | 11.36 | 8.98 | 12.57 | 9.85 | 13.79 |
| 750 | 7.13 | 10.69 | 7.98 | 11.97 | 8.85 | 13.27 | 9.72 | 14.58 |

（续）

| $U_0$ | 5.0 | | 6.0 | | 7.0 | | 8.0 | |
|---|---|---|---|---|---|---|---|---|
| $N_g$ | $U$ | $q$ | $U$ | $q$ | $U$ | $q$ | $U$ | $q$ |
| 800 | 7.01 | 11.21 | 7.86 | 12.58 | 8.73 | 13.96 | 9.60 | 15.36 |
| 850 | 6.90 | 11.73 | 7.75 | 13.18 | 8.62 | 14.65 | 9.49 | 16.14 |
| 900 | 6.80 | 12.24 | 7.66 | 13.78 | 8.52 | 15.34 | 9.39 | 16.91 |
| 950 | 6.71 | 12.75 | 7.56 | 14.37 | 8.43 | 16.01 | 9.30 | 17.67 |
| 1000 | 6.63 | 13.26 | 7.48 | 14.96 | 8.34 | 16.69 | 9.22 | 18.43 |
| 1100 | 6.48 | 14.25 | 7.33 | 16.12 | 8.19 | 18.02 | 9.06 | 19.94 |
| 1200 | 6.35 | 15.23 | 7.20 | 17.27 | 8.06 | 19.34 | 8.93 | 21.43 |
| 1300 | 6.23 | 16.20 | 7.08 | 18.41 | 7.94 | 20.65 | 8.81 | 22.91 |
| 1400 | 6.13 | 17.15 | 6.98 | 19.53 | 7.84 | 21.95 | 8.71 | 24.38 |
| 1500 | 6.03 | 18.10 | 6.88 | 20.65 | 7.74 | 23.23 | 8.61 | 25.84 |
| 1600 | 5.95 | 19.04 | 6.80 | 21.76 | 7.66 | 24.51 | 8.53 | 27.28 |
| 1700 | 5.87 | 19.97 | 6.72 | 22.85 | 7.58 | 25.77 | 8.45 | 28.72 |
| 1800 | 5.80 | 20.89 | 6.65 | 23.94 | 7.51 | 27.03 | 8.38 | 30.15 |
| 1900 | 5.74 | 21.80 | 6.59 | 25.03 | 7.44 | 28.29 | 8.31 | 31.58 |
| 2000 | 5.68 | 22.71 | 6.53 | 26.10 | 7.38 | 29.53 | 8.25 | 33.00 |
| 2200 | 5.57 | 24.51 | 6.42 | 28.24 | 7.27 | 32.01 | 8.14 | 35.81 |
| 2400 | 5.48 | 26.29 | 6.32 | 30.35 | 7.18 | 34.46 | 8.04 | 38.60 |
| 2600 | 5.39 | 28.05 | 6.24 | 32.45 | 7.10 | 36.89 | $N_g$ = 2500 | |
| 2800 | 5.32 | 29.80 | 6.17 | 34.52 | 7.02 | 39.31 | $U$ = 8.0 | |
| 3000 | 5.25 | 31.53 | 6.10 | 36.59 | $N_g$ = 2857 | | $q$ = 40.00 | |
| 3200 | 5.19 | 33.24 | 6.04 | 38.64 | $U$ = 7.0 | | | |
| 3400 | 5.14 | 34.95 | $N_g$ = 3333 | | $q$ = 40.00 | | | |
| 3600 | 5.09 | 36.64 | $U$ = 6.0 | | | | | |
| 3800 | 5.04 | 38.33 | $q$ = 40.00 | | | | | |
| 4000 | 5.00 | 40.00 | | | | | | |

给水塑料管水利计算表见表 2-13。

**表 2-13　给水塑料管水利计算表**（流量 $q_g$ 为 L/s、管径 $DN$ 为 mm、流速 $V$ 为 m、水头损失 $i$ 为 kPa/m）

| $q_g$ | $DN$15 | | $DN$20 | | $DN$25 | | $DN$32 | | $DN$40 | | $DN$50 | | $DN$70 | | $DN$80 | | $DN$100 | |
|---|---|---|---|---|---|---|---|---|---|---|---|---|---|---|---|---|---|---|
| | $V$ | $i$ | $V$ | $i$ | $V$ | $i$ | $V$ | $i$ | $V$ | $i$ | $V$ | $i$ | $V$ | $i$ | $V$ | $i$ | $V$ | $i$ |
| 0.10 | 0.50 | 0.275 | 0.26 | 0.060 | | | | | | | | | | | | | | |
| 0.15 | 0.75 | 0.564 | 0.39 | 0.123 | 0.23 | 0.033 | | | | | | | | | | | | |
| 0.20 | 0.99 | 0.940 | 0.53 | 0.206 | 0.30 | 0.055 | 0.20 | 0.02 | | | | | | | | | | |
| 0.30 | 1.49 | 0.193 | 0.79 | 0.422 | 0.45 | 0.113 | 0.29 | 0.040 | | | | | | | | | | |
| 0.40 | 1.99 | 0.321 | 1.05 | 0.703 | 0.61 | 0.188 | 0.39 | 0.067 | 0.24 | 0.021 | | | | | | | | |

（续）

| $q_g$ | DN15 | | DN20 | | DN25 | | DN32 | | DN40 | | DN50 | | DN70 | | DN80 | | DN100 | |
|---|---|---|---|---|---|---|---|---|---|---|---|---|---|---|---|---|---|---|
| | V | i | V | i | V | i | V | i | V | i | V | i | V | i | V | i | V | i |
| 0.50 | 2.49 | 4.77 | 1.32 | 1.04 | 0.76 | 0.279 | 0.49 | 0.099 | 0.30 | 0.031 | | | | | | | | |
| 0.60 | 2.98 | 6.60 | 1.58 | 1.44 | 0.91 | 0.386 | 0.59 | 0.137 | 0.36 | 0.043 | 0.23 | 0.014 | | | | | | |
| 0.70 | | | 1.84 | 1.90 | 1.06 | 0.507 | 0.69 | 0.181 | 0.42 | 0.056 | 0.27 | 0.019 | | | | | | |
| 0.80 | | | 2.10 | 2.40 | 1.21 | 0.643 | 0.79 | 0.229 | 0.48 | 0.071 | 0.30 | 0.023 | | | | | | |
| 0.90 | | | 2.37 | 2.96 | 1.36 | 0.792 | 0.88 | 0.282 | 0.54 | 0.088 | 0.34 | 0.029 | 0.23 | 0.018 | | | | |
| 1.00 | | | | | 1.51 | 0.955 | 0.98 | 0.340 | 0.60 | 0.106 | 0.38 | 0.035 | 0.25 | 0.014 | | | | |
| 1.50 | | | | | 2.27 | 1.96 | 1.47 | 0.698 | 0.90 | 0.217 | 0.57 | 0.072 | 0.39 | 0.029 | 0.27 | 0.012 | | |
| 2.00 | | | | | | | 1.96 | 1.160 | 1.20 | 0.361 | 0.76 | 0.119 | 0.52 | 0.049 | 0.36 | 0.020 | 0.24 | 0.008 |
| 2.50 | | | | | | | 2.46 | 1.730 | 1.50 | 0.536 | 0.95 | 0.517 | 0.65 | 0.072 | 0.45 | 0.030 | 0.30 | 0.011 |
| 3.00 | | | | | | | | | 1.81 | 0.741 | 1.14 | 0.245 | 0.78 | 0.099 | 0.54 | 0.042 | 0.36 | 0.016 |
| 3.50 | | | | | | | | | 2.11 | 0.974 | 1.33 | 0.322 | 0.91 | 0.131 | 0.63 | 0.055 | 0.42 | 0.021 |
| 4.00 | | | | | | | | | 2.41 | 0.123 | 1.51 | 0.408 | 1.04 | 0.166 | 0.72 | 0.069 | 0.48 | 0.026 |
| 4.50 | | | | | | | | | 2.71 | 0.152 | 1.70 | 0.503 | 1.17 | 0.205 | 0.81 | 0.086 | 0.54 | 0.032 |
| 5.00 | | | | | | | | | | | 1.89 | 0.606 | 1.30 | 0.247 | 0.90 | 0.104 | 0.60 | 0.039 |
| 5.50 | | | | | | | | | | | 2.08 | 0.718 | 1.43 | 0.293 | 0.99 | 0.123 | 0.66 | 0.046 |
| 6.00 | | | | | | | | | | | 2.27 | 0.838 | 1.56 | 0.342 | 1.08 | 0.143 | 0.72 | 0.052 |
| 6.50 | | | | | | | | | | | | | 1.69 | 0.394 | 1.17 | 0.165 | 0.78 | 0.062 |
| 7.00 | | | | | | | | | | | | | 1.82 | 0.445 | 1.26 | 0.188 | 0.84 | 0.071 |
| 7.50 | | | | | | | | | | | | | 1.95 | 0.507 | 1.35 | 0.213 | 0.90 | 0.080 |
| 8.00 | | | | | | | | | | | | | 2.08 | 0.569 | 1.44 | 0.238 | 0.96 | 0.090 |
| 8.50 | | | | | | | | | | | | | 2.21 | 0.632 | 1.53 | 0.265 | 1.02 | 0.102 |
| 9.00 | | | | | | | | | | | | | 2.34 | 0.701 | 1.62 | 0.294 | 1.08 | 0.111 |
| 9.50 | | | | | | | | | | | | | 2.47 | 0.772 | 1.71 | 0.323 | 1.14 | 0.121 |
| 10.00 | | | | | | | | | | | | | | | 1.80 | 0.354 | 1.20 | 0.134 |

## 2.3　建筑室外消防给水系统

### 2.3.1　消防用水量

**1. 城市、居住区室外消防用水量**

城市、居住区同一时间内的火灾次数和一次灭火用水量见表2-14。

**表2-14　城市、居住区同一时间内的火灾次数和一次灭火用水量**

| 人数 N/万人 | 同一时间内的火灾次数/次 | 一次灭火用水量/（L/s） |
|---|---|---|
| $N \leq 1.0$ | 1 | 10 |
| $1.0 < N \leq 2.5$ | 1 | 15 |
| $2.5 < N \leq 5.0$ | 2 | 25 |
| $5.0 < N \leq 10.0$ | 2 | 35 |
| $10.0 < N \leq 20.0$ | 2 | 45 |
| $20.0 < N \leq 30.0$ | 2 | 55 |

（续）

| 人数 $N$/万人 | 同一时间内的火灾次数/次 | 一次灭火用水量/（L/s） |
| --- | --- | --- |
| $30.0<N\leq40.0$ | 2 | 65 |
| $40.0<N\leq50.0$ | 3 | 75 |
| $50.0<N\leq60.0$ | 3 | 85 |
| $60.0<N\leq70.0$ | 3 | 90 |
| $70.0<N\leq80.0$ | 3 | 95 |
| $80.0<N\leq100.0$ | 3 | 100 |

注：1. 城市的室外消防用水量应包括居住区、工厂、仓库、堆场、储罐（区）和民用建筑的室外消火栓用水量。

2. 当工厂、仓库和民用建筑的室外消火栓用水量按表2-16中的规定计算，其值与按本表计算不一致时，应取较大值。

## 2. 工业和民用建筑室外消防用水量

工厂、仓库、堆场、储罐（区）和民用建筑的室外消防用水量，应按同一时间内的火灾次数和一次灭火用水量确定：

工厂、仓库、堆场、储罐（区）和民用建筑在同一时间内的火灾次数不应小于表2-15中的规定。

**表2-15　工厂、仓库、堆场、储罐（区）和民用建筑在同一时间内的火灾次数**

| 名称 | 基地面积/ha | 附有居住区人数/万人 | 同一时间内的火灾次数/次 | 备注 |
| --- | --- | --- | --- | --- |
| 工厂 | ≤100 | ≤1.5 | 1 | 按需水量最大的一座建筑物（或堆场、储罐）计算 |
| | | >1.5 | 2 | 工厂、居住区各一次 |
| | >100 | 不限 | 2 | 按需水量最大的两座建筑物（或堆场、储罐）之和计算 |
| 仓库、民用建筑 | 不限 | 不限 | 1 | 按需水量最大的一座建筑物（或堆场、储罐）计算 |

注：采矿、选矿等工业企业当各分散基地有单独的消防给水系统时，可分别计算。

工厂、仓库和民用建筑一次灭火的室外消火栓用水量不应小于表2-16中的规定。

**表2-16　工厂、仓库和民用建筑一次灭火的室外消火栓用水量**　（单位：L/s）

| 耐火等级 | 建筑物类别 | | 建筑物体积 $V/m^3$ | | | | | |
| --- | --- | --- | --- | --- | --- | --- | --- | --- |
| | | | $V\leq1500$ | $1500<V\leq3000$ | $3000<V\leq5000$ | $5000<V\leq20000$ | $20000<V\leq50000$ | $V>50000$ |
| 一、二级 | 厂房 | 甲、乙类 | 10 | 15 | 20 | 25 | 30 | 35 |
| | | 丙类 | 10 | 15 | 20 | 25 | 30 | 40 |
| | | 丁、戊类 | 10 | 10 | 10 | 15 | 15 | 20 |
| | 仓库 | 甲、乙类 | 15 | 15 | 25 | 25 | — | — |
| | | 丙类 | 15 | 15 | 25 | 25 | 35 | 45 |
| | | 丁、戊类 | 10 | 10 | 10 | 15 | 15 | 20 |
| | 民用建筑 | 单层或多层 | 10 | 15 | 15 | 20 | 25 | 30 |
| | | 除住宅建筑外的一类高层 | 30 | | | | | |
| | | 一类高层住宅建筑、二类高层 | 20 | | | | | |

（续）

| 耐火等级 | 建筑物类别 | | 建筑物体积 $V/m^3$ | | | | | |
|---|---|---|---|---|---|---|---|---|
| | | | $V \le 1500$ | $1500 < V \le 3000$ | $3000 < V \le 5000$ | $5000 < V \le 20000$ | $20000 < V \le 50000$ | $V > 50000$ |
| 三级 | 厂房（仓库） | 乙、丙类 | 15 | 20 | 30 | 40 | 45 | — |
| | | 丁、戊类 | 10 | 10 | 15 | 20 | 25 | 35 |
| | 民用建筑 | | 10 | 15 | 20 | 25 | 30 | — |
| 四级 | 丁、戊类厂房（仓库） | | 10 | 15 | 20 | 25 | — | — |
| | 民用建筑 | | 10 | 15 | 20 | 25 | — | — |

注：1. 室外消火栓用水量应按消防用水量最大的一座建筑物计算。成组布置的建筑物应按消防用水量较大的相邻两座计算。

2. 国家级文物保护单位的重点砖木或木结构的建筑物，其室外消火栓用水量应按三级耐火等级民用建筑的消防用水量确定。

3. 铁路车站、码头和机场的中转仓库其室外消火栓用水量可按丙类仓库确定。

4. 建筑高度不超过50m且设置有自动喷水灭火系统的高层民用建筑，其室外消防用水量可按本表减少5L/s。

### 3. 可燃材料堆场、可燃气体储罐（区）的室外消防用水量

可燃材料堆场、可燃气体储罐（区）的室外消防用水量不应小于表2-17的规定。

**表2-17 可燃材料堆场、可燃气体储罐（区）的室外消防用水量** （单位：L/s）

| 名称 | | 总储量或总容量 | 消防用水量 |
|---|---|---|---|
| 粮食 $W/t$ | 土圆囤 | $30 < W \le 500$ | 15 |
| | | $500 < W \le 5000$ | 25 |
| | | $5000 < W \le 20000$ | 40 |
| | | $W > 20000$ | 45 |
| | 席穴囤 | $30 < W \le 500$ | 20 |
| | | $500 < W \le 5000$ | 35 |
| | | $5000 < W \le 20000$ | 50 |
| 棉、麻、毛、化纤百货 $W/t$ | | $10 < W \le 500$ | 20 |
| | | $500 < W \le 1000$ | 35 |
| | | $1000 < W \le 5000$ | 50 |
| 稻草、麦秸、芦苇等易燃材料 $W/t$ | | $50 < W \le 500$ | 20 |
| | | $500 < W \le 5000$ | 35 |
| | | $5000 < W \le 10000$ | 50 |
| | | $W > 10000$ | 60 |
| 木材等可燃材料 $V/m^3$ | | $50 < V \le 1000$ | 20 |
| | | $1000 < V \le 5000$ | 30 |
| | | $5000 < V \le 10000$ | 45 |
| | | $V > 10000$ | 55 |
| 煤和焦炭 $W/t$ | | $100 < W \le 5000$ | 15 |
| | | $W > 5000$ | 20 |

（续）

| 名称 | 总储量或总容量 | 消防用水量 |
|---|---|---|
| 可燃气体储罐（区）$V/m^3$ | $500 < V \leqslant 10000$ | 15 |
| | $10000 < V \leqslant 50000$ | 20 |
| | $50000 < V \leqslant 100000$ | 25 |
| | $100000 < V \leqslant 200000$ | 30 |
| | $V > 200000$ | 35 |

注：固定容积的可燃气体储罐的总容积按其几何容积（$m^3$）和设计工作压力（绝对压力，105Pa）的乘积计算。

**4. 甲、乙、丙类液体储罐（区）的室外消防用水量**

冷却用水量应按储罐区一次灭火最大需水量计算。距着火罐罐壁 1.5 倍直径范围内的相邻储罐应进行冷却，其冷却水的供给范围和供给强度不应小于表 2-18 的规定。

**表 2-18　甲、乙、丙类液体储罐冷却水的供给范围和供给强度**

| 设备类型 | 储罐名称 | | | 供给范围 | 供给强度 |
|---|---|---|---|---|---|
| 移动式水枪 | 着火罐 | 固定顶立式罐（包括保温罐） | | 罐周长 | 0.60（L/s · m） |
| | | 浮顶罐（包括保温罐） | | 罐周长 | 0.45（L/s · m） |
| | | 卧式罐 | | 罐壁表面积 | 0.10（L/s · $m^2$） |
| | | 地下立式罐、半地下和地下卧式罐 | | 无覆土罐壁表面积 | 0.10（L/s · $m^2$） |
| | 相邻罐 | 固定顶立式罐 | 不保温罐 | 罐周长的一半 | 0.35（L/s · m） |
| | | | 保温罐 | | 0.20（L/s · m） |
| | | 卧式罐 | | 罐壁表面积的一半 | 0.10（L/s · $m^2$） |
| | | 半地下、地下罐 | | 无覆土罐壁表面积的一半 | 0.10（L/s · $m^2$） |
| 固定式设备 | 着火罐 | 立式罐 | | 罐周长 | 0.50（L/s · m） |
| | | 卧式罐 | | 罐壁表面积 | 0.10（L/s · $m^2$） |
| | 相邻罐 | 立式罐 | | 罐周长的一半 | 0.50（L/s · m） |
| | | 卧式罐 | | 罐壁表面积的一半 | 0.10（L/s · $m^2$） |

注：1. 冷却水的供给强度还应根据实地灭火战术所使用的消防设备进行校核。
2. 当相邻罐采用不燃材料作绝热层时，其冷却水供给强度可按本表减少 50%。
3. 储罐可采用移动式水枪或固定式设备进行冷却。当采用移动式水枪进行冷却时，无覆土保护的卧式罐的消防用水量，当计算出的水量小于 15L/s 时，仍应采用 15L/s。
4. 地上储罐的高度大于 15m 或单罐容积大于 2000$m^3$ 时，宜采用固定式冷却水设施。
5. 当相邻储罐超过 4 个时，冷却用水量可按 4 个计算。

**5. 液化石油气储罐（区）的消防用水量**

液化石油气储罐（区）的消防用水量应按储罐固定喷水冷却装置用水量和水枪用水量之和计算，其水枪用水量不应小于表 2-19 的规定。

**表 2-19　液化石油气储罐（区）的水枪用水量**

| 总容积 $V/m^3$ | $V \leqslant 500$ | $500 < V \leqslant 2500$ | $V > 2500$ |
|---|---|---|---|
| 单罐容积 $V/m^3$ | $V \leqslant 100$ | $V \leqslant 400$ | $V > 400$ |
| 水枪用水量/（L/s） | 20 | 30 | 45 |

注：1. 水枪用水量应按本表总容积和单罐容积较大者确定。
2. 总容积小于 50$m^3$ 的储罐区或单罐容积不大于 20$m^3$ 的储罐，可单独设置固定喷水冷却装置或移动式水枪，其消防用水量应按水枪用水量计算。
3. 埋地的液化石油气储罐可不设固定喷水冷却装置。

## 2.3.2　室外消防给水布置

### 1. 室外消防给水管道的布置

管网上应设消防分隔阀门。阀门应设在管道的三通、四通处的支管端下游一侧，三通处设两个，四通处设三个，当两阀门之间消火栓的数量超过 5 个时，在管网上应增设阀门，如图 2-13 所示。

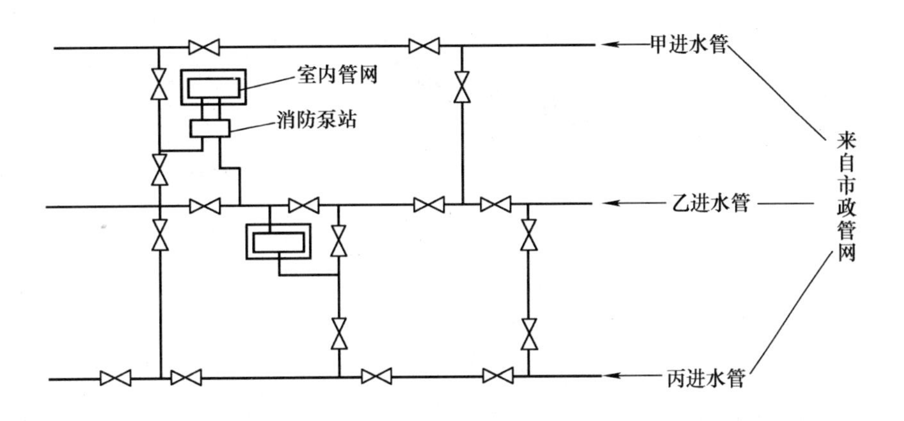


图 2-13　室外环网及消防阀门设置

### 2. 消防水泵出水管的布置

消防水泵出水管的布置应根据消防流量保证率的要求，合理地布置泵站内消防阀门。出水管上阀门布置如图 2-14 所示。

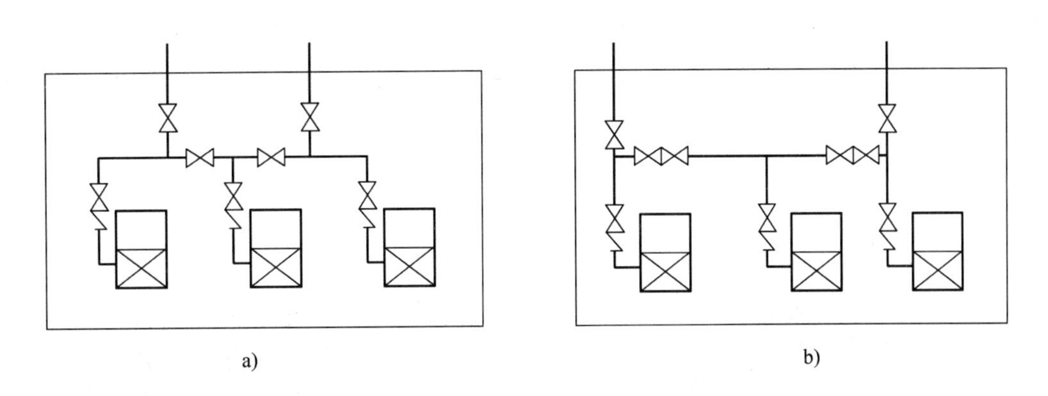


图 2-14　出水管上阀门布置
a）保证一台泵工作时　b）保证两台泵工作时

## 2.3.3　独立消防给水系统水泵扬程的确定

独立消防给水系统水泵扬程可按下式进行计算，如图 2-15 所示。

$$H_B = 0.1\ (H_1 + H_2 + h_1 + h_2 + H_C)$$

式中　$H_B$——消防水泵的扬程（m）；

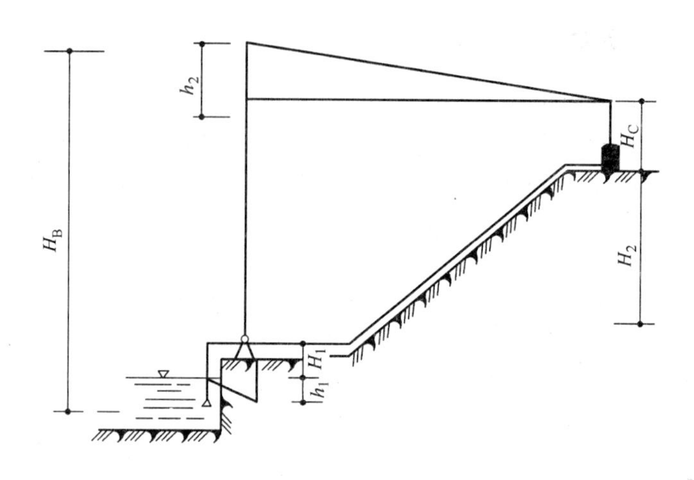


图 2-15　消防水泵扬程计算

$H_1$——水池最低水位至泵轴的静水压（kPa）；

$H_2$——泵轴至最不利点灭火设备处的静水压（kPa）；

$h_1$——消防水泵吸水管路的沿程和局部水头损失（kPa）；

$h_2$——消防水泵输水管路的沿程和局部水头损失（kPa）；

$H_C$——最不利点灭火设备所需的水压（kPa）。

## 2.3.4　室外消火栓的布置要求

室外地上式消火栓应有一个直径为 150mm 或 100mm 和两个直径为 65mm 的栓口，如图 2-16 所示。

室外地下式消火栓应有直径为 100mm 和 65mm 的栓口各一个，并有明显的标志，如图 2-17 所示。

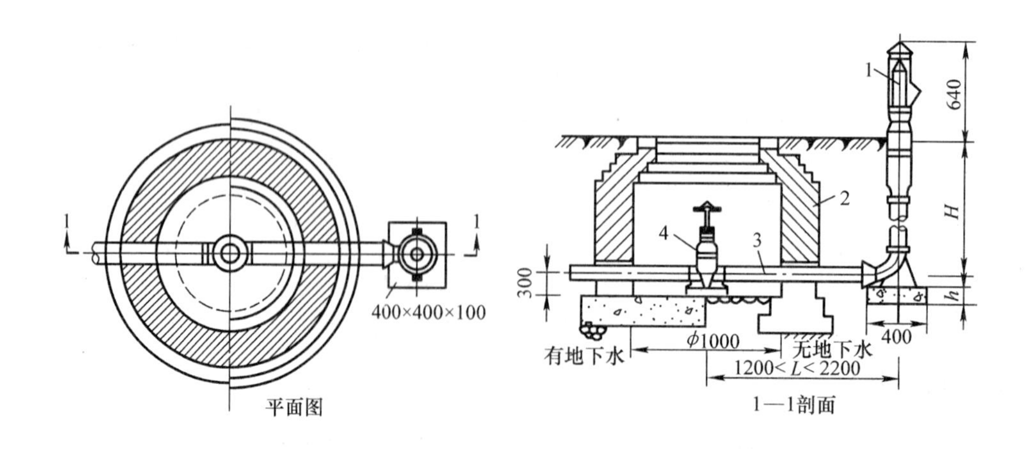


图 2-16　室外地上式消火栓安装示意

1—SS100 地上式消火栓　2—圆形阀门井　3—放水阀　4—DN100 阀门

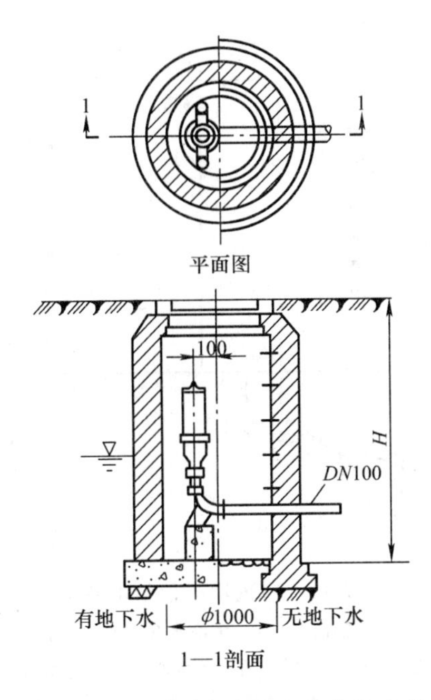


图2-17　室外地下式消火栓安装示意

### 2.3.5　各类场所的火灾延续时间

不同建筑场所的火灾延续时间不应小于表2-20中的规定。

表2-20　不同建筑场所的火灾延续时间　（单位：h）

| 建筑类别 | 场所名称 | 火灾延续时间 |
|---|---|---|
| 仓库 | 甲、乙、丙类仓库 | 3.0 |
| | 丁、戊类仓库 | 2.0 |
| 厂房 | 甲、乙、丙类厂房 | 3.0 |
| | 丁、戊类厂房 | 2.0 |
| 民用建筑 | 公共建筑 | 2.0 |
| | 居住建筑 | |
| 灭火系统 | 自动喷水灭火系统 | 应按相应现行国家标准确定 |
| | 泡沫灭火系统 | |
| | 防火分隔水幕 | |

## 2.4　建筑室内消火栓给水系统

### 2.4.1　室内消火栓系统组成

室内消火栓给水系统主要是由室内消火栓、水龙带、水枪、消防卷盘（消防水喉设备）、水泵接合器，以及消防管道（进户管、干管、立管）、水箱、增压设备和水源等组成，如图2-18所示。

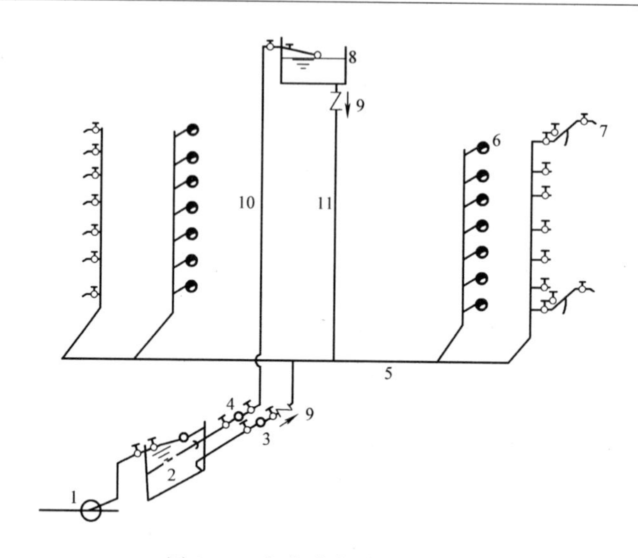


图 2-18　室内消火栓给水系统

1—室外给水管　2—储水池　3—消防泵　4—生活水泵　5—室内管网　6—消火栓及消火立管　7—给水立管及支管　8—水箱　9—单向阀　10—进水管　11—出水管

水泵接合器按其出口的公称通径可分为 *DN*100 和 *DN*150 两种，分为地上式、地下式和墙壁式三种类型（图 2-19）。接合器的公称压力可分为 1.6MPa 和 2.5MPa 两种。

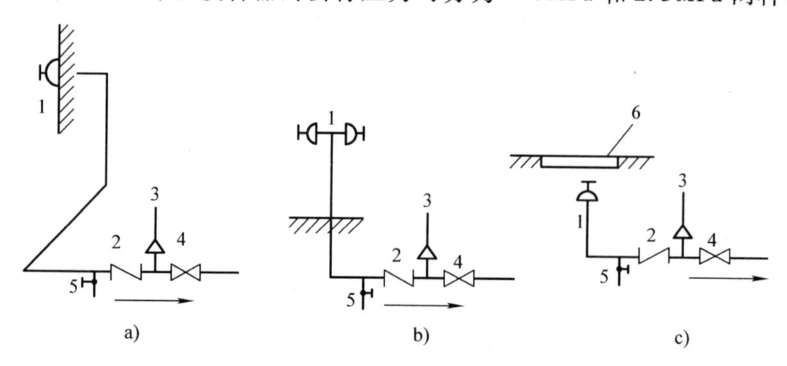


图 2-19　消防水泵接合器

a）墙壁式　b）地上式　c）地下式

1—消防接口　2—止回阀　3—安全阀　4—阀门　5—放水阀　6—井盖

消防水泵接合器型号的组成如图 2-20 所示。安装形式代号：S—表示地上式；X—表示地下式；B—表示墙壁式。

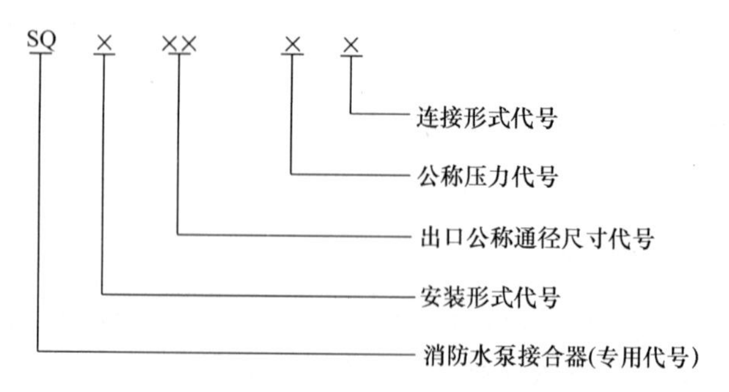


图 2-20　消防水泵接合器型号的组成

消防水泵接合器法兰的尺寸应符合表2-21的规定。

**表2-21　消防水泵接合器法兰的尺寸**

| 公称压力/MPa | 出口公称通径 $DN$/mm | 法兰外径 $D$/mm | | 螺栓孔中心圆直径 $D_1$/mm | | 螺栓孔直径 $d_0$/mm | | 螺栓数 $n$ |
|---|---|---|---|---|---|---|---|---|
| | | 基本尺寸 | 极限偏差 | 基本尺寸 | 极限偏差 | 基本尺寸 | 极限偏差 | 个 |
| 1. 6 | 100 | 220 | ±2. 80 | 180 | ±0. 50 | 17. 5 | +0. 43<br>0 | 8 |
| 2. 5 | 150 | 285 | ±3. 10 | 240 | ±0. 58 | 22. 0 | −0. 52<br>0 | |
| | 100 | 235 | ±2. 80 | 190 | ±0. 58 | 22. 0 | +0. 52<br>0 | |
| | 150 | 300 | ±3. 10 | 250 | ±0. 58 | 26. 0 | +0. 52<br>0 | |

消防水泵接合器箱的形式及基本尺寸应符合图2-21和表2-22的规定。

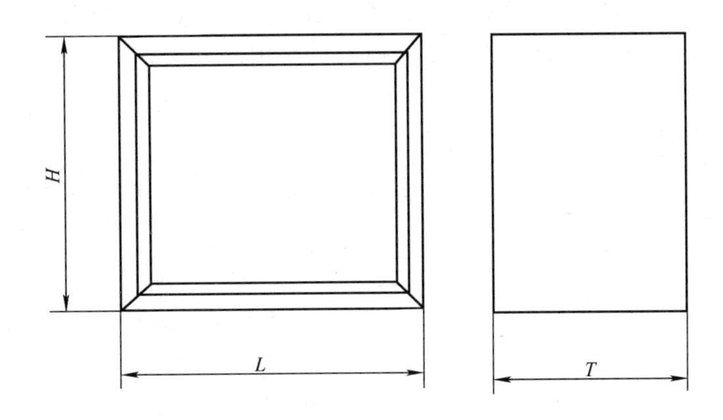


图2-21　消防水泵接合器箱的形式

**表2-22　消防水泵接合器箱的基本尺寸**　　（单位：mm）

| | SQG－1 | SQG－2 |
|---|---|---|
| $H$ | 400 | 920 |
| $T$ | 280 | 280 |
| $L$ | 450 | 450 |
| | 900 | 900 |
| | 1350 | 1350 |
| | 1800 | 1800 |

## 2. 4. 2　室内消火栓系统给水方式

### 1. 低层建筑室内消火栓系统

无加压泵和水箱的室内消火栓给水系统如图2-22所示。当建筑物高度不大，而室外给水管网的压力和流量在任何时候均能够满足室内最不利点消火栓所需的设计流量和压力时，宜采用此种方式。

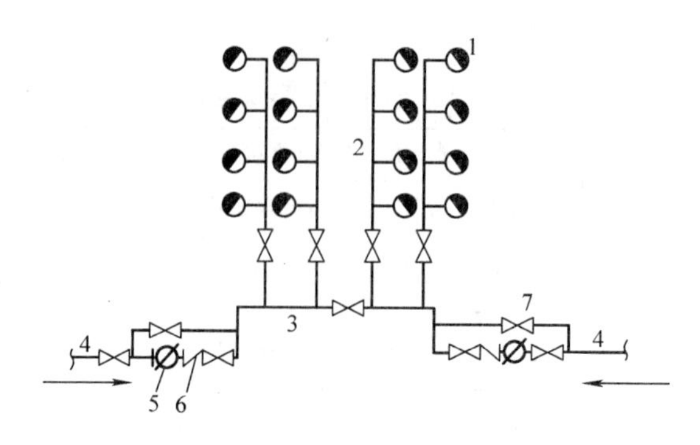


图 2-22　无加压泵和水箱的室内消火栓给水系统

1—室内消火栓　2—消防竖管　3—干管　4—进户管　5—水表　6—止回阀　7—闸门

设有水箱的室内消火栓给水系统如图 2-23 所示。当室外管网水压较大时，室外管网向水箱充水，由水箱储存一定水量，以备消防使用。

设有消防水泵和水箱的室内消火栓给水系统如图 2-24 所示。当室外管网水压经常不能满足室内消火栓给水系统的水量和水压要求时，宜采用此给水方式。

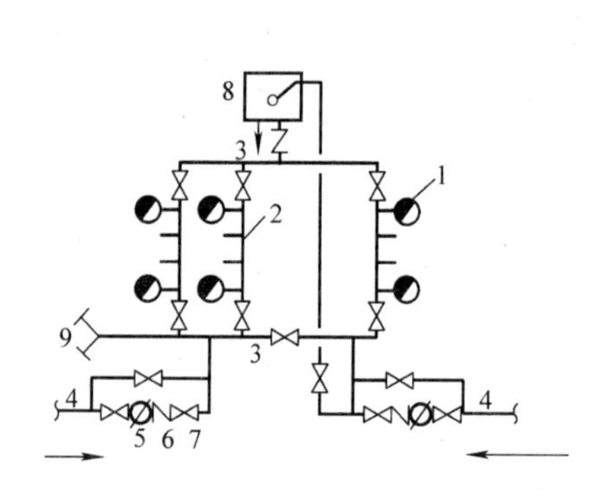


图 2-23　设有水箱的室内消火栓给水系统

1—室内消火栓　2—消防竖管　3—干管　4—进户管　5—水表　6—止回阀　7—阀门　8—水箱　9—水泵接合器

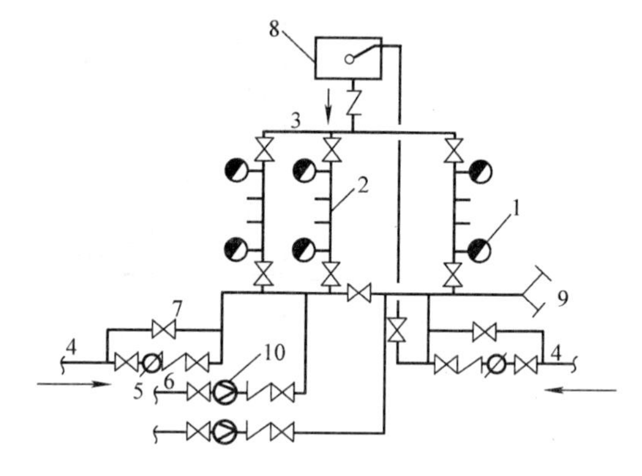


图2-24　设有消防水泵和水箱的室内消火栓给水系统

1—室内消火栓　2—消防竖管　3—干管　4—进户管　5—水表　6—止回阀　7—阀门　8—水箱　9—水泵接合器　10—消防水泵

低层建筑室内消火栓给水系统的水力计算应从室内消防给水管道系统图上，确定出最不利点消火栓。在多层建筑中按表 2-23 进行最不利点计算流量分配。

**表 2-23　最不利点计算流量分配**

| 室内消防计算流量/（L/s） | 1×5 | 2×2.5 | 2×5 | 3×5 | 4×5 | 6×5 |
|---|---|---|---|---|---|---|
| 最不利消防主管出水枪数/支 | 1 | 2 | 2 | 2 | 2 | 3 |
| 相邻消防主管出水枪数/支 | — | — | — | 1 | 2 | 3 |

**2. 高层建筑室内消火栓系统**

（1）不分区室内消火栓给水系统　不分区室内消火栓给水系统可根据具体条件确定分区高度，并配备一组高压消防水泵向管网系统供水灭火，如图 2-25 所示。

（2）并联分区消火栓给水系统　并联分区供水的室内消火栓给水系统如图 2-26 所示，其特点是水泵集中布置，便于管理，适用于建筑高度不超过 100m 的情况。

(3) 串联分区消火栓给水系统　串联分区供水的室内消火栓给水系统如图2-27所示，其特点是系统内设中转水箱（池），中转水箱的蓄水由生活给水提供。

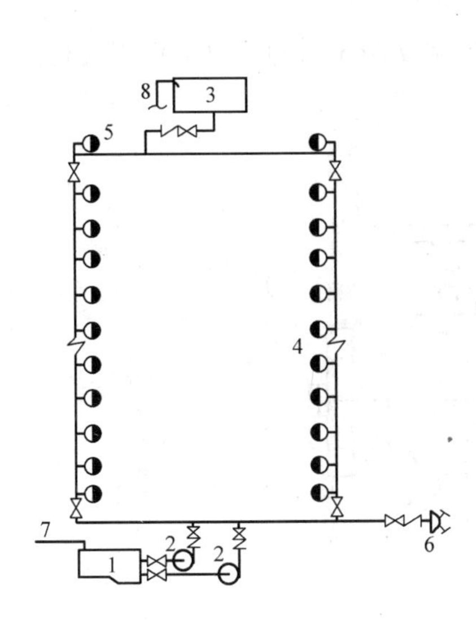


图2-25　不分区室内消火栓给水系统

1—储水池　2—水泵　3—水箱　4—消火栓

5—试验消火栓　6—水泵接合器　7、8—进水管

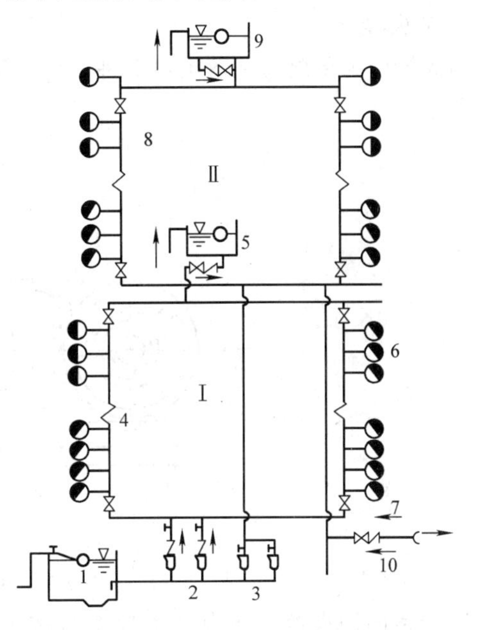


图2-26　并联分区供水的室内消火栓给水系统

1—储水池　2—Ⅰ区消防泵　3—Ⅱ区消防泵　4—Ⅰ区管网

5—Ⅰ区水箱　6—消火栓　7—Ⅰ区水泵接合器　8—Ⅱ区管网

9—Ⅱ区水箱　10—Ⅱ区水泵接合器

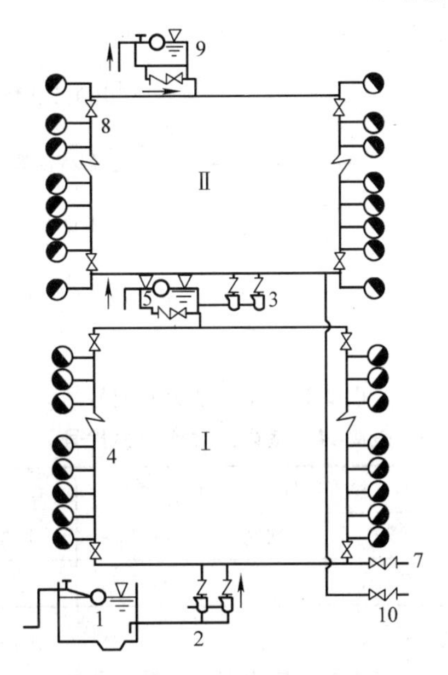


图2-27　串联分区供水的室内消火栓给水系统

1—储水池　2—Ⅰ区消防泵　3—Ⅱ区消防泵　4—Ⅰ区管网　5—Ⅰ区水箱　6—消火栓

7—Ⅰ区水泵接合器　8—Ⅱ区管网　9—Ⅱ区水箱　10—Ⅱ区水泵接合器

## 2.4.3　室内消防设备及图例

### 1. 消火栓

消火栓分为单出口和双出口两种，栓口直径有 *DN*50 和 *DN*65 两种。双出口消火栓如图 2-28 所示。

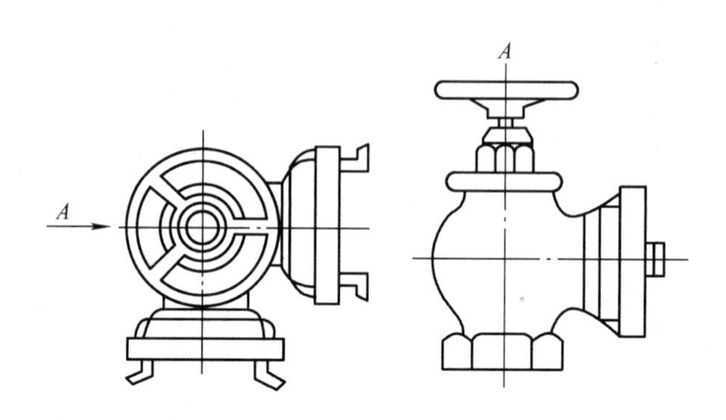


图 2-28　双出口消火栓

（1）室内消火栓　室内消火栓型号按图 2-29 的规定编制。形式代号应符合表 2-24 的规定。

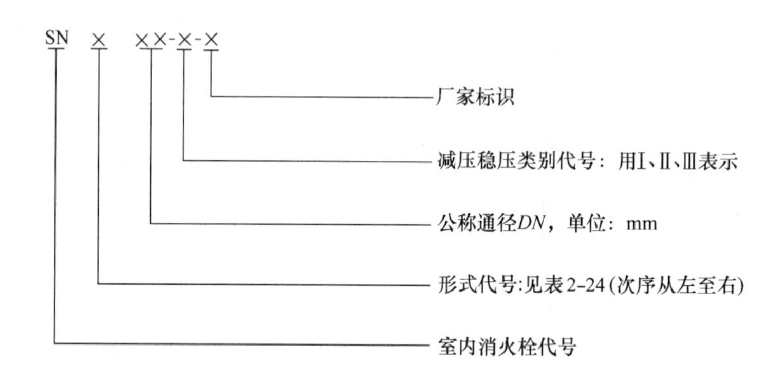


图 2-29　室内消火栓型号

**表 2-24　室内消火栓形式代号**

| 形式 | 出口数量 | | 栓阀数量 | | 普通直角出口型 | 45°出口型 | 旋转型 | 减压型 | 减压稳压型 |
|---|---|---|---|---|---|---|---|---|---|
| | 单出口 | 双出口 | 单阀 | 双阀 | | | | | |
| 代号 | 不标注 | S | 不标注 | S | 不标注 | A | Z | J | W |

室内消火栓基本参数见表 2-25。

**表 2-25　室内消火栓基本参数**

| 公称通径 *DN*/mm | 公称压力 *PN*/MPa | 适用介质 |
|---|---|---|
| 25，50，65，80 | 1.6 | 水、泡沫混合液 |

室内消火栓基本尺寸应符合表 2-26 的规定。

表 2-26 室内消火栓基本尺寸

<table>
<tr><th rowspan="2">公称通径<br>DN/mm</th><th rowspan="2">型号</th><th colspan="2">进水口</th><th colspan="3">基本尺寸/mm</th></tr>
<tr><th>管螺纹</th><th>螺纹深度<br>/mm</th><th>关闭后高度<br>≤</th><th>出水口中心<br>高度</th><th>阀杆中心距接<br>口外沿距离≤</th></tr>
<tr><td>25</td><td>SN25</td><td>Rp 1</td><td>18</td><td>135</td><td>48</td><td>82</td></tr>
<tr><td rowspan="4">50</td><td>SN50</td><td rowspan="2">Rp 2</td><td rowspan="2">22</td><td>185</td><td>65</td><td rowspan="2">110</td></tr>
<tr><td>SNZ50</td><td>205</td><td>65 ~ 71</td></tr>
<tr><td>SNS50</td><td rowspan="2">Rp 2 ½</td><td rowspan="2">25</td><td></td><td>100</td><td>120</td></tr>
<tr><td>SNSS50</td><td>230</td><td>71</td><td>112</td></tr>
<tr><td rowspan="6">65</td><td>SN65</td><td>Rp 2 ½</td><td rowspan="6">25</td><td>205</td><td>100</td><td rowspan="2">120</td></tr>
<tr><td>SNZ65</td><td rowspan="3"></td><td rowspan="4">225</td><td rowspan="3">71 ~ 100</td></tr>
<tr><td>SNZJ65<br>SNZW65</td><td rowspan="4">126</td></tr>
<tr><td>SNJ65<br>SNW65</td></tr>
<tr><td>SNS65</td><td rowspan="2">Rp 3</td><td>75</td></tr>
<tr><td>SNSS65</td><td>270</td><td>110</td></tr>
<tr><td>80</td><td>SN80</td><td>Rp 3</td><td>25</td><td>225</td><td>80</td><td>126</td></tr>
</table>

(2) 室外消火栓 室外消火栓按其安装场合可分为地上式、地下式和折叠式；按其进水口连接形式可分为法兰式和承插式；按其用途分为普通型和特殊型，特殊型分为泡沫型、防撞型、调压型、减压稳压型等。

室外消火栓按其进水口的公称通径可分为 100mm 和 150mm 两种，公称压力可分为 1.0MPa 和 1.6MPa 两种，其中承插式的消火栓为 1.0MPa、法兰式的消火栓为 1.6MPa。

消火栓型号编制方法如图 2-30 所示。

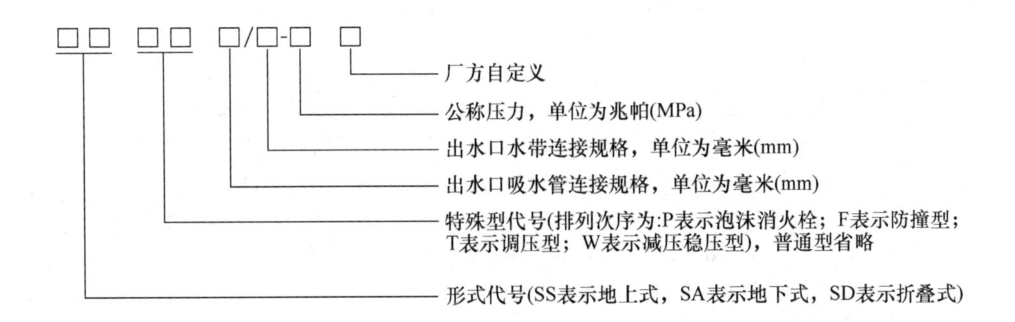


图 2-30 消火栓型号编制方法

法兰式消火栓的法兰连接尺寸应符合图 2-31 和表 2-27 的规定。

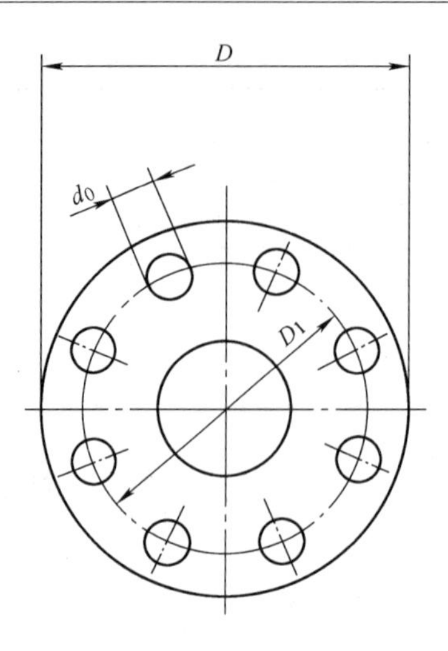


图 2-31　法兰式消火栓的法兰连接尺寸

**表 2-27　法兰式消火栓的法兰连接尺寸**　（单位：mm）

| 进水口公称通径 | 法兰外径 $D$ | | 螺栓孔中心圆直径 $D_t$ | | 螺栓孔直径 $d_0$ | | 螺栓数/个 |
|---|---|---|---|---|---|---|---|
| | 基本尺寸 | 极限偏差 | 基本尺寸 | 极限偏差 | 基本尺寸 | 极限偏差 | |
| 100 | 220 | ±2.80 | 180 | ±0.50 | 17.5 | $^{+0.43}_{0}$ | 8 |
| 150 | 285 | ±3.10 | 240 | ±0.80 | 22.0 | $^{+0.52}_{0}$ | |

承插式消火栓的承插口连接尺寸应符合图 2-32 和表 2-28、表 2-29 的规定。

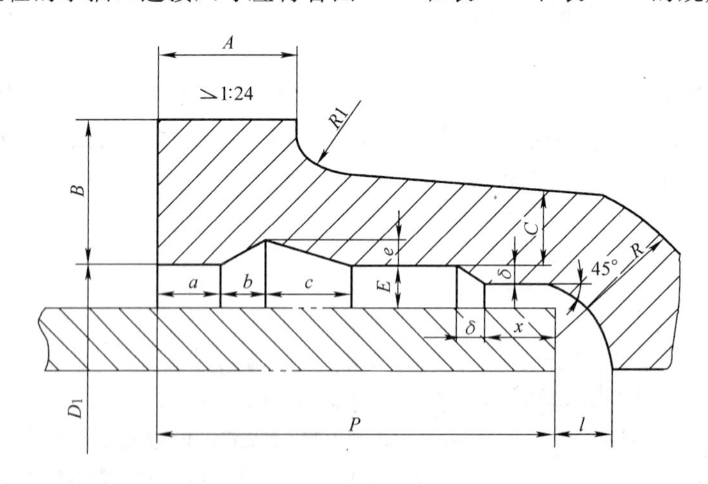


图 2-32　承插式消火栓的承插口连接尺寸

**表 2-28　承插式消火栓承插口连接尺寸**　（单位：mm）

| 进水口公称通径 | 各部位尺寸 | | | |
|---|---|---|---|---|
| | $a$ | $b$ | $c$ | $e$ |
| 100～150 | 15 | 10 | 20 | 6 |

表 2-29 承插式消火栓承插口尺寸 （单位：mm）

| 进水口公称通径 | 承插口内径 | A | B | C | E | P | l | δ | x | R |
|---|---|---|---|---|---|---|---|---|---|---|
| 100 | 138.0 | 36 | 26 | 12 | 10 | 90 | 9 | 5 | 13 | 32 |
| 150 | 189.0 | 36 | 26 | 12 | 10 | 95 | 10 | 5 | 13 | 32 |

消火栓连接器的基本参数应符合表 2-30 的规定。

表 2-30 消火栓连接器的基本参数

| 公称通径/mm | 公称压力/MPa | 出水口径/mm | 适用介质 |
|---|---|---|---|
| 100 | 1.6<br>1.0 | 65×65 | 水、泡沫混合液 |
| | | 100 | |
| 150 | | 80×80 | |
| | | 150 | |

消火栓扳手基本尺寸应符合表 2-31 及图 2-33、图 2-34 的规定。

表 2-31 消火栓扳手基本尺寸 （单位：mm）

| 代号 | 地上消火栓扳手 | 地下消火栓扳手 |
|---|---|---|
| $A$ | $65_{-1.0}$ | 200 |
| $A_1$ | 15 | — |
| $B$ | 45 | 30 |
| $C$ | — | 20 |
| $D$ | $\phi45$ | — |
| $D_1$ | — | $\phi42$ |
| $D_2$ | — | $\phi20$ |
| $D_3$ | — | $\phi20$ |
| $L$ | 400 | 1000 |
| $L_1$ | 100 | 46 |
| $L_2$ | 55 | $30_{-1.0}$ |
| $S$ | $55^{+1.0}$ | $32^{+1.0}$ |
| $S_1$ | 125 | $29^{+1.0}$ |
| $R$ | $17.5^{+1.0}$ | — |

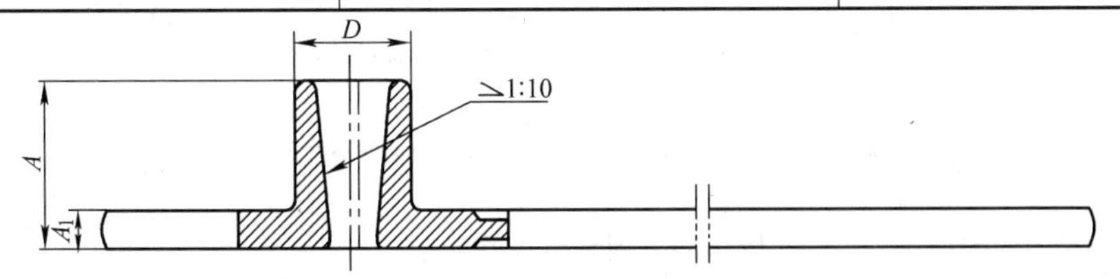


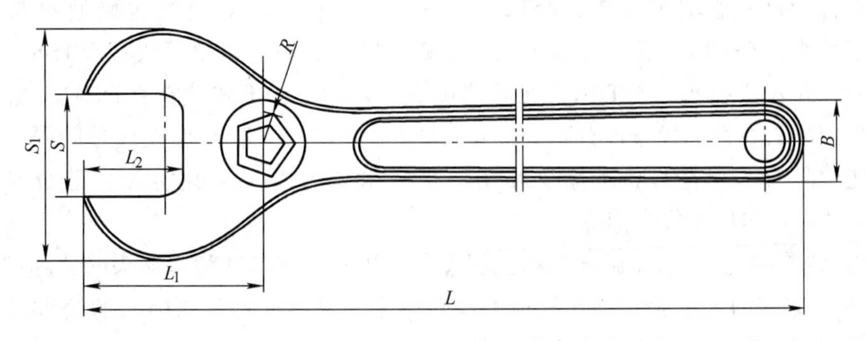


图 2-33 地上消火栓扳手

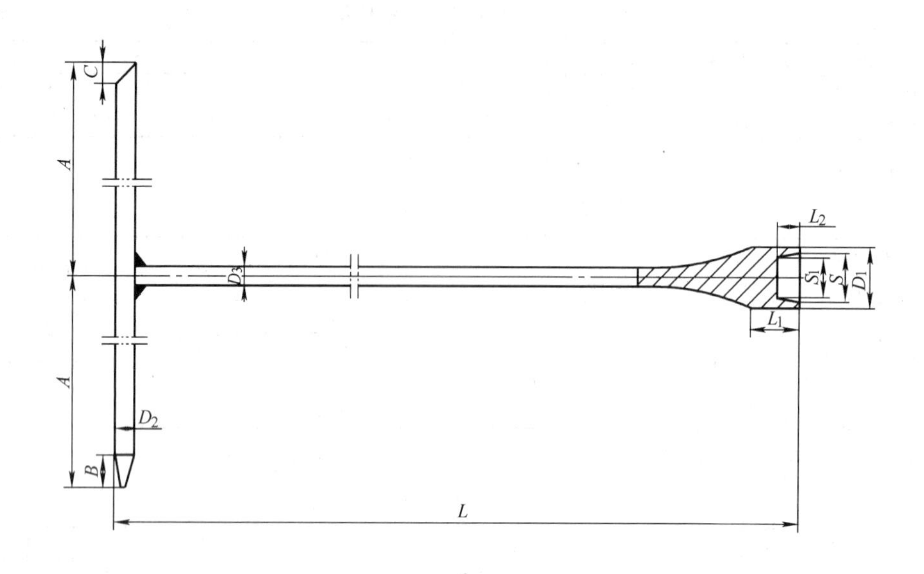


图 2-34　地下消火栓扳手

**2. 喷头**

（1）洒水喷头　喷头的公称口径和接口螺纹见表 2-32。

**表 2-32　喷头的公称口径和接口螺纹**

| 公称口径/mm | 10 | 15 | 20 |
|---|---|---|---|
| 接口螺纹/in | R1/2，R3/8 | R1/2 | R3/4 |

洒水喷头的标记如图 2-35 所示。

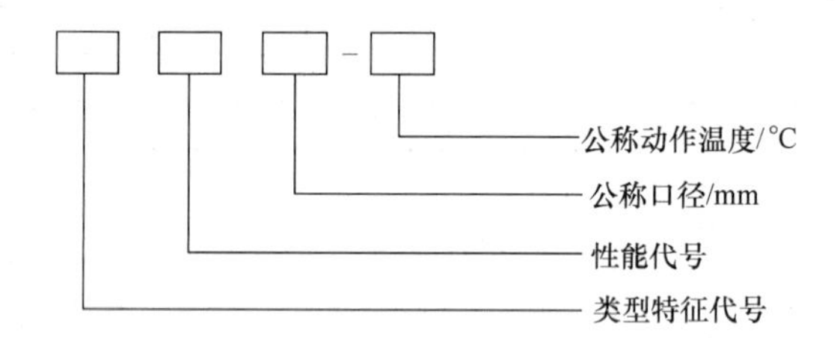


图 2-35　洒水喷头的标记

性能代号表明喷头的洒水分布类型、热响应类型或安装位置等特性，由下列符号构成：通用型喷头：ZSTP；直立型喷头：ZSTZ；下垂型喷头：ZSTX；直立边墙型喷头：ZSTBZ；下垂边墙型喷头：ZSTBX；通用边墙型喷头：ZSTBP；水平边墙型喷头：ZSTBS；齐平式喷头：ZSTDQ；嵌入式喷头：ZSTDR；隐蔽式喷头：ZSTDY；干式喷头：ZSTG。快速响应喷头、特殊响应喷头在性能代号前分别加“K”、“T”并以“ - ”与性能代号间隔，标准响应喷头在性能代号前不加符号；带涂层喷头、带防水罩的喷头在性能代号前分别加“C”、“S”，并以“ - ”与性能代号间隔。

闭式洒水喷头的公称动作温度和颜色标志见表 2-33。玻璃球洒水喷头的公称动作温度分为 13 档，应在玻璃球工作液中作出相应的颜色标志。易熔元件洒水喷头的公称动作温度分为 7 档，应在喷头轭臂或相应的位置作出颜色标志。

表 2-33　公称动作温度和颜色标志

| 玻璃球喷头 | | 易熔元件喷头 | |
|---|---|---|---|
| 公称动作温度/℃ | 液体色标 | 公称动作温度/℃ | 轭臂色标 |
| 57 | 橙 | 57~77 | 无色 |
| 68 | 红 | 80~107 | 白 |
| 79 | 黄 | 121~149 | 蓝 |
| 93 | 绿 | 163~191 | 红 |
| 107 | 绿 | 204~246 | 绿 |
| 121 | 蓝 | 260~302 | 橙 |
| 141 | 蓝 | 320~343 | 橙 |
| 163 | 紫 | | |
| 182 | 紫 | | |
| 204 | 黑 | | |
| 227 | 黑 | | |
| 260 | 黑 | | |
| 343 | 黑 | | |

非边墙型喷头布水要求应符合表 2-34 的规定。

表 2-34　非边墙型喷头布水要求

| 公称口径/mm | 洒水密度/（mm/min） | 每只喷头流量/（L/min） | 保护面积/$m^2$ | 喷头间距/m | 低于洒水密度 50%的集水盒数/个 |
|---|---|---|---|---|---|
| 10 | 2.5 | 50.6 | 20.25 | 4.5 | ≤8 |
| 15 | 5.0 | 61.3 | 12.25 | 3.5 | ≤5 |
| | 15.0 | 135.0 | 9.00 | 3.0 | ≤4 |
| 20 | 10.0 | 90.0 | 9.00 | 3.0 | ≤4 |
| | 30.0 | 187.5 | 6.25 | 2.5 | ≤3 |

边墙型喷头布水时，应打湿喷头所在墙下方距溅水盘 1.22m 以下的全部墙面并符合表 2-35 的规定。

表 2-35　边墙型喷头布水要求

| 公称口径/mm | 平均洒水密度不低于/（mm/min） | 单盒最小洒水密度/（mm/min） | 每只喷头流量/（L/min） | 保护面积/$m^2$ | 喷头间距/m | 喷头所在边墙下部集水盒的集水量 |
|---|---|---|---|---|---|---|
| 10 | 2.0 | 1.2 | 57 | 9.0 | 3.0 | 不少于喷头总洒水量的 3.5% |
| 15 | 2.0 | 1.2 | 57 | 9.0 | 3.0 | |
| 20 | 2.8 | 1.2 | 78 | 9.0 | 3.0 | |

（2）家用喷头　家用喷头的型号规格由类型特征代号、性能代号、公称流量系数和公称动作温度等部分组成。类型特征代号表明了产品的结构形式和特征，由不超过 3 位大写英文字母、阿拉伯数字或其组合构成，可由生产商自己命名。家用喷头的型号编制方法如图 2-36 所示。

性能代号表明喷头的洒水分布类型、安装位置等特性，由下列符号构成：下垂型家用喷

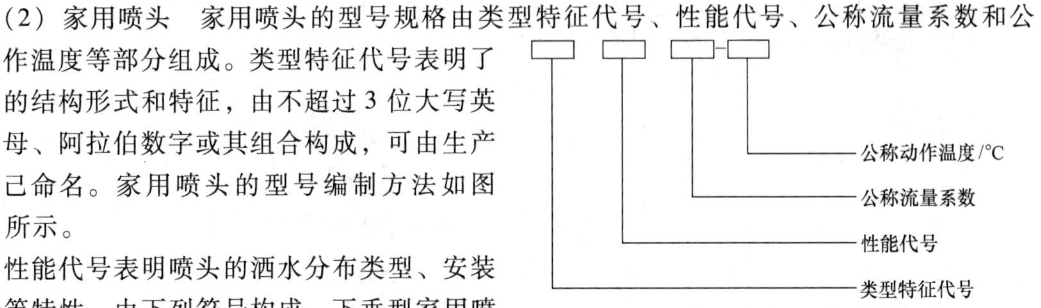


图 2-36　家用喷头的型号编制方法

头：RES-SP；直立型家用喷头：RES-SU；直立边墙型家用喷头：RES-USW；水平边墙型家用喷头：RES-HSW；齐平式下垂型家用喷头：RES-FSP；齐平式边墙型家用喷头：RES-FSW；嵌入式下垂型家用喷头：RES-RSP；嵌入式边墙型家用喷头：RES-RSW；隐蔽式下垂型家用喷头：RES-CSP；隐蔽式边墙型家用喷头：RES-CSW。

家用喷头的公称口径和接口螺纹见表 2-36。

**表 2-36　家用喷头的公称口径和接口螺纹**

| 公称口径/mm | 接口螺纹/in |
| --- | --- |
| 10 | R3/8 |
| 15 | R1/2 |
| 20 | R3/4 |

家用喷头的公称动作温度和颜色标志见表 2-37。玻璃球家用喷头的公称动作温度分为 5 档，应在玻璃球工作液中作出相应的颜色标志。易熔元件家用喷头的公称动作温度分为 2 档，应在喷头轭臂或相应的位置作出颜色标志。

**表 2-37　公称动作温度和颜色标志**

| 玻璃球喷头 | | 易熔元件喷头 | |
| --- | --- | --- | --- |
| 公称动作温度/℃ | 液体色标 | 公称动作温度/℃ | 轭臂色标 |
| 57 | 橙 | | |
| 68 | 红 | 57 ~ 77 | 未标色 |
| 79 | 黄 | 78 ~ 107 | 白 |
| 93 | 绿 | | |
| 107 | 绿 | | |

（3）扩大覆盖面积洒水喷头　扩大覆盖面积洒水喷头的型号规格由类型特征代号、性能代号、流量系数和公称动作温度等部分组成。类型特征代号表明了产品的结构形式和特征，由不超过 3 位大写英文字母、阿拉伯数字或其组合构成，可由生产商自己命名。性能代号表明扩大覆盖面积洒水喷头的洒水分布类型、热响应类型或安装位置等特性，由下列符号构成：直立型 EC 喷头：EC-SU；下垂型 EC 喷头，EC-SP；直立边墙型 EC 喷头：EC-USW；下垂边墙型 EC 喷头：EC-PSW；水平边墙型 EC 喷头：EC-HSW；齐平式下垂型 EC 喷头：EC-FSP；齐平式边墙型 EC 喷头：EC-FSW；嵌入式下垂型 EC 喷头：EC-RSP；嵌入式边墙型 EC 喷头：EC-RSW；隐蔽式下垂型 EC 喷头：EC-CSP；隐蔽式边墙型 EC 喷头：EC-CSW；干式 EC 喷头：EC-DR。

带涂层扩大覆盖面积洒水喷头在性能代号前加"C"，并以"－"与性能代号间隔；快速响应扩大覆盖面积洒水喷头在性能代号前加"QR"，并以"－"与性能代号间隔。

扩大覆盖面积洒水喷头的标记如图 2-37 所示。

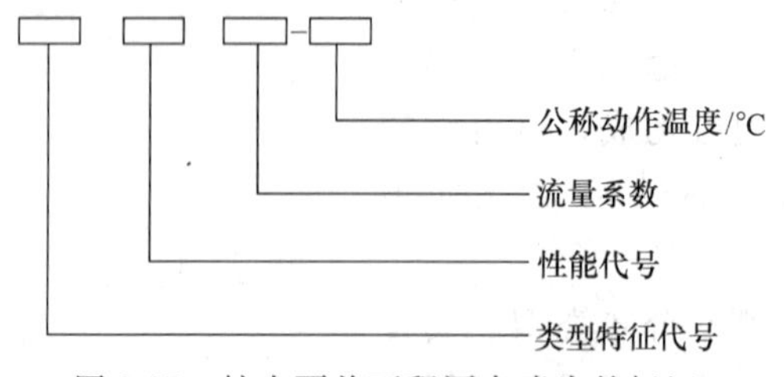


图 2-37　扩大覆盖面积洒水喷头的标记

扩大覆盖面积洒水喷头的接口螺纹见表2-38。

表2-38 扩大覆盖面积洒水喷头的接口螺纹

| 流量系数 $K$ | 80 | 115 | 160 | 200 |
|---|---|---|---|---|
| 接口螺纹 | R2 1/2 | R2 3/4 | R2 3/4 | R2 3/4，R2 1 |

喷头的公称动作温度和颜色标志见表2-39。玻璃球EC喷头的公称动作温度分为13档，应在玻璃球工作液中作出相应的颜色标志。易熔元件EC喷头的公称动作温度分为7档，应在EC喷头轭臂或适宜的位置作出颜色标志。

表2-39 喷头的公称动作温度和颜色标志

| 玻璃球喷头 | | 易熔元件喷头 | |
|---|---|---|---|
| 公称动作温度/℃ | 液体色标 | 公称动作温度/℃ | 轭臂色标 |
| 57 | 橙 | | |
| 68 | 红 | | |
| 79 | 黄 | | |
| 93 | 绿 | 57～77 | 无色 |
| 107 | 绿 | 80～107 | 白 |
| 121 | 蓝 | 121～149 | 蓝 |
| 141 | 蓝 | 163～191 | 红 |
| 163 | 紫 | 204～246 | 绿 |
| 182 | 紫 | 260～302 | 橙 |
| 204 | 黑 | 320～343 | 橙 |
| 227 | 黑 | | |
| 260 | 黑 | | |
| 343 | 黑 | | |

### 3. 早期抑制快速响应（ESFR）喷头

ESFR喷头的公称动作温度和颜色标志见表2-40。

表2-40 ESFR喷头的公称动作温度和颜色标志

| 玻璃球喷头 | | 易熔元件喷头 | |
|---|---|---|---|
| 公称动作温度/℃ | 工作液颜色 | 公称动作温度/℃ | 悬臂颜色 |
| 68 | 红 | 68～74 | 无色标 |
| 93 | 绿 | 93～104 | 白 |

早期抑制快速响应喷头的型号规格由性能代号、公称动作温度、流量系数、安装形式代号等部分组成。性能代号为ESFR。安装形式代号为：下垂型：P；直立型：U。ESFR喷头的型号标记如图2-38所示。

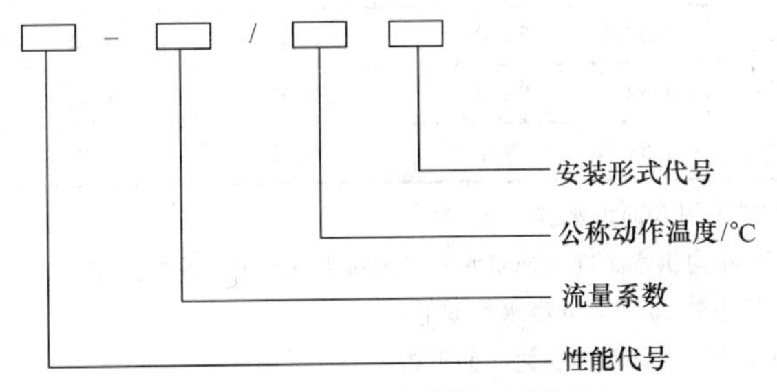


图2-38 ESFR喷头的型号标记

ESFR 喷头的流量系数 $K$ 由下式计算：

$$K = \frac{Q}{\sqrt{10P}}$$

式中　$P$——ESFR 喷头入口处压力（MPa）；

$Q$——ESFR 喷头流量（L/min）。

ESFR 喷头流量系数 $K$ 应符合表 2-41 的规定。

**表 2-41　流量系数范围**

| 公称流量系数 | 流量系数范围 |
|---|---|
| $K=161$ | 159 ~ 166 |
| $K=202$ | 195 ~ 209 |
| $K=242$ | 230 ~ 253 |
| $K=363$ | 344 ~ 382 |

$K=202$ 下垂型 ESFR 喷头的布水要求应符合表 2-42 的规定。$K=202$ 下垂型 ESFR 喷头采用旋转台上的 10 个集水盘测量单个喷头的布水，记录所有集水盘中集水量，第 10 个盘集水量应不超过 0.8mm/min。

**表 2-42　ESFR 喷头的布水要求**

| 喷头数 | 喷头间距④/m | 管道间距/m | 吊顶至集水盘距离/m | 压力①②/MPa | 16 个盘最小平均洒水密度/(mm/min) | 燃料空间洒水密度最小平均值（4 个盘）/(mm/min) | 20 个盘最小平均洒水密度/(mm/min) | 无燃料空间集水量最小的 10 个盘平均密度③/(mm/min) | 无燃料空间单个盘最小密度/(mm/min) |
|---|---|---|---|---|---|---|---|---|---|
| 1 | 0 | 0 | 3.04 | 0.34 | 21.22 | 40.8 | N/R | N/R | N/R⑤ |
| 1 | 0 | 0 | 4.42 | 0.34 | 19.58 | 36.31 | N/R | N/R | N/R |
| 1 | 0 | 0 | 4.42 | 0.51 | N/R | 69.36 | 37.13 | 20.40 | 10.61 |
| 2 | 3.04 | 0 | 1.27 | 0.34 | 24.48 | N/R | N/R | N/R | N/R |
| 2 | 3.04 | 0 | 3.04 | 0.34 | 22.03 | N/R | N/R | N/R | N/R |
| 2 | 0 | 3.04 | 1.27 | 0.34 | 23.66 | N/R | N/R | N/R | N/R |
| 2 | 0 | 3.04 | 3.04 | 0.34 | 23.26 | N/R | N/R | N/R | N/R |
| 2 | 3.66 | 0 | 1.27 | 0.34 | 17.95 | N/R | N/R | N/R | N/R |
| 2 | 0 | 3.66 | 1.27 | 0.34 | 18.36 | N/R | N/R | N/R | N/R |
| 2 | 3.04 | 0 | 1.27 | 0.51 | N/R | N/R | 31.42 | 24.48 | 8.16 |
| 2 | 0 | 3.04 | 1.27 | 0.51 | N/R | N/R | 31.42 | 24.48 | 8.16 |
| 4 | 3.04 | 3.04 | 1.27 | 0.34 | 27.74 | N/R | N/R | N/R | N/R |
| 4 | 3.04 | 3.04 | 3.04 | 0.34 | 35.09 | N/R | N/R | N/R | N/R |
| 4 | 2.44 | 3.60 | 1.27 | 0.34 | 26.93 | N/R | N/R | N/R | N/R |
| 4 | 3.04 | 3.04 | 1.27 | 0.51 | N/R | N/R | 28.97 | 24.48 | 15.10 |

①　所有 0.34MPa 压力试验采用双向供水。

②　0.51MPa 压力试验采用单向供水，在双向供水系统的单个管道的两个喷头试验情况除外。

③　无燃料空间中集水量最小的 10 个盘的洒水密度平均值。

④　喷头间距表示同一喷头支管上两只喷头之间的距离。

⑤　N/R = 无要求。

### 4. 常用图例

消防设施图例宜符合表2-43的要求。

**表2-43 消防设施图例**

| 序号 | 名称 | 图例 | 备注 |
|---|---|---|---|
| 1 | 消防栓给水管 | ——XH—— | — |
| 2 | 自动喷水灭火给水管 | ——ZP—— | — |
| 3 | 雨淋灭火给水管 | ——YL—— | — |
| 4 | 水幕灭火给水管 | ——SM—— | — |
| 5 | 水炮灭火给水管 | ——SP—— | — |
| 6 | 室外消火栓 |   | — |
| 7 | 室内消火栓（单口） |  平面 系统 | 白色为开启面 |
| 8 | 室内消火栓（双口） |  平面 系统 | — |
| 9 | 水泵接合器 | 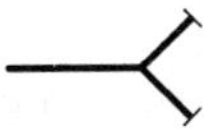  | — |
| 10 | 自动喷洒头（开式） |  平面 系统 | — |
| 11 | 自动喷洒头（闭式） | 平面 系统 | 下喷 |
| 12 | 自动喷洒头（闭式） |  平面 系统 | 上喷 |
| 13 | 自动喷洒头（闭式） | 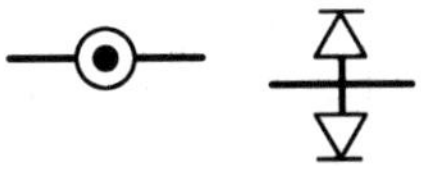 平面 系统 | 上下喷 |
| 14 | 侧墙式自动喷洒头 | 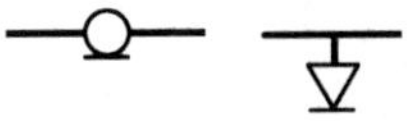 平面 系统 | — |
| 15 | 水喷雾喷头 |  平面 系统 | — |
| 16 | 直立型水幕喷头 | 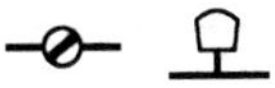 平面 系统 | — |

（续）

| 序号 | 名称 | 图例 | 备注 |
| --- | --- | --- | --- |
| 17 | 下垂型水幕喷头 | 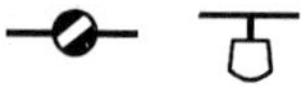 平面　系统 | — |
| 18 | 干式报警阀 |  平面　系统 | — |
| 19 | 湿式报警阀 | 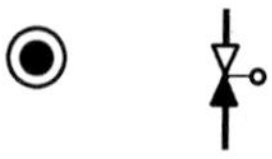 平面　系统 | — |
| 20 | 预作用报警阀 |  平面　系统 | — |
| 21 | 雨淋阀 |  平面　系统 | — |
| 22 | 信号闸阀 |   | — |
| 23 | 信号蝶阀 | 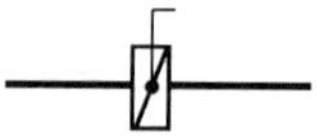  | — |
| 24 | 消防炮 | 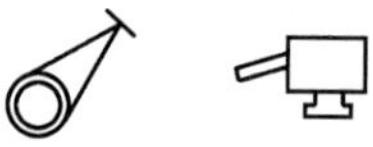 平面　系统 | — |
| 25 | 水流指示器 |   | — |
| 26 | 水力警铃 |   | — |
| 27 | 末端试水装置 | 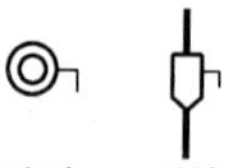 平面　系统 | — |
| 28 | 手提式灭火器 |   | — |
| 29 | 推车式灭火器 |   | — |

注：1. 分区管道用加注脚标方式表示。

2. 建筑灭火器的设计图例可按照现行国家标准《建筑灭火器配置设计规范》（GB 50140—2005）的规定确定。

## 2.4.4 室内消防用水量

室内消火栓用水量应根据水枪充实水柱长度和同时使用水枪数量经计算确定，且不应小于表 2-44 中的规定。

**表 2-44 其他建筑的室内消火栓用水量**

| 建筑物名称 | 高度 $h$/m、层数、体积 $V/m^3$ 或座位数 $n$/个 | | 消火栓用水量/(L/s) | 同时使用水枪数量/支 | 每根竖管最小流量/(L/s) |
|---|---|---|---|---|---|
| 厂房 | $h\leqslant 24$ | $V\leqslant 10000$ | 5 | 2 | 5 |
| | | $V>10000$ | 10 | 2 | 10 |
| | $24<h\leqslant 50$ | | 25 | 5 | 15 |
| | $h>50$ | | 30 | 6 | 15 |
| 仓库 | $h\leqslant 24$ | $V\leqslant 5000$ | 5 | 1 | 5 |
| | | $V>5000$ | 10 | 2 | 10 |
| | $24<h\leqslant 50$ | | 30 | 6 | 15 |
| | $h>50$ | | 40 | 8 | 15 |
| 科研楼、试验楼 | $H\leqslant 24$，$V\leqslant 10000$ | | 10 | 2 | 10 |
| | $H\leqslant 24$，$V>10000$ | | 15 | 3 | 10 |
| 车站、码头、机场的候车(船、机)楼和展览建筑等 | $5000<V\leqslant 25000$ | | 10 | 2 | 10 |
| | $25000<V\leqslant 50000$ | | 15 | 3 | 10 |
| | $V>50000$ | | 20 | 4 | 15 |
| 剧院、电影院、会堂、礼堂、体育馆建筑等 | $800<n\leqslant 1200$ | | 10 | 2 | 10 |
| | $1200<n\leqslant 5000$ | | 15 | 3 | 10 |
| | $5000<n\leqslant 10000$ | | 20 | 4 | 15 |
| | $n>10000$ | | 30 | 6 | 15 |
| 商店、旅馆建筑等 | $5000<V\leqslant 10000$ | | 10 | 2 | 10 |
| | $10000<V\leqslant 25000$ | | 15 | 3 | 10 |
| | $V>25000$ | | 20 | 4 | 15 |
| 病房楼、门诊楼等 | $5000<V\leqslant 10000$ | | 5 | 2 | 5 |
| | $10000<V\leqslant 25000$ | | 10 | 2 | 10 |
| | $V>25000$ | | 15 | 3 | 10 |
| 办公楼、教学楼等其他民用建筑 | 层数≥6 层或 $V>10000$ | | 15 | 3 | 10 |
| 国家级文物保护单位的重点砖木或木结构的古建筑 | $V\leqslant 10000$ | | 20 | 4 | 10 |
| | $V>10000$ | | 25 | 5 | 15 |
| 住宅建筑 | 建筑高度大于 24m | | 5 | 2 | 5 |

注：1. 建筑高度不超过 50m，室内消火栓用水量超过 20L/s，且设置有自动喷水灭火系统的建筑物，其室内消防用水量可减少 5L/s。

2. 丁、戊类高层厂房（仓库）室内消火栓的用水量可按本表减少 10L/s，同时使用水枪数量可按本表减少 2 支。

## 2.4.5　水枪的充实水柱长度

水枪的充实水柱指的是靠近水枪出口的一段密集不分散的射流。充实水柱具有扑灭火灾的能力，充实水柱长度为直流水枪灭火时的有效射程，如图 2-39 所示。

为防止火焰热辐射烤伤消防队员和使消防水枪射出的水流能射及火源，水枪的充实水柱应具有一定的长度，如图 2-40 所示。

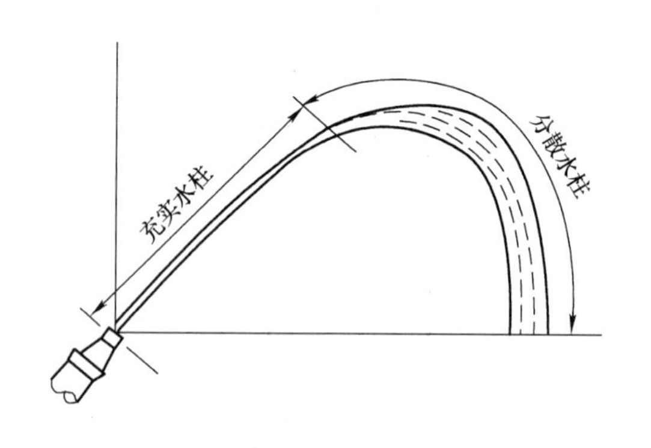


图 2-39　直流水枪密集射流

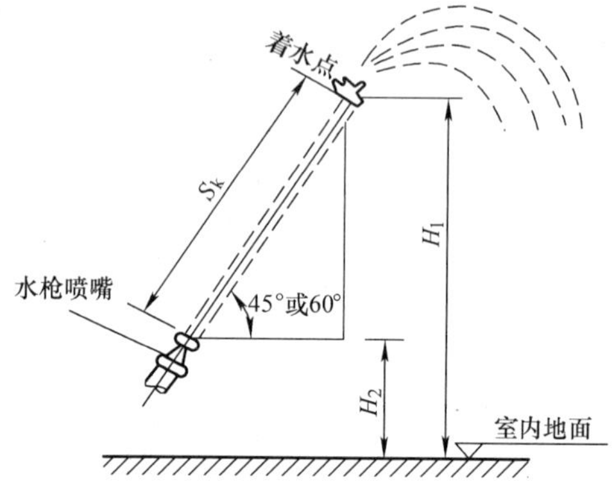

图 2-40　消防射流

建筑物灭火所需的充实水柱长度按下式计算：

$$S_k = \frac{H_1 - H_2}{\sin\alpha}$$

式中　$S_k$——所需的水枪充实水柱长度（m）；

$H_1$——室内最高着火点距室内地面的高度（m）；

$H_2$——水枪喷嘴距地面的高度（m），一般取 1m；

$\alpha$——射流的充实水柱与地面的夹角，一般取 45°或 60°。

水枪充实水柱长度不应小于表 2-45 中的规定。

**表 2-45　各类建筑要求的水枪充实水柱长度**

| 建筑物类别 | | 充实水柱长度/m |
|---|---|---|
| 低层建筑 | 一般建筑 | ≥7 |
| | 甲、乙类厂房，大于 6 层民用建筑，大于 4 层厂、库房 | ≥10 |
| | 高架库房 | ≥13 |
| 高层建筑 | 民用建筑高度大于等于 100m | ≥13 |
| | 民用建筑高度小于 100m | ≥10 |
| | 高层工业建筑 | ≥13 |
| 人防工程内 | | ≥10 |
| 停车库、修车库内 | | ≥10 |

## 2.4.6　室内消火栓布置间距

室内消火栓布置间距应由计算确定。

1）当要求有一股水柱到达室内任何部位，并且室内只有一排消火栓时，如图 2-41 所示，消火栓的间距按下式计算：

$$S_1 = 2\sqrt{R^2 - b^2}$$

式中 $S_1$——一股水柱时的消火栓间距（m）；

$b$——消火栓的最大保护宽度（m）。

2）当要求有两股水柱同时到达室内任何部位时，并且室内只有一排消火栓，如图 2-42 所示，消火栓间距按下式计算：

$$S_2 = 2\sqrt{R^2 - b^2}$$

式中 $S_2$——两股水柱时的消火栓间距（m）。

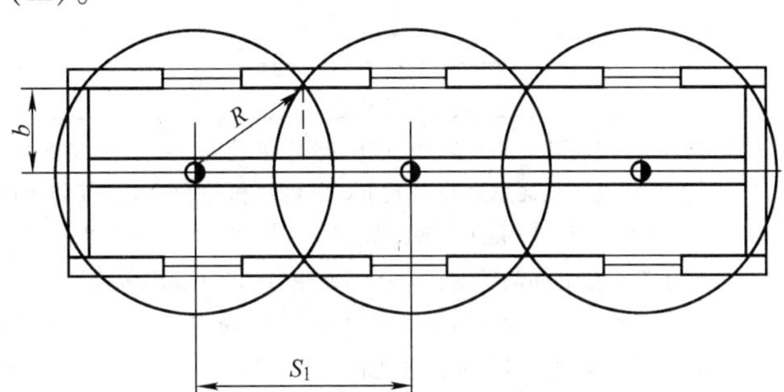


图 2-41 一股水柱时的消火栓布置间距

3）当要求有一股水柱或两股水柱到达室内任何部位，并且室内需要布置多排消火栓时，可按图 2-43a、b 进行布置。

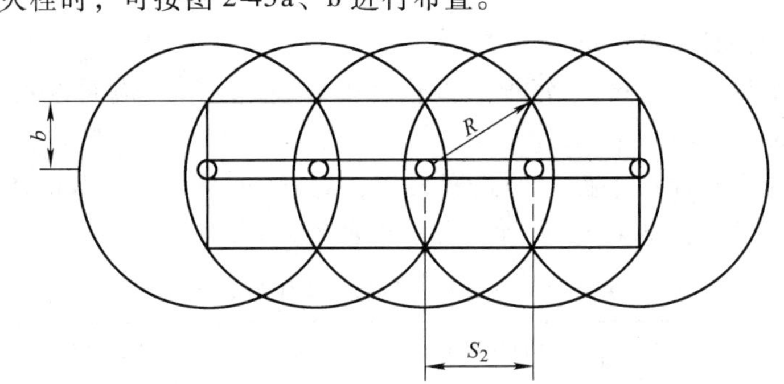


图 2-42 两股水柱时的消火栓布置间距

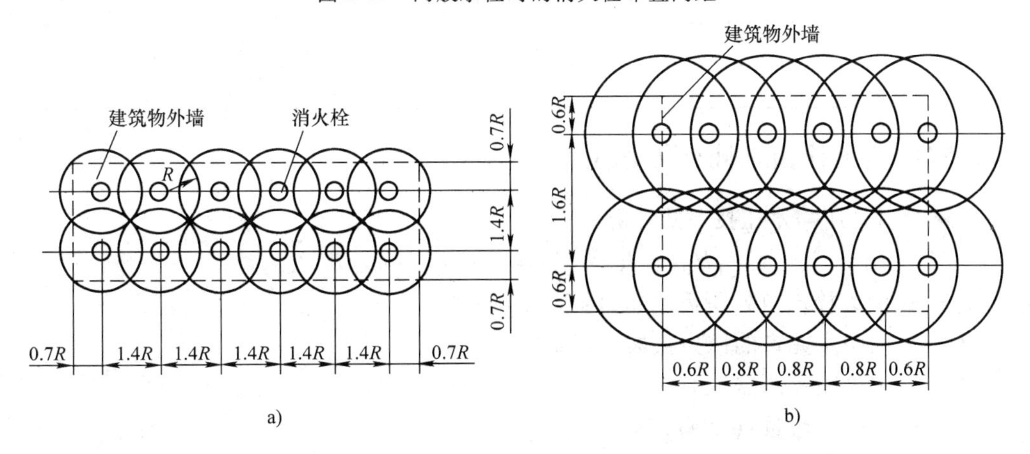


图 2-43 多排消火栓布置间距

a）一股水柱时的消火栓布置间距 b）两股水柱时的消火栓布置间距

民用建筑之间的防火间距不应小于表 2-46 的规定，与其他建筑之间的防火间距除本节的规定外，应符合其他章节的有关规定。

表 2-46 民用建筑之间的防火间距 （单位：m）

| 建筑类别 | | 高层民用建筑 | 裙房和其他民用建筑 | | |
|---|---|---|---|---|---|
| | | 一、二级 | 一、二级 | 三级 | 四级 |
| 高层民用建筑 | 一、二级 | 13 | 9 | 11 | 14 |
| 裙房和其他民用建筑 | 一、二级 | 9 | 6 | 7 | 9 |
| | 三级 | 11 | 7 | 8 | 10 |
| | 四级 | 14 | 9 | 10 | 12 |

注：相邻两座建筑物，当相邻外墙为不燃烧体且无外露的燃烧体屋檐，每面外墙上未设置防火保护措施的门窗洞口不正对开设，且面积之和不大于该外墙面积的5%时，其防火间距可按本表规定减少25%。对于同一座建筑存在不同外形时的防火间距确定原则：

1）高层建筑主体之间间距应按两座不同建筑的防火间距确定。

2）两个不同防火分区的相对外墙之间的间距应满足不同建筑之间的防火间距要求。

3）通过连廊连接的建筑物不应视为同一座建筑。

对于高层工业建筑、高架库房及甲乙类厂房、人防工程、高层汽车库和地下汽车库室内消火栓的间距不应大于30m。消火栓的保护半径计算公式为

$$R = L_d + L_s$$

式中 $R$——消火栓保护半径（m）；

$L_d$——水带敷设长度（m），每根水带长度不应超过25m，应乘以水带的转弯曲折系数，0.8～0.9；

$L_s$——水枪充实水柱在平面上的投影长度，$L_s = S\cos\alpha$，对于一般建筑（层高为3～3.5m）取 $L_s = 3.0$m。设计时可参照表2-47。

表 2-47 水带长度与消火栓作用半径

| 水带长度 $L_d$/m | 水枪充实长度 $S_k$/m | 消火栓作用半径 $R$/m | 水带长度 $L_d$/m | 水枪充实长度 $S_k$/m | 消火栓作用半径 $R$/m |
|---|---|---|---|---|---|
| 20 | 7 | 25 | 25 | 7 | 30 |
| | 10 | 27 | | 10 | 32 |
| | 13 | 29 | | 13 | 34 |

## 2.4.7 室内消火栓出口处所需水压

消火栓出口处所需水压按下式计算：

$$H_{xh} = H_d + H_q = A_z L_d q_{xh}^2 + q_{xh}^2 / B$$

式中 $H_{xh}$——消火栓出口处所需水压（kPa）；

$H_d$——消防水龙带的压力损失（kPa）；

$H_q$——水枪喷嘴所需压力；

$q_{xh}$——消防射流量（L/s）；

$A_z$——水龙带比阻，按表2-48取用；

$L_d$——水龙带长度（m）；

$B$——水流特性系数，与水枪喷嘴直径有关（按表2-49取用）。

水枪出口处所需要的压力 $H_q$ 与水枪喷口直径、射流量及充实水柱长度有关，见表2-50。

表 2-48 水龙带比阻 $A_z$ 值

| 水龙带口径/mm | 比阻 $A_z$ 值 | |
|---|---|---|
| | 帆布、麻织水龙带 | 衬胶水龙带 |
| 50 | 0.1501 | 0.0677 |
| 65 | 0.0430 | 0.0172 |

表 2-49 水流特性系数 $B$ 值

| 喷嘴直径/mm | 6 | 7 | 8 | 9 | 13 | 16 | 19 | 22 | 25 |
|---|---|---|---|---|---|---|---|---|---|
| $B$ | 0.0016 | 0.0029 | 0.0050 | 0.0079 | 0.0346 | 0.0793 | 0.1577 | 0.2834 | 0.4727 |

表 2-50 室内消火栓、水枪喷嘴直径及栓口处所需的流量和压力

| 规范要求 | | 栓口直径/mm | 喷嘴直径/mm | 射流出水量/(L/s) | 充实水柱长度/m | 喷嘴压力/kPa | 水龙带压力损失/kPa | | 栓口水压/kPa | |
|---|---|---|---|---|---|---|---|---|---|---|
| $Q_{xh}$/(L/s)≥ | $S_{km}$≥ | | | | | | 帆布、麻织水龙带 | 衬胶水龙带 | 帆麻水龙带 | 衬胶水龙带 |
| 2.5 | 7.0 | 50 | 13 | 2.50 | 11.6 | 181.3 | 23.5 | 10.6 | 205 | 192 |
| | | | 16 | 2.72 | 7.0 | 93.1 | 27.8 | 12.5 | 121 | 106 |
| 2.5 | 10.0 | 50 | 13 | 2.50 | 11.6 | 181.3 | 23.5 | 10.6 | 205 | 192 |
| | | 65 | 16 | 3.34 | 10.0 | 140.8 | 12.0 | 4.8 | 152 | 146 |
| 5.0 | 10.0 | 6 | 19 | 5.00 | 11.4 | 158.3 | 26.9 | 10.8 | 185 | 169 |
| 5.0 | 13.0 | 65 | 19 | 5.42 | 13.0 | 186.1 | 31.6 | 12.6 | 218 | 199 |

# 2.5 自动喷水灭火系统

## 2.5.1 自动喷火灭火系统形式

### 1. 湿式自动喷火灭火系统

湿式自动喷水灭火系统（图 2-44）由管道系统、闭式喷头、湿式报警阀、水流指示器、报警装置和供水设施等组成。

### 2. 干式自动喷水灭火系统

干式自动喷水灭火系统（图 2-45）由管道系统、闭式喷头、干式报警阀、水流指示器、报警装置、充气设备、排气设备和供水设备等组成。

### 3. 预作用自动喷水灭火系统

预作用自动喷水灭火系统（图 2-46）由管道系统、闭式喷头、雨淋阀、火灾探测器、报警控制装置、控制组件、充气设备和供水设施等部件组成。

### 4. 自动喷水-泡沫联用灭火系统

在普通湿式自动喷水灭火系统中并联一个钢制带橡胶囊的泡沫罐，橡胶囊内装轻水泡沫浓缩液，在系统中配上控制阀及比例混合器就成了自动喷水-泡沫联用灭火系统，如图 2-47 所示。

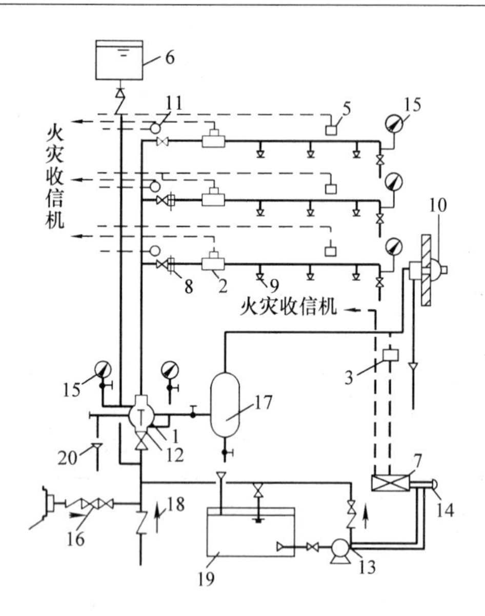


图 2-44　湿式自动喷水灭火系统

1—湿式报警阀　2—水流指示器　3—压力继电器　4—水泵接合器　5—感烟探测器　6—水箱　7—控制箱　8—减压孔板　9—喷头　10—水力警铃　11—报警装置　12—闸阀　13—水泵　14—按钮　15—压力表　16—安全阀　17—延迟器　18—止回阀　19—储水池　20—排水漏斗

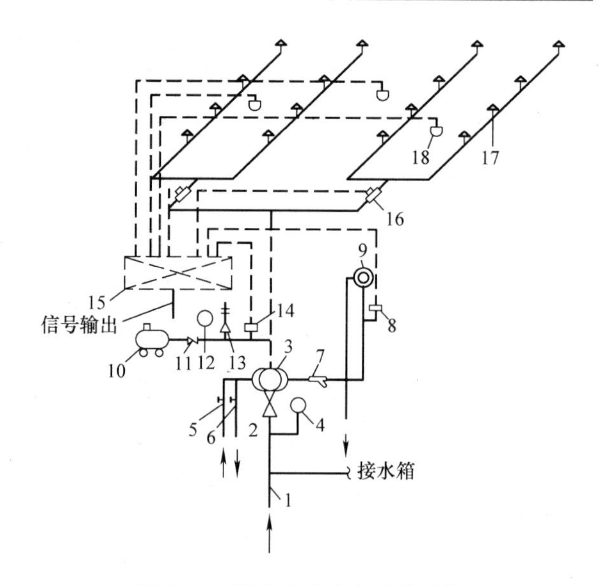


图 2-45　干式自动喷水灭火系统

1—供水管　2—闸阀　3—干式报警阀　4—压力表　5、6—截止阀　7—过滤器　8、14—压力开关　9—水力警铃　10—空气压缩机　11—止回阀　12—压力表　13—安全阀　15—火灾报警控制箱　16—水流指示器　17—闭式喷头　18—火灾探测器

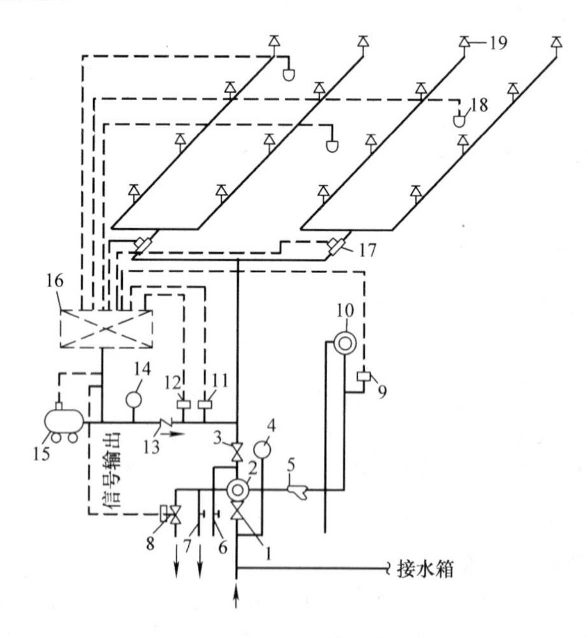


图 2-46　预作用自动喷水灭火系统

1—总控制阀　2—预作用阀　3—检修闸阀　4、14—压力表　5—过滤器　6—截止阀　7—手动开启阀　8—电磁阀　9、11—压力开关　10—水力警铃　12—低气压报警压力开关　13—止回阀　15—空气压缩机　16—报警控制箱　17—水流指示器　18—火灾探测器　19—闭式喷头

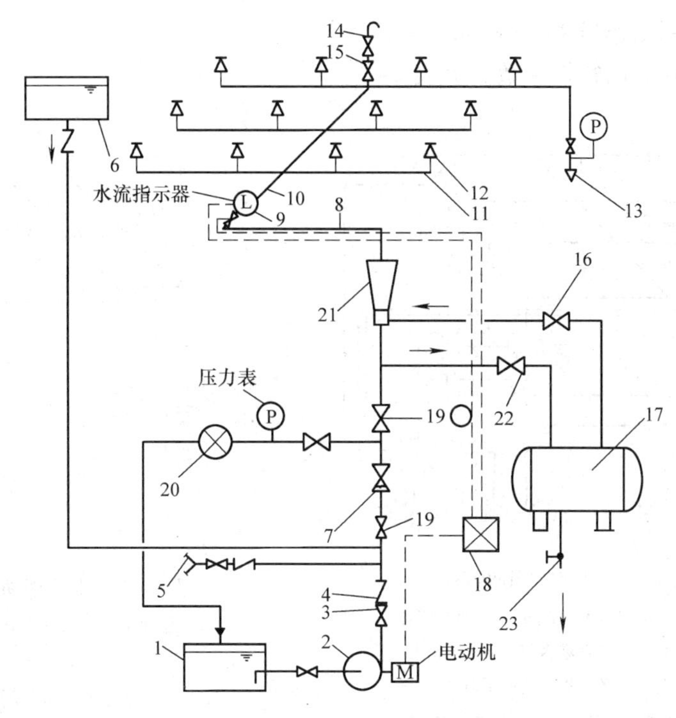


图 2-47　自动喷水-泡沫联用灭火系统

1—水池　2—水泵　3—闸阀　4—止回阀　5—水泵接合器　6—消防水箱　7—预作用报警阀组　8—配水干管　9—水流指示器　10—配水管　11—配水支管　12—闭式喷头　13—末端试水装置　14—快速排气阀　15—电动阀　16—进液阀　17—泡沫罐　18—报警控制器　19—控制阀　20—流量计　21—比例混合器　22—进水阀　23—排水阀

**5. 雨淋喷水灭火系统**

雨淋系统可由电气控制启动、传动管控制启动或手动控制。传动管控制启动包括湿式和干式两种方法，如图 2-48 所示。

电气控制启动雨淋系统如图 2-49 所示，保护区内的火灾自动报警系统探测到火灾后发出信号，打开控制雨淋阀的电磁阀，雨淋阀控制膜室压力下降，雨淋阀开启，压力开关动作，启动水泵向系统供水。

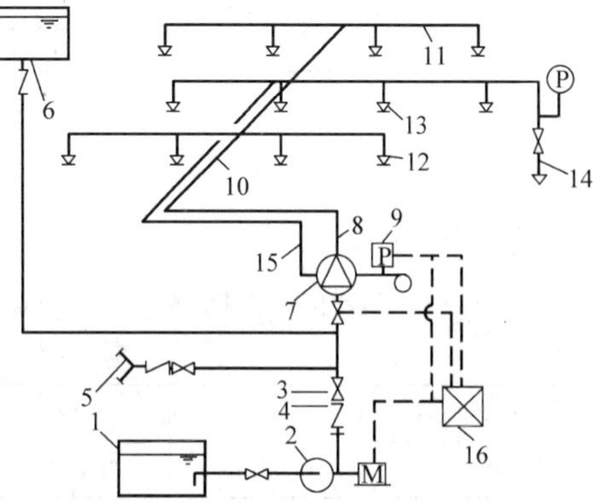

图 2-48　传动管控制启动雨淋系统

1—水池　2—水泵　3—闸阀　4—止回阀　5—水泵接合器　6—消防水箱　7—雨淋报警阀组　8—配水干管　9—压力开关　10—配水管　11—配水支管　12—开式洒水喷头　13—闭式喷头　14—末端试水装置　15—传动管　16—报警控制器

**6. 水幕消防给水系统**

水幕消防给水系统主要由开式喷头、水幕系统控制设备及探测报警装置、供水设备和管网等组成，如图 2-50 所示。

水幕喷头为开式喷头，按其构造和用途分为幕帘式、窗口式和檐口式三种（图 2-51），其中幕帘式水幕喷头又分为单隙式和双隙式。

水幕喷头的出水量计算公式为

$$q = \sqrt{BH}$$

式中　$q$——水幕喷头的出水量（L/s）；

$H$——喷头的工作压力（kPa）；

$B$——水幕喷头的特性系数，见表 2-51。

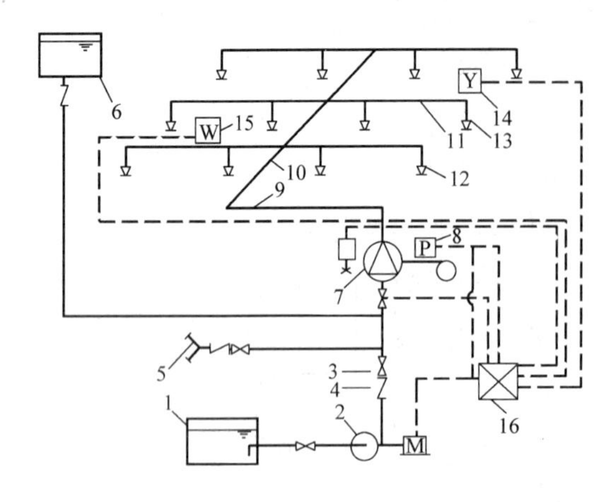


图 2-49　电气控制启动雨淋系统

1—水池　2—水泵　3—闸阀　4—止回阀　5—水泵接合器　6—消防水箱　7—雨淋报警阀组　8—压力开关　9—配水干管　10—配水管　11—配水支管　12—开式洒水喷头　13—闭式喷头　14—烟感探测器　15—温感探测器　16—报警控制器

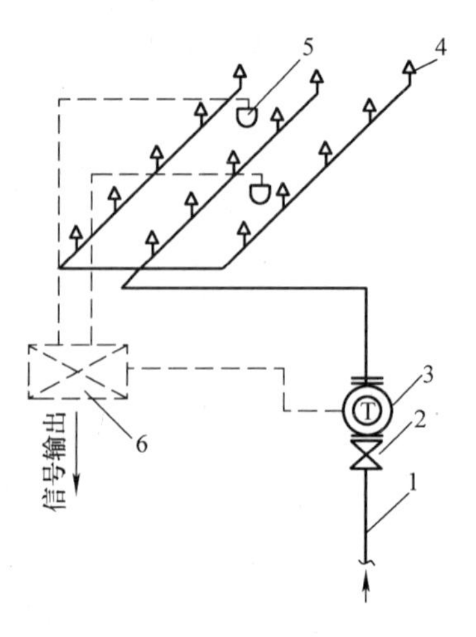


图 2-50　水幕消防给水系统

1—供水管　2—总闸阀　3—控制阀　4—水幕喷头　5—火灾探测器　6—火灾报警控制器

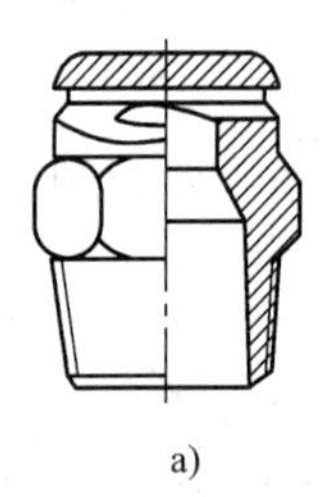

a)

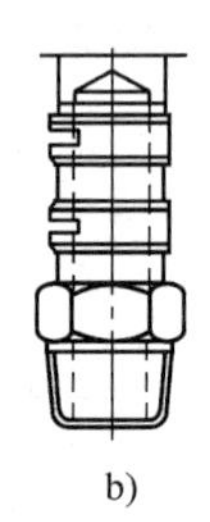

b)

c)

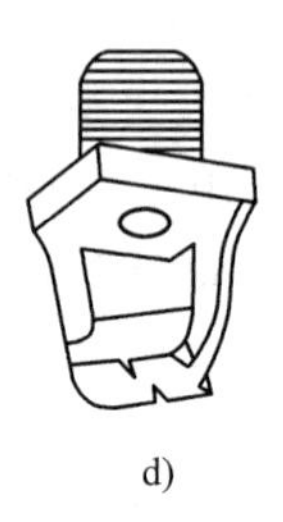

d)

图 2-51　水幕喷头

a）单隙式水幕喷头　b）双隙式水幕喷头　c）窗口水幕喷头　d）檐口水幕喷头

**表 2-51　水幕喷头的特性系数 *B***

| 喷口直径/mm | 6 | 8 | 10 | 12.7 | 16 | 19 |
|---|---|---|---|---|---|---|
| $B$ | 0.00145 | 0.0045 | 0.011 | 0.029 | 0.073 | 0.145 |

当水幕作为保护使用时，喷头成单排布置，并喷向被保护对象。舞台口及面积大于 3m$^2$ 的洞口部位应布置双排水幕喷头，如图 2-52 所示。

**7. 水喷雾灭火系统**

水喷雾灭火系统是用水喷雾头取代雨淋灭火系统中的干式洒水喷头而形成的。水喷雾是水在喷头内直接经历冲撞，回转和搅拌后再喷射出来的成为细微的水滴而形成的，其系统如图 2-53 所示。

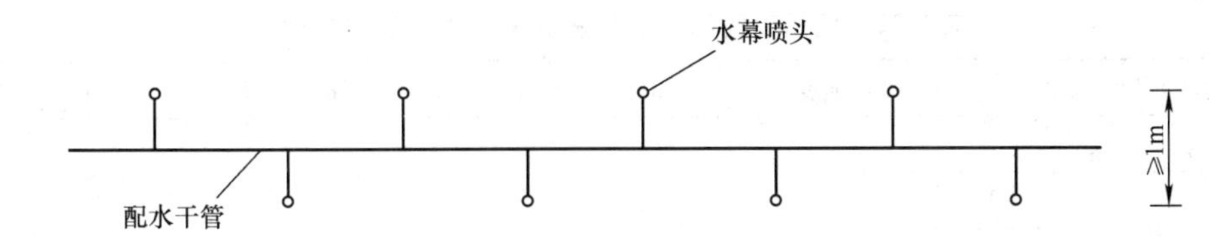


图 2-52　双排水幕喷头

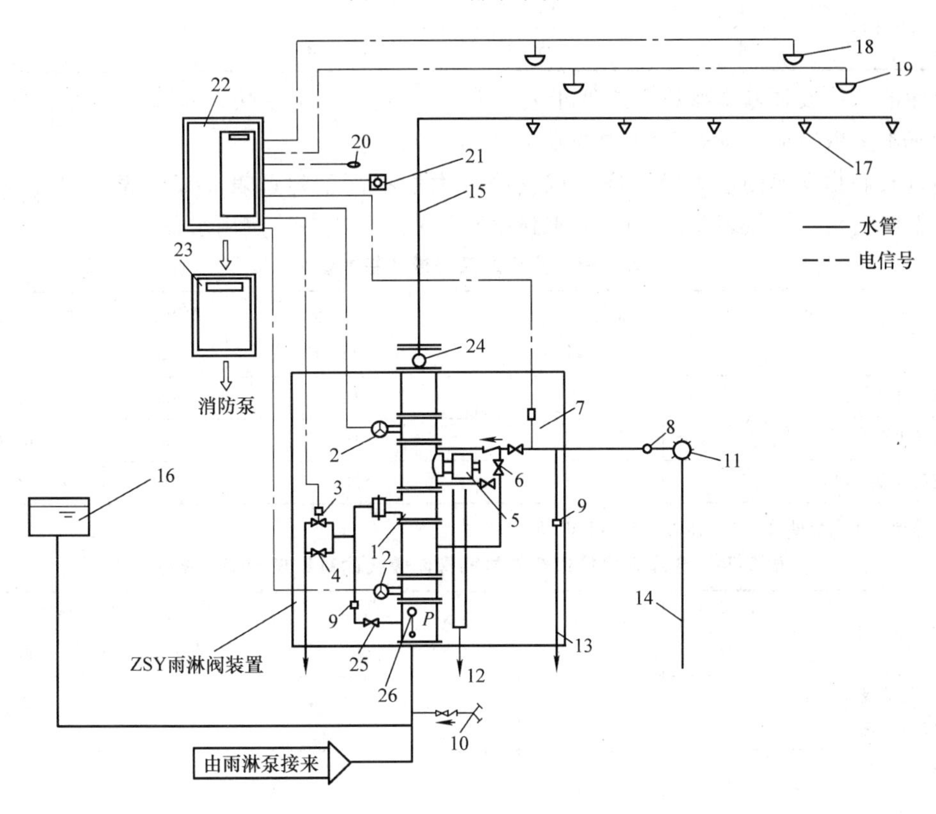


图 2-53　自动水喷雾灭火系统

1—雨淋阀　2—蝶阀　3—电磁阀　4—应急球阀　5—泄放试验阀　6—报警试验阀
7—报警止回阀　8—过滤器　9—节流孔　10—水泵接合器　11—墙内外水力警铃
12—泄放检查管排水　13—漏斗排水　14—水力警铃排水　15—配水干管（平时通大气）
16—水塔　17—中速水雾接头或高速喷射器　18—定温探测器　19—差温探测器
20—现场声报警　21—防爆遥控现场电启动器　22—报警控制器　23—联动箱
24—挠曲橡胶接头　25—截止阀　26—水压力表

## 2.5.2　自动喷水灭火系统设计基本参数

### 1. 闭式自动喷水灭火系统

民用建筑和工业厂房的系统设计基本参数不应低于表 2-52 中的规定。作用面积是指一次火灾中系统按喷水强度保护的最大面积。

仅在走道设置单排喷头的闭式系统，其作用面积应按最大疏散距离所对应的走道面积确定。装设网格、栅板类通透性吊顶的场所，系统的喷水强度应按表 2-52 中规定值的 1.3 倍确定。干式系统的作用面积应按表 2-52 中规定值的 1.3 倍确定。

表 2-52　民用建筑和工业厂房的系统设计基本参数

| 火灾危险等级 | | 喷水强度/［L/（min·$m^2$）］ | 作用面积/$m^2$ | 喷头工作压力/MPa |
|---|---|---|---|---|
| 轻危险级 | | 4 | 160 | 0.10 |
| 中危险级 | Ⅰ | 6 | | |
| | Ⅱ | 8 | | |
| 严重危险级 | Ⅰ | 12 | 260 | |
| | Ⅱ | 16 | | |

仓库的系统设计基本参数不应低于表 2-53 中的规定，采用快速响应早期抑制喷头的系统设计基本参数不应低于表 2-54 中的规定。

当货架储物仓库的最大净空高度或货品最大堆积高度超过表 2-53、表 2-54 的规定时，应设货架内喷头，并按表 2-53 确定喷水强度和开放 4 只喷头确定用水量。

表 2-53　仓库的系统设计基本参数

| 火灾危险等级 | 最大净空高度/m | 货品最大堆积高度/m | 喷水强度/［L/(min·$m^2$)］ | 作用面积/$m^2$ | 喷头工作压力/MPa |
|---|---|---|---|---|---|
| 仓库危险Ⅰ级 | 9.0 | 4.5 | 12 | 200 | 0.10 |
| 仓库危险Ⅱ级 | | | 16 | 300 | |
| 仓库危险Ⅲ级 | 6.5 | 3.5 | 20 | 260 | |

注：系统最不利点处喷头工作压力不应低于 0.05MPa。

表 2-54　仓库采用快速响应早期抑制喷头的系统设计基本参数

| 火灾危险等级 | 最大净空高度/m | 货品最大堆积高度/m | 配水支管上喷头或配水支管的间距/m | 作用面积内开放的喷头数/只 | 喷头最低工作压力/MPa |
|---|---|---|---|---|---|
| 仓库危险级Ⅰ级、Ⅱ级 | 9.0 | 7.5 | 3.7 | 12 | 0.34 |
| 仓库危险级Ⅲ级（非发泡类） | 9.0 | 7.5 | 3.3 | 12 | 0.34 |
| 仓库危险级Ⅰ级、Ⅱ级、Ⅲ级（非发泡类） | 12.0 | 10.5 | 3.0 | 12 | 0.50 |
| 仓库危险级Ⅲ级（发泡类） | 9.0 | 7.5 | 3.0 | 12 | 0.68 |

注：本表中的数据仅适用于 $K=200$ 的快速响应早期抑制喷头。

轻危险级、中危险级场所中配水支管、配水管控制的标准喷头数，不应超过表 2-55 中的规定。

表 2-55　轻危险级、中危险级场所中配水支管、配水管控制的标准喷头数

| 公称管径/mm | | 25 | 32 | 40 | 50 | 65 | 80 | 100 |
|---|---|---|---|---|---|---|---|---|
| 控制的标准喷头数/只 | 轻危险级 | 1 | 3 | 5 | 10 | 18 | 48 | — |
| | 中危险级 | 1 | 3 | 4 | 8 | 12 | 32 | 64 |

### 2. 开式自动喷水灭火系统

雨淋系统的设计基本参数与闭式自动喷水灭火系统相同，每个雨淋阀控制的喷水面积不

宜大于作用面积。

水幕系统的设计基本参数应符合表 2-56 中的规定。

**表 2-56　水幕系统的设计基本参数**

| 水幕类别 | 喷水点高度/m | 喷水强度/[L/(s·m)] | 喷头工作压力/MPa |
|---|---|---|---|
| 防火分隔水幕 | ≤12 | 2 | 0.1 |
| 防护冷却水幕 | ≤4 | 0.5 | |

注：防护冷却水幕的喷水点高度每增加 1m，喷水强度应增加 0.1L/(s·m)。但超过 9m 时喷水强度仍采用 1L/(s·m)。

水喷雾灭火系统的设计基本参数应根据防护目的和保护对象确定，设计喷雾强度和持续喷雾时间不应小于表 2-57 中的规定。

**表 2-57　水喷雾灭火系统的设计基本参数**

| 防护目的 | 保护对象 | | 设计喷雾强度/[L/(min·m²)] | 持续喷雾时间/h |
|---|---|---|---|---|
| 灭火 | 固体火灾 | | 15 | 1 |
| | 液体火灾 | 闪点 60～120℃的液体 | 20 | 0.5 |
| | | 闪点高于 120℃的液体 | 13 | |
| | 电气火灾 | 油浸式电力变压器、油开关 | 20 | 0.4 |
| | | 油浸式电力变压器的集油坑 | 6 | |
| | | 电力电缆 | 13 | |
| 防护冷却 | 甲、乙、丙类液体生产、储存、装卸设施 | | 6 | 4 |
| | 甲、乙、丙类液体储罐 | 直径 20m 以下 | 6 | 4 |
| | | 直径 20m 以上 | | 6 |
| | 可燃气体生产、输送、装卸、储存设施和灌瓶间、瓶库 | | 9 | 6 |

## 2.5.3　自动喷水灭火系统设计

### 1. 自动喷水灭火系统管径

管径应根据管道的设计流量和流速确定。采用钢管时，管内的允许流速一般不大于 5m/s，配水支管为了达到减压的目的，允许大于 5m/s 的流速，但不宜超过 10m/s。可采用流速系数法进行校核计算，计算公式为

$$v = K_c Q$$

式中　$v$——计算管段流速(m/s)；

$K_c$——流速系数(m/L)，见表 2-58；

$Q$——计算管段流量(L/s)。

### 2. 管道水头损失计算

1）沿程水头损失计算公式为

$$h_1 = ALQ^2$$

式中　$h_1$——沿程水头损失（10kPa、$mH_2O$）；

$L$——计算管段长度（m）；

$A$——管道的比阻值（$s^2/L^2$），见表 2-59；

$Q$——计算管段流量（L/s）。

**表 2-58　$K_c$ 值**

| 管径/mm | 管材 | | 管径/mm | 管材 | |
|---|---|---|---|---|---|
| | 钢管 | 铸铁管 | | 钢管 | 铸铁管 |
| 15 | 5.5 | — | 80 | 0.204 | — |
| 20 | 3.105 | — | 100 | 0.115 | 0.1273 |
| 25 | 1.883 | — | 125 | 0.075 | 0.0814 |
| 32 | 1.05 | — | 150 | 0.053 | 0.0566 |
| 40 | 0.80 | — | 200 | — | 0.0318 |
| 50 | 0.47 | — | 250 | — | 0.021 |
| 70 | 0.283 | — | | | |

注：$K_cQ$ 大于允许流速值时需调整管径。

**表 2-59　管道的比阻值**

| 焊接钢管 | | 铸铁管 | |
|---|---|---|---|
| 公称直径/mm | $A/(s^2/L^2)$ | 公称直径/mm | $A/(s^2/L^2)$ |
| 15 | 8.809 | 75 | 0.001709 |
| 20 | 1.643 | 100 | 0.0003653 |
| 25 | 0.4367 | 150 | 0.00004185 |
| 32 | 0.09386 | 200 | 0.000009029 |
| 40 | 0.04453 | 250 | 0.000002752 |
| 50 | 0.01108 | 300 | 0.000001025 |
| 70 | 0.02893 | | |
| 80 | 0.001168 | | |
| 100 | 0.002674 | | |
| 125 | 0.00008623 | | |
| 150 | 0.00003395 | | |

注：使用本表计算水头损失值的单位为 $mH_2O$ 或 10kPa。

2）系统报警阀的局部水头损失为

$$h_k = \beta_r Q^2$$

式中　$h_k$——报警阀的水头损失（kPa）；

$\beta_r$——报警阀的比阻，见表 2-60；

$Q$——设计秒流量（L/s）。

**表 2-60　报警阀的比阻**

| 名称 | 公称直径 $DN$/mm | $\beta_r$ |
|---|---|---|
| 湿式报警阀 | 100 | 0.0296 |
| 湿式报警阀 | 150 | 0.00852 |
| 干湿两用报警阀 | 100 | 0.0711 |
| 干湿两用报警阀 | 150 | 0.0204 |
| 干式报警阀 | 150 | 0.0157 |

### 3. 自动喷水灭火系统喷头布置

直立型、下垂型喷头的布置，包括同一根配水支管上喷头的间距及相邻配水支管的间距，应根据系统的喷水强度、喷头的流量系数和工作压力确定，并不应大于表2-61中的规定，且不宜小于2.4m。

**表2-61 同一根配水支管上喷头的间距及相邻配水支管的间距**

| 喷水强度 /（L/min·m$^2$） | 正方形布置的边长 /m | 矩形或平行四边形布置的长边边长/m | 一只喷头的最大保护面积/m$^2$ | 喷头与端墙的最大距离/m |
|---|---|---|---|---|
| 4 | 4.4 | 4.5 | 20.0 | 2.2 |
| 6 | 3.6 | 4.0 | 12.5 | 1.8 |
| 8 | 3.4 | 3.6 | 11.5 | 1.7 |
| ≥12 | 3.0 | 3.6 | 9.0 | 1.5 |

注：1. 仅在走道设置单排喷头的闭式系统，其喷头间距应按走道地面不留漏喷空白点确定。

2. 喷水强度大于8L/（min·m$^2$）时，宜采用流量系数$K>80$的喷头。

3. 货架内置喷头的间距均不应小于2m，并不应大于3m。

早期抑制快速响应喷头的溅水盘与顶板的距离，应符合表2-62中的规定。

**表2-62 早期抑制快速响应喷头的溅水盘与顶板的距离** （单位：mm）

| 喷头安装方式 | 直立型 | | 下垂型 | |
|---|---|---|---|---|
| | 不应小于 | 不应大于 | 不应小于 | 不应大于 |
| 溅水盘与顶板的距离 | 100 | 150 | 150 | 360 |

图书馆、档案馆、商场、仓库中的通道上方宜设有喷头。喷头与被保护对象的水平距离不应小于0.3m；喷头溅水盘与保护对象的最小垂直距离不应小于表2-63中的规定。

**表2-63 喷头溅水盘与保护对象的最小垂直距离** （单位：m）

| 喷头类型 | 标准喷头 | 其他喷头 |
|---|---|---|
| 最小垂直距离 | 0.45 | 0.90 |

边墙型标准喷头的最大保护跨度与间距，应符合表2-64中的规定。

**表2-64 边墙型标准喷头的最大保护跨度与间距**

| 设置场所火灾危险等级 | 轻危险级 | 中危险级Ⅰ级 |
|---|---|---|
| 配水支管上喷头的最大间距/m | 3.6 | 3.0 |
| 单排喷头的最大保护跨度/m | 3.6 | 3.0 |
| 两排相对喷头的最大保护跨度/m | 7.2 | 6.0 |

注：1. 两排相对喷头应交错布置。

2. 室内跨度大于两排相对喷头的最大保护跨度时，应在两排相对喷头中间增设一排头。

### 4. 自动喷水灭火系统喷头与障碍物的距离

1）直立型、下垂型喷头与不到顶隔墙的水平距离，小得大于喷头溅水盘与不到顶隔墙顶面垂直距离的2倍，如图2-54所示。

2）直立型、下垂型喷头与靠墙障碍物的距离，应符合下列规定（图2-55）。

① 障碍物横截面边长小于750mm时，喷头与障碍物的距离，应按下式确定：

$$a \geqslant (e-200)+b$$

式中　$a$——喷头与障碍物的水平距离（mm）；

$b$——喷头溅水盘与障碍物底面的垂直距离（mm）；

$e$——障碍物横截面的边长（mm），$e<750$。

② 障碍物横截面边长等于或大于750mm时，应在靠墙障碍物下增设喷头。

3）直立型、下垂型喷头与梁、通风管道的距离宜符合表2-65中的规定（图2-56）。

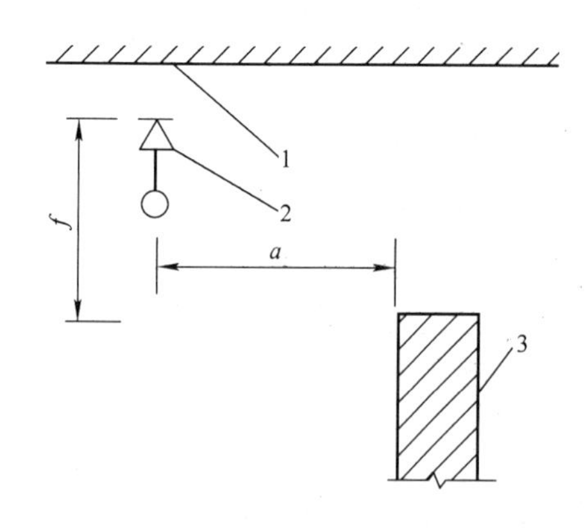


图2-54　喷头与不到顶隔墙的水平距离

1—顶板　2—直立型喷头　3—不到顶隔墙

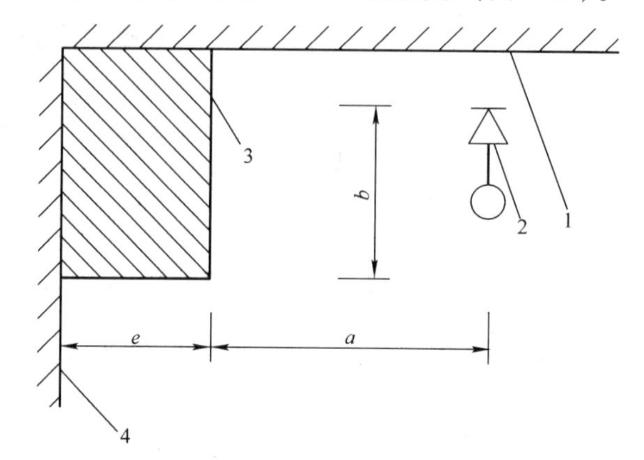


图2-55　喷头与靠墙障碍物的距离

1—顶板　2—直立型喷头　3—靠墙障碍物　4—墙面

**表2-65　喷头与梁、通风管道的距离**　（单位：m）

| 喷头溅水盘与梁或通风管道的底面的最大垂直距离 $b$ | | 喷头与梁、通风管道的水平距离 $a$ |
|---|---|---|
| 标准喷头 | 其他喷头 | |
| 0 | 0 | $a<0.3$ |
| 0.06 | 0.04 | $0.3\leqslant a<0.6$ |
| 0.14 | 0.14 | $0.6\leqslant a<0.9$ |
| 0.24 | 0.25 | $0.9\leqslant a<1.2$ |
| 0.35 | 0.38 | $1.2\leqslant a<1.5$ |
| 0.45 | 0.55 | $1.5\leqslant a<1.8$ |
| >0.45 | >0.55 | $a=1.8$ |

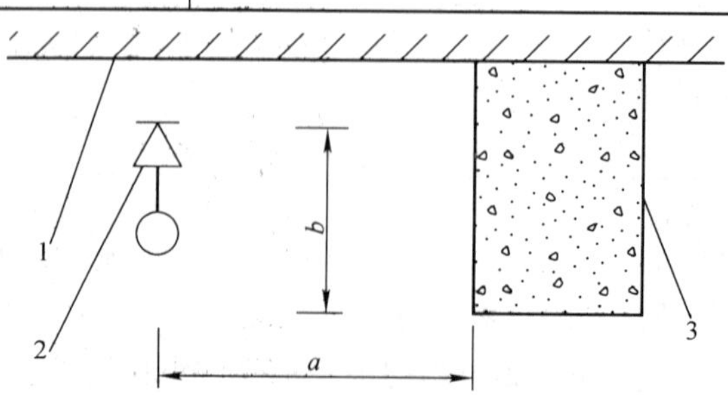


图2-56　喷头与梁、通风管道的距离

1—顶板　2—直立型喷头　3—梁（或通风管道）

4）若有屋架等间断障碍物或管道，喷头与邻近障碍物的最小水平距离宜符合表2-66中的规定（图2-57）。

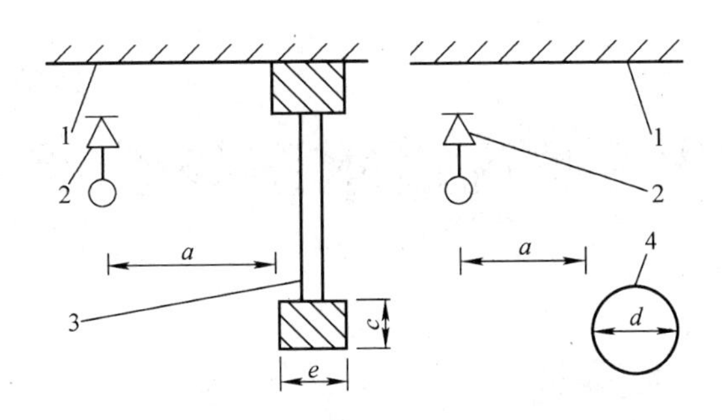


图 2-57　喷头与邻近障碍物的最小水平距离

1—顶板　2—直立型喷头　3—屋架等间断障碍物　4—管道

**表 2-66　喷头与邻近障碍物的最小水平距离**　（单位：m）

| c、e 或 d | ≤0.2 | >0.2 |
|---|---|---|
| 最小水平距离 a | 3c 或 3e（c 与 e 取大值）或 3d | 0.6 |

5）当梁、通风管道、成排布置的管道、桥架等障碍物的宽度大于 1.2m 时，其下方应增设喷头，如图 2-58 所示。增设喷头的上方有缝隙时应设集热板。

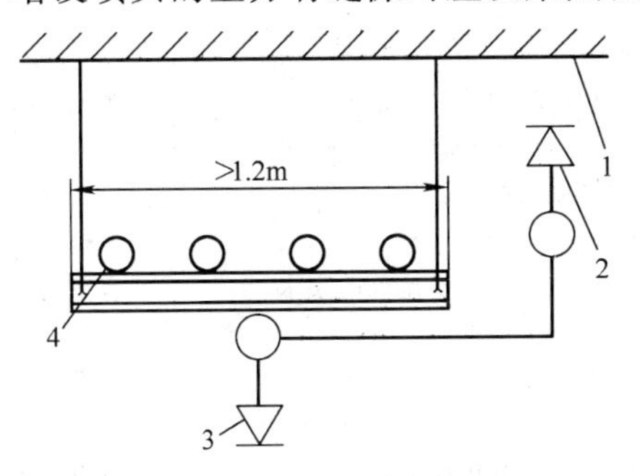


图 2-58　障碍物下方增设喷头

1—顶板　2—直立型喷头　3—下垂型喷头　4—排管（或梁、通风管道、桥架等）

# 3 建筑排水系统设计

## 3.1 建筑内部排水系统

### 3.1.1 排水系统的分类与组成

**1. 排水系统的分类**

生活排水系统主要排除居住建筑、公共建筑及工厂生活间的污废水。民用建筑内部生活排水的分类、来源及特点见表3-1。

表3-1 民用建筑内部生活排水的分类、来源及特点

| 序号 | 名称 | 来源 | 特点 |
|---|---|---|---|
| 1 | 冷却水 | 空调机房冷却循环水排放的部分废水 | 水温较高，污染较轻 |
| 2 | 淋浴排水 | 淋浴和浴盆排放的废水 | 有机物浓度、悬浮物较低，但皂液含量高 |
| 3 | 盥洗排水 | 洗脸盆、洗手盆和盥洗槽排放的废水 | 有机物浓度较低，悬浮物浓度较高 |
| 4 | 洗衣排水 | 洗衣房、洗衣机排水 | 洗涤剂含量高 |
| 5 | 厨房排水 | 厨房、食堂、餐厅等排放的废水 | 有机物浓度高，浊度高，油脂含量高 |
| 6 | 厕所排水 | 大便器、小便器排水 | 有机物浓度、悬浮物浓度和细菌含量高 |

**2. 建筑内部排水管道系统组成**

排水立管用来收集其上所接的各横支管排来的污水，然后再把这些污水送入排出管。污水立管最大排水能力见表3-2。

表3-2 污水立管最大排水能力

| 污水立管管径/mm | | 50 | 75 | 100 | 150 |
|---|---|---|---|---|---|
| 排水能力/(L/s) | 无专用通气立管 | 1.0 | 2.5 | 4.5 | 10.0 |
| | 专用通气立管或主通气立管 | — | 5 | 9 | 25 |

民用建筑室内排水系统通常是指排除生活污水，排除雨水的管道应单独设置（如图3-1所示）。

### 3.1.2 污水排入城市管道的条件

工业废水和生活污水排入排水系统的污水水质，其最高允许浓度必须符合表3-3的规定。

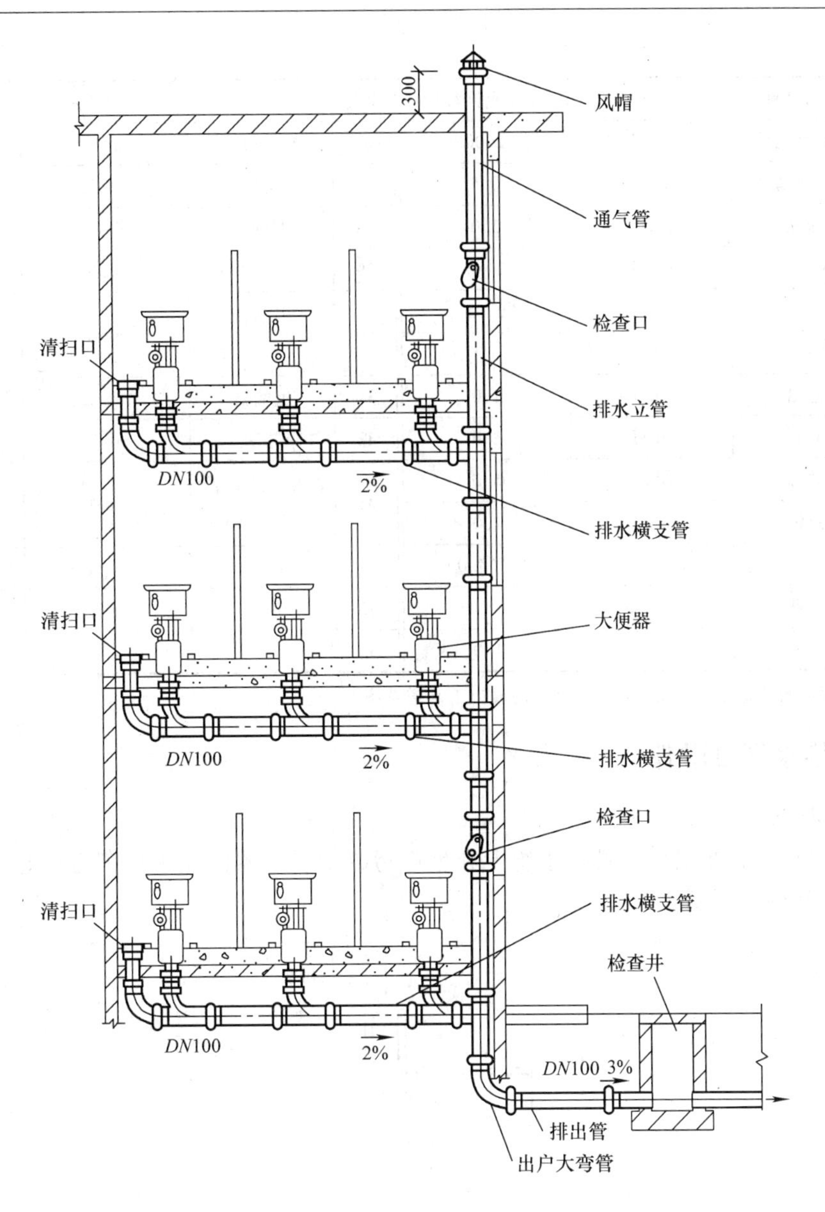


图 3-1 室内排水系统的组成

**表 3-3 污水排入城市下水道水质标准**

| 序号 | 项目名称 | 单位 | 最高允许浓度 | 序号 | 项目名称 | 单位 | 最高允许浓度 |
|---|---|---|---|---|---|---|---|
| 1 | pH 值 | — | 6.0~9.0 | 8 | 硫化物 | mL/L | 1.0 |
| 2 | 悬浮物 | mL/L | 150(400) | 9 | 挥发性酚 | mL/L | 1.0 |
| 3 | 易沉固体 | mL/(L·15min) | 10 | 10 | 温度 | ℃ | 35 |
| 4 | 油脂 | mL/L | 100 | 11 | 生化需氧量($BOD_5$) | mL/L | 100(300) |
| 5 | 矿物油类 | mL/L | 20.0 | | | | |
| 6 | 苯系物 | mL/L | 2.5 | 12 | 化学需氧量($COD_{cy}$) | mL/L | 150(500) |
| 7 | 氰化物 | mL/L | 0.5 | | | | |

（续）

| 序号 | 项目名称 | 单位 | 最高允许浓度 | 序号 | 项目名称 | 单位 | 最高允许浓度 |
|---|---|---|---|---|---|---|---|
| 13 | 溶解性固体 | mL/L | 2000 | 26 | 六价格 | mL/L | 0.5 |
| 14 | 有机磷 | mL/L | 0.5 | 27 | 总铬 | mL/L | 1.5 |
| 15 | 苯胺 | mL/L | 5.0 | 28 | 总硒 | mL/L | 2.0 |
| 16 | 氟化物 | mL/L | 20.0 | 29 | 总砷 | mL/L | 0.5 |
| 17 | 总汞 | mL/L | 0.05 | 30 | 磷酸盐（以 P 计） | mL/L | 1.0(8.0) |
| 18 | 总镉 | mL/L | 0.1 | | | | |
| 19 | 总铅 | mL/L | 1.0 | 31 | 硫酸盐 | mL/L | 600 |
| 20 | 总铜 | mL/L | 2.0 | 32 | 硝基苯类 | mL/L | 5.0 |
| 21 | 总锌 | mL/L | 5.0 | 33 | 阴离子表面活性剂(LAS) | mL/L | 10.0(20.0) |
| 22 | 总镍 | mL/L | 1.0 | | | | |
| 23 | 总锰 | mL/L | 2.0(5.0) | 34 | 氨氮 | mL/L | 25.0(35.0) |
| 24 | 总铁 | mL/L | 10.0 | 35 | 色度 | 倍 | 80 |
| 25 | 总锑 | mL/L | 1.0 | | | | |

注：括号内数值适用于有城市污水处理厂的城市下水道系统。

## 3.1.3 排水管道附件

### 1. 存水弯

存水弯是设置在卫生器具排水管上和生产污废水受水器的泄水口下方的排水附件（坐便器除外），其构造如图 3-2 所示。

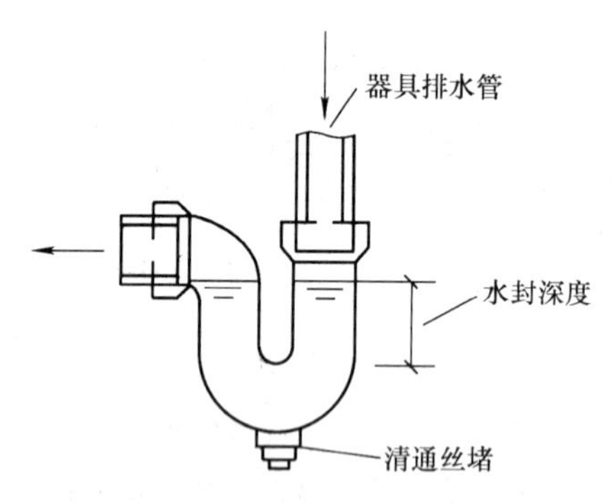


图 3-2 带清通丝堵的 P 形存水弯水封

管式存水弯是利用排水管道几何形状的变化形成的存水弯，其类型有 S 形、P 形和 U 形三种。管式存水弯见表 3-4。

**表 3-4 管式存水弯**

| 名称 | | 示意图 | 优缺点 | 适用条件 |
|---|---|---|---|---|
| 管式存水弯 | P 形 | | 1. 小型<br>2. 污物不易停留<br>3. 在存水弯上设置通气管是理想、安全的存水弯装置 | 适用于所接的排水横管标高较高的位置 |

（续）

| 名称 | | 示意图 | 优缺点 | 适用条件 |
|---|---|---|---|---|
| 管式存水弯 | S形 | | 1. 小型<br>2. 污物不易停留<br>3. 在冲洗时容易引起虹吸而破坏水封 | 适用于所接的排水横管标高较低的位置 |
| | U形 | | 1. 有碍横支管的水流<br>2. 污物容易停留，一般在U形两侧设置清扫口 | 适用于水平横支管 |

其他类型的存水弯见表3-5。

**表3-5 其他类型的存水弯**

| 名称 | 示意图 | 特点 |
|---|---|---|
| 瓶式存水弯 | | 存水弯本身是由管体组成，但排水管不连续，其特点是易于清通，外形较美观。一般用于洗脸盆或洗涤盆等卫生器具的排出管上 |
| 筒式存水弯 | | 与管式存水弯相比，水封部分的水量较多，水封不易被破坏，但筒式存水弯内的沉积物不易清除 |
| 钟罩式存水弯 | 镀锌水煤气管<br>线绳 | 钟罩可代替清扫口，但钟罩内、外侧由于粘附肥皂及污泥形成的膜状物而易堵塞，需定期清扫 |

**2. 清扫口**

清扫口构造如图3-3所示。

在排水横管直线管段上的一定距离处，应设清扫口，其最大间距规定见表3-6。

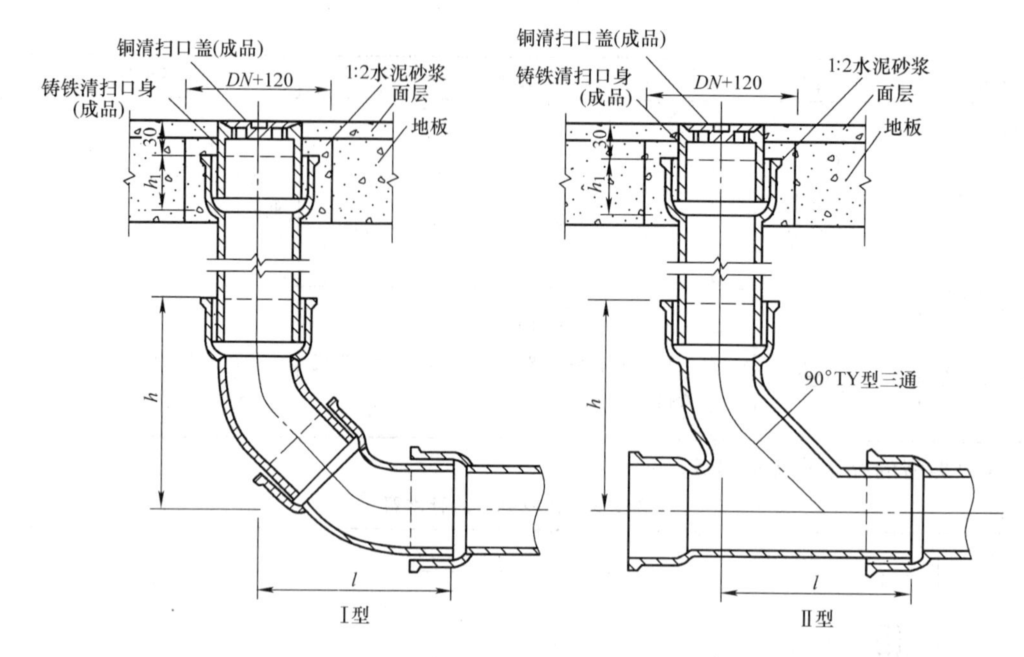


图 3-3 清扫口构造

**表 3-6 污水横管直线段上清扫口(检查口)的最大距离**

| 直径/mm | 生产废水/m | 生活污水或与生活污水成分接近的生产污水/m | 含有大量悬浮物和沉淀物的生产污水/m | 清扫设备的种类 |
|---|---|---|---|---|
| 50～75 | 15 | 12 | 10 | 检查口 |
| 50～75 | 10 | 8 | 6 | 清扫口 |
| 100～150 | 20 | 15 | 12 | 检查口 |
| 100～150 | 15 | 10 | 8 | 清扫口 |
| 200 | 25 | 20 | 15 | 检查口 |

排水立管或排出管上的清扫口至室外排水检查井中心的最大长度，应按表 3-7 确定。

**表 3-7 排水立管或排出管上的清扫口至室外排水检查井中心的最大长度**

| 管径/mm | 50 | 75 | 100 | ≥100 |
|---|---|---|---|---|
| 最大长度/m | 10 | 12 | 15 | 20 |

直线管段较长的污水横管，在一定长度内也应设置清扫口或检查口，塑料管管材插入管件承口深度见表 3-8。

**表 3-8 塑料管管材插入管件承口深度** （单位：mm）

| 序号 | 管子外径 | 管端插入承口深度 | 序号 | 管子外径 | 管端插入承口深度 |
|---|---|---|---|---|---|
| 1 | 40 | 25 | 4 | 110 | 50 |
| 2 | 50 | 25 | 5 | 160 | 60 |
| 3 | 75 | 40 | | | |

**3. 检查口**

检查口设在排水立管及较长的水平管段上，检查口是一个带盖板的开口短管，清通时将盖板打开，其构造如图 3-4 所示。

**4. 检查井**

为了便于清通操作，埋地管道上应设检查井。其构造如图 3-5 所示。

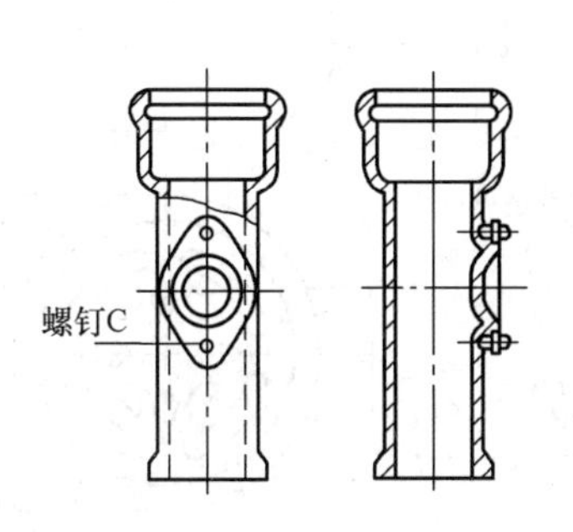

图 3-4　检查口

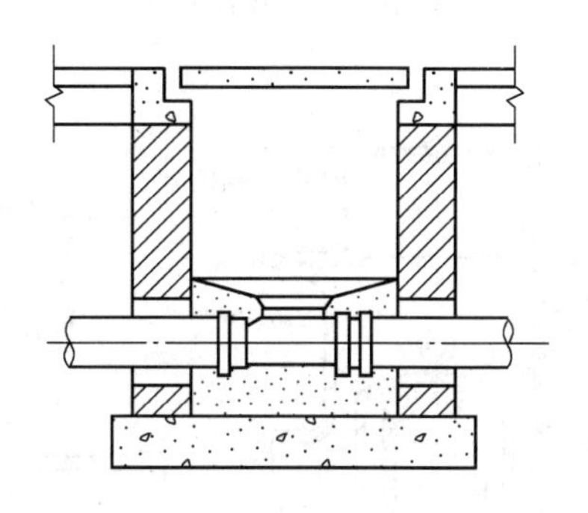
图 3-5　检查井

检查井间的最大距离，可按表 3-9 的规定执行。

**表 3-9　检查井间的最大距离**

| 管道类别 | 管径或暗渠净高/mm | 最大间距/m | 管道类别 | 管径或暗渠净高/mm | 最大间距/m |
|---|---|---|---|---|---|
| 污水管道 | 200～400 | 40 | 雨水管渠和合流管道 | 200～400 | 50 |
|  | 500～700 | 60 |  | 500～700 | 70 |
|  | 800～1000 | 80 |  | 800～1000 | 90 |
|  | 1100～1500 | 100 |  | 1100～1500 | 120 |
|  | 1600～2000 | 120 |  | 1600～2000 | 120 |

如图 3-6 所示，圆形检查井主要由井底（包括基础）、井身和井盖（包括井盖座）组成。

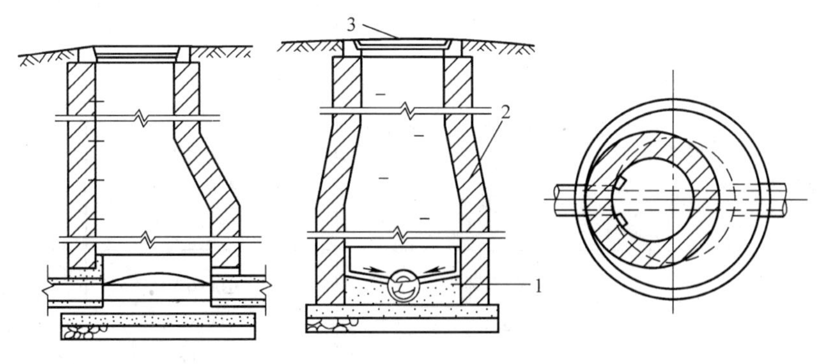


图 3-6　圆形检查井

1—井底　2—井身　3—井盖

**5. 地漏**

（1）高水封地漏　高水封地漏还附有单侧通道和双侧通道，可按实际情况选用，如图 3-7 所示。

（2）防回流地漏　防回流地漏适用于地下室或深层地面排水。一般附有浮球的钟罩形地漏或附塑料球的单通道地漏，也可采用一般地漏附回流止回阀，如图 3-8 所示。

（3）多用地漏　三通道地漏（图 3-9）使用用途很广泛，地漏盖除能排泄地面水外，还可连接洗衣机或洗脸盆的排出水。

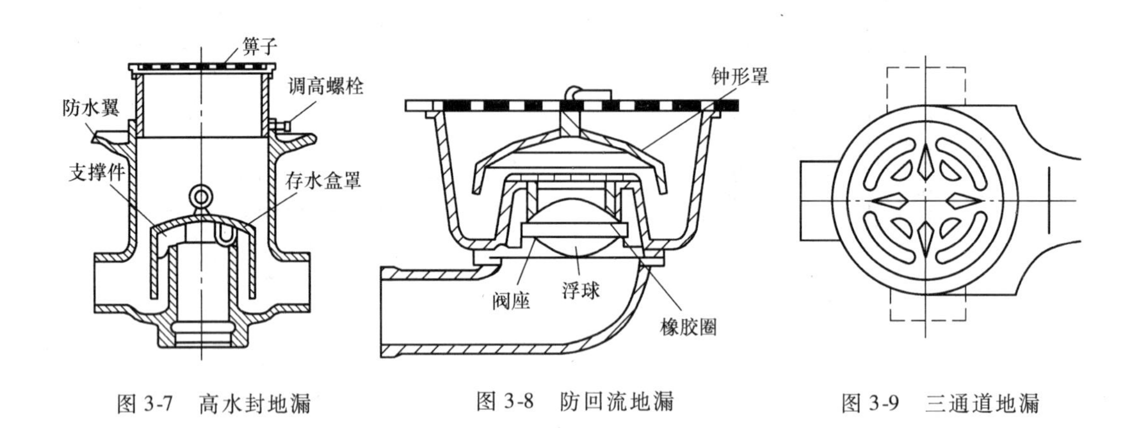


图 3-7　高水封地漏　　图 3-8　防回流地漏　　图 3-9　三通道地漏

选用何种构造地漏，应根据卫生器具种类、布置情况、建筑构造及排水横管布置情况确定，其数量和管径可参考表 3-10 确定。

**表 3-10　地漏设置数量和管径**

| 设置地漏的建筑类别 | 卫生器具数量或地漏地面集水半径 | 应选用地漏的公称直径/mm | 备注 |
|---|---|---|---|
| 厕所、盥洗室、住宅、厨房 | ≥3 个卫生器具（不包括淋浴器） | *DN*50 | 公厕、公共建筑盥洗间等卫生器具较多，应按其排水横管选同直径地漏 |
| 食堂、餐厅、泵房管道设备技术层等有地面排水建筑 | 以地漏为圆心的地面集水半径<br>$R=6\text{m}$<br>$R=12\text{m}$ | *DN*50（$R=6\text{m}$）<br>*DN*100（$R=12\text{m}$） | |
| 淋浴间 | 1～2 个<br>3 个<br>4～5 个 | *DN*50<br>*DN*75<br>*DN*100 | 选用地沟排水时每 8 个淋浴器设地漏一个 |

**6. 伸顶通气管**

生活污水管道或散发有害气体的生产污水管道均应设置伸顶通气管，不通气的生活排水立管的最大排水能力不能超过表 3-11 中的规定。

**7. 常用图例**

管道附件图例见表 3-12。

**表 3-11 不通气的生活排水立管最大排水能力**

| 立管工作高度 $H$/m | 排水能力/(L/s) | | | | |
|---|---|---|---|---|---|
| | 立管管径/mm | | | | |
| | 50 | 75 | 100 | 125 | 150 |
| ≤2(底层单独排水时) | 1.00 | 1.70 | 3.80 | 5.00 | 7.00 |
| 3 | 0.64 | 1.35 | 2.40 | 3.40 | 5.00 |
| 4 | 0.50 | 0.92 | 1.76 | 2.70 | 3.50 |
| 5 | 0.40 | 0.70 | 1.36 | 1.90 | 2.80 |
| 6 | 0.40 | 0.50 | 1.00 | 1.50 | 2.20 |
| 7 | 0.40 | 0.50 | 0.76 | 1.20 | 2.00 |
| ≥8 | 0.40 | 0.50 | 0.64 | 1.00 | 1.40 |

注：1. 排水立管工作高度，按最高排水横支管和立管连接处距排出管中心线间的距离计算。

2. 如排水立管工作高度在表中列出的两个高度值之间时，可用内插法求得排水立管的最大排水能力数值。

3. 排水管管径为100mm的塑料管外径为110mm，排水管管径为150mm的塑料管外径为160mm。

**表 3-12 管道附件图例**

| 序号 | 名称 | 图例 | 备注 |
|---|---|---|---|
| 1 | 管道伸缩器 | | — |
| 2 | 方形伸缩器 | | — |
| 3 | 刚性防水套管 | | — |
| 4 | 柔性防水套管 | | — |
| 5 | 波纹管 | | — |
| 6 | 可曲挠橡胶接头 | 单球 双球 | — |
| 7 | 管道固定支架 | | — |
| 8 | 立管检查口 | | — |
| 9 | 清扫口 | 平面 系统 | — |

（续）

| 序号 | 名称 | 图例 | 备注 |
| --- | --- | --- | --- |
| 10 | 通气帽 | 成品　蘑菇形 | — |
| 11 | 雨水斗 | YD-　YD-<br>平面　系统 | — |
| 12 | 排水漏斗 | 平面　系统 | — |
| 13 | 圆形地漏 | 平面　系统 | 通用。如无水封，地漏应加存水弯 |
| 14 | 方形地漏 | 平面　系统 | — |
| 15 | 自动冲洗水箱 |  | — |
| 16 | 挡墩 |  | — |
| 17 | 减压孔板 |  | — |
| 18 | Y 形除污器 |  | — |
| 19 | 毛发聚集器 | 平面　系统 | — |
| 20 | 倒流防止器 |  | — |
| 21 | 吸气阀 |  | — |
| 22 | 真空破坏器 |  | — |
| 23 | 防虫网罩 |  | — |
| 24 | 金属软管 |  | — |

## 3.1.4 排水系统布置要求

### 1. 卫生器具布置要求

卫生器具的布置应根据卫生间和公共厕所的平面尺寸、所选用的卫生器具类型和尺寸的情况确定，卫生间和公共厕所卫生器具平面布置图如图 3-10 所示。

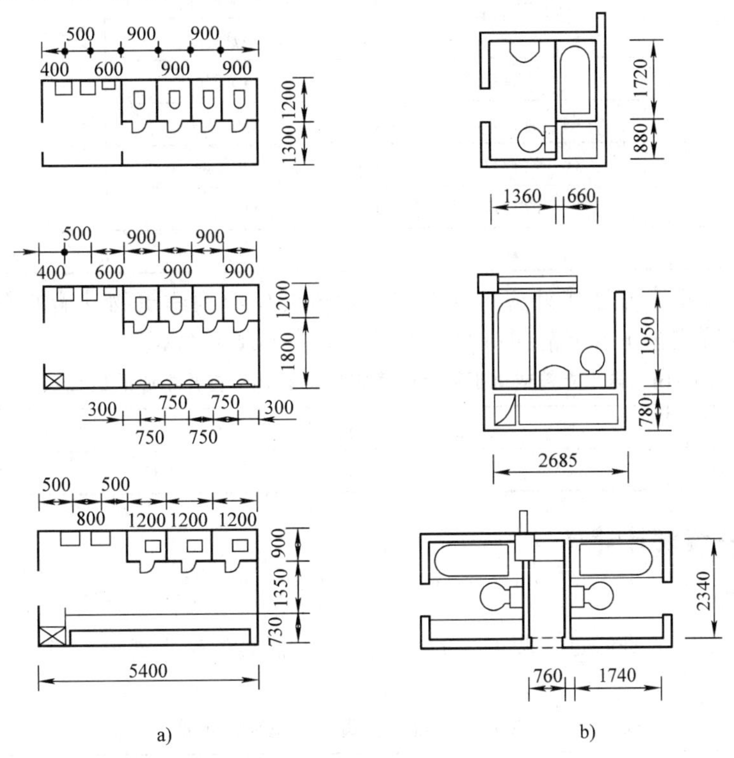


图 3-10 卫生器具平面布置图

### 2. 排水立管布置要求

排水立管最低排水横支管与立管连接处距排水立管管底的垂直距离不得小于表 3-13 中的规定。

**表 3-13 最低横支管与立管连接处距排水立管管底的最小垂直距离**

<table>
<tr><th rowspan="2">立管连接卫生器具的层数/层</th><th colspan="2">垂直距离/m</th></tr>
<tr><th>仅设伸顶通气管</th><th>设通气立管</th></tr>
<tr><td>≤4</td><td>0.45</td><td rowspan="3">按配件最小安装尺寸确定</td></tr>
<tr><td>5～6</td><td>0.75</td></tr>
<tr><td>7～12</td><td>1.20</td></tr>
<tr><td>13～19</td><td>3.00</td><td>0.75</td></tr>
<tr><td>≥20</td><td>3.00</td><td>1.20</td></tr>
</table>

注：单根排水立管的排出管宜与排水立管管径相同。

### 3. 横干管及排出管布置要求

建筑层数较多时，应按表 3-14 确定底部横管是否单独排出。

距离较长的直线管段上应设检查口或清扫口，其最大间距见表 3-15。

表 3-14　最低横支管与立管连接处至立管管底的垂直距离

| 立管连接卫生器具层数/层 | ≤4 | 5 ~ 6 | 7 ~ 12 | 13 ~ 19 | ≥20 |
| --- | --- | --- | --- | --- | --- |
| 垂直距离/m | 0.45 | 0.75 | 1.20 | 3.00 | 6.00 |

表 3-15　排水横管直线管段上检查口或清扫口之间的最大距离

| 管道管径/mm | 清扫设备种类 | 距离/m | |
| --- | --- | --- | --- |
| | | 生活废水 | 生活污水 |
| 50 ~ 75 | 检查口 | 15 | 12 |
| | 清扫口 | 10 | 8 |
| 100 ~ 150 | 检查口 | 20 | 15 |
| | 清扫口 | 15 | 10 |
| 200 | 检查口 | 25 | 20 |

排出管与室外排水管连接处应设检查井，检查井中心到建筑物外墙的距离宜大于 3m。检查井至排水立管或排出管上清扫口的距离不大于表 3-16 中数值。

表 3-16　排水立管或排出管上的清扫口至室外检查井中心的最大长度

| 管径/mm | 50 | 75 | 100 | 100 |
| --- | --- | --- | --- | --- |
| 最大长度/m | 10 | 12 | 15 | 20 |

## 3.1.5　排水系统设计计算

### 1. 排水定额

卫生器具排水定额是经过实测得来的，各种卫生器具的排水流量、当量和排水管的管径见表 3-17。

表 3-17　卫生器具的排水流量、当量和排水管的管径

| 序号 | 卫生器具名称 | 排水流量/(L/s) | 当量 | 排水管管径/mm |
| --- | --- | --- | --- | --- |
| 1 | 洗涤盆、污水盆(池) | 0.33 | 1.00 | 50 |
| 2 | 餐厅、厨房洗菜盆(池) | | | |
| | 单格洗涤盆(池) | 0.67 | 2.00 | 50 |
| | 双格洗涤盆(池) | 1.00 | 3.00 | 50 |
| 3 | 盥洗槽(每个水嘴) | 0.33 | 1.00 | 50 ~ 75 |
| 4 | 洗手盆 | 0.10 | 0.30 | 32 ~ 50 |
| 5 | 洗脸盆 | 0.25 | 0.75 | 32 ~ 50 |
| 6 | 浴盆 | 1.00 | 3.00 | 50 |
| 7 | 淋浴器 | 0.15 | 0.45 | 50 |
| 8 | 大便器 | | | |
| | 冲洗水箱 | 1.50 | 4.50 | 100 |
| | 自闭式冲洗阀 | 1.20 | 3.60 | 100 |
| 9 | 医用倒便器 | 1.50 | 4.50 | 100 |
| 10 | 小便槽 | | | |
| | 自闭式冲洗阀 | 0.10 | 0.30 | 40 ~ 50 |
| | 感应式冲洗阀 | 0.10 | 0.30 | 40 ~ 50 |

（续）

| 序号 | 卫生器具名称 | 排水流量/(L/s) | 当量 | 排水管管径/mm |
|---|---|---|---|---|
| 11 | 大便槽<br>≤4个蹲位<br>>4个蹲位 | <br>2.50<br>3.00 | <br>7.50<br>9.00 | <br>100<br>150 |
| 12 | 小便槽(每米长)<br>自动冲洗水箱 | <br>0.17 | <br>0.50 | <br>— |
| 13 | 化验盆(无塞) | 0.20 | 0.60 | 40~50 |
| 14 | 净身器 | 0.10 | 0.30 | 40~50 |
| 15 | 饮水器 | 0.05 | 0.15 | 25~50 |
| 16 | 家用洗衣机 | 0.50 | 1.50 | 50 |

注：家用洗衣机下排水软管直径为30mm，上排水软管内径为19mm。

### 2. 排水横管水力计算

（1）坡度、充满度　管道充满度是指管道内水深与管径的比值，建筑物内生活排水铸铁管道的坡度和设计充满度宜按表3-18确定。

**表3-18　建筑物内生活排水铸铁管道的坡度和设计充满度**

| 管径/mm | 通用坡度 | 最小坡度 | 最大设计充满度 |
|---|---|---|---|
| 50 | 0.035 | 0.025 | 0.5 |
| 75 | 0.025 | 0.015 | |
| 100 | 0.020 | 0.012 | |
| 125 | 0.015 | 0.010 | 0.5 |
| 150 | 0.010 | 0.007 | 0.6 |
| 200 | 0.008 | 0.005 | |

建筑排水塑料管粘接、熔接连接的排水横支管的标准坡度应为0.026。胶圈密封连接排水横管的坡度和设计充满度可按表3-19进行调整。

**表3-19　建筑排水塑料管排水横管的坡度和设计充满度**

| 外径/mm | 通用坡度 | 最小坡度 | 最大设计充满度 |
|---|---|---|---|
| 50 | 0.025 | 0.0120 | 0.5 |
| 75 | 0.015 | 0.0070 | |
| 110 | 0.012 | 0.0040 | |
| 125 | 0.010 | 0.0035 | |
| 160 | 0.007 | 0.0030 | 0.6 |
| 200 | 0.005 | 0.0030 | |
| 250 | 0.005 | 0.0030 | |
| 315 | 0.005 | 0.0030 | |

（2）管道流速　为使污水中的悬浮杂质不致沉淀在管底，并且使水流能及时冲刷管壁上的污物，管道流速有一个最小允许流速，见表3-20。

为防止管壁因受污水中坚硬杂质高速流动的摩擦和防止过大的水流冲击而损坏，排水管应有最大允许流速值，见表 3-21。

**表 3-20　排水管道的最小允许流速**

| 管渠类别 | 生活污水管道 | | | 明渠 | 雨水管道及工业废水管道、雨水管道 |
|---|---|---|---|---|---|
| | $d<150$mm | $d=150$mm | $d=200$mm | | |
| 最小流速/(m/s) | 0.60 | 0.65 | 0.70 | 0.40 | 0.75 |

**表 3-21　排水管道最大允许流速值**

| 管道材料 | 金属管 | 陶土及陶瓷管 | 混凝土及石棉水泥管 |
|---|---|---|---|
| 生活污水/(m/s) | 7.0 | 5.0 | 4.0 |
| 含有杂质的工业废水、雨水/(m/s) | 10.0 | 7.0 | 7.0 |

### 3. 排水立管水力计算

排水立管的通水能力与管径、通气与否、通气的方式和管材有关，立管管径不得小于所连接的横支管管径。不同管径、不同通气方式、不同管材的排水立管最大排水能力按表 3-22 ~表 3-24 确定。

**表 3-22　设有通气管系的铸铁排水立管最大排水能力**

| 排水立管管径/mm | 排水能力/(L/s) | |
|---|---|---|
| | 仅设伸顶通气管 | 有专用通气立管或主通气立管 |
| 50 | 1.0 | — |
| 75 | 2.5 | 5 |
| 100 | 4.5 | 9 |
| 125 | 7.0 | 14 |
| 150 | 10.0 | 25 |

**表 3-23　设有通气管系的塑料排水立管最大排水能力**

| 排水立管管径/mm | 排水能力/(L/s) | |
|---|---|---|
| | 仅设伸顶通气管 | 有专用通气立管或主通气立管 |
| 50 | 1.2 | — |
| 75 | 3.0 | — |
| 90 | 3.8 | — |
| 110 | 5.4 | 10.0 |
| 125 | 7.5 | 16.0 |
| 160 | 12.0 | 28.0 |

**表 3-24　单立管排水系统的排水立管最大排水力能力**

| 排水立管管径/mm | 排水能力/(L/s) | | |
|---|---|---|---|
| | 混合器 | 塑料螺旋管 | 旋流器 |
| 75 | — | 3.0 | — |
| 100 | 6.0 | 6.0 | 7.0 |
| 125 | 9.0 | — | 10.0 |
| 150 | 13.0 | 13.0 | 15.0 |

**表 3-25 生活排水立管的最大设计排水能力**

<table>
<tr><th colspan="3" rowspan="3">排水立管系统类型</th><th colspan="5">最大设计排水能力/(L/s)</th></tr>
<tr><th colspan="5">排水立管管径/mm</th></tr>
<tr><th>50</th><th>75</th><th>100(100)</th><th>125</th><th>150(160)</th></tr>
<tr><td rowspan="2">伸顶通气</td><td rowspan="2">立管与横支管连接配件</td><td>90°顺水三通</td><td>0.8</td><td>1.3</td><td>3.2</td><td>4.0</td><td>5.7</td></tr>
<tr><td>45°斜三通</td><td>1.0</td><td>1.7</td><td>4.0</td><td>5.2</td><td>7.4</td></tr>
<tr><td rowspan="4">专用通气</td><td rowspan="2">专用通气管 75mm</td><td>结合通气管每层连接</td><td>—</td><td>—</td><td>5.5</td><td>—</td><td>—</td></tr>
<tr><td>结合通气管隔层连接</td><td>—</td><td>3.0</td><td>4.4</td><td>—</td><td>—</td></tr>
<tr><td rowspan="2">专用通气管 100mm</td><td>结合通气管每层连接</td><td>—</td><td>—</td><td>8.8</td><td>—</td><td>—</td></tr>
<tr><td>结合通气管隔层连接</td><td>—</td><td>—</td><td>4.8</td><td>—</td><td>—</td></tr>
<tr><td colspan="3">主、副通气管 + 环形通气管</td><td>—</td><td>—</td><td>11.5</td><td>—</td><td>—</td></tr>
<tr><td rowspan="2">自循环通气</td><td colspan="2">专用通气形式</td><td>—</td><td>—</td><td>4.4</td><td>—</td><td>—</td></tr>
<tr><td colspan="2">环形通气形式</td><td>—</td><td>—</td><td>5.9</td><td>—</td><td>—</td></tr>
<tr><td rowspan="3">特殊单立管</td><td colspan="2">混合器</td><td>—</td><td>—</td><td>4.5</td><td>—</td><td>—</td></tr>
<tr><td rowspan="2">内螺旋管 + 旋流器</td><td>普通型</td><td>—</td><td>1.7</td><td>—</td><td>—</td><td>8.0</td></tr>
<tr><td>加强型</td><td>—</td><td>—</td><td>6.3</td><td>—</td><td>—</td></tr>
</table>

注：排水层数在 15 层以上时，宜乘 0.9 系数。

生活排水立管的最大设计排水能力应按表 3-25 确定。立管管径不得小于所连接的横支管管径。

**4. 通气管管径计算**

对于低层建筑的生活污水系统，在卫生器具不多、横支管不长的情况下，可将排水立管向上延伸出屋面的部分作为通气管，如图 3-11 所示。

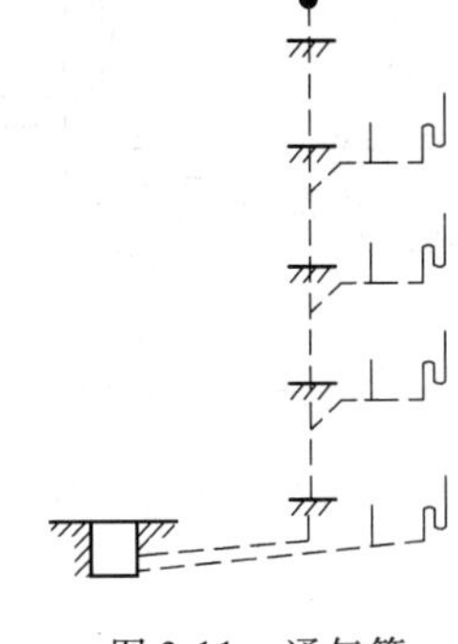

图 3-11 通气管

通气管的管径应根据排水能力、管道长度来确定，应与排水立管同径或小 1~2 号，但一般不宜小于排水管管径的 1/2，见表 3-26。

**表 3-26 通气管最小管径**

| 通气管名称 | 排水管管径/mm | | | | | | |
|---|---|---|---|---|---|---|---|
| | 32 | 40 | 50 | 75 | 100 | 125 | 150 |
| 器具通气管 | 32 | 32 | 32 | — | 50 | 50 | — |
| 环形通气管 | — | — | 32 | 40 | 50 | 50 | — |
| 通气立管 | — | — | 40 | 50 | 75 | 100 | 100 |

注：1. 通气立管长度在 50m 以上者，其管径应与污水立管管径相同。

2. 两个及两个以上排水立管同时与一根通气立管相连时，应以最大一根排水立管按本表确定通气立管管径，且其管径不宜小于其余任何一根排水立管管径。

3. 结合通气管不宜小于通气立管管径。

# 3.2　建筑雨水排水系统

## 3.2.1　雨水外排水系统分类

**1. 檐沟外排水系统**

檐沟外排水系统由檐沟和雨水管组成，如图 3-12 所示。

**2. 天沟外排水系统**

天沟外排水系统由天沟、雨水斗和排水立管组成，如图 3-13 所示。

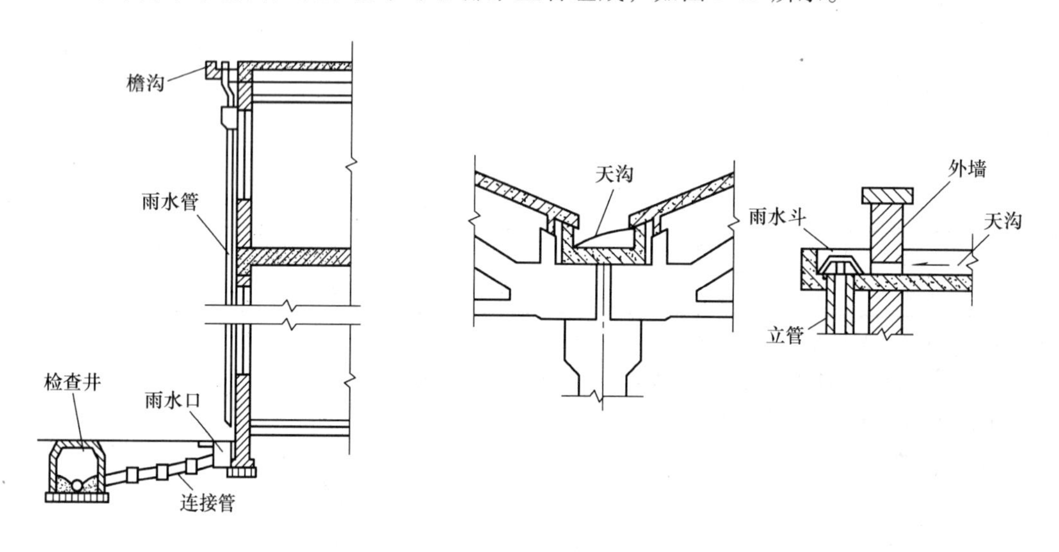


图 3-12　檐沟外排水系统

图 3-13　天沟外排水系统

天沟设置在两跨中间并坡向端墙，雨水斗沿外墙布置，如图 3-14 所示。

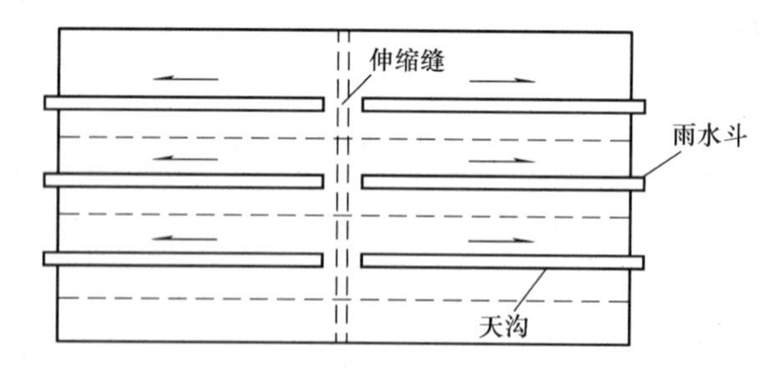


图 3-14　天沟布置

## 3.2.2　雨水内排水系统组成

雨水内排水系统由雨水斗、连接管、悬吊管、排出管、埋地干管、立管和检查井组成，如图 3-15 所示。

重力流排水系统应采用重力流排水型雨水斗，其排水负荷和状态应符合表 3-27 的要求。

单斗压力流系统应采用65 型和79 型雨水斗，多斗压力流排水系统应采用多斗压力流排水型雨水斗，其排水负荷和状态应符合表 3-28 中的要求。

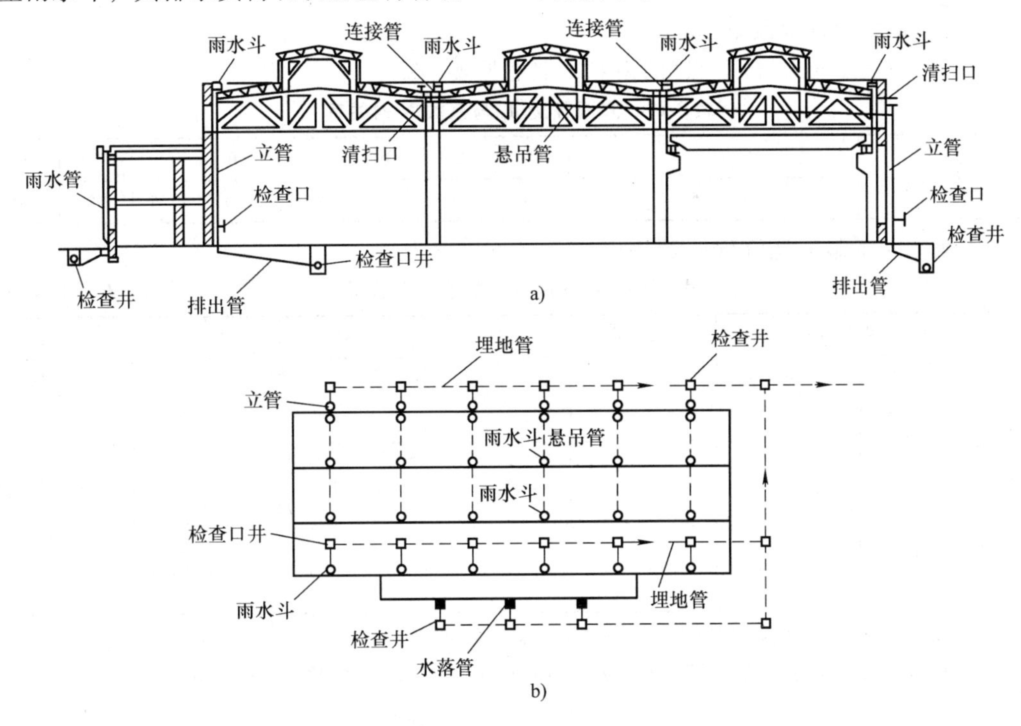


图 3-15 内排水系统

a）剖面图 b）平面图

**表 3-27 重力流排水型雨水斗应具备的排水负荷和状态**

| $DN$/mm | 75 | | 100 | | 150 |
|---|---|---|---|---|---|
| 进口形状 | 平箅型 | 柱球型 | 平箅型 | 柱球型 | |
| 排水负荷/(L/s) | 2 | 6 | 3.5 | 12 | 26 |
| 排水状态 | 自由堰流 | | | | |

**表 3-28 多斗压力流排水型雨水斗应具备的排水负荷和状态**

| $DN$/mm | 50 | 75 | 排水状态 |
|---|---|---|---|
| 排水负荷/(L/s) | 6 | 12 | 雨水斗淹没泄流的斗前水位不应大于 4cm |

## 3.2.3 雨水排水系统设计

### 1. 雨水斗

雨水斗是将建筑物屋面的雨水导入雨水立管的专用装置，设在屋面。

雨水斗可承担的汇水面积，与雨水斗的泄流能力有关。其关系式为

$$F = \frac{3600}{h_s}\frac{Q}{k_1}$$

令 $N=3600/h_s$，简化为

$$F = N\frac{Q}{k_1}$$

式中 $F$——最大允许汇水面积($m^2$)；

$k_1$——渲泄能力系数；

$Q$——最大允许泄流量(L/s)；

$N$——取决于小时降雨厚度的系数，取值见表 3-29。

**表 3-29 降雨强度 $h_s$ 与系数 $N$ 的关系**

| $h_s$/(mm/h) | 50 | 60 | 70 | 80 | 90 | 100 | 110 | 120 | 140 | 160 | 180 | 200 |
|---|---|---|---|---|---|---|---|---|---|---|---|---|
| $N$ | 72 | 60 | 51.4 | 45 | 40 | 36 | 32.7 | 30 | 25.7 | 22.5 | 20 | 18 |

屋面雨水斗的最大泄流量见表 3-30。

**表 3-30 屋面雨水斗的最大泄流量** (单位：L/s)

| 雨水斗规格/mm | | 50 | 75 | 100 | 125 | 150 |
|---|---|---|---|---|---|---|
| 重力流排水系统 | 重力流雨水斗泄流量 | — | 5.6 | 10.0 | — | 23.0 |
| | 87 型雨水斗泄流量 | — | 8.0 | 12.0 | — | 26.0 |
| 满管压力流排水系统 | 雨水斗泄流量 | 6.0 ~ 18.0 | 12.0 ~ 32.0 | 25.0 ~ 70.0 | 60.0 ~ 120.0 | 100.0 ~ 140.0 |

注：满管压力流雨水斗应根据不同型号的具体产品确定其最大泄流量。

87 型雨水斗由顶盖、导流罩、压板和短管组成。其构造如图 3-16 所示。

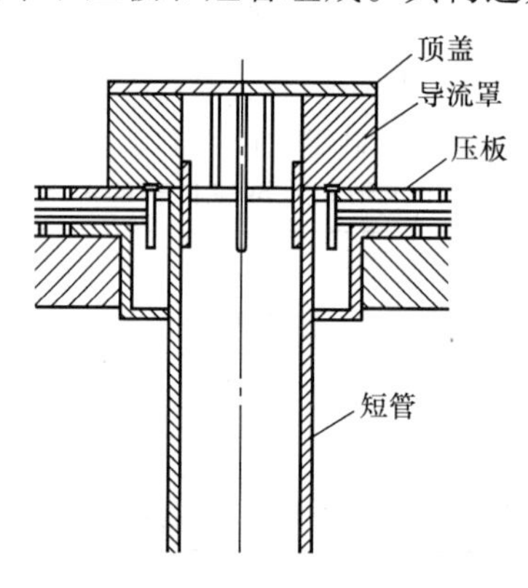


图 3-16 87 型雨水斗构造

单斗系统的雨水斗、悬吊管、立管和排水横管的口径均相同，系统的设计排水能力不应超过表 3-31 中的数值。

**表 3-31 单斗系统的最大设计排水能力**

| 口径/mm | 75 | 100 | 150 | 200 |
|---|---|---|---|---|
| 排水能力/(L/s) | 8 | 16 | 32 | 52 |

多斗系统雨水斗对于悬吊管上具有一个以上雨水斗的多斗系统，雨水斗的设计流量根据表 3-32 取值。

**表 3-32 87 型和 65 型雨水斗的设计流量**

| 口径/mm | 75 | 100 | 150 | 200 |
|---|---|---|---|---|
| 排水能力/(L/s) | 8 | 12 | 26 | 40 |

## 2. 设计雨水量计算

各种屋面、地面的雨水径流系数可按表3-33采用。

表3-33　雨水径流系数

| 屋面、地面种类 | ψ | 屋面、地面种类 | ψ |
|---|---|---|---|
| 屋面 | 0.90～1.00 | 干砖及碎石路面 | 0.40 |
| 混凝土和沥青路面 | 0.90 | 非铺砌地面 | 0.30 |
| 块石路面 | 0.60 | 公园绿地 | 0.15 |
| 级配碎石路面 | 0.45 | | |

注：各种汇水面积的综合径流系数应加权平均计算。

屋面雨水排水管道的排水设计重现期应根据建筑物的重要程度、汇水区域性质、地形特点和气象特征等因素确定，各种汇水区域的设计重现期不宜小于表3-34中的规定值。

表3-34　各种汇水区域的设计重现期

| 汇水区域名称 | | 设计重现期/年 |
|---|---|---|
| 室外场地 | 小区 | 1～3 |
| | 车站、码头、机场的基地 | 2～5 |
| | 下沉式广场、地下车库坡道出入口 | 5～50 |
| 屋面 | 一般性建筑物屋面 | 2～5 |
| | 重要公共建筑屋面 | ≥10 |

注：1. 工业厂房屋面雨水排水设计重现期应根据生产工艺、重要程度等因素确定。
2. 下沉式广场设计重现期应根据广场的构造、重要程度、短期积水即能引起较严重后果等因素确定。

## 3. 重力流屋面和压力流屋面系统设计要求

重力流屋面雨水排水立管的最大泄流量，应按表3-35确定。

表3-35　重力流屋面雨水排水立管的最大泄流量

| 铸铁管 | | 塑料管 | | 钢管 | |
|---|---|---|---|---|---|
| 公称直径/mm | 最大泄流量/(L/s) | 公称外径×壁厚/mm | 最大泄流量/(L/s) | 公称外径×壁厚/mm | 最大泄流量/(L/s) |
| 75 | 4.30 | 75×2.3 | 4.50 | 108×4 | 9.40 |
| 100 | 9.50 | 90×3.2 | 7.40 | 133×4 | 17.10 |
| | | 110×3.2 | 12.80 | | |
| 125 | 17.00 | 125×3.2 | 18.30 | 159×4.5 | 27.80 |
| | | 125×3.7 | 18.00 | 168×6 | 30.80 |
| 150 | 27.80 | 160×4.0 | 35.50 | 219×6 | 65.50 |
| | | 160×4.7 | 34.70 | | |
| 200 | 60.00 | 200×4.9 | 64.60 | 245×6 | 89.80 |
| | | 200×5.9 | 62.80 | | |
| 250 | 108.00 | 250×6.2 | 117.00 | 273×7 | 119.10 |
| | | 250×7.3 | 114.10 | | |
| 300 | 176.00 | 315×7.7 | 217.00 | 325×7 | 194.00 |
| — | — | 315×9.2 | 211.00 | — | — |

# 3.3 居住小区排水系统

## 3.3.1 居住小区排水管道布置要求

建筑小区内的直线管段上检查井间的最大间距见表 3-36。

表 3-36 检查井间的最大间距

| 管径/mm | 最大间距/m | |
|---|---|---|
| | 合流管道 | 排水管道 |
| 150 | 20 | 20 |
| 200~300 | 30 | 30 |
| 400 | 30 | 40 |
| ≥500 | — | 50 |

雨水检查井的最大间距可按表 3-37 确定。

表 3-37 雨水检查井的最大间距

| 管径/mm | 最大间距/m | 管径/mm | 最大间距/m |
|---|---|---|---|
| 150(160) | 20 | 400(400) | 40 |
| 200~300(200~315) | 30 | ≥500(500) | 50 |

注：括号内数据为塑料管外径。

排水管道在检查井处的衔接方法，通常有水面平接（图 3-17a）和管顶平接（图 3-17b）两种。

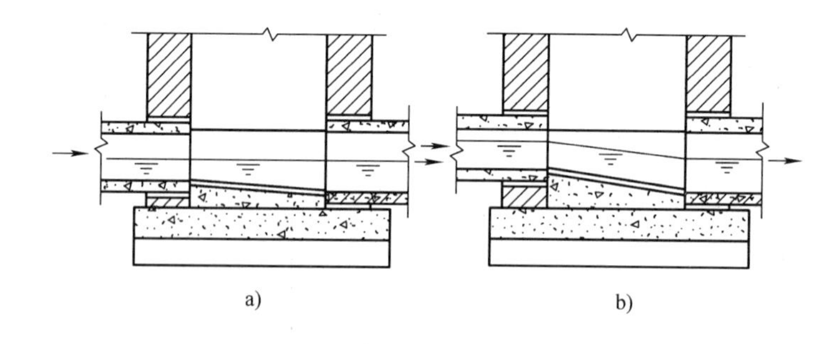


图 3-17 排水管道的衔接图

a）水面平接 b）管顶平接

## 3.3.2 生活排水管道水力计算

居住小区室外生活排水管道中最小管径的最大设计充满度按表 3-38 选用。

管径大于 300mm 的管道最大设计充满度见表 3-39。

**表 3-38 居住小区室外生活排水管道设计参数**

<table>
<tr><th>管别</th><th>管材</th><th>最小管径/mm</th><th>最小设计坡度</th><th>最大设计充满度</th></tr>
<tr><td rowspan="2">接户管</td><td>埋地塑料管</td><td>160</td><td>0.005</td><td rowspan="3">0.5</td></tr>
<tr><td>混凝土管</td><td>150</td><td>0.007</td></tr>
<tr><td rowspan="2">支管</td><td>埋地塑料管</td><td>160</td><td>0.005</td></tr>
<tr><td>混凝土管</td><td>200</td><td>0.004</td><td rowspan="3">0.55</td></tr>
<tr><td rowspan="2">干管</td><td>埋地塑料管</td><td>200</td><td>0.004</td></tr>
<tr><td>混凝土管</td><td>300</td><td>0.003</td></tr>
</table>

注：接户管管径不得小于建筑物排出管管径。

**表 3-39 排水管道最大设计充满度**

| 管径/mm | 350～450 | 500～900 | ≥1000 |
| --- | --- | --- | --- |
| 最大设计充满度 | 0.65 | 0.70 | 0.75 |

# 4 建筑给水系统安装

## 4.1 室内给水管道安装

### 4.1.1 防水套管

**1. Ⅰ型防水套管**

Ⅰ型防水套管尺寸见表 4-1。

**表 4-1 Ⅰ型防水套管尺寸** （单位：mm）

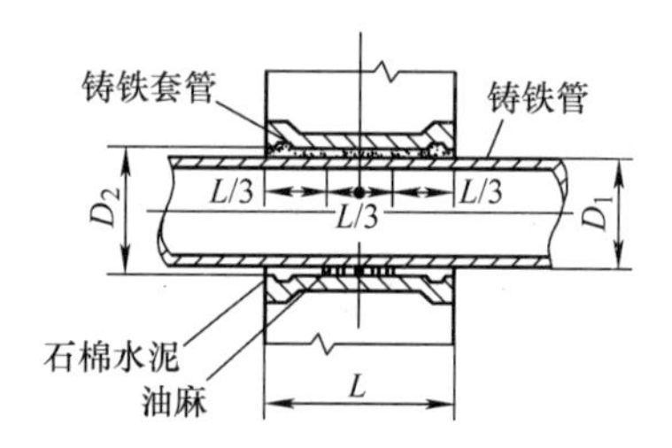


| $DN$ | $D_1$ | $D_2$ | $L$ | 质量/kg |
|---|---|---|---|---|
| 75 | 93 | 113 | 300 | 15.9 |
| 100 | 118 | 138 | 300 | 19.1 |
| 125 | 143 | 163 | 300 | 22.1 |
| 150 | 169 | 189 | 300 | 25.4 |
| 200 | 220 | 240 | 300 | 34.3 |
| 250 | 271.6 | 294 | 300 | 43.0 |
| 300 | 322.8 | 345 | 350 | 59.1 |
| 350 | 374 | 396 | 350 | 71.8 |
| 400 | 425.6 | 448 | 350 | 85.6 |
| 450 | 476.8 | 499 | 350 | 100 |
| 500 | 528 | 552 | 350 | 110 |

注：表中质量是指铸铁套管质量。

**2. Ⅱ型防水套管**

Ⅱ型防水套管尺寸见表 4-2。

**表 4-2　Ⅱ型防水套管尺寸**　（单位：mm）

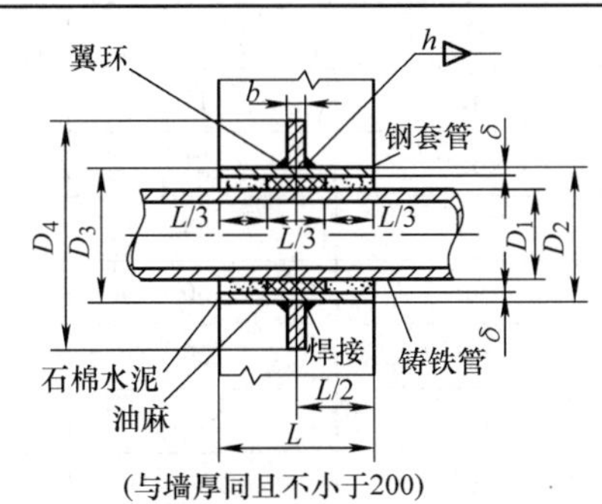

(与墙厚同且不小于200)

| DN | $D_1$ | $D_2$ | $D_3$ | $D_4$ | δ | b | h | 质量/kg |
|---|---|---|---|---|---|---|---|---|
| 50 | 60 | 114 | 115 | 225 | 4 | 10 | 4 | 4.48 |
| 75 | 93 | 140 | 141 | 251 | 4.5 | 10 | 4 | 5.67 |
| 100 | 118 | 168 | 169 | 289 | 5 | 10 | 5 | 7.41 |
| 125 | 143 | 194 | 195 | 315 | 5 | 10 | 5 | 8.43 |
| 150 | 169 | 219 | 220 | 340 | 6 | 10 | 6 | 10.44 |
| 200 | 220 | 273 | 274 | 394 | 7 | 10 | 7 | 14.13 |
| 250 | 271.6 | 325 | 326 | 446 | 8 | 15 | 8 | 18.22 |
| 300 | 322.8 | 377 | 378 | 498 | 9 | 15 | 9 | 26.06 |
| 350 | 374 | 426 | 427 | 567 | 9 | 15 | 9 | 31.38 |
| 400 | 425.6 | 480 | 481 | 621 | 9 | 15 | 9 | 35.17 |
| 450 | 476.8 | 530 | 531 | 671 | 9 | 15 | 9 | 38.68 |
| 500 | 528 | 579 | 580 | 720 | 9 | 15 | 9 | 42.14 |

注：表内所列的材料质量为钢套管（套管长度 L 按 200mm 计）及翼环质量之和。钢套管及翼环用 Q235 钢制作，用 E4303 焊条焊接。

### 3. Ⅲ型翼环

Ⅲ型翼环尺寸见表 4-3。

**表 4-3　Ⅲ型翼环尺寸**　（单位：mm）

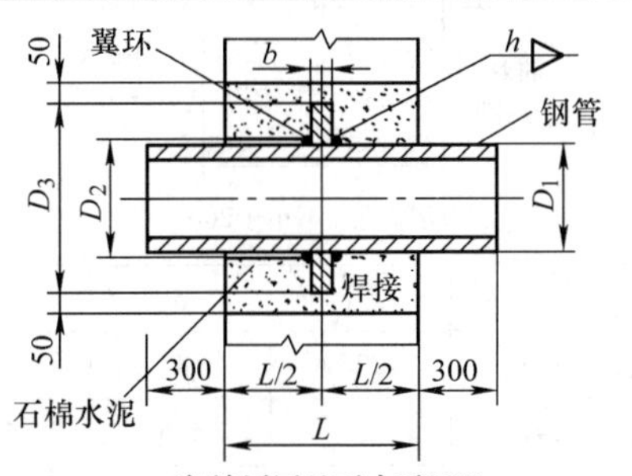

(与墙厚同且不小于200)

| DN | $D_1$ | $D_2$ | $D_3$ | b | 质量/kg |
|---|---|---|---|---|---|
| 25 | 33.5 | 35 | 95 | 5 | 0.24 |
| 32 | 38 | 39 | 99 | 5 | 0.26 |

（续）

| $DN$ | $D_1$ | $D_2$ | $D_3$ | $b$ | 质量/kg |
|---|---|---|---|---|---|
| 40 | 50 | 51 | 111 | 5 | 0.30 |
| 50 | 60 | 61 | 121 | 5 | 0.34 |
| 70 | 73 | 74 | 134 | 5 | 0.38 |
| 80 | 89 | 90 | 150 | 5 | 0.44 |
| 100 | 108 | 109 | 209 | 5 | 0.98 |
| 125 | 133 | 134 | 234 | 5 | 1.13 |
| 150 | 159 | 160 | 260 | 5 | 1.29 |
| 200 | 219 | 220 | 320 | 8 | 2.66 |
| 250 | 273 | 274 | 374 | 8 | 3.20 |
| 300 | 325 | 326 | 476 | 8 | 5.93 |
| 350 | 377 | 378 | 528 | 8 | 6.71 |
| 400 | 426 | 427 | 577 | 8 | 7.42 |
| 450 | 480 | 481 | 631 | 8 | 8.22 |
| 500 | 530 | 531 | 681 | 8 | 8.97 |

注：Ⅲ型翼环尺寸材料质量为翼环质量。焊缝高度 $h$ 为最小焊件厚度。

### 4. Ⅳ型防水套管

Ⅳ型防水套管尺寸见表4-4。

**表4-4　Ⅳ型防水套管尺寸**　（单位：mm）

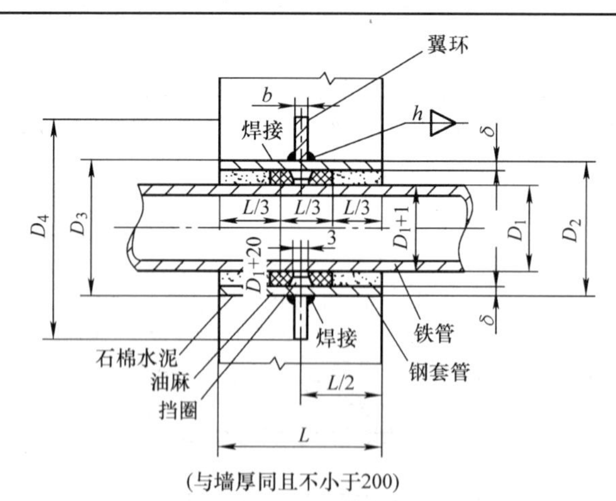


| $DN$ | $D_1$ | $D_2$ | $D_3$ | $D_4$ | $\delta$ | $b$ | $h$ | 质量/kg |
|---|---|---|---|---|---|---|---|---|
| 50 | 60 | 114 | 115 | 225 | 4 | 10 | 4 | 4.98 |
| 80 | 89 | 140 | 141 | 251 | 4.5 | 10 | 4 | 6.37 |
| 100 | 108 | 159 | 160 | 280 | 4.5 | 10 | 4 | 7.52 |
| 125 | 133 | 180 | 181 | 301 | 5 | 10 | 5 | 8.90 |
| 150 | 159 | 203 | 204 | 324 | 6 | 10 | 6 | 10.93 |
| 200 | 219 | 273 | 274 | 394 | 7 | 10 | 7 | 15.73 |

（续）

| $DN$ | $D_1$ | $D_2$ | $D_3$ | $D_4$ | $\delta$ | $b$ | $h$ | 质量/kg |
|---|---|---|---|---|---|---|---|---|
| 250 | 273 | 325 | 326 | 446 | 8 | 10 | 8 | 20.22 |
| 300 | 325 | 377 | 378 | 498 | 9 | 15 | 9 | 28.42 |
| 350 | 377 | 436 | 427 | 567 | 9 | 15 | 9 | 34.11 |
| 400 | 426 | 480 | 481 | 621 | 9 | 15 | 9 | 38.42 |
| 450 | 480 | 530 | 531 | 671 | 9 | 15 | 9 | 42.13 |
| 500 | 530 | 579 | 580 | 720 | 9 | 15 | 9 | 45.88 |

注：1. 表内材料质量为钢套管（套管长度 $L$ 值按 200mm 计算）、翼环及挡圈质量之和。
　　2. 钢套管、翼环及挡圈用 Q235 钢制作，用焊条 E4303 焊接。

## 5. 柔性防水套管

柔性防水套管尺寸见表 4-5。

**表 4-5　柔性防水套管尺寸**　　（单位：mm）

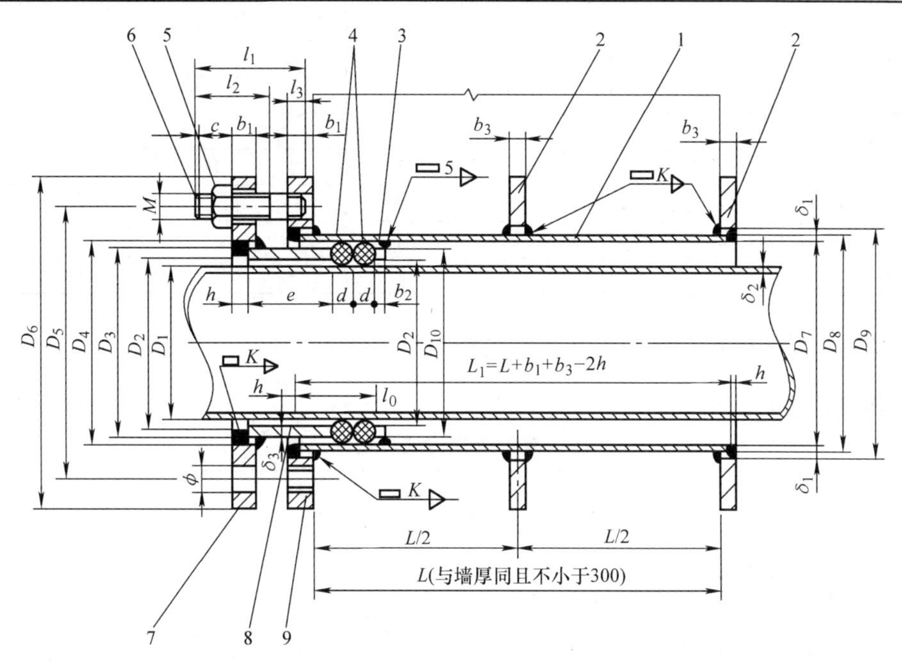


1—套管　2—翼环　3—挡圈　4—胶圈　5—螺母　6—螺栓
7—法兰盘　8—短管　9—翼盘

| $DN$ | 50 | 70 | 80 | 100 | 125 | 150 | 200 | 250 | 300 |
|---|---|---|---|---|---|---|---|---|---|
| $D_1$ | 60 | 73 | 89 | 108 | 133 | 159 | 219 | 273 | 325 |
| $D_2$ | 70 | 83 | 99 | 118 | 141 | 165 | 229 | 281 | 332 |
| $D_3$ | 90 | 103 | 121 | 140 | 161 | 185 | 249 | 301 | 352 |
| $D_4$ | 91 | 104 | 122 | 141 | 162 | 186 | 250 | 302 | 353 |
| $D_5$ | 137 | 150 | 177 | 196 | 217 | 240 | 310 | 362 | 422 |
| $D_6$ | 177 | 190 | 217 | 236 | 257 | 280 | 350 | 402 | 462 |
| $D_7$ | 100 | 113 | 131 | 150 | 169 | 191 | 259 | 309 | 359 |

（续）

| DN | 50 | 70 | 80 | 100 | 125 | 150 | 200 | 250 | 300 |
|---|---|---|---|---|---|---|---|---|---|
| $D_8$ | 108 | 121 | 140 | 159 | 180 | 203 | 273 | 325 | 377 |
| $D_9$ | 109 | 122 | 141 | 160 | 181 | 204 | 274 | 326 | 378 |
| $D_{10}$ | 99 | 112 | 130 | 149 | 168 | 190 | 258 | 308 | 358 |
| $l_0$ | 60 | 60 | 60 | 60 | 50 | 50 | 60 | 50 | 50 |
| $l$ | 60 | 60 | 60 | 60 | 60 | 60 | 60 | 60 | 60 |
| $l_1$ | 70 | 70 | 75 | 75 | 75 | 75 | 75 | 75 | 80 |
| $l_2$ | 50 | 50 | 55 | 55 | 50 | 50 | 50 | 50 | 55 |
| $l_3$ | 12 | 12 | 14 | 14 | 16 | 16 | 16 | 16 | 16 |
| $c$ | 1.8 | 1.8 | 2 | 2 | 2 | 2 | 2 | 2 | 2.5 |
| $\delta_1$ | 4 | 4 | 4.5 | 4.5 | 5.5 | 6 | 7 | 8 | 9 |
| $\delta_2$ | 4 | 4 | 4 | 4 | 4 | 4.5 | 6 | 7 | 8 |
| $\delta_3$ | 10 | 10 | 11 | 11 | 10 | 10 | 10 | 10 | 10 |
| $b_1$ | 14 | 14 | 16 | 16 | 18 | 18 | 20 | 20 | 20 |
| $b_2$ | 10 | 10 | 10 | 10 | 10 | 10 | 10 | 10 | 10 |
| $b_3$ | 10 | 10 | 10 | 10 | 10 | 10 | 15 | 15 | 15 |
| $d$ | 20 | 20 | 20 | 20 | 16 | 16 | 20 | 16 | 16 |
| $h$ | 5 | 5 | 5 | 5 | 6 | 6 | 8 | 8 | 8 |
| $K$ | 4 | 4 | 4 | 4 | 5 | 5 | 7 | 7 | 7 |
| $\phi$ | 14 | 14 | 18 | 18 | 18 | 18 | 18 | 18 | 23 |
| $M$ | 12 | 12 | 16 | 16 | 16 | 16 | 16 | 16 | 20 |
| 螺孔 $n$ | 4 | 4 | 4 | 4 | 8 | 8 | 8 | 12 | 12 |

## 4.1.2 管道连接方式

管道连接方式与使用范围见表 4-6。

**表 4-6 管道连接方式与使用范围**

| 管件结构及连接方式 | | 材料 | 适用范围 |
|---|---|---|---|
| 热熔连接 | 热熔对接连接 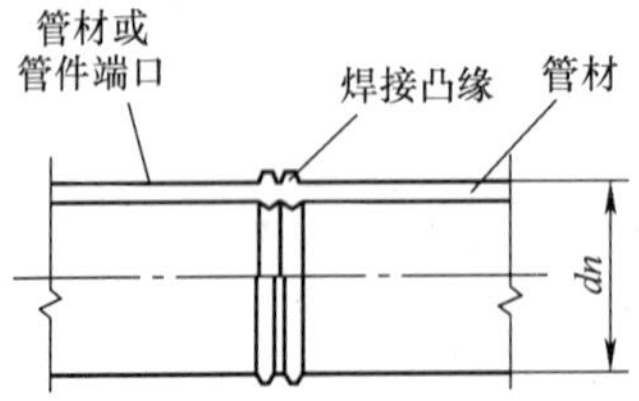<br>管材或管件端口　焊接凸缘　管材　$dn$ | 管件由与管材材质相同的 PE 或 PE-RT 注塑成型 | $dn \geqslant 63$mm 的 PE 冷水管、PE-RT 冷热水管 |
| | 热熔承插连接 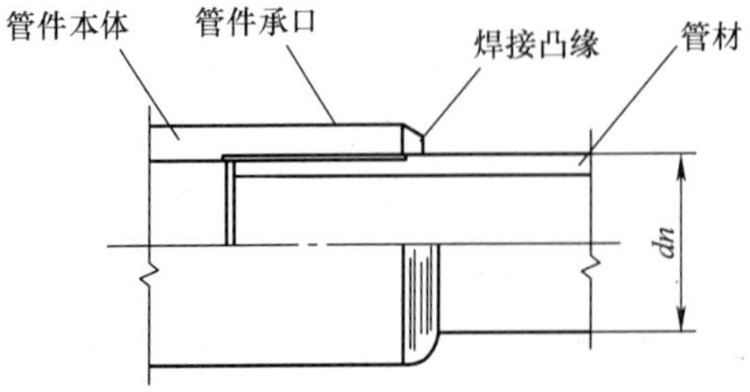<br>管件本体　管件承口　焊接凸缘　管材　$dn$ | 管件由与管材材质相同的 PE 或 PE-RT 注塑成型 | $dn \leqslant 63$mm 的 PE 冷水管、PE-RT 冷热水管 |

（续）

| | 管件结构及连接方式 | 材料 | 适用范围 |
|---|---|---|---|
| 电熔连接 | 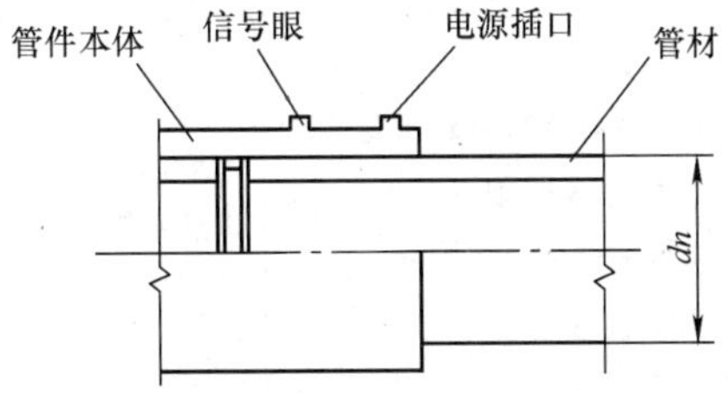 管件本体 信号眼 电源插口 管材 $dn$ | 管件由与管材材质相同的 PE 或 PE-RT 注塑成型 | $dn \leqslant 160$mm 的 PE 冷水管、PE-RT 冷热水管 |
| 机械式连接 | 卡套式连接（1） 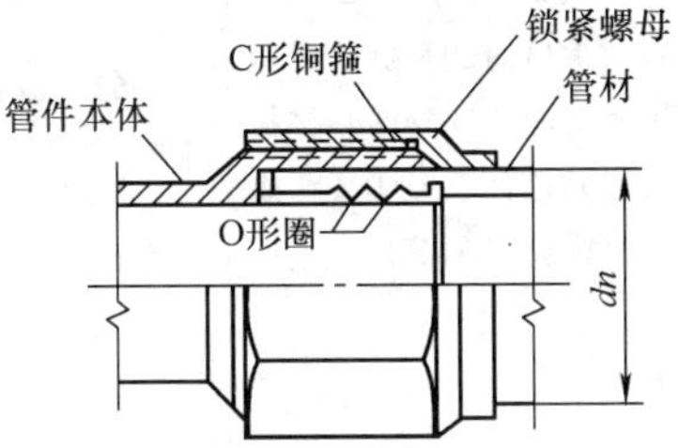<br>C形铜箍 锁紧螺母 管件本体 管材 O形圈 $dn$ | 管件本体和锁紧螺母的材料为锻压黄铜 | $dn20 \sim dn32$ 的 PE-X 的冷热水管、PE 冷水管 |
| | 卡套式连接（2） 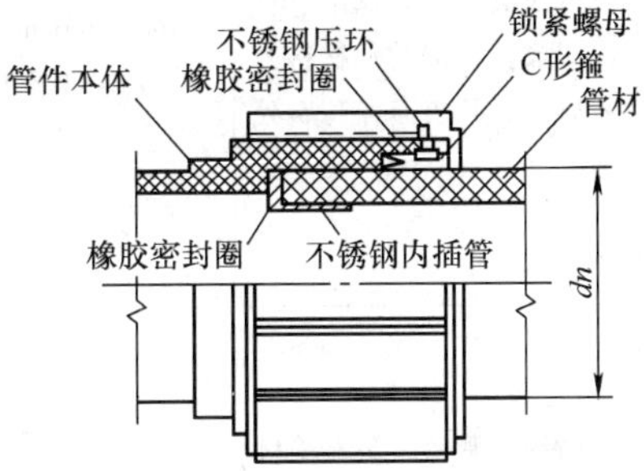<br>不锈钢压环 锁紧螺母 管件本体 橡胶密封圈 C形箍 管材 橡胶密封圈 不锈钢内插管 $dn$ | 管件本体和锁紧螺母的材料为特种增强塑料，内插衬套材料为不锈钢（304） | $dn20 \sim dn32$ 的 PE-X 的冷热水管、PE 冷水管、PE-RT 冷热水管 |
| | 卡套式连接（3） 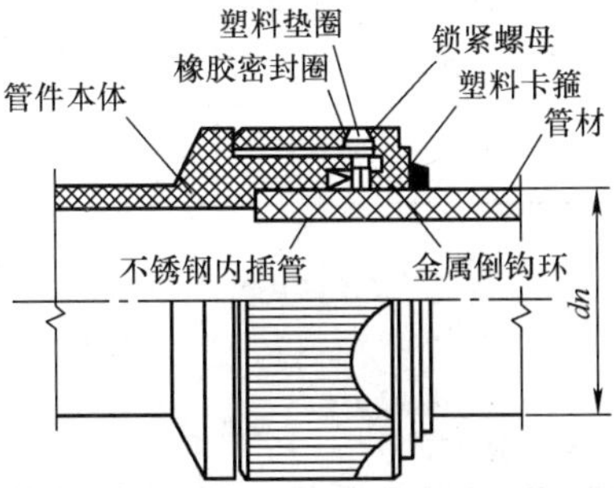<br>塑料垫圈 锁紧螺母 橡胶密封圈 管件本体 塑料卡箍 管材 不锈钢内插管 金属倒钩环 $dn$ | 管件本体、倒钩环、锁环和锁紧螺母的材料为特种增强塑料，倒钩环、内插衬套材料为不锈钢（304） | $dn20 \sim dn32$ 的 PE-X 的冷热水管、PE 冷水管、PE-RT 冷热水管 |
| | 卡压式连接（1） 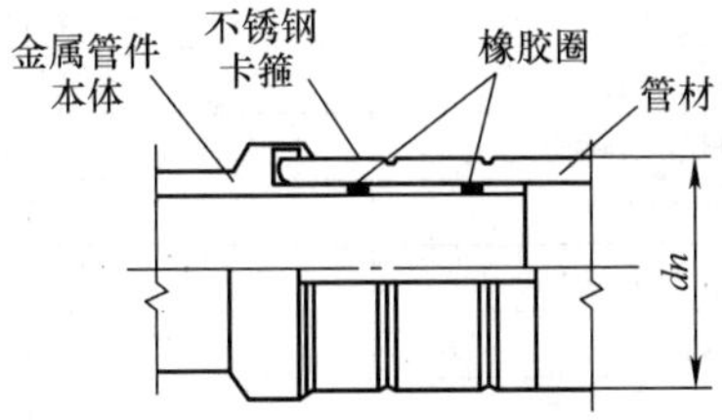<br>金属管件本体 不锈钢卡箍 橡胶圈 管材 $dn$ | 管件本体材料为锻压黄铜或不锈钢（304）；圆形卡环（套管）材料为不锈钢（304） | $dn20 \sim dn63$ 的 PE-X 的冷热水管 |

（续）

| 管件结构及连接方式 | | 材料 | 适用范围 |
|---|---|---|---|
| 机械式连接 | 卡压式连接（2） 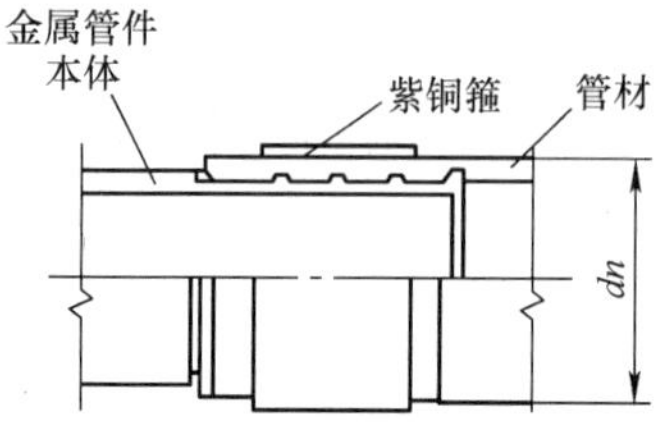<br>金属管件本体　紫铜箍　管材　dn | 管件本体材料为锻压黄铜或不锈钢（304）；圆形卡箍材料为紫铜 | $dn20 \sim dn32$ 的 PE-X 的冷热水管 |
| 承插式柔性连接 | 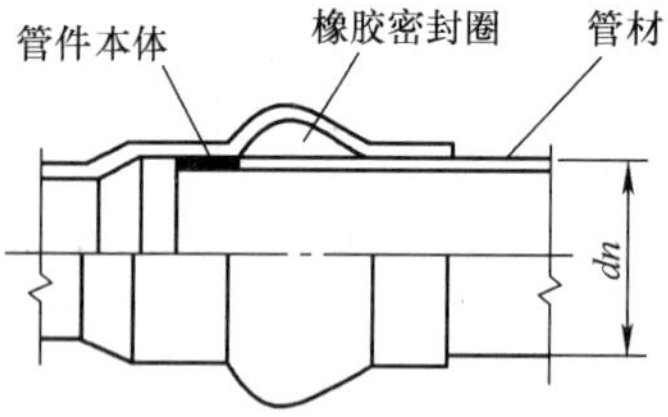 管件本体　橡胶密封圈　管材　dn | 承口为增强聚乙烯材料，承口内嵌有抗拉拔和密封功能的橡胶圈，材料为三元乙丙（EPDM）或丁腈橡胶（NBR） | $dn63 \sim dn160$ 的 PE 的冷水管 |
| 法兰连接 | 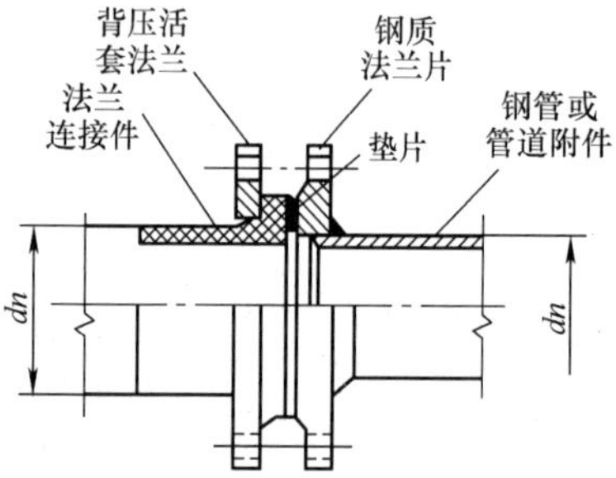 背压活套法兰　钢质法兰片　法兰连接件　垫片　钢管或管道附件　dn | 法兰连接件材料由与管材材质相同 PE 或 PE-RT 注塑成型，法兰片材料为钢质，并且表面经防腐处理 | $dn \geqslant 63$mm 的 PE 冷水管、PE-RT 冷热水管 |
| 钢塑过渡接头连接 | 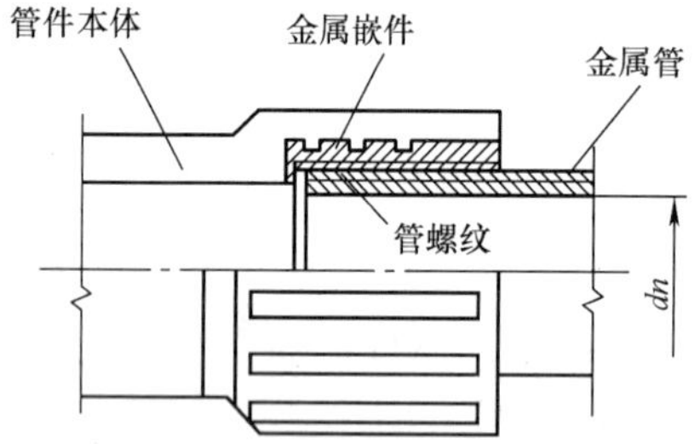 管件本体　金属嵌件　金属管　管螺纹　dn | 钢塑过渡接头塑料端材料为与管材材质相同 PE 或 PE-RT，金属端为钢质或铜质，并经过防腐处理 | $dn32 \sim dn160$ 的 PE 的冷热水管、PE-RT 冷热水管 |

### 4.1.3　金属管材安装

室内给水管材及连接方式见表 4-7。

**表 4-7　室内给水管材及连接方式**

| 管道类别 | 敷设方式 | 管径/mm | 宜用管材 | 主要连接方式 |
|---|---|---|---|---|
| 生活给水管 | 明装或暗设 | $DN \leqslant 100$ | 铝塑复合管 | 卡套式连接 |
| | | | 钢塑复合管 | 螺纹连接 |
| | | | 给水硬聚氯乙烯管 | 粘接或橡胶圈接口 |
| | | | 聚丙烯管（PP—R） | 热熔连接 |
| | | | 工程塑料管（ABS） | 粘接 |
| | | | 给水铜管 | 钎焊承插连接 |
| | | | 热镀锌钢管 | 螺纹连接 |

（续）

| 管道类别 | 敷设方式 | 管径/mm | 宜用管材 | 主要连接方式 |
| --- | --- | --- | --- | --- |
| 生活给水管 | 明装或暗设 | $DN>100$ | 钢塑复合管 | 沟槽或法兰连接 |
| | | | 给水硬聚氯乙烯管 | 粘结或橡胶圈接口 |
| | | | 给水铜管 | 焊接或卡套式连接 |
| | | | 热镀锌无缝钢管 | 卡套式或法兰连接 |
| | 埋地 | $DN<75$ | 给水硬聚氯乙烯管 | 粘接 |
| | | | 聚丙烯管（PP—R） | 热熔连接 |
| | | $DN\geq75$ | 给水铸铁管 | 石棉水泥或橡胶圈接口 |
| | | | 钢塑复合管 | 螺纹或沟槽式连接 |
| 饮用水管 | 明装或暗设 | $DN\leq100$ | 给水铜管 | 钎焊承插连接 |
| | | | 薄壁不锈钢管 | 卡压式连接 |
| 生产给水管 | 水质近于生活给水（埋地） | | 给水铸铁管 | 石棉水泥或橡胶圈接口 |
| | 水质要求一般 | 明装 | 焊接钢管 | 焊接 |
| | | 埋地 | 给水铸铁管 | 石棉水泥或橡胶圈接口 |
| 消火栓给水管 | 明装或暗设 | $DN\leq100$ | 焊接钢管 | 焊接连接 |
| | | | 热镀锌钢管 | 螺纹连接 |
| | | $DN>100$ | 焊接无缝钢管 | 焊接连接 |
| | | | 热镀无缝锌钢管 | 沟槽式连接 |
| | 埋地 | | 给水铸铁管 | 石棉水泥或橡胶圈接口 |
| 自动喷水管（湿式或干湿） | 明装或暗设 | $DN\leq100$ | 热镀锌钢管 | 螺纹连接 |
| | | $DN>100$ | 热镀锌无缝钢管 | 沟槽式连接 |
| | 埋地 | | 给水铸铁管 | 石棉水泥或橡胶圈接口 |

给水管预留洞、墙槽尺寸见表4-8。

**表4-8 给水管预留洞、墙槽尺寸** （单位：mm）

| 管道名称 | 管道规格 | 明管留洞尺寸长×宽 | 暗管墙槽尺寸宽×深 |
| --- | --- | --- | --- |
| 给水立管 | $DN\leq25$ | 100×100 | 130×130 |
| | $32\leq DN\leq50$ | 150×150 | 150×130 |
| | $70\leq DN\leq100$ | 200×200 | 200×200 |
| 2根给水立管并列 | $DN\leq32$ | 150×100 | 200×130 |
| 1根给水立管和1根排水立管并列 | $DN\leq50$ | 200×150 | 200×130 |
| | $75\leq DN\leq100$ | 250×200 | 250×200 |
| 2根给水立管和1根排水立管并列 | $DN\leq50$ | 200×150 | 250×200 |
| | $75\leq DN\leq100$ | 350×200 | 380×200 |
| 给水支管 | $DN\leq25$ | 100×100 | 60×60 |
| | $32\leq DN\leq40$ | 150×130 | 150×100 |
| 给水引入管 | $DN\leq100$ | 300×200 | — |

注：1. 给水引入管，管顶上部净空一般不小于100mm。

2. 排水排出管，管顶上部净空一般不小于150mm。

管与管及建筑构件之间的最小净距见表 4-9。

**表 4-9 管与管及建筑构件之间的最小净距**

| 管道名称 | 间　距 |
| --- | --- |
| 引入管 | 在平面上与排水管间的净距≥1m |
| | 在立面上需安装在排水管上方，净距≥150mm |
| 横干管 | 与其他管道的净距≥100mm |
| | 与墙、地沟壁的净距≥100mm |
| | 与梁、柱、设备的净距≥50mm |
| | 与排水管的水平净距≥500mm |
| | 与排水管的垂直净距≥150mm |
| 立管 | 管中心距柱表面≥50mm |
| | 当管径<32mm，至墙面的净距≥25mm |
| | 当管径 32～50mm，至墙面的净距≥35mm |
| | 当管径 75～100mm，至墙面的净距≥50mm |
| | 当管径 125～150mm，至墙面的净距≥60mm |
| 用具支管 | 管中心距墙面（按标准安装图集确定） |
| 煤气引入管 | 与给水管道及供热管道的水平距离≥1m |
| | 与排水管道的水平距离≥1.5m |

给水铸铁管连接铅接口尺寸及材料用量见表 4-10。

**表 4-10 给水铸铁管连接铅接口尺寸及材料用量**

| 管径/mm | 承口/mm | 填铅深/mm | 填麻深/mm | 油麻用量/kg | 青铅/kg |
| --- | --- | --- | --- | --- | --- |
| 75 | 90 | 52 | 38 | 0.16 | 2.52 |
| 100 | 95 | 52 | 43 | 0.17 | 3.10 |
| 125 | 95 | 52 | 43 | 0.18 | 3.70 |
| 150 | 100 | 52 | 48 | 0.24 | 4.34 |
| 200 | 100 | 52 | 48 | 0.31 | 5.56 |
| 250 | 105 | 55 | 50 | 0.42 | 7.45 |

管道支承件最大间距见表 4-11。

**表 4-11 管道支承件最大间距**

| 公称外径 $DN$/mm | 最大间距/m | | | |
| --- | --- | --- | --- | --- |
| | 冷水管 | | 热水管 | |
| | 横管 | 立管 | 横管 | 立管 |
| 20 | 0.60 | 0.85 | 0.30 | 0.78 |
| 25 | 0.70 | 0.98 | 0.35 | 0.90 |
| 32 | 0.80 | 1.10 | 0.40 | 1.05 |
| 40 | 0.90 | 1.30 | 0.50 | 1.18 |
| 50 | 1.00 | 1.60 | 0.60 | 1.30 |

（续）

| 公称外径 $DN$/mm | 最大间距/m | | | |
|---|---|---|---|---|
| | 冷水管 | | 热水管 | |
| | 横管 | 立管 | 横管 | 立管 |
| 63 | 1.10 | 1.80 | 0.70 | 1.49 |
| 75 | 1.20 | 2.00 | 0.80 | 1.60 |
| 90 | 1.35 | 2.20 | 0.95 | 1.75 |
| 110 | 1.55 | 2.40 | 1.10 | 1.95 |
| 125 | 1.70 | 2.60 | 1.25 | 2.05 |
| 160 | 1.90 | 2.80 | 1.50 | 2.20 |

给水管道及设备保温的允许偏差和检验方法见表4-12。

**表4-12 给水管道及设备保温的允许偏差和检验方法**

| 项次 | 项目 | | 允许偏差/mm | 检验方法 |
|---|---|---|---|---|
| 1 | 厚度 | | $+0.1\delta$<br>$-0.05\delta$ | 用钢针刺入 |
| 2 | 表面平整度 | 卷材 | 5 | 用2m靠尺和楔形塞尺检查 |
| | | 涂抹 | 10 | |

注：$\delta$为保温层厚。

阀门安装位置示意图如图4-1所示。

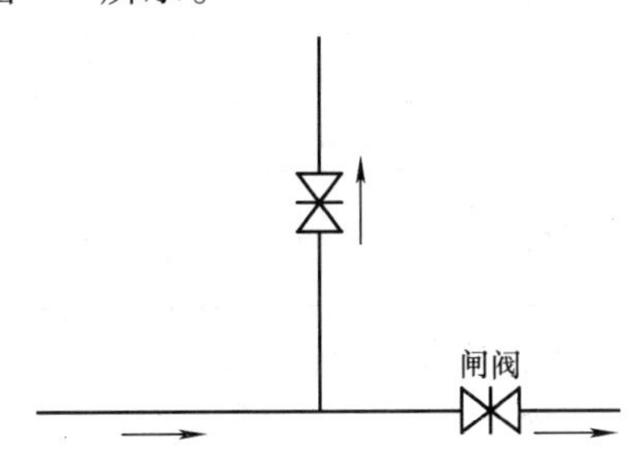


图4-1 阀门安装位置示意图

管道和阀门安装的允许偏差和检验方法见表4-13。

**表4-13 管道和阀门安装的允许偏差和检验方法**

| 项目 | | | 允许偏差/mm | 检验方法 |
|---|---|---|---|---|
| 水平管道纵横方向弯曲 | 钢管 | 每米<br>全长25m以上 | 1<br>≤25 | 用水平尺、直尺、拉线和尺量检查 |
| | 塑料管<br>复合管 | 每米<br>全长25m以上 | 1.5<br>≤25 | |
| | 铸铁管 | 每米<br>全长25m以上 | 2<br>≤25 | |
| 立管垂直度 | 钢管 | 每米<br>5m以上 | 3<br>≤8 | 吊线和尺量检查 |

（续）

| 项目 | | | 允许偏差/mm | 检验方法 |
|---|---|---|---|---|
| 立管垂直度 | 塑料管<br>复合管 | 每米<br>5m 以上 | 2<br>≤8 | 吊线和尺量检查 |
| | 铸铁管 | 每米<br>5m 以上 | 3<br>≤10 | |
| 成排管段和成排阀门 | | 在同一平面上间距 | 3 | 尺量检查 |

钢管沟槽标准深度及公差见表 4-14。

**表 4-14　钢管沟槽标准深度及公差**　　（单位：mm）

| 管径 | 沟槽深 | 公　差 | 管径 | 沟槽深 | 公　差 |
|---|---|---|---|---|---|
| ≤80 | 2.20 | +0.3 | 200～250 | 2.50 | +0.3 |
| 100～150 | 2.20 | +0.3 | 300 | 3.0 | +0.5 |

注：沟槽过深，则应作废品处理。

铜管焊口允许偏差见表 4-15。

**表 4-15　铜管焊口允许偏差**

| 项　　目 | | | 允许偏差 |
|---|---|---|---|
| 焊口平直度 | 管壁厚 10mm 以内 | | 管壁厚 1/4 |
| 焊缝加强面 | 高度 | | +1mm |
| | 宽度 | | |
| | 深度 | | 小于 0.5mm |
| | 长度 | 连续长度 | 25mm |
| 咬边 | | 总长度（两侧） | 小于焊缝长度的 10% |

钢管道焊接缺陷允许程度及修整方法见表 4-16。

**表 4-16　钢管道焊接缺陷允许程度及修整方法**

| 缺陷种类 | 允许程度 | 修整方法 |
|---|---|---|
| 焊缝尺寸不符合标准 | 不允许 | 焊缝加强部分如不足应补焊、如过高过宽则做修整 |
| 焊瘤 | 严重的不允许 | 铲除 |
| 咬肉 | 深度大于 0.5mm 连续长度大于 25mm | 清理后补焊 |
| 焊缝或热影响区表面有裂纹 | 不允许 | 将焊口铲除重新焊接 |
| 焊缝表面弧坑、夹渣或气孔 | 不允许 | 铲除缺陷后补焊 |
| 管子中心线错开或弯折 | 超过规定的不允许 | 修整 |

铝塑管配件规格见表 4-17。

表 4-17 铝塑管配件规格

| 名称 | 图形 | 规格 | 名称 | 图形 | 规格 |
|---|---|---|---|---|---|
| 平接头 | 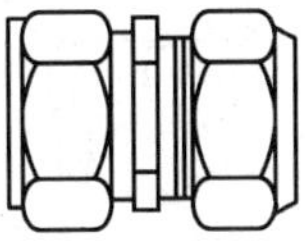 | S2025×2025<br>S1418×1418<br>S1216×1216<br>S1014×1014 | 异径三通 | 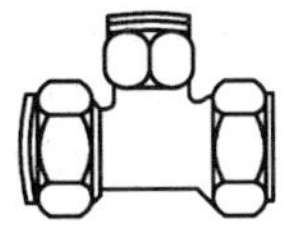 | T2025×2025×1418<br>T2025×2025×1216<br>T1418×1418×1216<br>T1418×1418×1014 |
| 异径平接头 | 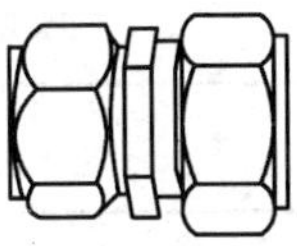 | S2025×1216<br>S2025×1418<br>S1418×1216<br>S1418×1014<br>S1216×1014 | 内三通 | 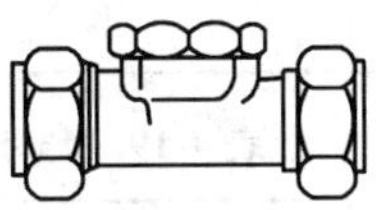 | T2025×2025×1①F<br>T2025×2025×3/4①F<br>T2025×2025×1/2①F<br>T1418×1418×3/4①F<br>T1418×1418×1/2①F<br>T1216×1216×1/2①F |
| 外直接头 | 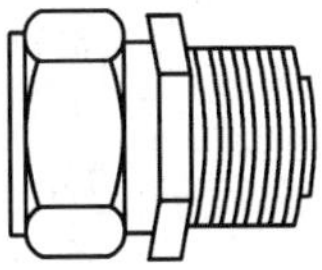 | S2025×1①M<br>S2025×3/4①M<br>S1418×3/4①M<br>S1418×1/2①M<br>S1216×1/2①M<br>S1014×3/8①M | 内直接头 | 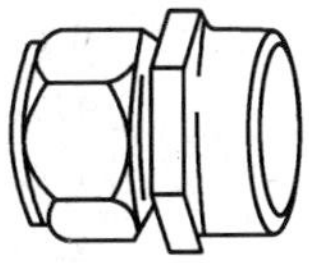 | S2025×1①F<br>S2025×3/4①F<br>S1418×3/4①F<br>S1418×1/2①F<br>S1216×1/2①F<br>S1014×1/2①F<br>S1014×3/8①F |
| 直角弯头 | 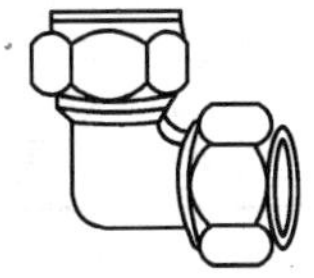 | L2025×2025<br>L1418×1418<br>L1216×1216<br>L1014×1014 | 塞头 | 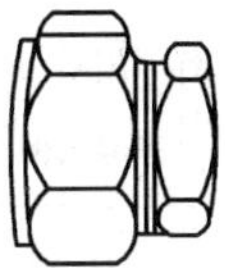 | C2025<br>C1418<br>C1216<br>C1014 |
| 内弯头 | 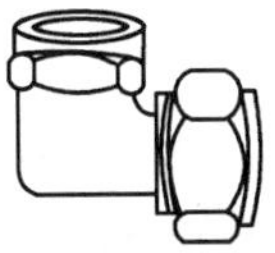 | L2025×1①F<br>L2025×3/4①F<br>L2025×1/2①F<br>L1418×3/4①F<br>L1418×1/2①F<br>L1216×1/2①F | 管扣 |  | K2632<br>K2025<br>K1418<br>K1216<br>K1014 |
| 三通 | 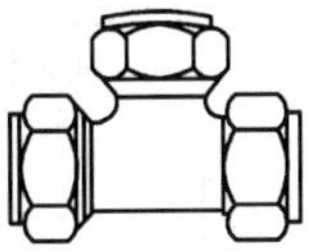 | T2025×2025×2025<br>T1418×1418×1418<br>T1216×1216×1216<br>T1014×1014×1014 | — | — | — |

① 单位为英寸（in）。

### 4.1.4 非金属管材安装

给水硬聚乙烯连接管材插入承口深度见表 4-18。给水硬聚乙烯管连接胶粘剂标准用量见表 4-19。

**表 4-18　给水硬聚乙烯连接管材插入承口深度**

| 序号 | 管材公称直径 /mm | 管端插入承口深度 /mm | 序号 | 管材公称直径 /mm | 管端插入承口深度 /mm |
|---|---|---|---|---|---|
| 1 | 20 | 15.0 | 7 | 75 | 42.5 |
| 2 | 25 | 17.5 | 8 | 90 | 50.5 |
| 3 | 32 | 21.0 | 9 | 110 | 60.0 |
| 4 | 40 | 25.0 | 10 | 125 | 67.5 |
| 5 | 50 | 30.0 | 11 | 140 | 75.0 |
| 6 | 63 | 36.5 | 12 | 160 | 85.0 |

**表 4-19　给水硬聚乙烯管连接胶粘剂标准用量**

| 序号 | 管材公称外径 /mm | 胶粘剂用量 /(g/接口) | 序号 | 管材公称外径 /mm | 胶粘剂用量 /(g/接口) |
|---|---|---|---|---|---|
| 1 | 20 | 0.40 | 7 | 75 | 4.10 |
| 2 | 25 | 0.58 | 8 | 90 | 5.73 |
| 3 | 32 | 0.88 | 9 | 110 | 8.34 |
| 4 | 40 | 1.31 | 10 | 125 | 10.75 |
| 5 | 50 | 1.94 | 11 | 140 | 13.37 |
| 6 | 63 | 2.97 | 12 | 160 | 17.28 |

注：1. 使用量是按表面积 $200g/m^2$ 计算的。

2. 表中数值为插口和承口两表面的使用量。

给水硬聚乙烯管粘接静置固化时间见表 4-20。

**表 4-20　给水硬聚乙烯管粘接静置固化时间**　（单位：h）

| 公称外径/mm | 管材表面温度 | | |
|---|---|---|---|
| | 45～75℃ | 18～40℃ | 5～18℃ |
| 63 以下 | 12 | 20 | 30 |
| 63～110 | 30 | 45 | 60 |
| 110～160 | 45 | 60 | 90 |

给水硬聚乙烯管橡胶圈连接最小插入深度见表 4-21。

**表 4-21　给水硬聚乙烯管橡胶圈连接最小插入深度**

| 序号 | 管材公称外径/mm | 插入深度/mm | 序号 | 管材公称外径/mm | 插入深度/mm |
|---|---|---|---|---|---|
| 1 | 63 | 64 | 8 | 180 | 90 |
| 2 | 75 | 67 | 9 | 200 | 94 |
| 3 | 90 | 70 | 10 | 225 | 100 |
| 4 | 110 | 75 | 11 | 250 | 105 |
| 5 | 125 | 78 | 12 | 280 | 112 |
| 6 | 140 | 81 | 13 | 315 | 113 |
| 7 | 160 | 86 | | | |

PP-R 管热熔连接技术要求见表 4-22。

**表 4-22　PP-R 管热熔连接技术要求**

| 公称外径/mm | 热熔深度/mm | 加热时间/s | 加工时间/s | 冷却时间/min |
|---|---|---|---|---|
| 20 | 14 | 5 | 4 | 3 |
| 25 | 16 | 7 | 4 | 3 |
| 32 | 20 | 8 | 4 | 4 |
| 40 | 21 | 12 | 6 | 4 |
| 50 | 22.5 | 18 | 6 | 5 |
| 63 | 24 | 24 | 6 | 6 |
| 90 | 32 | 40 | 10 | 8 |
| 110 | 38.5 | 50 | 15 | 10 |

注：若环境温度小于5℃，加热时间应延长50%。

## 4.1.5　支吊架安装

装有波纹补偿器的管道支架不能按常规布置，应按设计要求或生产厂家的安装说明书的规定布置，如图 4-2 所示，管底应加滑托。

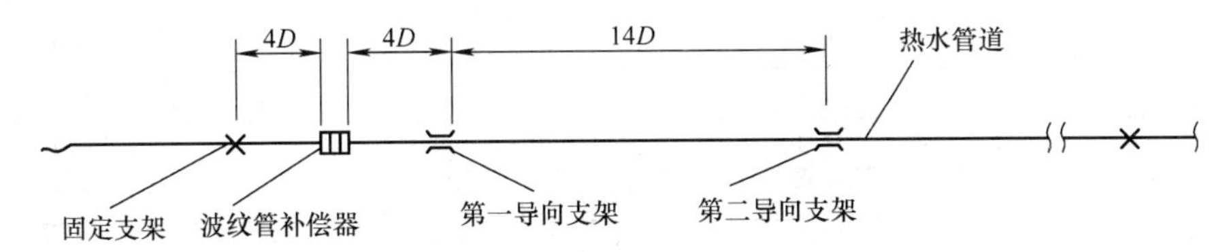


图 4-2　支架布置示意图

钢管管道支架的最大间距见表 4-23。

**表 4-23　钢管管道支架的最大间距**

| 公称直径/mm | 支架的最大间距/m | | 公称直径/mm | 支架的最大间距/m | |
|---|---|---|---|---|---|
| | 保温管 | 不保温管 | | 保温管 | 不保温管 |
| 15 | 2 | 2.5 | 80 | 4 | 6 |
| 20 | 2.5 | 3 | 100 | 4.5 | 6.5 |
| 25 | 2.5 | 3.5 | 125 | 6 | 7 |
| 32 | 2.5 | 4 | 150 | 7 | 8 |
| 40 | 3 | 4.5 | 200 | 7 | 9.5 |
| 50 | 3 | 5 | 250 | 8 | 11 |
| 70 | 4 | 6 | 300 | 8.5 | 12 |

铜管管道支架的最大间距见表 4-24。

**表 4-24　铜管管道支架的最大间距**

| 公称直径/mm | 支架的最大间距/m | | 公称直径/mm | 支架的最大间距/m | |
|---|---|---|---|---|---|
| | 垂直管 | 水平管 | | 垂直管 | 水平管 |
| 15 | 1.8 | 1.2 | 65 | 3.5 | 3.0 |
| 20 | 2.4 | 1.8 | 80 | 3.5 | 3.0 |
| 25 | 2.4 | 1.8 | 100 | 3.5 | 3.0 |
| 32 | 3.0 | 2.4 | 125 | 3.5 | 3.0 |
| 40 | 3.0 | 2.4 | 150 | 4.0 | 3.5 |
| 50 | 3.0 | 2.4 | 200 | 4.0 | 3.5 |

薄壁不锈钢管活动支架的最大间距见表4-25。

**表4-25 薄壁不锈钢管活动支架的最大间距** （单位：mm）

| 公称直径 *DN* | 10～15 | 20～25 | 32～40 | 50～65 |
|---|---|---|---|---|
| 水平管 | 1000 | 1500 | 2000 | 2500 |
| 立管 | 1500 | 2000 | 2500 | 3000 |

塑料管及复合管管道支架的最大间距见表4-26。

**表4-26 塑料管及复合管管道支架的最大间距** （单位：mm）

| 管径/mm | 最大间距/m | | |
|---|---|---|---|
| | 立管 | 水平管 | |
| | | 冷水管 | 热水管 |
| 12 | 0.5 | 0.4 | 0.2 |
| 14 | 0.6 | 0.4 | 0.2 |
| 16 | 0.7 | 0.5 | 0.25 |
| 18 | 0.8 | 0.5 | 0.3 |
| 20 | 0.9 | 0.6 | 0.3 |
| 25 | 1.0 | 0.7 | 0.35 |
| 32 | 1.1 | 0.8 | 0.4 |
| 40 | 1.3 | 0.9 | 0.5 |
| 50 | 1.6 | 1.0 | 0.6 |
| 63 | 1.8 | 1.1 | 0.7 |
| 75 | 2.0 | 1.2 | 0.8 |
| 90 | 2.2 | 1.35 | — |
| 110 | 2.4 | 1.55 | — |

硬聚氯乙烯管支架的间距见表4-27。

**表4-27 硬聚氯乙烯管支架的间距**

| 管路外径/mm | 最大支撑间距/m | |
|---|---|---|
| | 立管 | 横管 |
| 40 | — | 0.4 |
| 50 | 1.5 | 0.5 |
| 75 | 2.0 | 0.75 |
| 110 | 2.0 | 1.10 |
| 160 | 2.0 | 1.60 |

锚固型吊架根部材料见表4-28。

**表4-28 锚固型吊架根部材料**

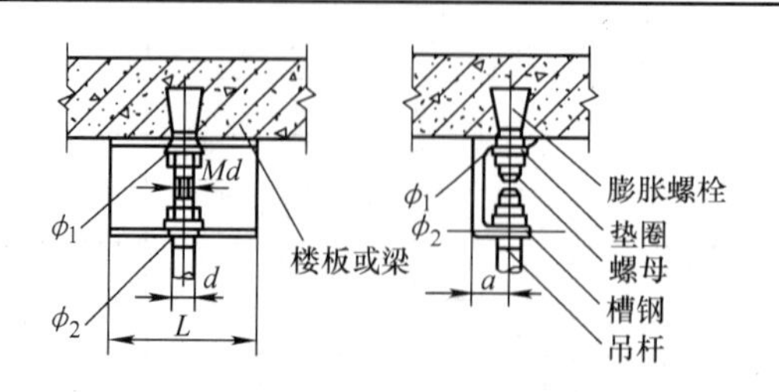

（续）

| 序号 | 公称直径/mm | 吊架间距/mm | | 管质量/kg | | 吊杆直径 d/mm | 膨胀螺栓规格 | 垫圈内径/mm | 槽钢规格 | 尺寸/mm | | | |
|---|---|---|---|---|---|---|---|---|---|---|---|---|---|
| | | 保温 | 不保温 | 保温 | 不保温 | | | | | L | a | $\phi_1$ | $\phi_2$ |
| 1 | 15 | 1.5 | 1.5 | 20 | 20 | 8 | M10 | 10.5 | [8 | 80 | 25 | 12 | 10 |
| 2 | 20～32 | 1.5 | ≤3 | 30 | 20 | 8 | M10 | 10.5 | [8 | 80 | 25 | 12 | 10 |
| 3 | 40～50 | ≤3 | ≤3 | 70 | 30 | 8 | M10 | 10.5 | [8 | 80 | 25 | 12 | 10 |
| 4 | 65～100 | ≤3 | ≤6 | 130 | 140 | 8 | M10 | 10.5 | [8 | 80 | 25 | 12 | 10 |
| 5 | 125 | 1.5 | 3 | 90 | 100 | 8 | M10 | 10.5 | [8 | 80 | 25 | 12 | 10 |
| 6 | 125 | 3 | 6 | 170 | 200 | 10 | M12 | 12.5 | [10 | 100 | 30 | 14 | 12 |
| 7 | 150 | 3 | ≤6 | 200 | 260 | 10 | M12 | 12.5 | [10 | 100 | 30 | 14 | 12 |

吊架的材料及尺寸见表4-29。

**表4-29　吊架的材料及尺寸**

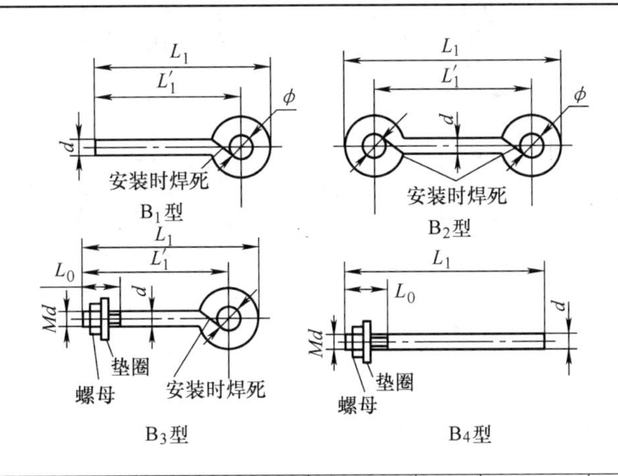


| 序号 | 公称直径 DN/mm | 吊架间距/m | | 管质量/kg | | 吊杆直径 d/mm | 螺母规格 | 垫圈内径/mm | 尺寸/mm | | |
|---|---|---|---|---|---|---|---|---|---|---|---|
| | | 保温 | 不保温 | 保温 | 不保温 | | | | $\phi$ | M$d$ | $L_0$ |
| 1 | 15～50 | 1.5 | 1.5 | ≤40 | 20 | 8 | M8 | 8.5 | 13 | M8 | 80 |
| 2 | 65～125 | 1.5 | 3 | ≤90 | ≤100 | 8 | M8 | 8.5 | 13 | M8 | 80 |
| 3 | 150 | 3 | 3 | 200 | 130 | 10 | M10 | 10.5 | 15 | M10 | 90 |
| 4 | 200～250 | 3 | 3 | ≤440 | ≤330 | 12 | M12 | 12.5 | 17 | M12 | 100 |
| 5 | 300 | 3 | 3 | 580 | 460 | 16 | M16 | 16.5 | 21 | M16 | 120 |
| 6 | 20～32 | — | 3 | — | 20 | 8 | M8 | 8.5 | 13 | M8 | 80 |
| 7 | 40～50 | 3 | 3 | ≤70 | ≤30 | 8 | M8 | 8.5 | 13 | M8 | 80 |
| 8 | 65～100 | 3 | 6 | ≤130 | ≤140 | 8 | M8 | 8.5 | 13 | M8 | 80 |
| 9 | 125 | 3 | 6 | 170 | 200 | 10 | M10 | 10.5 | 15 | M10 | 90 |
| 10 | 150 | — | 6 | — | 260 | 10 | M10 | 10.5 | 15 | M10 | 90 |
| 11 | 150 | 6 | — | 400 | — | 12 | M12 | 12.5 | 17 | M12 | 100 |
| 12 | 200 | — | 6 | — | 440 | 12 | M12 | 12.5 | 17 | M12 | 100 |

（续）

| 序号 | 公称直径 $DN$/mm | 吊架间距/m | | 管质量/kg | | 吊杆直径 $d$/mm | 螺母规格 | 垫圈内径 /mm | 尺寸/mm | | |
|---|---|---|---|---|---|---|---|---|---|---|---|
| | | 保温 | 不保温 | 保温 | 不保温 | | | | $\phi$ | M$d$ | $L_0$ |
| 13 | 200 | 6 | — | 620 | — | 16 | M16 | 16.5 | 21 | M16 | 120 |
| 14 | 250 | 6 | 6 | 870 | 660 | 16 | M16 | 16.5 | 21 | M16 | 120 |
| 15 | 300 | — | 6 | — | 920 | 16 | M16 | 16.5 | 21 | M16 | 120 |
| 16 | 300 | 6 | — | 1160 | — | 20 | M20 | 21 | 25 | M20 | 120 |

穿吊型吊架根部材料及尺寸见表4-30。

**表4-30　穿吊型吊架根部材料及尺寸**

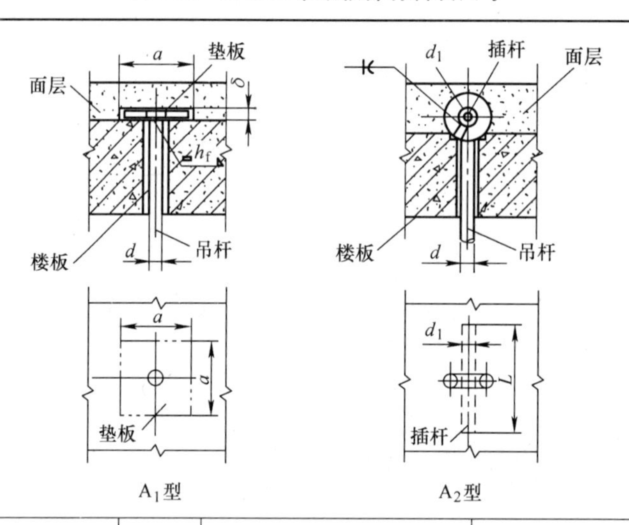


$A_1$型　　$A_2$型

| 序号 | 公称直径 $DN$/mm | 吊架间距 /m | 管质量/kg 保温 / 不保温 | 吊杆直径 $d$/mm | $A_1$ 型垫板 规格尺寸（$a$/mm）×（$a$/mm）×（$\delta$/mm） | $A_1$ 型垫板 件数 | $A_2$ 型插杆 规格尺寸（$d_1$/mm）×（$L$/mm） | $A_2$ 型插杆 件数 | 焊缝高度 $h_f$/mm |
|---|---|---|---|---|---|---|---|---|---|
| 1 | 15 | 1.5 | 20 | 8 | 100×100×8 | 1 | 10×300 | 1 | 6 |
| | | 1.5 | 20 | | | | | | |
| 2 | 20～32 | 1.5 | 30 | 8 | 100×100×8 | 1 | 10×300 | 1 | 6 |
| | | ≤3 | 20 | | | | | | |
| 3 | 40～50 | ≤3 | ≤70 | 8 | 100×100×8 | 1 | 10×300 | 1 | 6 |
| | | ≤3 | ≤30 | | | | | | |
| 4 | 65～100 | ≤3 | ≤130 | 8 | 100×100×8 | 1 | 10×300 | 1 | 6 |
| | | ≤6 | ≤140 | | | | | | |
| 5 | 125 | 1.5 | 90 | 8 | 100×100×8 | 1 | 10×300 | 1 | 6 |
| | | ≤3 | ≤100 | | | | | | |
| 6 | 150 | 3 | 200 | 10 | 100×100×8 | 1 | 12×360 | 1 | 6 |
| | | 3 | 130 | 8 | | | 10×300 | | |
| 7 | 200～250 | 3 | ≤440 | 12 | 120×120×10 | 1 | 14×420 | 1 | 8 |
| | | 3 | ≤330 | | | | | | |

（续）

| 序号 | 公称直径 $DN$/mm | 吊架间距 /m | 管质量/kg 保温/不保温 | 吊杆直径 $d$/mm | $A_1$ 型垫板 规格尺寸（$a$/mm）×（$a$/mm）×（$\delta$/mm） | $A_1$ 型垫板 件数 | $A_2$ 型插杆 规格尺寸（$d_1$/mm）×（$L$/mm） | $A_2$ 型插杆 件数 | 焊缝高度 $h_f$/mm |
|---|---|---|---|---|---|---|---|---|---|
| 8 | 300 | 3 | 580 | 16 | 120×120×10 | 1 | 18×540 | 1 | 8 |
| | | 3 | 460 | | | | | | |
| 9 | 125 | 3 | 170 | 10 | 100×100×8 | 1 | 12×360 | 1 | 6 |
| | | 6 | 200 | | | | | | |
| 10 | 150 | 6 | 400 | 12 | 120×120×10 | 1 | 14×420 | 1 | 8 |
| | | 6 | 260 | 10 | 100×100×8 | 1 | 12×360 | 1 | 6 |
| 11 | 200 | 6 | 620 | 16 | 120×120×10 | 1 | 18×540 | 1 | 8 |
| | | 6 | 440 | 12 | 120×120×10 | 1 | 14×420 | 1 | 8 |
| 12 | 250 | 6 | 870 | 16 | 120×120×10 | 1 | 18×540 | 1 | 8 |
| | | 6 | 660 | 16 | 120×120×10 | 1 | 18×540 | 1 | 8 |
| 13 | 300 | 6 | 1160 | 20 | 160×160×12 | 1 | 22×660 | 1 | 10 |
| | | 6 | 920 | 16 | 120×120×10 | 1 | 18×540 | 1 | 8 |

焊接型吊架根部材料及尺寸见表4-31。

**表 4-31 焊接型吊架根部材料及尺寸**

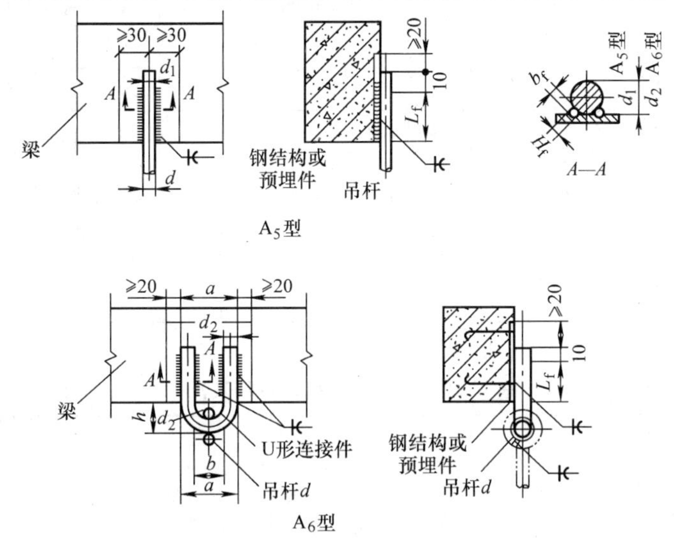


| 序号 | 公称直径 $DN$/mm | 吊架间距 /m | 管质量/kg 保温/不保温 | 吊杆直径 $d$/mm | $A_5$ 型 $d_1$ | $A_5$ 型 $L_f$ | $A_5$ 型 $H_f$ | $A_5$ 型 $b_f$ | $A_6$ 型 $d_2$ | $A_6$ 型 $a$ | $A_6$ 型 $b$ | $A_6$ 型 $h$ | $A_6$ 型 $L_f$ | $A_6$ 型 $H_f$ | $A_6$ 型 $b_f$ |
|---|---|---|---|---|---|---|---|---|---|---|---|---|---|---|---|
| 1 | 15 | 1.5 | 20 | 8 | 8 | 50 | 6 | 8 | 10 | 45 | 25 | 45 | 50 | 6 | 8 |
| | | | 20 | | | | | | | | | | | | |
| 2 | 20～32 | 1.5 | 30 | 8 | 8 | 50 | 6 | 8 | 10 | 45 | 25 | 45 | 50 | 6 | 8 |
| | | ≤3 | 20 | | | | | | | | | | | | |

（尺寸单位：mm）

（续）

| 序号 | 公称直径 DN/mm | 吊架间距 /m | 管质量/kg 保温/不保温 | 吊杆直径 d/mm | 尺寸/mm A5型 $d_1$ | $L_f$ | $H_f$ | $b_f$ | A6型 $d_2$ | $a$ | $b$ | $h$ | $L_f$ | $H_f$ | $b_f$ |
|---|---|---|---|---|---|---|---|---|---|---|---|---|---|---|---|
| 3 | 40 ~ 50 | ≤3 | ≤70 | 8 | 8 | 50 | 6 | 8 | 10 | 45 | 25 | 45 | 50 | 6 | 8 |
| | | | ≤30 | | | | | | | | | | | | |
| 4 | 65 ~ 100 | ≤3 | ≤130 | 8 | 8 | 50 | 6 | 8 | 10 | 45 | 25 | 45 | 50 | 6 | 8 |
| | | ≤6 | ≤140 | | | | | | | | | | | | |
| 5 | 125 | 1.5 | 90 | 8 | 8 | 50 | 6 | 8 | 10 | 45 | 25 | 45 | 50 | 6 | 8 |
| | | ≤3 | 100 | | | | | | | | | | | | |
| 6 | 150 | 3 | 200 | 10 | 10 | 50 | 6 | 8 | 12 | 54 | 30 | 55 | 60 | 6 | 8 |
| | | | 130 | 8 | 8 | 50 | 6 | 8 | 10 | 45 | 25 | 45 | 50 | 6 | 8 |
| 7 | 200 ~ 250 | 3 | ≤440 | 12 | 12 | 60 | 6 | 8 | 16 | 72 | 40 | 70 | 80 | 6 | 8 |
| | | | ≤330 | | | | | | | | | | | | |
| 8 | 300 | 3 | 580 | 16 | 16 | 80 | 6 | 8 | 20 | 90 | 50 | 85 | 90 | 7 | 10 |
| | | | 460 | | | | | | | | | | | | |
| 9 | 125 | 3 | 170 | 10 | 10 | 50 | 6 | 8 | 12 | 54 | 30 | 55 | 60 | 6 | 8 |
| | | 6 | 200 | | | | | | | | | | | | |
| 10 | 150 | 3 | 400 | 12 | 12 | 60 | 6 | 8 | 16 | 72 | 40 | 70 | 80 | 6 | 8 |
| | | | 260 | 10 | 10 | 50 | 6 | 8 | 12 | 54 | 30 | 55 | 60 | 6 | 8 |
| 11 | 200 | 6 | 620 | 16 | 16 | 80 | 6 | 8 | 20 | 90 | 50 | 85 | 90 | 7 | 10 |
| | | | 440 | 12 | 12 | 60 | 6 | 8 | 16 | 72 | 40 | 70 | 80 | 6 | 8 |
| 12 | 250 | 6 | 870 | 16 | 16 | 80 | 6 | 8 | 20 | 90 | 50 | 85 | 90 | 7 | 10 |
| | | | 660 | | | | | | | | | | | | |
| 13 | 300 | 6 | 1160 | 20 | 20 | 90 | 7 | 10 | 24 | 108 | 60 | 105 | 110 | 9 | 12 |
| | | | 920 | 16 | 16 | 80 | 6 | 8 | 20 | 90 | 50 | 85 | 90 | 7 | 10 |

双杆单管吊架材料及尺寸见表4-32。

**表4-32　双杆单管吊架材料及尺寸**

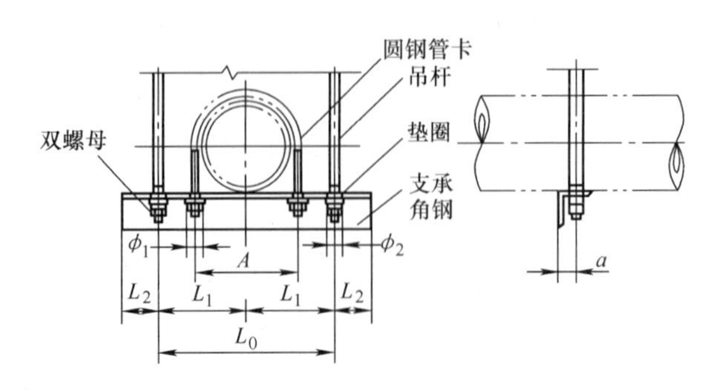

（续）

| 序号 | 公称直径 DN/mm | 吊架间距/m | 管质量/kg 保温/不保温 | 吊杆直径/mm | 支承角钢规格尺寸/mm | 尺寸/mm $L_0$ | $L_1$ | $L_2$ | $\phi_1$ | $\phi_2$ | $a$ |
|---|---|---|---|---|---|---|---|---|---|---|---|
| 1 | 200 | 3 | 310 | 8 | ∟50×5 | 400 | 200 | 30 | 14 | 10 | 30 |
| | | | 220 | | | | | | | | |
| 2 | 250 | 3 | 440 | 10 | ∟63×6 | 460 | 230 | 30 | 18 | 12 | 35 |
| | | | 330 | | | | | | | | |
| 3 | 300 | 3 | 580 | 10 | ∟75×7 | 540 | 270 | 40 | 18 | 12 | 45 |
| | | | 460 | | ∟63×6 | | | 30 | | | 35 |
| 4 | 200 | 6 | 620 | 12 | ∟75×7 | 400 | 200 | 30 | 14 | 14 | 45 |
| | | | 440 | 10 | ∟63×6 | | | | | 12 | 35 |
| 5 | 250 | 6 | 870 | 12 | ∟75×7 | 460 | 230 | 30 | 18 | 14 | 45 |
| | | | 660 | | | | | | | | |
| 6 | 300 | 6 | 1160 | 16 | ∟90×8 | 540 | 270 | 40 | 18 | 18 | 50 |
| | | | 920 | 12 | ∟75×7 | | | 30 | | 14 | 45 |

焊接式单管托架材料及尺寸见表4-33。

**表4-33　焊接式单管托架材料及尺寸**

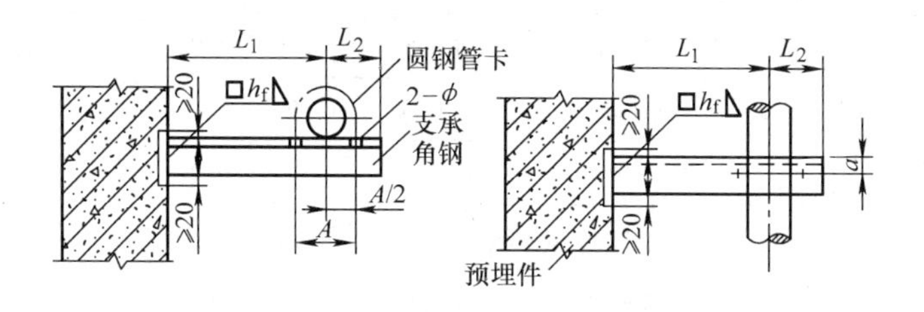


| 序号 | 公称直径 DN/mm | 托架间距/m | 管质量/kg 保温/不保温 | 支撑角钢规格尺寸/mm | 尺寸/mm $L_1$ | $L_2$ | $h_f$ 间距/mm 1.5 | 3 | 6 | $\phi$ | $a$ |
|---|---|---|---|---|---|---|---|---|---|---|---|
| 1 | 15 | 1.5 | 20 | ∟40×4 | 110 | 40 | 4 | — | — | 10 | 22 |
| | | | 20 | | 70 | | | | | | |
| 2 | 20 | 1.5 | 30 | ∟40×4 | 110 | 40 | 4 | — | — | 10 | 22 |
| | | ≤3 | 20 | | 80 | | | 4 | | | |

带斜撑焊接式双管托架的材料尺寸见表 4-34。

**表 4-34　带斜撑焊接式双管托架的材料尺寸**

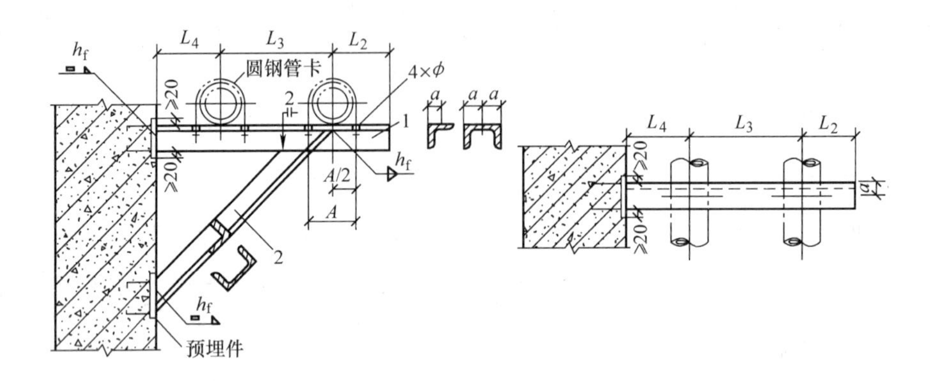


| 序号 | 公称直径 DN/mm | 托架间距 /m | 单管重/kg 保温/不保温 | 支撑角、槽钢规格尺寸/mm | 斜撑角、槽钢规格尺寸/mm | $L_1$ | $L_3$ | $L_2$ | $h_f$ 间距/mm 3 | $h_f$ 间距/mm 6 | $\phi$ | $a$ |
|---|---|---|---|---|---|---|---|---|---|---|---|---|
| 1 | 200 | 3 | 310 | ∟75×7 | ∟75×7 | 230 | 390 | 150 | 6 | 6 | 14 | 45 |
| | | | 220 | ∟63×6 | ∟63×6 | 200 | 350 | | | | | 35 |
| 2 | 250 | 3 | 440 | ∟90×8 | ∟90×8 | 260 | 460 | 190 | 6 | 8 | 18 | 50 |
| | | | 330 | ∟75×7 | ∟75×7 | 230 | 410 | | | 6 | | 45 |
| 3 | 300 | 3 | 580 | ∟100×10 | ∟100×10 | 290 | 520 | 210 | 8 | 6 | 18 | 55 |
| | | | 460 | ∟90×8 | ∟90×8 | 270 | 460 | | 6 | | | 50 |
| 4 | 350 | 3 | 750 | [14a | [14a | 320 | 570 | 240 | 6 | 6 | 18 | 70 |
| | | | 610 | [12.6 | [12.6 | 300 | 530 | | | | | 63 |
| 5 | 400 | 3 | 900 | [16a | [16a | 340 | 620 | 270 | 6 | 6 | 22 | 80 |
| | | | 740 | [14a | [14a | 330 | 590 | | | | | 70 |
| 6 | 200 | 6 | 620 | ∟90×8 | ∟90×8 | 230 | 390 | 150 | 6 | 6 | 14 | 50 |
| | | | 440 | ∟75×7 | ∟75×7 | 200 | 350 | | | | | 45 |
| 7 | 250 | 6 | 870 | ∟100×10 | ∟100×10 | 260 | 460 | 190 | 6 | 8 | 18 | 55 |
| | | | 660 | ∟90×8 | ∟90×8 | 230 | 410 | | | 6 | | 50 |
| 8 | 300 | 6 | 1160 | [16a | [16a | 290 | 520 | 210 | 8 | 6 | 18 | 80 |
| | | | 920 | [12.6 | [12.6 | 270 | 460 | | 6 | | | 63 |
| 9 | 350 | 6 | 1550 | [20a | [20a | 320 | 570 | 240 | 6 | 6 | 18 | 100 |
| | | | 1220 | [16a | [16a | 300 | 530 | | | | | 80 |
| 10 | 400 | 6 | 1790 | [22a | [22a | 240 | 620 | 270 | 6 | 6 | 22 | 110 |
| | | | 1480 | [20a | [20a | 330 | 590 | | | | | 100 |

# 4.2　室内消防系统安装

## 4.2.1　水泵接合器

水泵接合器由闸阀、安全阀、止回阀和安有快速接头的短管组成，如图 4-3 所示。

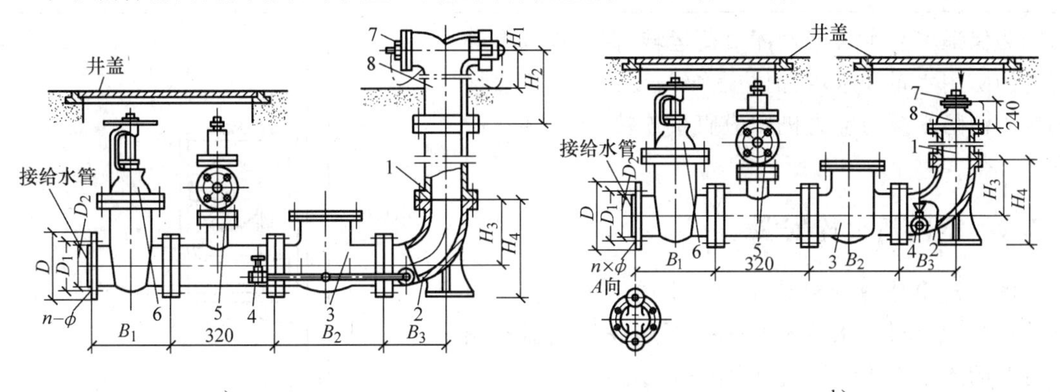


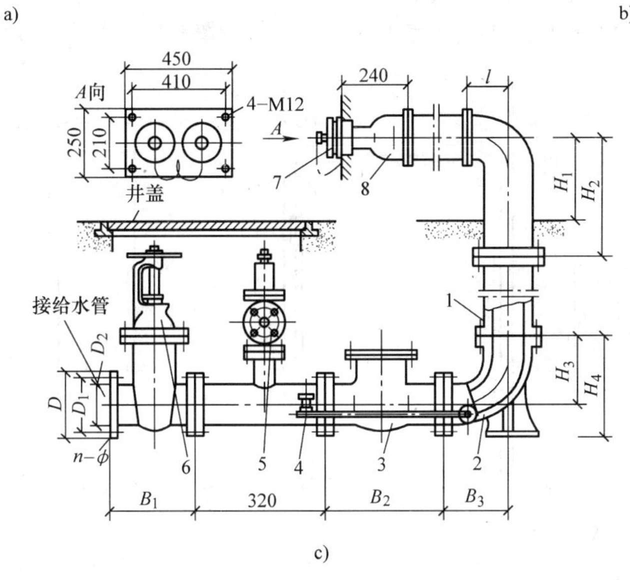


图 4-3　水泵接合器外形图

a) 地上式　b) 地下式　c) 墙壁式

1—法兰接管　2—弯管　3—止回阀　4—放水阀　5—安全阀　6—闸阀　7—消防接口　8—接合器本体

水泵接合器的选用参数见表 4-35。

**表 4-35　水泵接合器的选用参数**

| 室内消防流量 $Q$ /(L/s) | 水泵接合器 | | |
|---|---|---|---|
| | 单个流量/(L/s) | 公称直径/mm | 个数/个 |
| 10 | 10 | 100 | 1 |
| 15 | 10 | 100 | 2 |
| 20 | 10 | 100 | 2 |

（续）

| 室内消防流量 Q /（L/s） | 水泵接合器 | | |
|---|---|---|---|
| | 单个流量/（L/s） | 公称直径/mm | 个数/个 |
| 25 | 15 | 150 | 2 |
| 30 | 15 | 150 | 2 |
| 40 | 15 | 150 | 3 |

为保证消防水泵能发挥负荷运转，保证火场有必要的消防用水量和水压，消防水泵与动力机械应直接耦合。消防水泵与动力机械应直接连接，如图 4-4 所示。

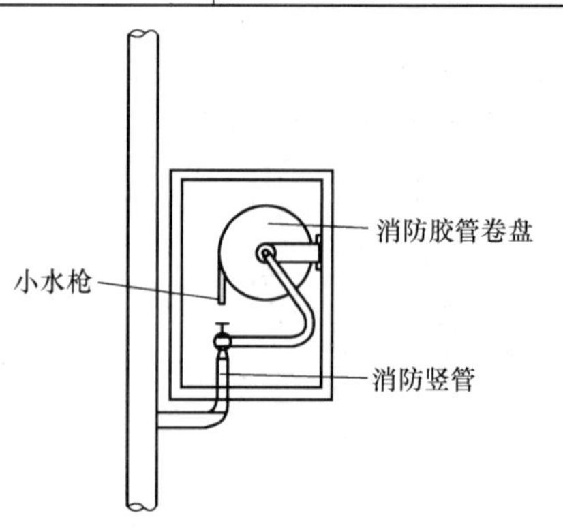


图 4-4　消防水泵与动力机械的连接方式

## 4.2.2　室内消火栓安装

消火栓箱是用钢板制成的。室内消火栓箱是包括消火栓、水龙带、水枪和与消防泵串联的电器控制设备等的成组消防装置，供固定消防设施用。室内消火栓箱外形及安装尺寸参考图 4-5 及表 4-36。

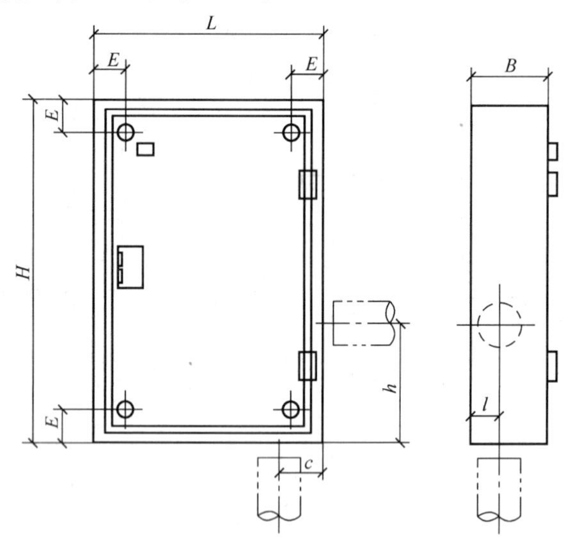


图 4-5　室内消火栓箱外形示意图

**表 4-36　室内消火栓箱安装尺寸**

| 箱体尺寸/mm | | | 预留孔位置/mm | | | |
|---|---|---|---|---|---|---|
| L | H | B | E | h | l | c |
| 650 | 800 | 200<br>240<br>320 | 50 | 350 | 100 | 140 |
| 700 | 1000 | | 50 | 350 | 100 | 140 |
| 1000 | 700 | | 50 | 350 | 100 | 140 |
| 750 | 1200 | | 50 | 350 | 100 | 140 |

注：预留孔大小根据室内消火栓要求而定。

明装于砖墙、混凝土墙上的消火栓箱所用材料表见表 4-37。

**表 4-37　明装于砖墙、混凝土墙上的消火栓箱所用材料表**

| 箱厚 T /mm | 支承角钢 | | | 螺栓 | | |
|---|---|---|---|---|---|---|
| | 规格(长度)/mm | 件数 | 质量/kg | 规格 | 套 | 质量/kg |
| 200 | ∟40×4(l=420) | 2 | 2.03 | M6×100 | 5 | 0.14 |
| 240 | ∟50×4(l=460) | 2 | 3.47 | M6×100 | 5 | 0.14 |
| 320 | ∟50×4(l=540) | 2 | 4.01 | M8×100 | 5 | 0.30 |

明装于混凝土柱的消火栓箱所用材料表见表 4-38。

**表 4-38　明装于混凝土柱的消火栓箱所用材料表**

| 名称 | 规格 | 单位 | 数量 |
|---|---|---|---|
| 镀锌螺栓 | M10×(柱厚+30mm) | 套 | 4 |
| 镀锌扁钢 | -50×5(柱宽+100mm) | 套 | 4 |

砖墙、混凝土墙上暗装、半暗装消火栓箱留洞尺寸见表 4-39。

**表 4-39　砖墙、混凝土墙上暗装、半暗装消火栓箱留洞尺寸**　（单位:mm）

| 消火栓外形尺寸 ($A \times B \times T$) | 侧面进水 | | 底部(后部进水) | | 洞口底边距地面高度 |
|---|---|---|---|---|---|
| | $A_1$ | $B_1$ | $A_2$ | $B_2$ | |
| 650×500×210 | 680 | 750 | — | — | 按栓口中心距安装地面高度为 1.10m 由设计人员确定 |
| 800×650×210(双栓) | 830 | 1150 | — | — | |
| 800×650×160 | 830 | 900 | 1050 | 680 | |
| 800×650×180 | 830 | 900 | 1050 | 680 | |
| 800×650×200 | 830 | 900 | 1050 | 680 | |
| 800×650×210 | 830 | 900 | 1050 | 680 | |
| 800×650×240 | 830 | 900 | 1050 | 680 | |
| 800×650×280 | 830 | 900 | 1050 | 680 | |
| 800×650×320 | 830 | 900 | 1050 | 680 | |
| 900×650×240 | — | — | 1200 | 680 | |
| 1000×700×160 | — | — | 1250 | 730 | |
| 1000×700×180 | — | — | 1250 | 730 | |
| 1000×700×200 | — | — | 1250 | 730 | |
| 1000×700×240 | — | — | 1250 | 730 | |
| 1000×700×280 | — | — | 1250 | 730 | |
| 1150×700×240 | — | — | 1400 | 730 | |
| 1200×750×160 | — | — | 1450 | 780 | |
| 1200×750×180 | — | — | 1450 | 780 | |
| 1200×750×200 | — | — | 1450 | 780 | |
| 1200×750×240 | — | — | 1450 | 780 | |
| 1200×750×280 | — | — | 1450 | 780 | |
| 1350×750×240 | — | — | 1600 | 780 | |

（续）

| 消火栓外形尺寸 ($A \times B \times T$) | 侧面进水 | | 底部(后部进水) | | 洞口底边距地面高度 |
|---|---|---|---|---|---|
| | $A_1$ | $B_1$ | $A_2$ | $B_2$ | |
| 1600×700×240 | 1630 | 950 | (1630) | (730) | 135 |
| 1600×700×280 | 1630 | 950 | (1630) | (730) | 135 |
| 1700×700×240 | 1730 | 950 | (1730) | (730) | 185 |
| 1800×700×160 | 1830 | 950 | (1830) | (730) | 85 |
| 1800×700×180 | 1830 | 950 | (1830) | (730) | 85 |
| 1800×700×240 | 1830 | 950 | (1830) | (730) | 85、135 |
| 1800×700×280 | 1830 | 950 | (1830) | (730) | 135 |
| 1900×750×240 | 1930 | 1000 | (1930) | (780) | 85、135 |
| 2000×700×160 | 2030 | 1000 | — | — | 85 |
| 2000×700×180 | 2030 | 1000 | — | — | 85 |
| 2000×700×240 | 2030 | 1000 | — | — | 85 |

暗装于砖墙上的消火栓箱所用材料见表 4-40。

**表 4-40 暗装于砖墙上的消火栓箱所用材料**

| 箱厚 $T$/mm | 螺栓 | | |
|---|---|---|---|
| | 规格/mm | 套 | 质量/kg |
| 200 | M6×100 | 4 | 0.11 |
| 240 | M8×100 | 4 | 0.21 |
| 320 | M8×100 | 4 | 0.24 |

## 4.2.3 消防喷头安装

消防喷头的布置参见 2.5.3 节的规定。

喷头溅水盘高于梁底、通风管道腹面的最大垂直距离见表 4-41。

**表 4-41 喷头溅水盘高于梁底、通风管道腹面的最大垂直距离**

| 喷头与梁、通风管道的水平距离/mm | 喷头溅水盘高于梁底、通风管道腹面的最大垂直距离/mm |
|---|---|
| 300～600 | 25 |
| 600～750 | 75 |
| 750～900 | 75 |
| 900～1050 | 100 |
| 1050～1200 | 150 |
| 1200～1350 | 180 |
| 1350～1500 | 230 |
| 1500～1680 | 280 |
| 1680～1800 | 360 |

喷头与隔断的水平距离和最小垂直距离见表4-42。

**表4-42　喷头与隔断的水平距离和最小垂直距离**　　（单位：mm）

| 水平距离 | 150 | 225 | 300 | 375 | 450 | 600 | 750 | >900 |
|---|---|---|---|---|---|---|---|---|
| 最小垂直距离 | 75 | 100 | 150 | 200 | 236 | 313 | 336 | 450 |

## 4.2.4　安装其他要求

管道的中心线与梁、柱、楼板等的最小距离见表4-43。

**表4-43　管道的中心线与梁、柱、楼板等的最小距离**　　（单位：mm）

| 公称直径 *DN* | 距离 | 公称直径 *DN* | 距离 |
|---|---|---|---|
| 25 | 40 | 80 | 80 |
| 32 | 40 | 100 | 100 |
| 40 | 50 | 125 | 125 |
| 50 | 60 | 150 | 150 |
| 65 | 70 | 200 | 200 |

型钢用于防晃支架的最大长度见表4-44。

**表4-44　型钢用于防晃支架的最大长度**　　（单位：mm）

| 型号规格 | 最大长度 | 型号规格 | 最大长度 | 附注 |
|---|---|---|---|---|
| 角钢 | | 扁钢 | | 1. 型钢的长细比要求为<br>$L/r \leqslant 200$<br>式中　$L$—支撑长度<br>$r$—最小截面回转半径<br>2. 如支架长度超过表中长度，应按长细比要求，确定型钢的规格 |
| ∟45×45×6 | 1470 | -40×7 | 360 | |
| ∟50×50×6 | 1980 | -50×7 | 360 | |
| ∟63×63×6 | 2130 | -50×10 | 530 | |
| ∟63×63×8 | 2490 | 钢管 | | |
| ∟75×50×8 | 2690 | *DN*25 | 2130 | |
| ∟80×80×7 | 3000 | *DN*32 | 2740 | |
| 圆钢 | | *DN*40 | 3150 | |
| ϕ20 | 940 | *DN*50 | 3990 | |
| ϕ22 | 1090 | | | |

# 4.3　室内热水供应系统安装

## 4.3.1　热水管道安装

为避免干管伸缩时对立管造成影响，热水立管与水平干管连接时，立管应加弯管，其连接方式如图4-6所示。

直埋热水管道技术规格及单位管长热损见表4-45。

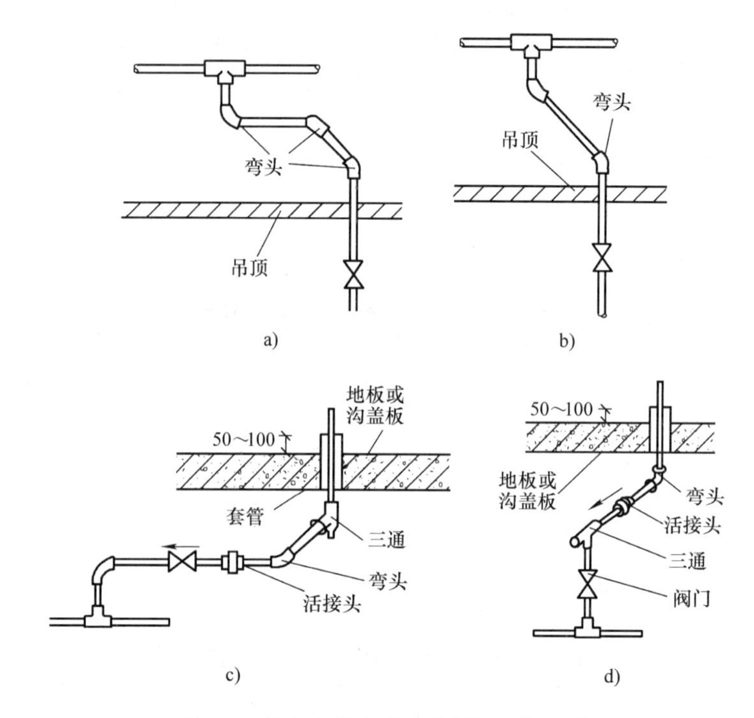


图 4-6　热水立管与水平干管的连接方式

**表 4-45　直埋热水管道技术规格及单位管长热损**

| 公称直径 *DN* | 钢管外径×壁厚/mm | 聚乙烯外套管外径×壁厚/mm | 保温层厚度/mm | 单位管长热损/(W/m) | |
|---|---|---|---|---|---|
| | | | | 进水 | 回水 |
| 1400 | 1420×16 | 1660×18 | 102.0 | 108.58 | 48.26 |
| 1200 | 1220×14 | 1380×15 | 65.0 | 137.59 | 61.15 |
| 1000 | 1020×12 | 1155×15 | 53.5 | 136.41 | 60.63 |
| 900 | 920×10 | 1055×14 | 53.5 | 123.84 | 55.04 |
| 800 | 820×10 | 955×14 | 53.5 | 111.25 | 49.45 |
| 700 | 720×9 | 850×12 | 53.0 | 102.15 | 45.40 |
| 600 | 630×9 | 760×12 | 53.0 | 90.38 | 40.17 |
| 500 | 529×8 | 655×10 | 53.0 | 79.36 | 35.27 |
| 450 | 478×8 | 600×9 | 52.0 | 74.59 | 33.15 |
| 400 | 426×8 | 550×9 | 53.0 | 66.37 | 29.50 |
| 350 | 377×7 | 500×8 | 53.5 | 60.05 | 26.69 |
| 300 | 325×7 | 420×7 | 40.5 | 66.12 | 29.39 |
| 250 | 273×6 | 365×6 | 40.0 | 58.38 | 25.95 |
| 200 | 219×6 | 315×5 | 43.0 | 46.65 | 20.73 |
| 150 | 159×5 | 250×5 | 40.5 | 37.47 | 16.65 |
| 125 | 133×4 | 220×4 | 39.5 | 33.69 | 14.97 |
| 100 | 108×4 | 180×4 | 32.0 | 33.19 | 14.75 |

## 4.3.2　补偿器安装

在寒冷状态下安装补偿器时，可按规定的补偿量进行预拉伸，拉伸的方法如图4-7所示。

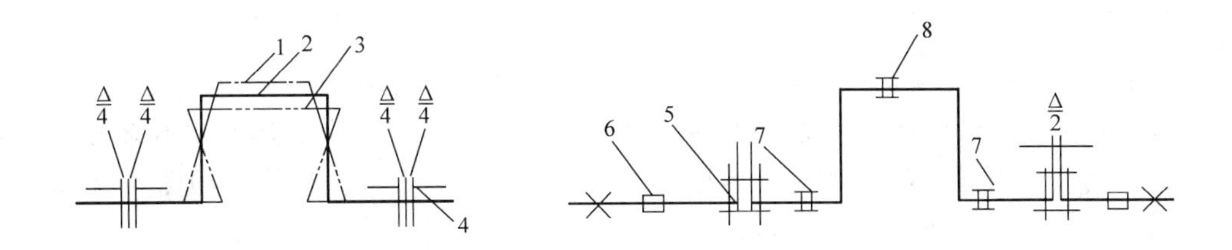


图4-7　补偿器安装

1—安装状态　2—自由状态　3—工作状态　4—总补偿量　5—拉管器　6、7—活动管托　8—吊架

套管补偿器的预拉伸量应符合设计规定，当设计无规定时，应符合表4-46的规定，预拉伸长度的允许偏差为±5mm。

**表4-46　套管补偿器的预拉伸长度**　　（单位：mm）

| 补偿器规格 | 15 | 20 | 25 | 32 | 40 | 50 | 65 | 80 | 100 | 125 | 150 |
|---|---|---|---|---|---|---|---|---|---|---|---|
| 拉出长度 | 20 | 20 | 30 | 30 | 40 | 40 | 56 | 59 | 59 | 59 | 63 |

## 4.3.3　太阳能热水器安装

太阳能热水系统主要由太阳能集热器、循环管道和水箱等组成，如图4-8所示。通常，太阳能热水系统可装设在屋顶上，也可在阳台和墙面上装设。

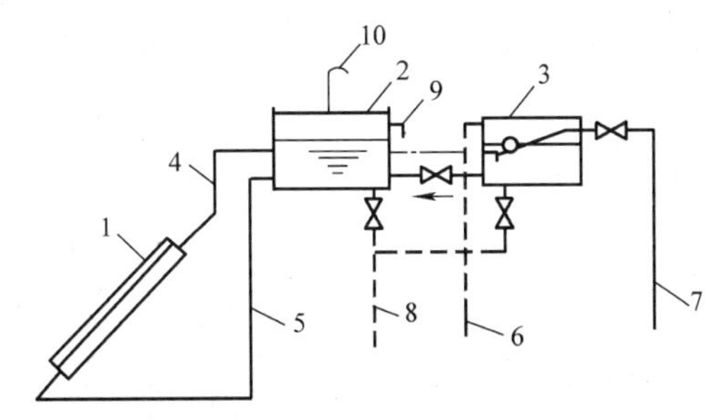


图4-8　太阳能热水系统的组成

1—集热器　2—循环水箱　3—补给水箱　4—上升循环管　5—下降循环管
6—热水出水管　7—给水管　8—泄水管　9—溢水管　10—透气管

板式直管太阳能热水器安装的允许偏差和检验方法见表4-47。

**表4-47　板式直管太阳能热水器安装的允许偏差和检验方法**

| 项目 | | 允许偏差 | 检查方法 |
|---|---|---|---|
| 标高 | 中心线距地面 | ±20 | 尺量 |
| 固定安装朝向 | 最大偏移角 | 不大于15° | 分度仪检查 |

集热器类型的选用见表4-48。

表 4-48　集热器类型的选用

| 运行条件 | | 集热器类型 | | |
|---|---|---|---|---|
| | | 平板型 | 全玻璃真空管型 | 热管式真空管型 |
| 运行期内最低环境温度 | >0℃ | 可用 | 可用 | 可用 |
| | <0℃ | 不可用① | 可用② | 可用 |

① 采用防冻措施后可用。

② 采用防冻措施后可用，如不采用防冻措施，应注意最低环境温度值及阴天持续时间。

直接加热设备可做成加热水罐和加热水箱。直接加热如用蒸汽加热冷水有多孔管加热（如图 4-9 所示）、水射器箱外加热（如图 4-10 所示）和水射器箱内加热（如图 4-11 所示）。

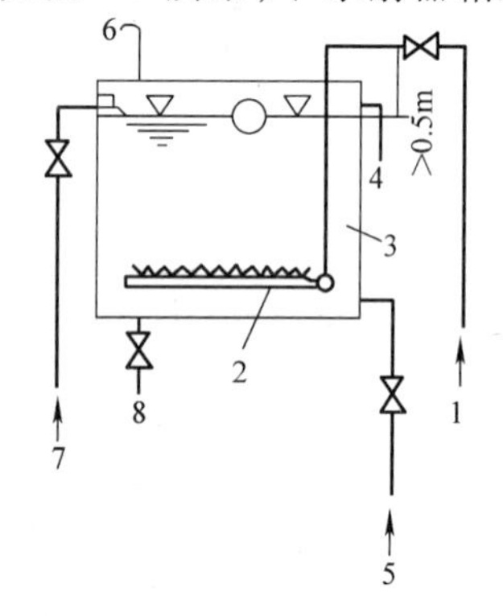


图 4-9　多孔管加热示意图
1—蒸汽　2—多孔管　3—加热水箱
4—溢流管　5—出水管　6—通气管
7—冷水进水管　8—泄空管

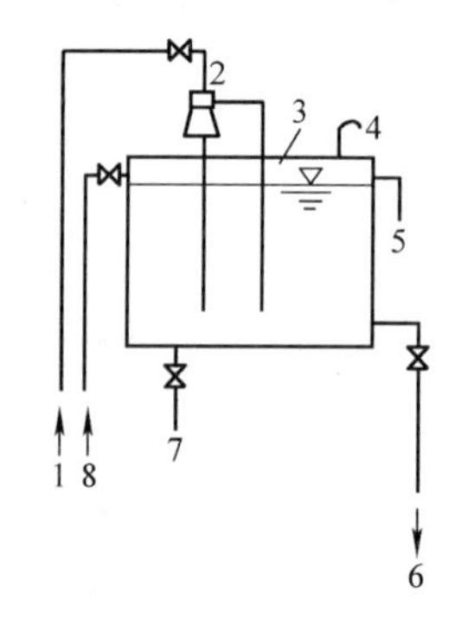


图 4-10　水射器箱外加热示意图
1—蒸汽　2—水射器　3—加热水箱
4—通气管　5—溢流管　6—出水管
7—泄水管　8—冷水进水管

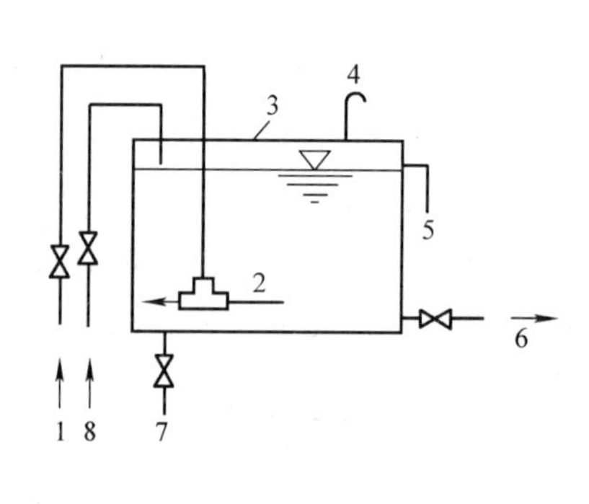


图 4-11　水射器箱内加热示意图
1—蒸汽　2—水射器　3—加热水箱
4—通气管　5—溢流管　6—出水管
7—泄水管　8—冷水进水管

循环管道应采用同程布置方式，如图 4-12 所示，以保证热水系统的有效循环。

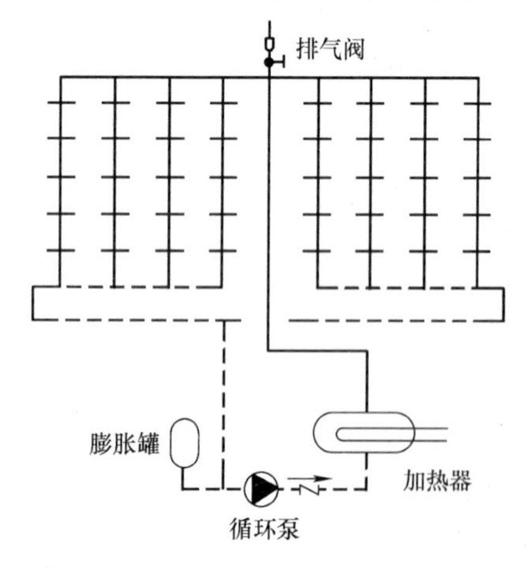


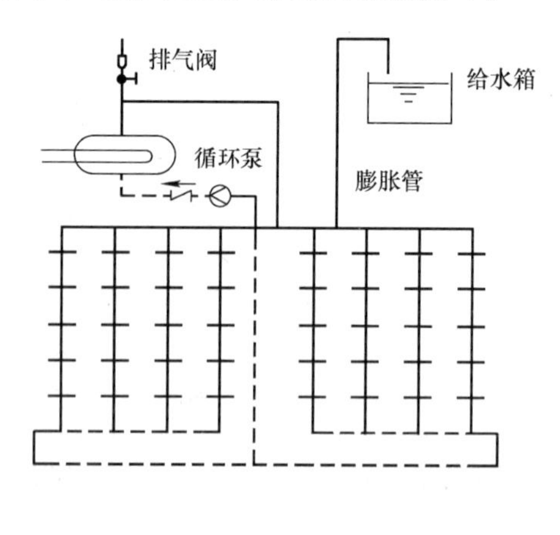


图 4-12　热水循环管道同程布置方式

住宅小区设统一的集中热水供应系统时，宜在每栋建筑的热水回水干管上分设循环泵，如图 4-13 所示。

机械循环太阳能热水器是利用水泵强制水进行循环的系统，间接加热机械循环太阳能热水器如图 4-14 所示。

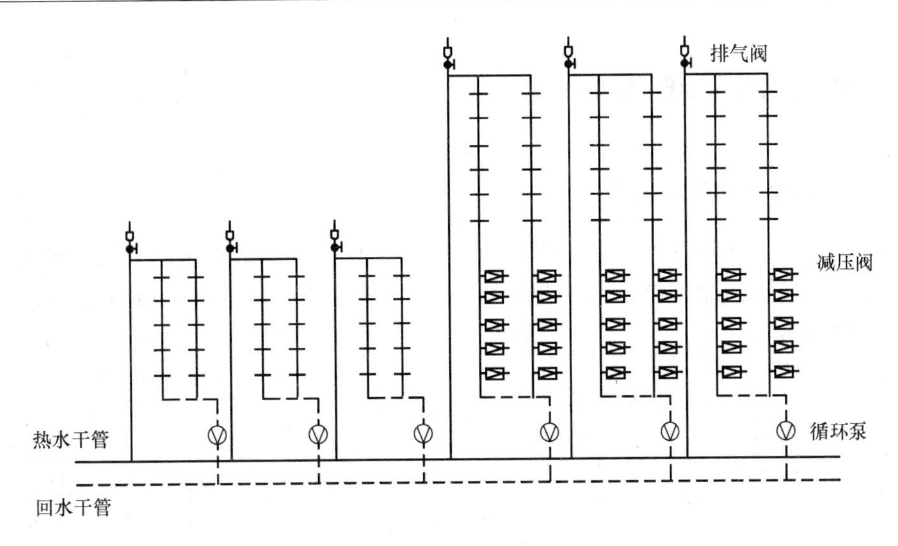


图 4-13 小区集中热水供应每栋回水干管循环泵设置

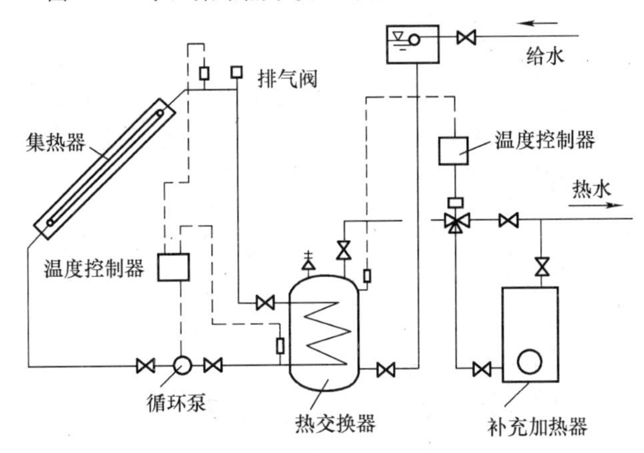


图 4-14 间接加热机械循环太阳能热水器

太阳能热水器按热水循环系统分为自然循环和机械循环两种。自然循环太阳能热水器是靠水温差产生的热虹吸作用进行水的循环加热的系统，如图 4-15 所示。

为了保证水加热器供水温度的稳定，在水加热器供水出口处，应装自动温度调节器，如图 4-16 所示。

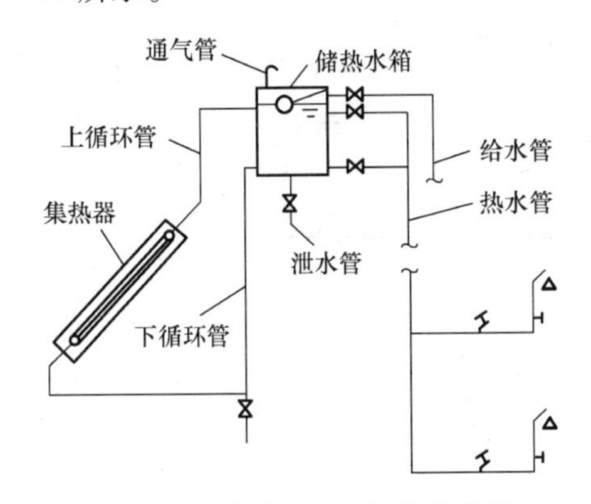


图 4-15 自然循环太阳能热水器

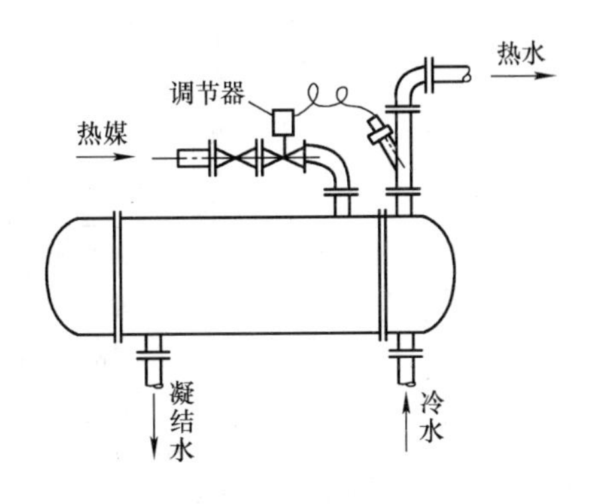


图 4-16 温度调节器的安装

# 4.4　室外给水管道安装

## 4.4.1　室外给水管网的布置

枝状配水管网，其管线如树枝一样，向用水区伸展。环状管网因其管网布置纵横相互连通，形成环状，故称环状管网。实际工程中，通常将枝状管网和环状管网结合起来进行布置，如图 4-17 所示。

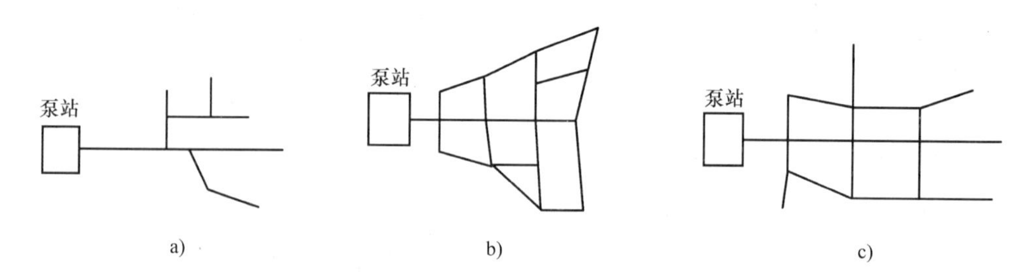


图 4-17　给水管网的布置

a）枝状配水管网　b）环状配水管网　c）综合型配水管网

掘进顶管的工作过程如图 4-18 所示。

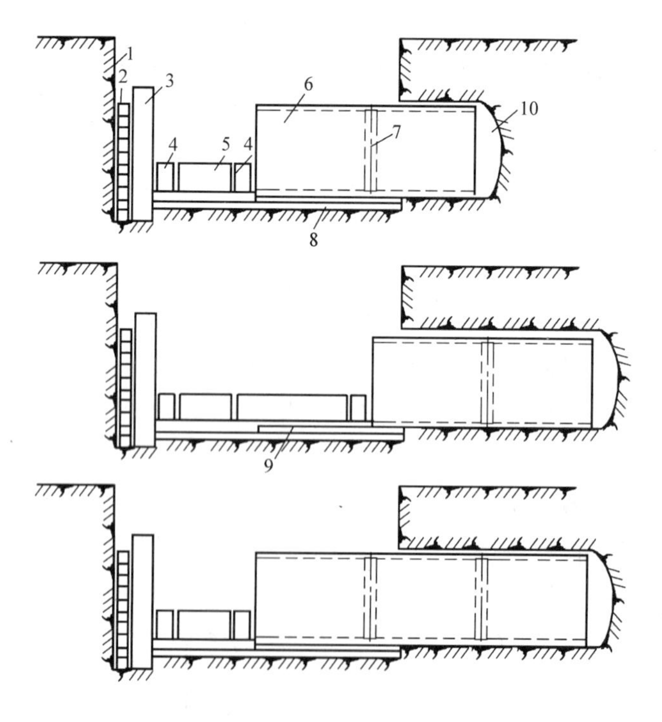


图 4-18　掘进顶管的工作过程示意图

1—后座墙　2—后背　3—立铁　4—横铁　5—千斤顶　6—管子　7—内胀圈　8—基础　9—导轨　10—掘进工作面

管道铺设的允许偏差见表 4-49。

**表 4-49　管道铺设的允许偏差**　（单位：mm）

| 检查项目 | | 允许偏差 | | 检查数量 | | 检查方法 |
|---|---|---|---|---|---|---|
| | | | | 范围 | 点数 | |
| 水平轴线 | | 无压管道 | 15 | 每节管 | 1点 | 经纬仪测量或挂中线用钢尺量测 |
| | | 压力管道 | 30 | | | |
| 管底高程 | $D_i \leq 1000$ | 无压管道 | ±10 | | | 水准仪测量 |
| | | 压力管道 | ±30 | | | |
| | $D_i > 1000$ | 无压管道 | ±15 | | | |
| | | 压力管道 | ±30 | | | |

给水管道与其他构筑物的水平净距见表 4-50。

**表 4-50　给水管道与其他构筑物的水平净距**

| 构筑物名称 | 与给水管道的水平净距/m |
|---|---|
| 铁路远期路堤坡脚 | 5 |
| 铁路远期路堑坡顶 | 10 |
| 建筑红线 | 5 |
| 低、中压煤气管（<0.15MPa） | 1.0 |
| 次高压煤气管（0.15~0.3MPa） | 1.5 |
| 高压煤气管（0.3~0.8MPa） | 2.0 |
| 热力管 | 1.5 |
| 街树中心 | 1.5 |
| 通信及照明杆 | 1.0 |
| 高压电杆支座 | 3.0 |
| 电力电缆 | 1.0 |

注：如旧城镇的设计布置困难时，在采取有效措施后，上述规定可适当降低。

给水管道与其他管线（构筑物）的最小距离见表 4-51。

**表 4-51　给水管道与其他管线（构筑物）的最小距离**　（单位：m）

| 管线（构筑物）名称 | 与给水管道的水平净距 | 与排水管道的水平净距 | 与排水管道的垂直净距（排水管在下） |
|---|---|---|---|
| 铁路远期路堤坡脚 | 5 | — | — |
| 铁路远期路堑坡脚 | 10 | — | — |
| 低压燃气管 | 0.5 | 1.0 | 0.15 |
| 中压燃气管 | 0.5 | 1.2 | 0.15 |
| 次高压燃气管 | 1.5 | 1.5 | 0.15 |
| 高压燃气管 | 2.0 | 2.0 | 0.15 |
| 热力管 | 1.5 | 1.5 | 0.15 |
| 街树中心 | 1.5 | 1.5 | — |
| 通信及照明杆 | 1.0 | 1.5 | 1.5 |
| 高压电杆支座 | 3.0 | 3.0 | — |
| 电力电缆 | 1.0 | 1.0 | 0.5 |
| 通信电缆 | 0.5 | 1.0 | 直埋0.5，穿管0.15 |
| 工艺管道 | — | 1.5 | 0.25 |

（续）

| 管线（构筑物）名称 | 与给水管道的水平净距 | 与排水管道的水平净距 | 与排水管道的垂直净距（排水管在下） |
|---|---|---|---|
| 排水管 | 1.0 | 1.5 | 0.15 |
| 给水管 | 0.5 | 1.0 | 0.15 |

## 4.4.2　沟槽放线与挖掘

沟槽支撑的间距见表 4-52。

**表 4-52　沟槽支撑的间距**　（单位：m）

| 图　示 | 间距 | 管沟深度 | |
|---|---|---|---|
| | | 3m 以内 | 3～5m |
| | $L_1$ | 1.2～2.5 | 1.2 |
| | $L_2$ | 1.0～1.2 | 1.0 |
| | $L_3$ | 1.2～1.5 | 1.2 |
| | $L_4$ | 1.0～1.2 | 1.0 |

注：撑板长度（$L$）一般为 4m。

沟槽底部的开挖宽度，应符合设计要求；设计无要求时，可按下式计算确定：

$$B = D_o + 2(b_1 + b_2 + b_3)$$

式中　$B$——管道沟槽底部的开挖宽度（mm）；

$D_o$——管外径（mm）；

$b_1$——管道一侧的工作面宽度（mm），可按表 4-53 进行选取；

$b_2$——有支撑要求时，管道一侧的支撑厚度，可取 150～200mm；

$b_3$——现场浇筑混凝土或钢筋混凝土管渠一侧模板的厚度（mm）。

**表 4-53　管道一侧的工作面宽度**

| 管道的外径 $D_o$/mm | 管道一侧的工作面宽度 $b_1$/mm | | |
|---|---|---|---|
| | 混凝土类管道 | | 金属类管道、化学建材管道 |
| $D_o \leqslant 500$ | 刚性接口 | 400 | 300 |
| | 柔性接口 | 300 | |
| $500 < D_o \leqslant 1000$ | 刚性接口 | 500 | 400 |
| | 柔性接口 | 400 | |
| $1000 < D_o \leqslant 1500$ | 刚性接口 | 600 | 500 |
| | 柔性接口 | 500 | |
| $1500 < D_o \leqslant 3000$ | 刚性接口 | 800～1000 | 700 |
| | 柔性接口 | 600 | |

注：1. 槽底需设排水沟时，$b_1$ 应适当增加。

2. 管道有现场施工的外防水层时，$b_1$ 宜取 800mm。

3. 采用机械回填管道侧面时，$b_1$ 需满足机械作业的宽度要求。

为了防止坍方，沟槽开挖后应留有一定的边坡，当设计无规定时，深度在5m以内的沟槽，最陡边坡应符合表4-54的规定。

表4-54 深度在5m以内的沟槽边坡的最陡坡度

| 土的类别 | 边坡坡度（高:宽） | | |
|---|---|---|---|
| | 坡顶无荷载 | 坡顶有静载 | 坡顶有动载 |
| 中密的砂土 | 1:1.00 | 1:1.25 | 1:1.50 |
| 中密的碎石类土（充填物为砂土） | 1:0.75 | 1:1.00 | 1:1.25 |
| 硬塑的粉土 | 1:0.67 | 1:0.75 | 1:1.00 |
| 中密的碎石类土（充填物为黏性土） | 1:0.50 | 1:0.67 | 1:0.75 |
| 硬塑的粉质黏土、黏土 | 1:0.33 | 1:0.50 | 1:0.67 |
| 老黄土 | 1:0.10 | 1:0.25 | 1:0.33 |
| 软土（经井点降水后） | 1:1.25 | — | — |

注：1. 如人工挖土不把土抛于沟槽上边而随时运走时，即可采用机械在沟底挖土的坡度。
2. 表中砂土不包括细砂和松砂。
3. 在个别情况下，如有足够依据或采用多种挖土机，均可不受本表的限制。
4. 距离沟边0.8m以内，不应堆集弃土和材料，弃土堆置高度不超过1.5m。

沟槽中心线每侧的净距不小于$B$的一半。沟槽开挖的允许偏差应符合表4-55中的规定。

表4-55 沟槽开挖的允许偏差

| 序号 | 检查项目 | 允许偏差/mm | | 检查数量 | | 检查方法 |
|---|---|---|---|---|---|---|
| | | | | 范围 | 点数 | |
| 1 | 槽底高程 | 土方 | ±20 | 两井之间 | 3 | 用水准仪测量 |
| | | 石方 | +20、-200 | | | |
| 2 | 槽底中线每侧宽度 | 不小于规定 | | 两井之间 | 6 | 挂中线用钢尺量测，每侧计3点 |
| 3 | 沟槽边坡 | 不陡于规定 | | 两井之间 | 6 | 用坡度量测，每侧计3点 |

## 4.4.3 下管及管道对口

人工下管时，可将绳索的一端拴固在地锚（或其他牢固的树木或建筑物）上，拉住绕过管子的另一端，如图4-19所示。

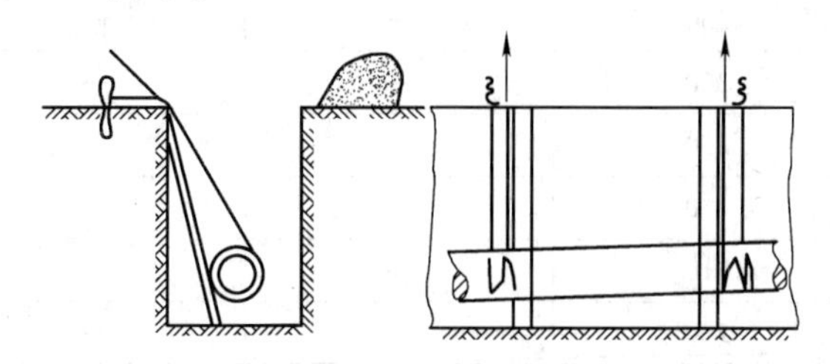

图4-19 管子下沟操作图

对口前应清除管口杂物并用抹布擦净，然后连续对口，随之在承口下端挖打口工作坑，工作坑尺寸以满足打口条件即可，或者参照表4-56中所列的尺寸。

**表 4-56　工作坑尺寸表**

| 管径/mm | 工作坑尺寸/m | | | |
|---|---|---|---|---|
| | 宽度 | 长度 | | 深度 |
| | | 承口前 | 承口后 | |
| 75 ~ 250 | 管径 +0.6 | 0.6 | 0.2 | 0.3 |
| >250 | 管径 +1.2 | 1.0 | 0.3 | 0.4 |

管节堆放层数与层高见表 4-57。

**表 4-57　管节堆放层数与层高**

| 管材种类 | 管径 $D_o$/mm | | | | | | | |
|---|---|---|---|---|---|---|---|---|
| | 100 ~ 150 | 200 ~ 250 | 300 ~ 400 | 400 ~ 500 | 500 ~ 600 | 600 ~ 700 | 800 ~ 1200 | ≥1400 |
| 自应力混凝土管 | 7 层 | 5 层 | 4 层 | 3 层 | — | — | — | — |
| 预应力混凝土管 | — | — | — | — | 4 层 | 3 层 | 2 层 | 1 层 |
| 钢管、球墨铸铁管 | 层高≤3m | | | | | | | |
| 预应力钢筒混凝土管 | — | — | — | — | — | 3 层 | 2 层 | 1 层或立放 |
| 硬聚氯乙烯管、聚乙烯管 | 8 层 | 5 层 | 4 层 | 4 层 | 3 层 | 3 层 | — | — |
| 玻璃钢管 | | 7 层 | 5 层 | 4 层 | | 3 层 | 2 层 | 1 层 |

注：$D_o$ 为管外径。

曲线连接时允许的转角和管端的最大偏移值见表 4-58。

**表 4-58　曲线连接时允许的转角和管端的最大偏移值**

| 公称直径/mm | 允许转角 θ/（°） | 管端的允许偏移值/cm | | |
|---|---|---|---|---|
| | | 4m | 5m | 6m |
| 75 | 500 | 35 | — | — |
| 100 | 500 | 35 | — | — |
| 150 | 500 | — | 44 | — |
| 200 | 500 | — | 44 | — |
| 250 | 400 | — | 35 | — |
| 300 | 320 | — | — | 35 |
| 350 | 450 | — | — | 50 |
| 400 | 410 | — | — | 43 |
| 450 | 350 | — | — | 40 |
| 500 | 320 | — | — | 35 |
| 600 | 250 | — | — | 29 |
| 700 | 230 | — | — | 26 |
| 800 | 210 | — | — | 22 |
| 900 | 200 | — | — | 21 |
| 1000 | 150 | — | — | 19 |
| 1100 | 140 | — | — | 17 |
| 1200 | 130 | — | — | 15 |

（续）

| 公称直径/mm | 允许转角 θ/（°） | 管端的允许偏移值/cm | | |
|---|---|---|---|---|
| | | 4m | 5m | 6m |
| 1350 | 120 | — | — | 14 |
| 1500 | 110 | — | — | 12 |
| 1600 | 130 | 10 | 13 | — |
| 1650 | 130 | 10 | 13 | — |
| 1800 | 130 | 10 | 13 | — |
| 2000 | 130 | 10 | 13 | — |
| 2100 | 130 | 10 | 13 | — |
| 2200 | 130 | 10 | 13 | — |
| 2400 | 130 | 10 | — | — |
| 2600 | 130 | 10 | — | — |

## 4.4.4　铸铁管安装

将灌铅卡箍贴承口套好（卡箍如图 4-20 所示），开口位于上方，卡箍应贴紧承口及管壁。

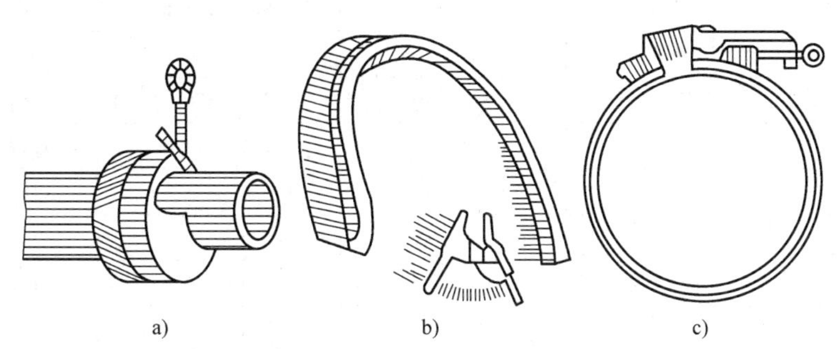


图 4-20　浇铅密封卡圈和黏土模

a）黏土模　b）石棉绳卡箍　c）金属卡圈

将配置好的石棉水泥填入口内（不能将拌好的石棉水泥用料超过半小时再打口），第一遍贴里口打，第二遍贴外口打，第三遍朝中间打，最后轻打找平，如图 4-21 所示。

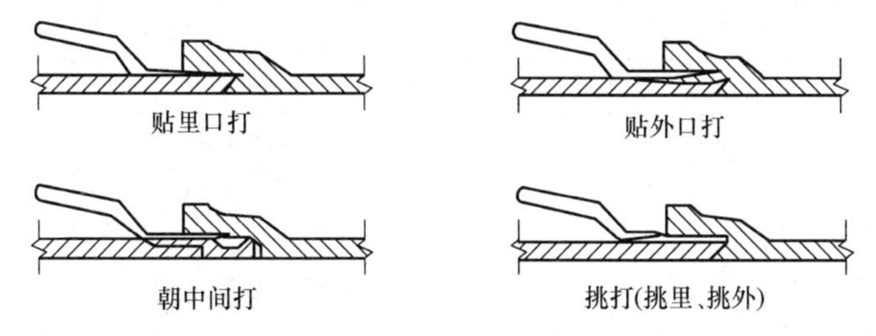


图 4-21　铸铁承插管打口基本操作法

铸铁管道承插捻口对口最大间隙见表 4-59。

铸铁管道承插捻口的环形间隙见表 4-60。

A 型、K 型球墨铸铁管的外径及周长尺寸见表 4-61。

**表 4-59　铸铁管道承插捻口对口最大间隙**　　（单位：mm）

| 管径 | 环向间隙 | 允许偏差 |
| --- | --- | --- |
| 75 | 4 | 5 |
| 100 ~ 250 | 5 | 7 ~ 13 |
| 300 ~ 500 | 6 | 14 ~ 22 |

**表 4-60　铸铁管道承插捻口的环形间隙**　　（单位：mm）

| 管径 | 环向间隙 | 允许偏差 |
| --- | --- | --- |
| 75 ~ 200 | 10 | +3，-2 |
| 250 ~ 450 | 11 | +4，-2 |
| 500 | 12 | +4，-2 |

**表 4-61　A 型、K 型球墨铸铁管的外径及周长尺寸**　　（单位：mm）

| 公称直径 | 实外径 | 外径允许偏差 | 外径的范围 | 外周长的范围 |
| --- | --- | --- | --- | --- |
| 75 | 93 | ±2 | 91 ~ 95 | 285.9 ~ 298.5 |
| 100 | 118 | ±2 | 116 ~ 120 | 364.4 ~ 377 |
| 150 | 169 | ±2 | 167 ~ 171 | 524.6 ~ 537.2 |
| 200 | 220 | ±2 | 218 ~ 222 | 684.9 ~ 697.4 |
| 250 | 271.6 | ±2 | 269.6 ~ 273.6 | 847 ~ 859.5 |
| 300 | 322.8 | +2，-3 | 319.8 ~ 324.8 | 1004.7 ~ 1020.4 |
| 350 | 374 | +2，-3 | 371 ~ 376 | 1165.5 ~ 1181.2 |
| 400 | 425.6 | +2，-3 | 422.6 ~ 427.6 | 1327.6 ~ 1343.3 |
| 450 | 476.8 | +2，-3 | 473.6 ~ 478.8 | 1487.9 ~ 1504.2 |
| 500 | 528 | +2，-3 | 525 ~ 530 | 1649.3 ~ 1665 |
| 600 | 630.8 | +2，-3 | 627.8 ~ 632.8 | 1972.3 ~ 1988 |
| 700 | 733 | +2，-3 | 730 ~ 735 | 2293.4 ~ 2309.1 |
| 800 | 836 | +2，-3 | 833 ~ 838 | 2616.9 ~ 2632.7 |
| 900 | 939 | +2，-3 | 936 ~ 941 | 2940.5 ~ 2956.2 |
| 1000 | 1041 | +2，-4 | 1037 ~ 1043 | 3257.8 ~ 3276.7 |
| 1100 | 1114 | +2，-4 | 1140 ~ 1146 | 3581.4 ~ 3600.3 |
| 1200 | 1246 | +2，-4 | 1242 ~ 1248 | 3901.9 ~ 3920.7 |
| 1350 | 1400 | +2，-4 | 1396 ~ 1402 | 4385.7 ~ 4404.5 |
| 1500 | 1554 | +2，-4 | 1550 ~ 1556 | 4869.5 ~ 4888.3 |
| 1600 | 1650 | +4，-5 | 1645 ~ 1654 | 5167.9 ~ 5196.2 |
| 1650 | 1701 | +4，-5 | 1696 ~ 1705 | 5328.2 ~ 5356.4 |
| 1800 | 1848 | +4，-5 | 1843 ~ 1852 | 5790 ~ 5818.2 |
| 2000 | 2061 | +4，-5 | 2056 ~ 2065 | 6459.1 ~ 6487.4 |
| 2200 | 2280 | +4，-5 | 2275 ~ 2284 | 7147.1 ~ 7175.4 |
| 2400 | 2458 | +4，-5 | 2453 ~ 2462 | 7706.3 ~ 7734.6 |
| 2600 | 2684 | +4，-5 | 2679 ~ 2688 | 8416.3 ~ 8444.6 |

机械式球墨铸铁管安装允许对口间隙见表4-62。

表4-62 机械式球墨铸铁管安装允许对口间隙 (单位：mm)

| 公称直径 | A型 | K型 | 公称直径 | A型 | K型 |
| --- | --- | --- | --- | --- | --- |
| 75 | 20 | 20 | 1000 | — | 36 |
| 100 | 20 | 20 | 1100 | — | 36 |
| 150 | 20 | 20 | 1200 | — | 36 |
| 200 | 20 | 20 | 1350 | — | 36 |
| 250 | 20 | 20 | 1500 | — | 36 |
| 300 | 32 | 32 | 1600 | — | 43 |
| 350 | 32 | 32 | 1650 | — | 45 |
| 400 | 32 | 32 | 1800 | — | 48 |
| 450 | 32 | 32 | 2000 | — | 53 |
| 500 | 32 | 32 | 2100 | — | 55 |
| 600 | 32 | 32 | 2200 | — | 58 |
| 700 | 32 | 32 | 2400 | — | 63 |
| 800 | 32 | 32 | 2600 | — | 71 |
| 900 | 32 | 32 | | | |

## 4.4.5 钢筋混凝土管安装

预应力钢筋混凝土管的安装必须要有产生推力和拉力的安装工具，然后用一根钢丝绳兜扣住千斤顶头连接到钢筋拉杆上，如图4-22所示。

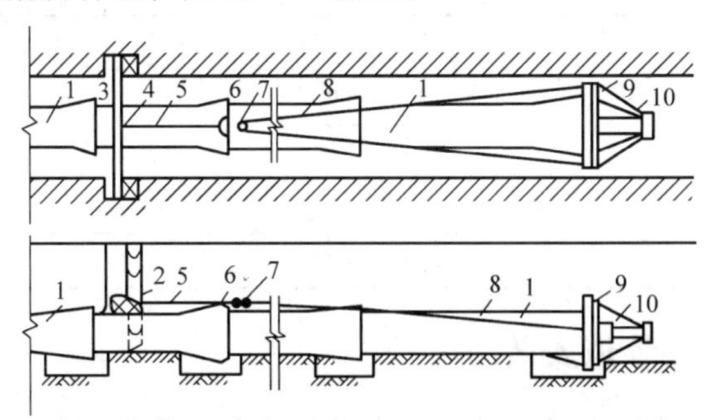


图4-22 拉杆千斤顶法安装钢筋混凝土管

1—承插式预应力钢筋混凝土管 2—方木 3—背圆木 4—钢丝绳扣
5—钢筋拉杆 6—S形扣 7—滑轮 8—钢丝绳 9—方木 10—千斤顶

预应力、自应力钢筋混凝土管的接口形式采用较多的承插式柔性接口如图4-23所示。

石棉水泥管套环胶圈接口如图4-24所示。

直线铺管要求预应力钢筋混凝土管沿直线铺设时，其对口间隙应符合表4-63中的规定。

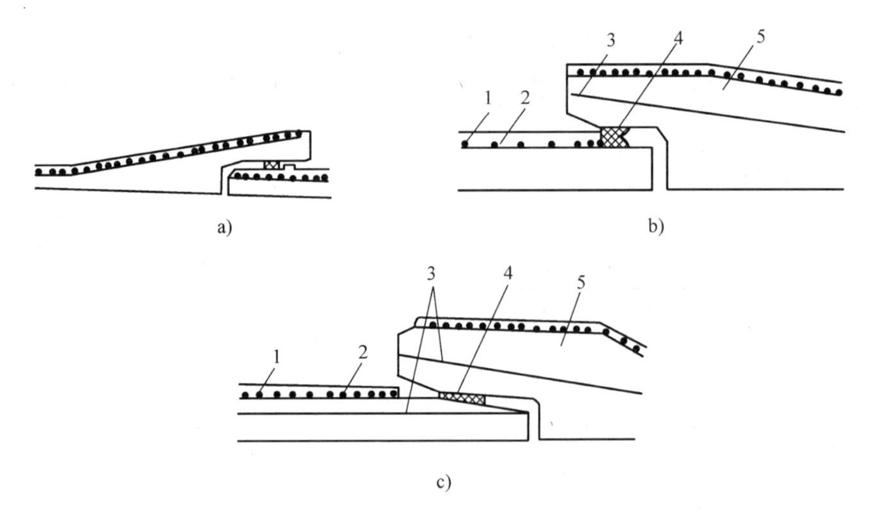


图 4-23　预应力钢筋混凝土承插式柔性接口

a）圆形胶圈　b）唇形胶圈　c）楔形胶圈

1—换向钢筋　2—保护层　3—纵向钢筋　4—胶圈　5—管芯

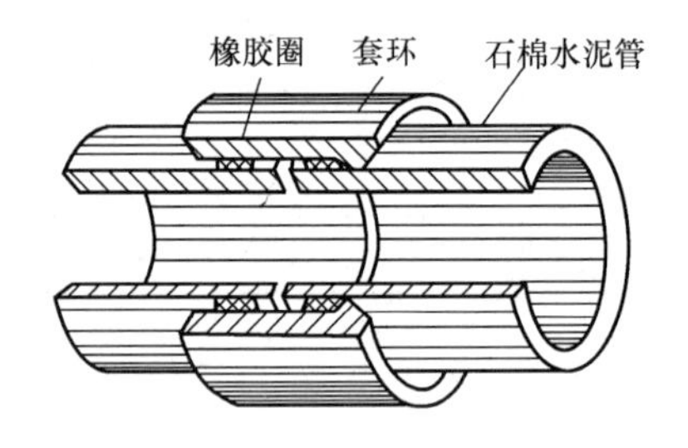


图 4-24　石棉水泥管套环胶圈接口

**表 4-63　预应力钢筋混凝土管对口间隙**　（单位：mm）

| 接口形式 | 管　径 | 沿直线铺设间隙 |
|---|---|---|
| 柔性接口 | 300 ~ 900 | 15 ~ 20 |
| | 1000 ~ 1400 | 20 ~ 25 |
| 刚性接口 | 300 ~ 900 | 6 ~ 8 |
| | 1000 ~ 1400 | 8 ~ 10 |

## 4.4.6　聚乙烯（PE）管道安装

聚乙烯给水管道与建筑物、电力电缆和其他管道的水平净距及垂直净距应根据建筑物基础的结构、管道埋深、管径等条件确定。一般不得小于表 4-64、表 4-65 中的规定。

**表 4-64　给水管道与构筑物、管线水平距离**　（单位：m）

| 构筑物或管线名称 | 水平净距 | |
|---|---|---|
| | $d_n \leqslant 200$mm | $d_n > 200$mm |
| 建筑物 | 1.00 | 3.00 |
| 热力管 | 1.50 | |
| 电力电缆 | 0.50 | |
| 通信电缆 | 1.00 | |

（续）

| 构筑物或管线名称 | | 水平净距 | |
|---|---|---|---|
| | | $d_n \leqslant 200$mm | $d_n > 200$mm |
| 污水、雨水排水管 | | 1.00 | 1.50 |
| 燃气 | $PN \leqslant 0.4$MPa | 0.50 | |
| | 0.4MPa < $PN \leqslant 0.8$MPa | 1.00 | |
| | 0.8MPa < $PN \leqslant 1.6$MPa | 1.50 | |
| 通信及照明地上杆柱（<10kV） | | 0.50 | |
| 高压铁塔基础边 | | 3.00 | |
| 道路侧或边坡 | | 1.50 | |
| 铁路钢轨（或坡脚） | | 5.00 | |

**表 4-65 给水管道与构筑物、管线垂直距离** （单位：m）

| 构筑物或管线名称 | | 垂直净距 |
|---|---|---|
| 给水管 | | 0.15 |
| 污水、雨水排水管 | | 0.40 |
| 燃气 | | 0.15 |
| 热力管 | | 0.15 |
| 电力电缆 | 直埋 | 0.15 |
| | 管埋 | 0.15 |
| 通信电缆 | 直埋 | 0.50 |
| | 管埋 | 0.15 |
| 沟渠（基础底） | | 0.50 |
| 涵洞（基础底） | | 0.50 |
| 电力（轨底） | | 1.00 |
| 铁路（轨底） | | 1.00 |

## 4.4.7 室外给水管道安装质量标准

室外给水管道安装质量标准主控项目内容及验收要求见表 4-66。

**表 4-66 主控项目内容及验收要求**

| 项次 | 项目内容 | 验收要求 |
|---|---|---|
| 1 | 给水管道 | 给水管道在埋地敷设时，应在当地的冰冻线以下，如必须在冰冻线以上时，应做可靠的保温防潮措施。在无冰冻地区，埋地敷设时，管顶的覆土埋深不得小于500mm，穿越道路部位的埋深不得小于700mm。管道及管道支座（墩），严禁铺设在冻土和未经处理的松土上 |
| 2 | 管道接口法兰、卡扣、卡箍等 | 管道接口法兰、卡扣、卡箍等应安装在检查井或地沟内，不应埋在土壤中 |
| 3 | 给水系统各种井室内的管道安装 | 给水系统各种井室内的管道安装，如设计无要求，井壁距法兰或承口的距离：管径小于或等于450mm时，不得小于250mm；管径大于450mm时，不得小于350mm |

（续）

| 项次 | 项目内容 | 验收要求 |
|---|---|---|
| 4 | 管网 | 管网必须进行水压试验，试验压力为工作压力的1.5倍，但不得小于0.6MPa。管材为钢管、铸铁管时，试验压力下10min内压力降不应大于0.05MPa，然后降至工作压力进行检查，压力应保持不变，不渗不漏；管材为塑料管时，试验压力下，稳压1h压力降不大于0.05MPa，然后降至工作压力进行检查，压力应保持不变，不渗不漏 |
| 5 | 镀锌钢管、钢管 | 镀锌钢管、钢管的埋地防腐必须符合设计要求，如设计无规定时，可按“管道及设备保温施工工艺标准”的规定执行。卷材与管材间应粘贴牢固，无空鼓、滑移、接口不严等 |
| 6 | 给水管道 | 给水管道在竣工后必须对管道进行冲洗，饮用水管道还要在冲洗后进行消毒，满足饮用水卫生要求 |

室外给水管道安装质量标准一般项目内容及验收要求见表4-67。

**表4-67 一般项目内容及验收要求**

| 项次 | 项目内容 | 验收要求 |
|---|---|---|
| 1 | 管道的坐标、标高坡度 | 管道的坐标、标高坡度应符合设计要求，管道安装的允许偏差应符合表4-68中的规定 |
| 2 | 管道连接 | 管道连接应符合工艺要求，阀门、水表等安装位置应正确。塑料给水管道上的水表阀门等设施其重量或启闭装置的扭矩不得作用于管道上，当管径≥50mm时必须设立独立的支承装置 |
| 3 | 铸铁管道承插捻口连接的对口间隙 | 铸铁管道承插捻口连接的对口间隙应不得小于3mm，最大间隙不得大于表4-67中的规定。捻口用的油麻填料必须清洁，填塞后应捻实，其深度应占整个环形间隙深度的1/3 |
| 4 | 铸铁管 | 铸铁管沿直线敷设，承插捻口连接的环形间隙应符合表4-68中的规定；沿曲线敷设，每个接口允许有2°转角 |
| 5 | 采用橡胶圈接口的埋地给水管道 | 采用橡胶圈接口的埋地给水管道，在土壤或地下水对橡胶圈有腐蚀的地段，在回填土前应用沥青胶泥、沥青麻丝或沥青锯末等材料封闭橡胶圈接口。橡胶圈接口的管道，每个接口的最大偏转角不得超过表4-77中的规定 |

室外给水管道安装的允许偏差和检验方法见表4-68。

**表4-68 室外给水管道安装的允许偏差和检验方法**

<table>
<tr><th>项次</th><th colspan="3">项目</th><th>允许偏差/mm</th><th>检验方法</th></tr>
<tr><td rowspan="4">1</td><td rowspan="4">坐标</td><td rowspan="2">铸铁管</td><td>埋地</td><td>100</td><td rowspan="4">拉线和尺量检查</td></tr>
<tr><td>敷设在沟槽内</td><td>50</td></tr>
<tr><td rowspan="2">钢管、塑料管、复合管</td><td>埋地</td><td>100</td></tr>
<tr><td>敷设在沟槽内或架空</td><td>40</td></tr>
<tr><td rowspan="4">2</td><td rowspan="4">标高</td><td rowspan="2">铸铁管</td><td>埋地</td><td>±50</td><td rowspan="4">拉线和尺量检查</td></tr>
<tr><td>敷设在沟槽内</td><td>±30</td></tr>
<tr><td rowspan="2">钢管、塑料管、复合管</td><td>埋地</td><td>±50</td></tr>
<tr><td>敷设在沟槽内或架空</td><td>±30</td></tr>
</table>

（续）

| 项次 | 项目 | | | 允许偏差/mm | 检验方法 |
|---|---|---|---|---|---|
| 3 | 水平管纵横向弯曲 | 铸铁管 | 直段（25m以上）起点～终点 | 40 | 拉线和尺量检查 |
| | | 钢管、塑料管、复合管 | 直段（25m以上）起点～终点 | 30 | |

橡胶圈接口最大允许偏转角见表4-69。

**表4-69　橡胶圈接口最大允许偏转角**

| 公称直径/mm | 100 | 125 | 150 | 200 | 250 | 300 | 350 | 400 |
|---|---|---|---|---|---|---|---|---|
| 允许偏转角度 | 5° | 5° | 5° | 5° | 4° | 4° | 4° | 3° |

# 4.5　室外给水附件安装与管路试压

## 4.5.1　室外水泵接合器安装

### 1. 墙壁式消防水泵接合器的安装

如图4-25所示，墙壁式消防水泵接合器安装在建筑物外墙上，其安装高度距地面为

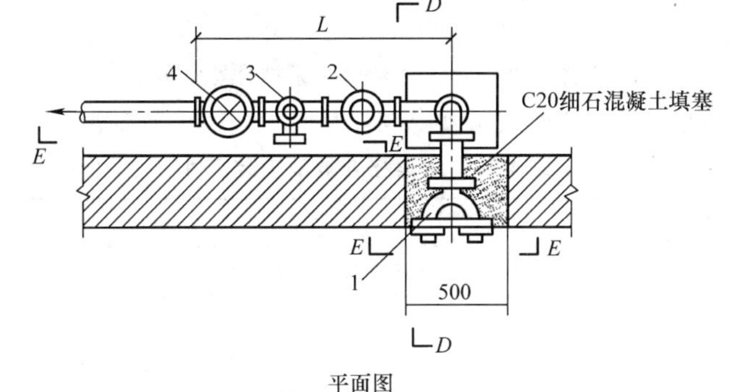


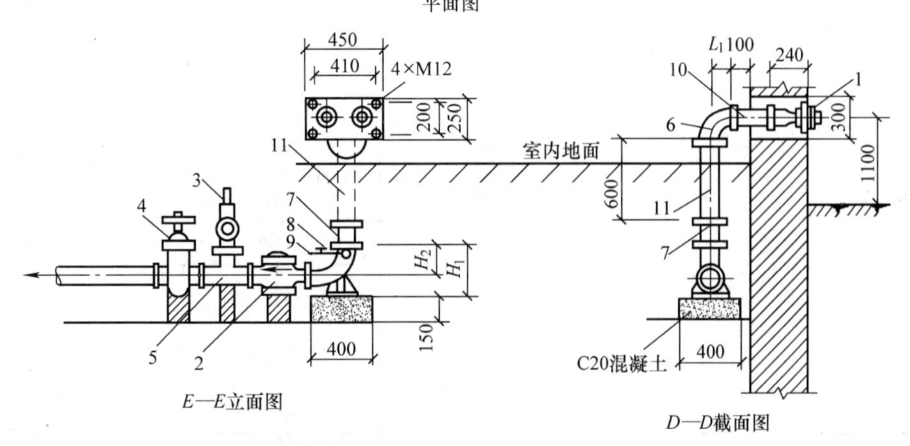


图4-25　墙壁式消防水泵接合器安装

1—消防接口　2—止回阀　3—安全阀　4—闸阀　5—三通　6—90°弯头

7—法兰接管　8—截止阀　9—镀锌管　10、11—法兰直管

1.1m，与墙面上的门、窗、孔、洞的净距离不应小于2.0m。

**2. 地上式消防水泵接合器安装**

地上式消防水泵接合器安装如图4-26所示，接合器一部分安装在阀门井中，另一部分安装在地面上。

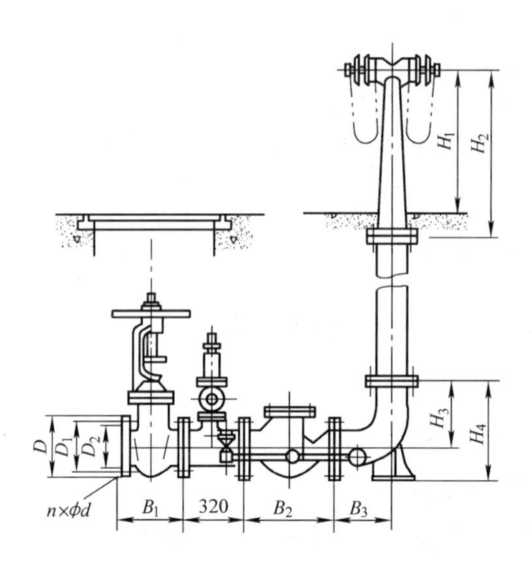


图4-26 地上式消防水泵接合器安装

地上式消防水泵接合器的安装尺寸见表4-70。

**表4-70 水泵接合器的安装尺寸**

| 公称直径 $DN$/mm | | 100 | 150 |
|---|---|---|---|
| 结构尺寸/mm | $B_1$ | 300 | 350 |
| | $B_2$ | 350 | 480 |
| | $B_3$ | 220 | 310 |
| | $H_1$ | 700 | 700 |
| | $H_2$ | 800 | 800 |
| | $H_3$ | 210 | 325 |
| | $H_4$ | 318 | 465 |
| 法兰/mm | $D$ | 220 | 285 |
| | $D_1$ | 180 | 240 |
| | $D_2$ | 158 | 212 |
| | $d$ | 17.5 | 22 |
| | $n$ | 8 | 8 |
| 消防接口 | | KWS65 | KWS80 |

**3. 地下式消防水泵接合器的安装**

地下式消防水泵接合器安装如图4-27所示，地下式消防水泵接合器设在专用井室内，井室用铸有“消防水泵接合器”标志的铸铁井盖。

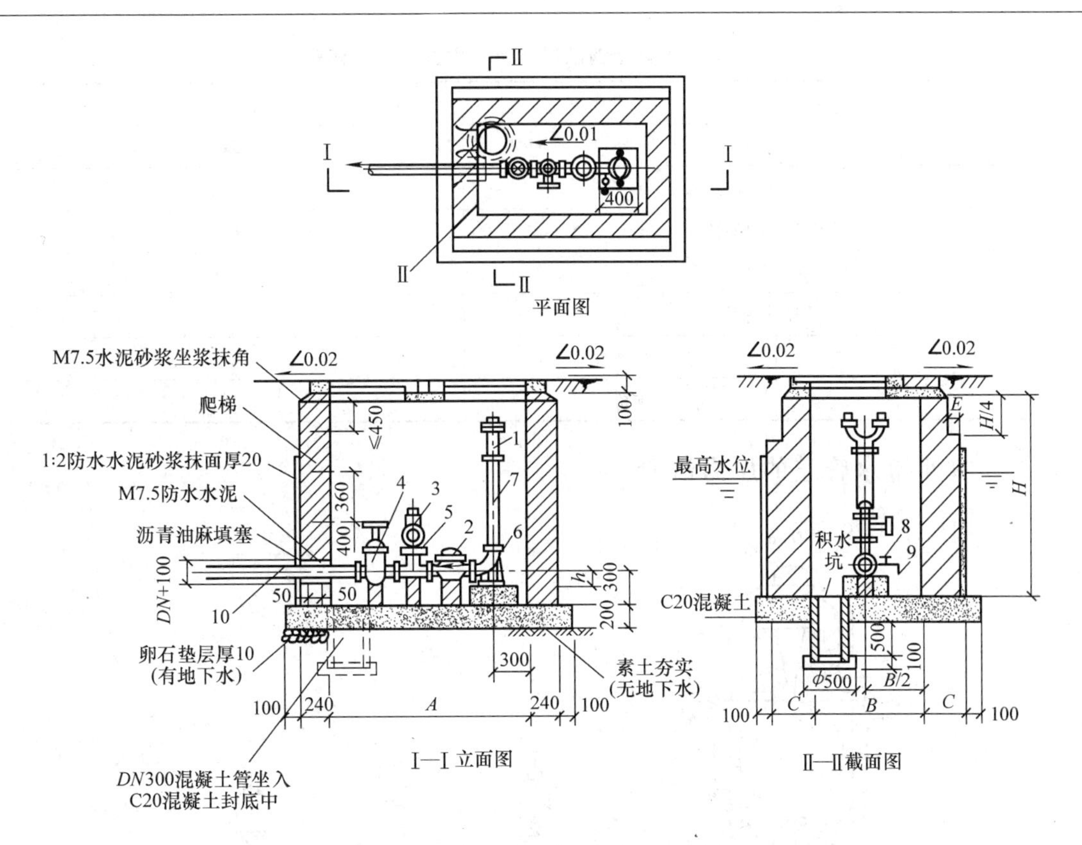


图 4-27　地下式消防水泵接合器安装

1—消防接口、本体　2—止回阀　3—安全阀　4—闸阀　5—三通　6—90°弯头　7—法兰接管　8—截止阀　9—镀锌钢管　10—法兰直管

## 4.5.2　支墩

支墩分为水平方向弯管支墩、垂直向下弯管支墩和垂直向上弯管支墩等多种形式。如图 4-28 所示为垂直向下弯管支墩。

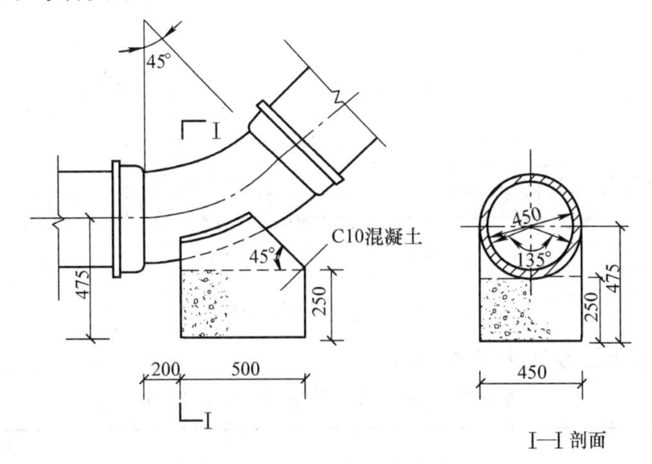


图 4-28　垂直向下弯管支墩

摇臂管钢筋混凝土支墩施工允许偏差见表 4-71。

**表 4-71　摇臂管钢筋混凝土支墩施工允许偏差**

| 项目 | | 允许偏差/mm |
|---|---|---|
| 轴线位置 | | 20 |
| 长、宽或直径 | | ±20 |
| 曲线部分的半径 | | ±10 |
| 顶面高程 | | ±10 |
| 顶面平整度 | | 10 |
| 中心位置 | 预埋件 | 5 |
| | 预留孔 | 10 |

## 4.5.3　室外给水管道的压力试验

排气阀如图 4-29 所示。

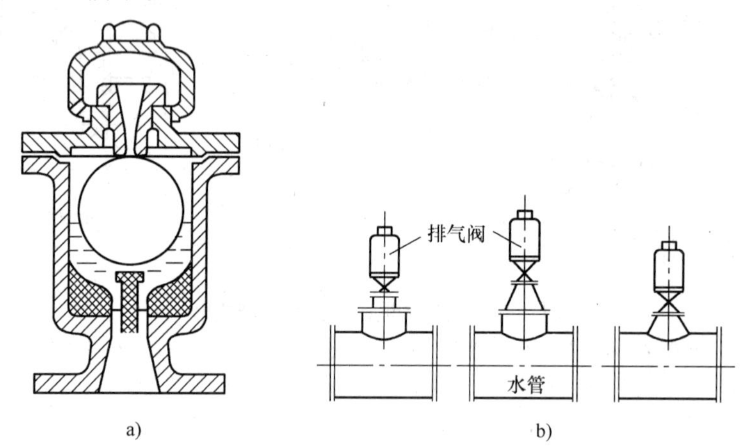


图 4-29　排气阀

a) 阀门构造　b) 安装方式

室外给水管道水压试验示意图如图 4-30 所示。

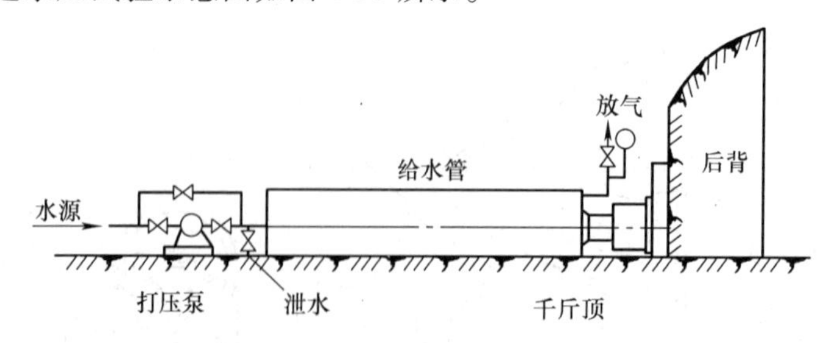


图 4-30　室外给水管道水压试验示意图

室外给水管道水压试验压力见表 4-72。

**表 4-72　室外给水管道水压试验压力**

| 管材名称 | 强度试验压力/MPa | 试压前管内充水时间/h |
|---|---|---|
| 钢管 | 应为工作压力加 0.5MPa，并且不少于 0.9MPa | 24 |

（续）

| 管材名称 | 强度试验压力/MPa | 试压前管内充水时间/h |
|---|---|---|
| 铸铁管 | 1）当工作压力 < 0.5MPa 时，应为工作压力的 2 倍<br>2）当工作压力 > 0.5MPa 时，应为工作压力加 0.5MPa | 24 |
| 石棉水泥管 | 1）当工作压力 < 0.6MPa 时，应为工作压力的 1.5 倍<br>2）当工作压力 > 0.6MPa 时，应为工作压力加 0.3MPa | 24 |
| 预（自）应力钢筋混凝土管和钢筋混凝土管 | 1）当工作压力 < 0.6MPa 时，应为工作压力的 1.5 倍<br>2）当工作压力 > 0.6MPa 时，应为工作压力加 0.3MPa | $D < 1000$mm 为 48h<br>$D > 1000$mm 为 72h |
| 水下管道（设计无规定时） | 应为工作压力的 2 倍，且不少于 1.2MPa | — |

在进行渗水量试验时，管道没有发生破坏，且渗水量不大于表 4-73 中的规定值，则可认为试验合格。地下管道渗水量试验的允许渗水量见表 4-73。

**表 4-73 地下管道渗水量试验的允许渗水量**

| 公称直径 $DN$/mm | 长度等于或大于 1km 的管道在试验压力下的允许渗水量/（L/min） | | |
|---|---|---|---|
| | 钢管 | 铸铁管 | 预应力钢筋混凝土管，自应力钢筋混凝土管，钢筋混凝土管或石棉水泥管 |
| 100 | 0.28 | 0.70 | 1.40 |
| 125 | 0.35 | 0.90 | 1.56 |
| 150 | 0.42 | 1.05 | 1.72 |
| 200 | 0.56 | 1.40 | 1.98 |
| 250 | 0.70 | 1.55 | 2.22 |
| 300 | 0.85 | 1.70 | 2.42 |
| 350 | 0.90 | 1.80 | 2.62 |
| 400 | 1.00 | 1.95 | 2.80 |
| 450 | 1.05 | 2.10 | 2.96 |
| 500 | 1.10 | 2.20 | 3.14 |
| 600 | 1.20 | 2.40 | 3.44 |
| 700 | 1.30 | 2.55 | 3.70 |
| 800 | 1.35 | 2.70 | 3.96 |
| 900 | 1.45 | 2.90 | 4.20 |
| 1000 | 1.50 | 3.00 | 4.42 |
| 1100 | 1.55 | 3.10 | 4.60 |
| 1200 | 1.65 | 3.30 | 4.70 |
| 1300 | 1.70 | — | 4.90 |
| 1400 | 1.75 | — | 5.00 |

气压试验压力应符合表 4-74 中的规定。

**表 4-74　气压试验压力**

| 管材 | | 强度试验压力 | 严密性试验压力 /MPa |
|---|---|---|---|
| 钢管 | 预先试验 | 工作压力 <0. 5MPa 时，为 0. 6MPa<br>工作压力 >0. 5MPa 时，为 1. 15 倍工作压力 | 0. 3 |
| | 最后试验 | | 0. 03 |
| 铸铁管 | 预先试验 | 0. 15MPa | 0. 1 |
| | 最后试验 | 0. 6MPa | 0. 03 |

如长度不大于 1km 的钢管管道和铸铁管管道在最后试验时没有发生破坏，且气压试验时间和允许压力降不大于表 4-75 中的规定，即最后试验合格。

**表 4-75　长度不大于 1km 的钢管管道和铸铁管管道气压试验时间和允许压力降**

| 公称直径 *DN*/mm | 钢管道 | | 铸铁管道 | |
|---|---|---|---|---|
| | 试验时间 /h | 试验时间内的允许压力降/Pa | 试验时间 /h | 试验时间内的允许压力降 /Pa |
| 100 | 1/2 | 539 | 1/4 | 637 |
| 125 | 1/2 | 441 | 1/4 | 539 |
| 150 | 1 | 735 | 1/4 | 490 |
| 200 | 1 | 539 | 1/2 | 637 |
| 250 | 1 | 441 | 1/2 | 490 |
| 300 | 2 | 735 | 1 | 686 |
| 350 | 2 | 539 | 1 | 539 |
| 400 | 2 | 441 | 1 | 490 |
| 450 | 4 | 785 | 2 | 785 |
| 500 | 4 | 735 | 2 | 680 |
| 600 | 4 | 490 | 2 | 539 |
| 700 | 6 | 588 | 3 | 637 |
| 800 | 6 | 490 | 3 | 441 |
| 900 | 6 | 392 | 4 | 539 |
| 1000 | 12 | 686 | 4 | 490 |
| 1100 | 12 | 588 | — | — |
| 1200 | 12 | 490 | — | — |
| 1400 | 12 | 441 | — | — |

注：1. 如试验管段包括不同管径的管道，则试验时间和允许压力降以最大管径为准。
2. 如试验管段为钢管和铸铁管的混合管段，则试验时间和允许压力降以钢管为准。

# 5　建筑排水系统安装

## 5.1　卫生器具安装

### 5.1.1　卫生器具安装流程

卫生器具安装工艺流程如图 5-1 所示。

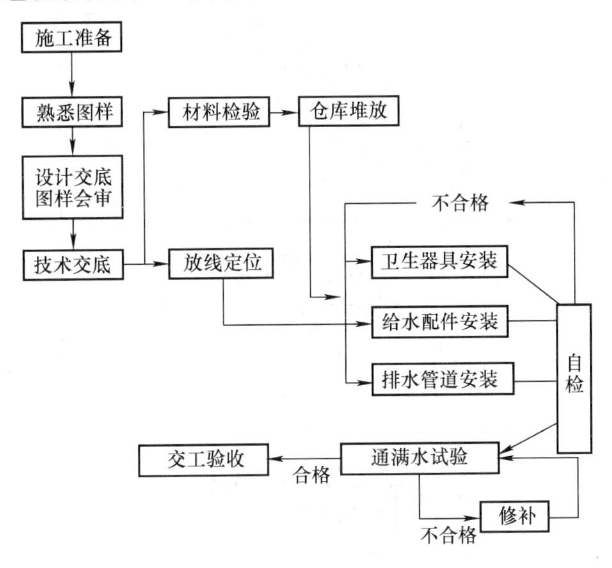


图 5-1　卫生器具安装工艺流程

### 5.1.2　安装一般规定

常用卫生器具排水支管预留孔洞的位置与尺寸见表 5-1。

表 5-1　常用卫生器具排水支管预留孔洞的位置与尺寸

| 卫生器具名称 | 平面位置 | 图示 |
|---|---|---|
| 蹲式大便器 | 排水立管洞 200×200<br>310　150　150<br>清扫口洞 200×200<br>900　600　450×200<br>300 | DN100 |
| | 排水立管洞 200×200<br>200　150　150　410<br>清扫口洞<br>900　600<br>300 | DN100 |

（续）

| 卫生器具名称 | 平面位置 | 图示 |
|---|---|---|
| 坐式大便器 | 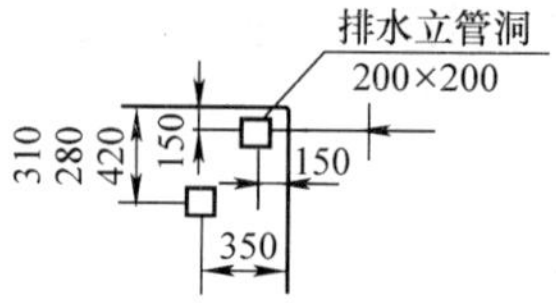 排水立管洞<br>200×200<br>310 280 420 150<br>150<br>350 |  DN100 |
|  | 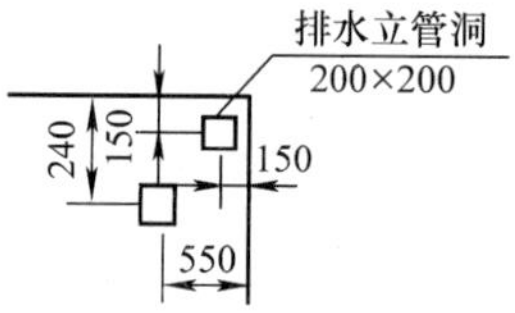 排水立管洞<br>200×200<br>240 150<br>150<br>550 | 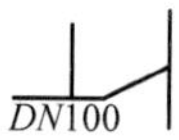 DN100 |
| 小便槽 | 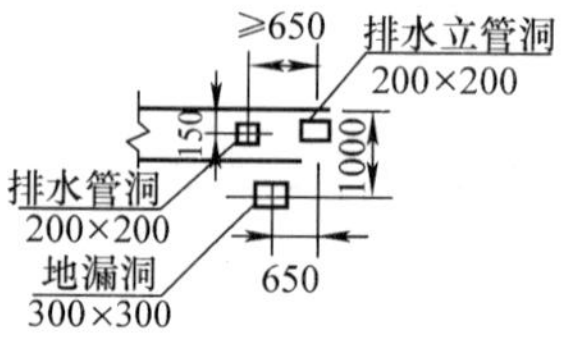 ≥650 排水立管洞<br>200×200<br>150 1000<br>排水管洞<br>200×200<br>地漏洞<br>300×300<br>650 |  |
|  | 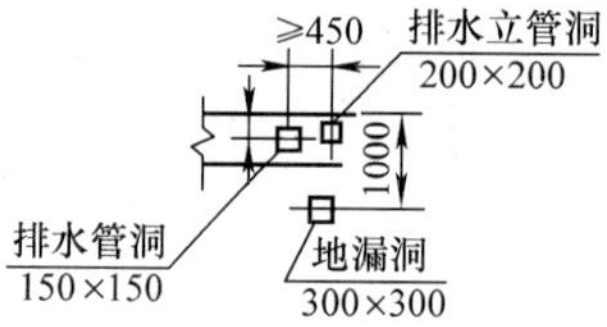 ≥450 排水立管洞<br>200×200<br>1000<br>排水管洞<br>150×150<br>地漏洞<br>300×300 |   |
| 立式小便器 | 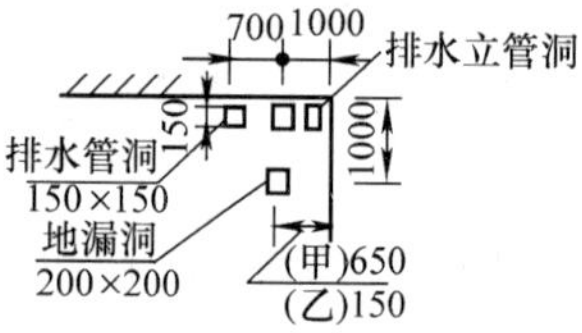 700 1000 排水立管洞<br>150 1000<br>排水管洞<br>150×150<br>地漏洞<br>200×200<br>(甲)650<br>(乙)150 | 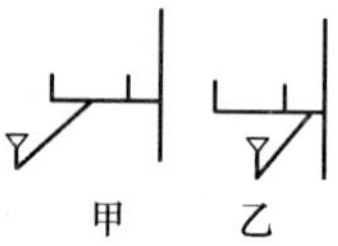 甲 乙 |
| 挂式小便器 | 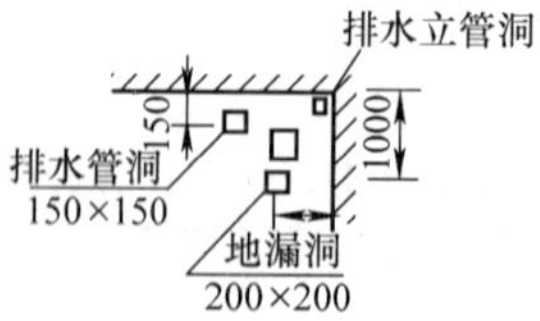 排水立管洞<br>150 1000<br>排水管洞<br>150×150<br>地漏洞<br>200×200 |   |
| 洗脸盆 | 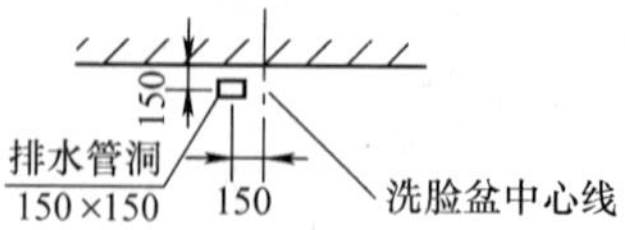 150<br>排水管洞<br>150×150 150<br>洗脸盆中心线 |  |
| 污水盆 | 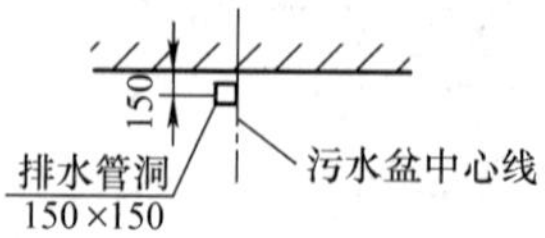 150<br>排水管洞<br>150×150<br>污水盆中心线 |  |

（续）

| 卫生器具名称 | 平面位置 | 图示 |
| --- | --- | --- |
| 地漏 | 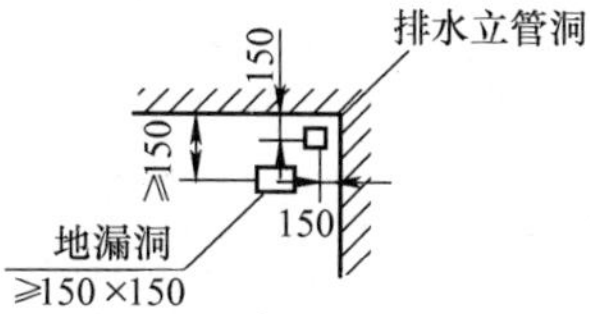 排水立管洞<br>150<br>≥150<br>150<br>地漏洞<br>≥150×150 | |
| 净身盆 | 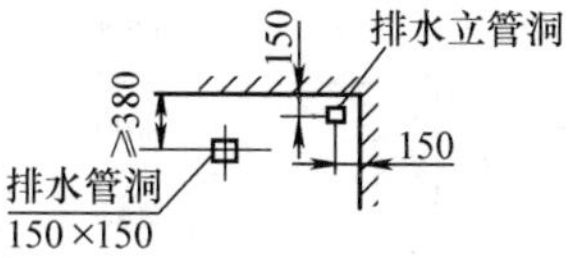 排水立管洞<br>150<br>≥380<br>150<br>排水管洞<br>150×150 |  |

卫生器具的安装高度应符合规定要求。如设计无要求时，应符合表5-2的规定。

**表5-2　卫生器具安装高度**

| 序号 | 卫生器具名称 | 卫生器具边缘离地高度/mm | |
| --- | --- | --- | --- |
| | | 居住和公共建筑 | 幼儿园 |
| 1 | 架空式污水盆（池）（至上边缘） | 800 | 800 |
| 2 | 落地式污水盆（池）（至上边缘） | 500 | 500 |
| 3 | 洗涤盆（池）（至上边缘） | 800 | 800 |
| 4 | 洗手盆（至上边缘） | 800 | 500 |
| 5 | 洗脸盆（至上边缘） | 800 | 500 |
| 6 | 盥洗槽（至上边缘） | 800 | 500 |
| 7 | 浴盆（至上边缘）<br>残障人用浴盆（至上边缘）<br>按摩浴盆（至上边缘）<br>淋浴盆（至上边缘） | 480<br>450<br>450<br>100 | —<br>—<br>—<br>— |
| 8 | 蹲、坐式大便器（从台阶面至高水箱底） | 1800 | 1800 |
| 9 | 蹲式大便器（从台阶面至低水箱底） | 900 | 900 |
| 10 | 坐式大便器（至低水箱底）<br>外露排出管式<br>虹吸喷射式<br>冲落式<br>旋涡连体式 | <br>510<br>470<br>510<br>250 | <br>—<br>370<br>—<br>— |
| 11 | 坐式大便器（至上边缘）<br>外露排出管式<br>旋涡连体式<br>残障人用 | <br>400<br>360<br>450 | <br>—<br>—<br>— |
| 12 | 蹲便器（至上边缘）<br>2踏步<br>1踏步 | <br>320<br>200～270 | <br>—<br>— |
| 13 | 大便槽（从台阶面至冲洗水箱底） | 不低于2000 | — |
| 14 | 立式小便器（至受水部分上边缘） | 100 | — |
| 15 | 挂式小便器（至受水部分上边缘） | 600 | 450 |
| 16 | 小便槽（至台阶面） | 200 | 150 |
| 17 | 化验盆（至上边缘） | 800 | — |
| 18 | 净身器（至上边缘） | 360 | — |
| 19 | 饮水器（至上边缘） | 1000 | — |

若卫生器具给水配件的安装设计无高度要求时，应符合表5-3中的规定。

**表 5-3　卫生器具给水配件的安装高度**

| 给水配件名称 | | 配件中心距地面高度/mm | 冷热水龙头距离/mm |
|---|---|---|---|
| 架空式污水盆（池）水龙头 | | 1000 | — |
| 落地式污水盆（池）水龙头 | | 800 | — |
| 洗涤盆（池）水龙头 | | 1000 | 150 |
| 住宅集中给水龙头 | | 1000 | — |
| 洗手盆水龙头 | | 1000 | — |
| 洗脸盆 | 水龙头（上配水） | 1000 | 150 |
| | 水龙头（下配水） | 800 | 150 |
| | 角阀（下配水） | 450 | — |
| 盥洗槽 | 水龙头 | 1000 | 150 |
| | 冷热水管 其中热<br>上下并行 水龙头 | 1100 | 150 |
| 浴盆 | 水龙头（上配水） | 670 | 150 |
| 淋浴器 | 截止阀 | 1150 | 95 |
| | 混合阀 | 1150 | — |
| | 淋浴喷头下沿 | 2100 | — |
| 蹲式大便器（台阶面算起） | 高水箱角阀及截止阀 | 2040 | — |
| | 低水箱角阀 | 250 | — |
| | 手动式自闭冲洗阀 | 600 | — |
| | 脚踏式自闭冲洗阀 | 150 | — |
| | 拉管式冲洗阀（从地面算起） | 1600 | — |
| | 带防污助冲器阀门（从地面算起） | 900 | — |
| 坐式大便器 | 高水箱角阀及截止阀 | 2040 | — |
| | 低水箱角阀 | 150 | — |
| 大便槽冲洗水箱截止阀（从台阶面算起） | | ≥2400 | — |
| 立式小便器角阀 | | 1130 | — |
| 挂式小便器角阀及截止阀 | | 1050 | — |
| 小便槽多孔冲洗管 | | 1100 | — |
| 实验室化验水龙头 | | 1000 | — |
| 妇女卫生盆混合阀 | | 360 | — |

注：装设在幼儿园内的洗手盆、洗脸盆和盥洗槽水嘴中心离地面安装高度应为700mm，其他卫生器具给水配件的安装高度，应按卫生器具实际尺寸相应减少。

## 5.1.3 卫生器具安装施工

### 1. 大便器安装

（1）低水箱坐式大便器安装　坐式大便器内部都带有存水弯，不必另配。虹吸喷射式低水箱坐式大便器安装如图 5-2 所示。

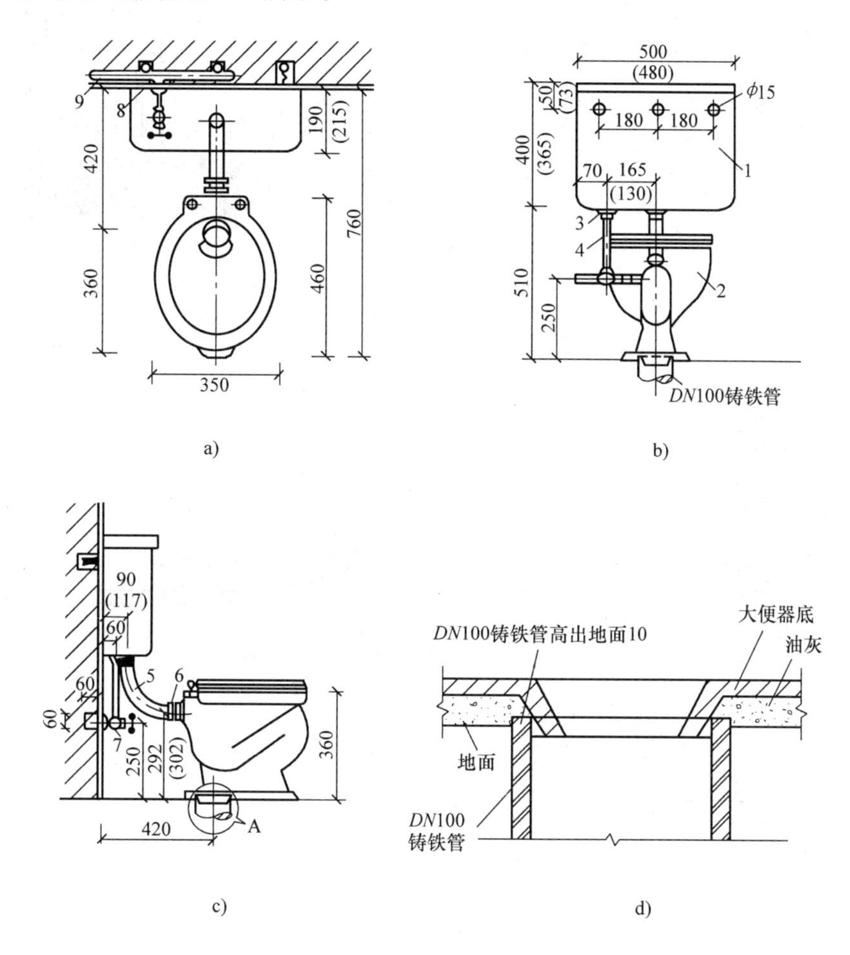


图 5-2　低水箱坐式大便器安装图

a）平面图　b）立面图一　c）立面图二　d）节点 A 图

1—低水箱　2—坐式便器　3—浮球阀配件 DN15　4—水箱进水管 DN15

5—冲洗管及配件 DN50　6—锁紧螺母 DN50　7—角阀 DN15

8—三通　9—给水管

（2）高水箱蹲式大便器安装　蹲式大便器使用时不与使用者身体直接接触，卫生条件较好，适用于集体宿舍和机关大楼等公共建筑的卫生间内。高水箱蹲式大便器安装如图 5-3 所示。

（3）大便器冲洗设备安装　大便器的冲洗设备有自动虹吸式冲洗水箱和手动虹吸式冲洗水箱（手动虹吸式又有套筒式高水箱和提拉盘式低水箱）两种，大便器高低水箱结构如图 5-4 所示。

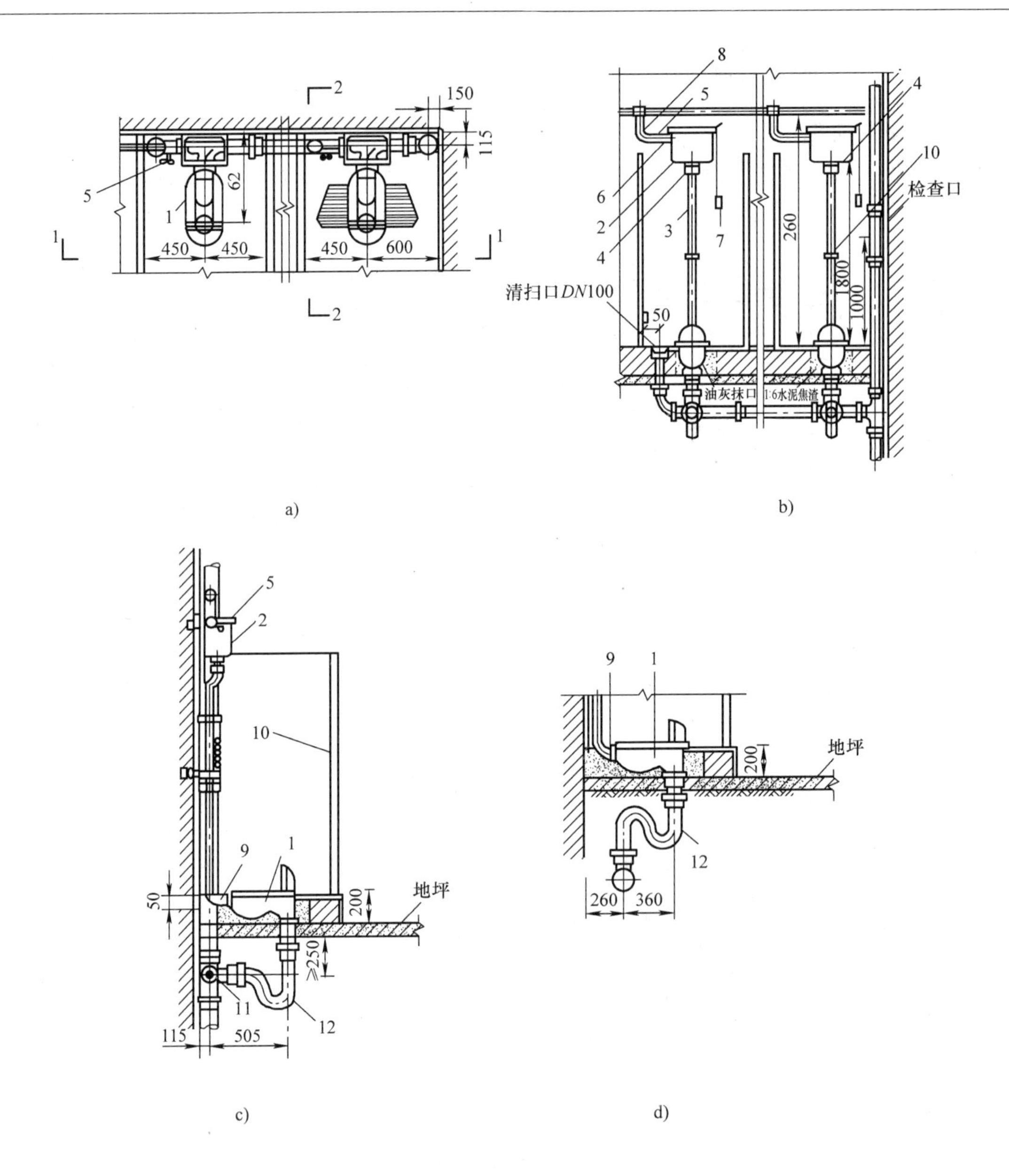


图 5-3　高水箱蹲式大便器安装图

a）平面图　b）1－1 剖面图　c）2－2 剖面图　d）“S”形存水弯安装图（用于底层）

1—蹲式大便器　2—高水箱　3—冲洗管　4—冲洗管配件　5—角式截止阀　6—浮球阀配件

7—拉链　8—弯头　9—橡胶碗　10—单管立式支架　11—90°三通　12—存水管

大便槽冲洗管、污水管管径及每蹲位冲洗水量见表 5-4。

**表 5-4　大便槽冲洗管、污水管管径及每蹲位冲洗水量**

| 蹲位数 | 冲洗管管径/mm | 每蹲位冲洗水量/L | 污水管管径/mm |
| --- | --- | --- | --- |
| 1～3 | 40 | 15 | 100 |
| 4～8 | 50 | 12 | 11 |
| 9～12 | 70 | 11 | 150 |

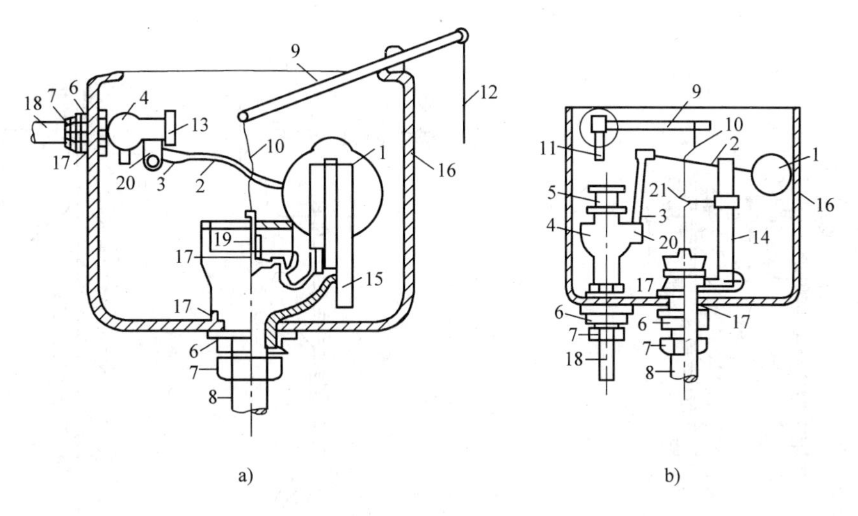


图 5-4 大便器高低水箱结构图

a）高水箱 b）低水箱

1—漂子 2—漂子杆 3—弯脖 4—漂子门 5—水门闸 6—根母 7—锁母 8—冲洗管 9—挑子 10—铜丝 11—扳把 12—导向卡子 13—闸帽 14—溢水管 15—虹吸管 16—水箱 17—橡胶 18—水管 19—弹簧 20—销子 21—溢水管卡子

冲洗管与便器连接的橡胶碗用 16 号钢丝扎紧，即先把新橡胶碗翻过来（如图 5-5 所示），插进冲洗管，并用铜丝绑好。

冲洗水箱规格及水箱支架尺寸见表 5-5。

**2. 小便器安装**

（1）立式小便器安装 立式小便器安装示意图如图 5-6 所示。

（2）挂式小便器安装 挂式小便器安装示意图如图 5-7 所示。

（3）小便槽安装 小便槽安装示意图如图 5-8 所示。

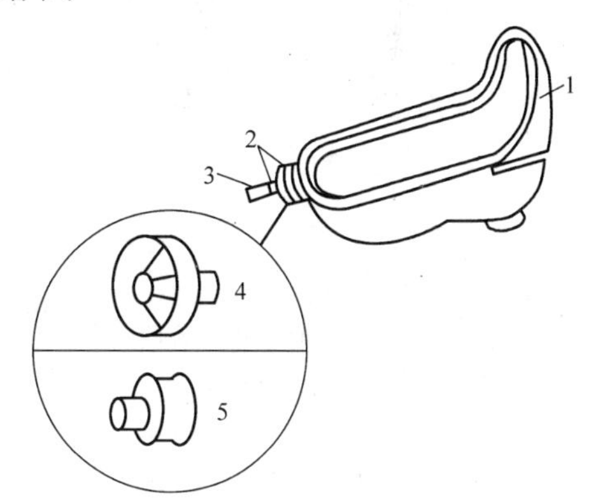

图 5-5 橡胶碗的安装示意

1—大便器 2—铜丝 3—冲洗管 4—未翻边的橡胶碗 5—翻边的橡胶碗

**表 5-5 冲洗水箱规格及水箱支架尺寸** （单位：mm）

| 水箱规格 | | | | 水箱支架尺寸 | | | | |
|---|---|---|---|---|---|---|---|---|
| 容量/L | 长 | 宽 | 高 | 长 | 宽 | 支架脚长 | 冲水管直径 | 进水管距箱底高度 |
| 30 | 450 | 250 | 340 | 460 | 260 | 260 | 40 | 280 |
| 45.6 | 470 | 300 | 400 | 480 | 310 | 260 | 40 | 340 |
| 57 | 550 | 300 | 400 | 560 | 310 | 260 | 50 | 340 |
| 68 | 600 | 350 | 400 | 610 | 360 | 260 | 50 | 340 |
| 83.6 | 620 | 350 | 450 | 630 | 360 | 260 | 65 | 380 |

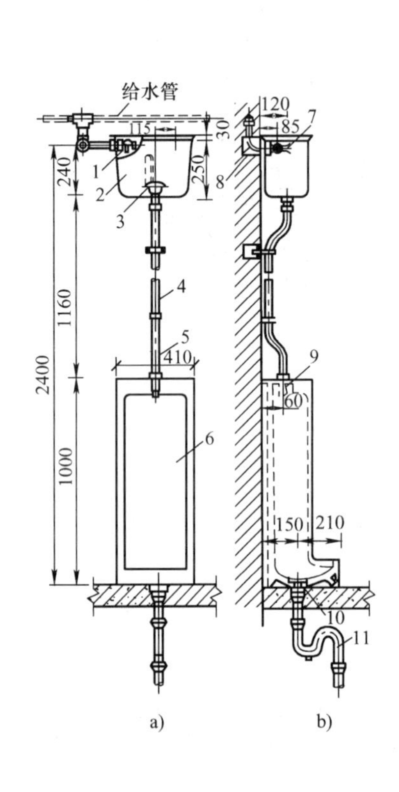


图 5-6　立式小便器安装示意图

a）立面图　b）侧面图

1—水箱进水阀　2—高水箱　3—自动冲洗阀　4—冲洗管及配件　5—连接管及配件　6—立式小便器　7—角式截止阀　8—弯头　9—喷水鸭嘴　10—排水栓　11—存水弯

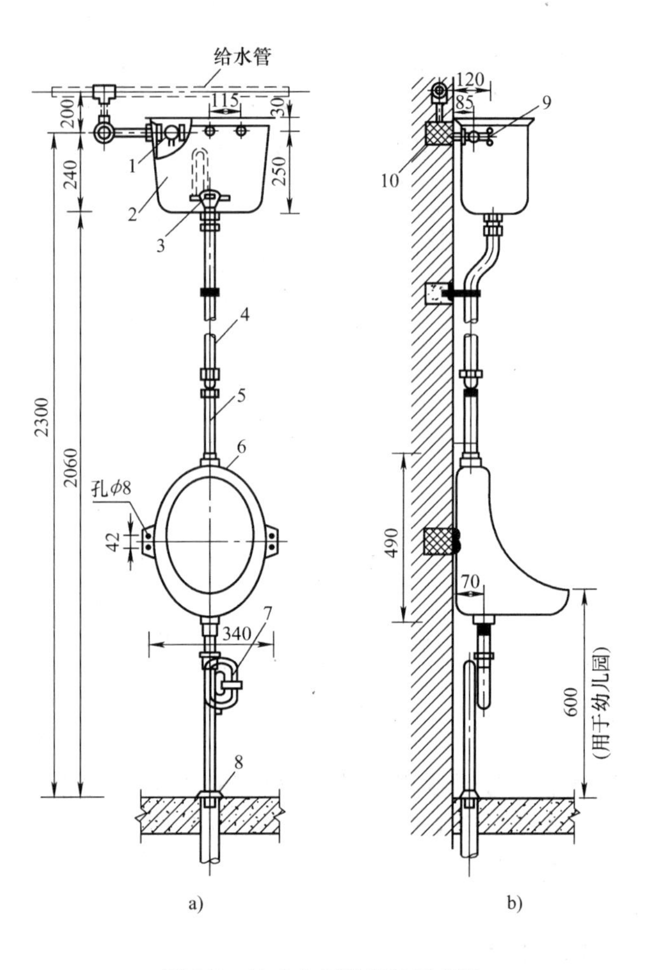


图 5-7　挂式小便器安装示意图

a）立面图　b）侧面图

1—水箱进水阀　2—高水箱　3—自动冲洗阀　4—冲洗管及配件　5—连接管及配件　6—挂式小便器　7—存水弯　8—压盖　9—角式截止阀　10—弯头

**3. 洗脸盆安装**

洗脸盆安装图如图 5-9 所示。

**4. 浴缸（盆）安装**

浴缸安装形式有带固定式淋浴器（图 5-10）和活动式淋浴器（图 5-11）两种。

**5. 净身盆安装**

净身盆安装示意图如图 5-12 所示。

**6. 洗涤盆安装**

洗涤盆安装图如图 5-13 所示。

洗涤盆规格尺寸见表 5-6。

洗涤盆托架尺寸见表 5-7。

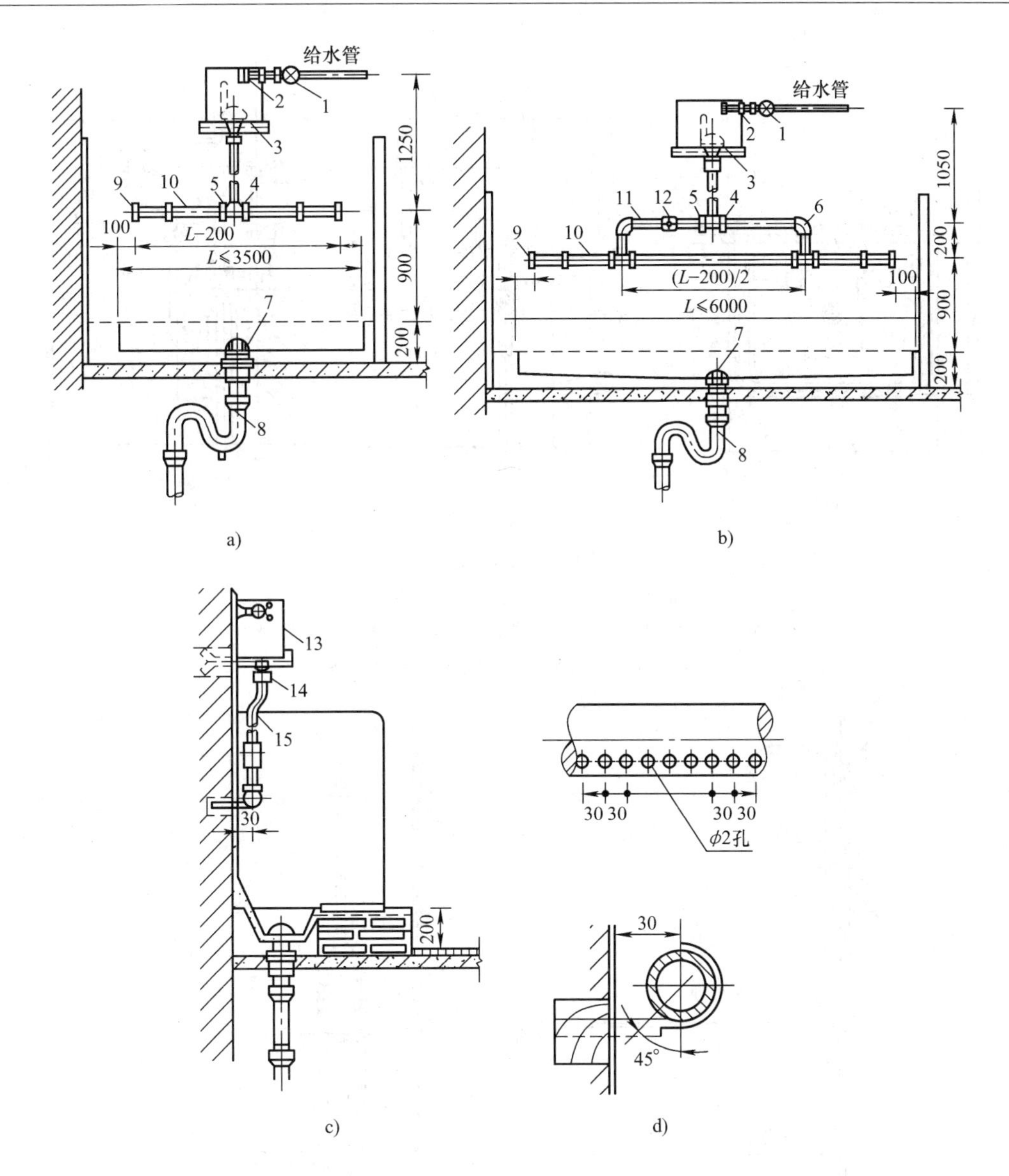


图 5-8 自动冲洗小便槽安装示意图（甲、乙型）

a）甲型立面图 b）乙型立面图 c）侧面图 d）多孔管详图

1—角式截止阀 2—水箱进水阀 3—自动冲洗阀 4—三通 5—补芯 6—弯头 7—罩式排水栓 8—存水弯 9—管帽 10—多孔管 11—塔式管 12—浮接头 13—冲洗水箱（连支架） 14—管接头 15—冲洗管

**7. 化验盆安装**

化验盆的排水栓和排水管的安装方法可参照洗涤盆的安装，如图 5-14 所示。

**8. 淋浴器安装**

短管数量根据淋浴器组数确定，按顺序进行组装，立管栽固定立管卡，将喷头卡住。立管应垂直，喷头找正。淋浴器安装如图 5-15 所示。

**9. 污水盆安装**

污水盆有落地式和架空式两种，污水盆安装如图 5-16 所示。

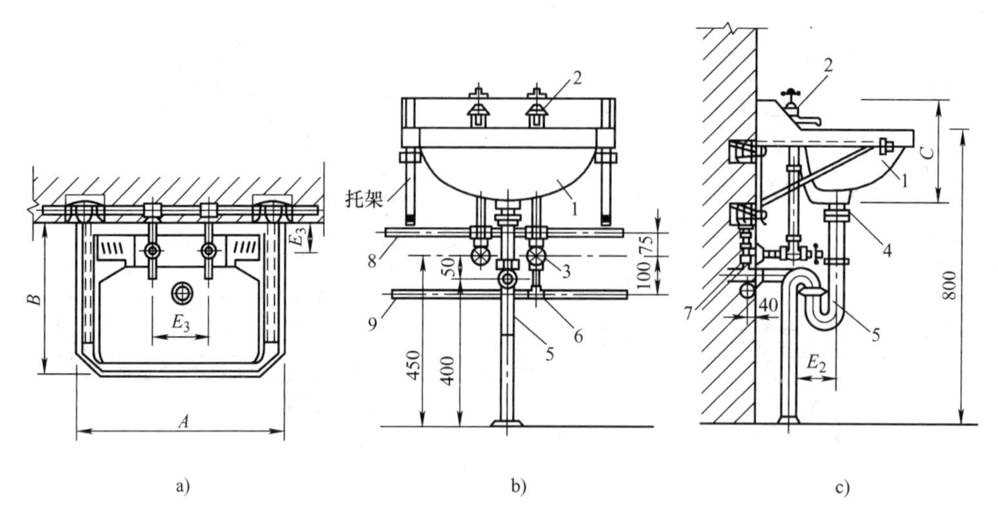


图 5-9 洗脸盆安装图

a）平面图 b）立面图 c）侧面图

1—洗脸盆 2—龙头 3—角式截止阀 4—排水栓 5—存水弯

6—三通 7—弯头 8—热水管 9—冷水管

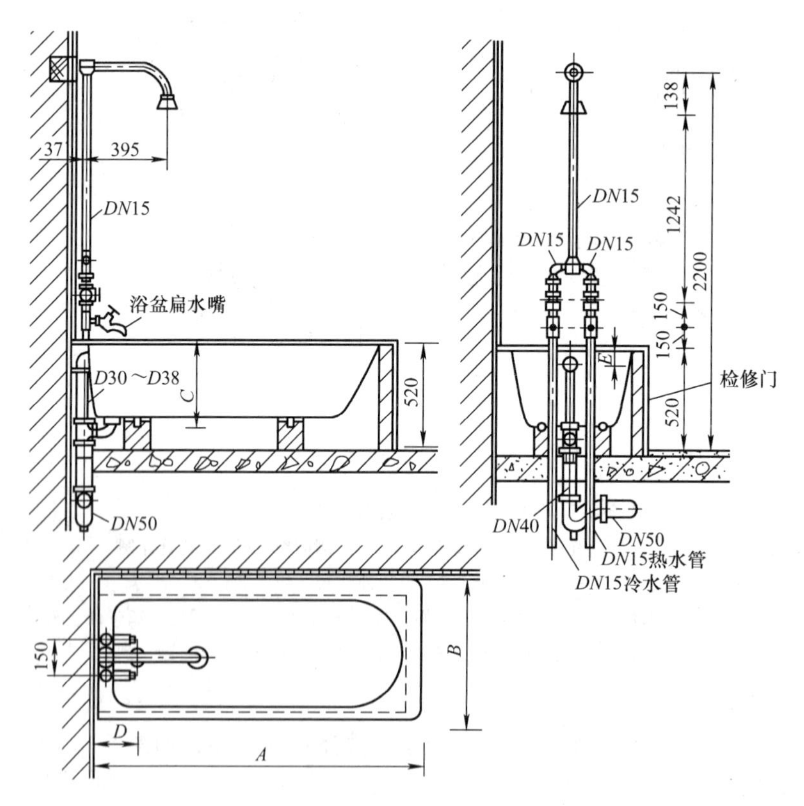


图 5-10 浴缸带固定式淋浴器安装

**10. 地漏安装**

地漏主要设置在厕所、浴室、盥洗室、卫生间及其他需要从地面排水的房间内，用以排除地面积水，如图 5-17 所示。

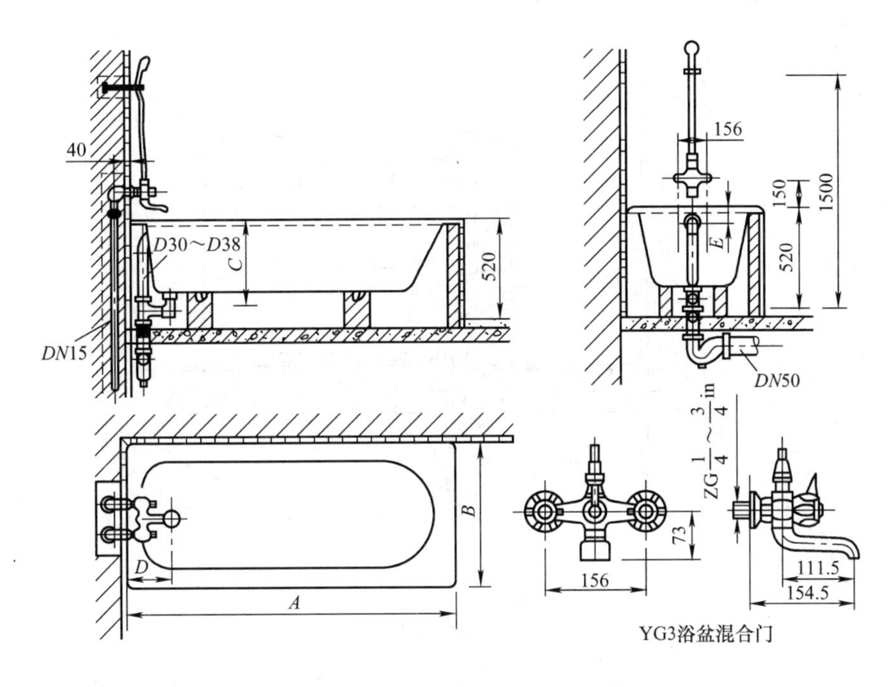


图 5-11　浴缸带活动式淋浴器安装

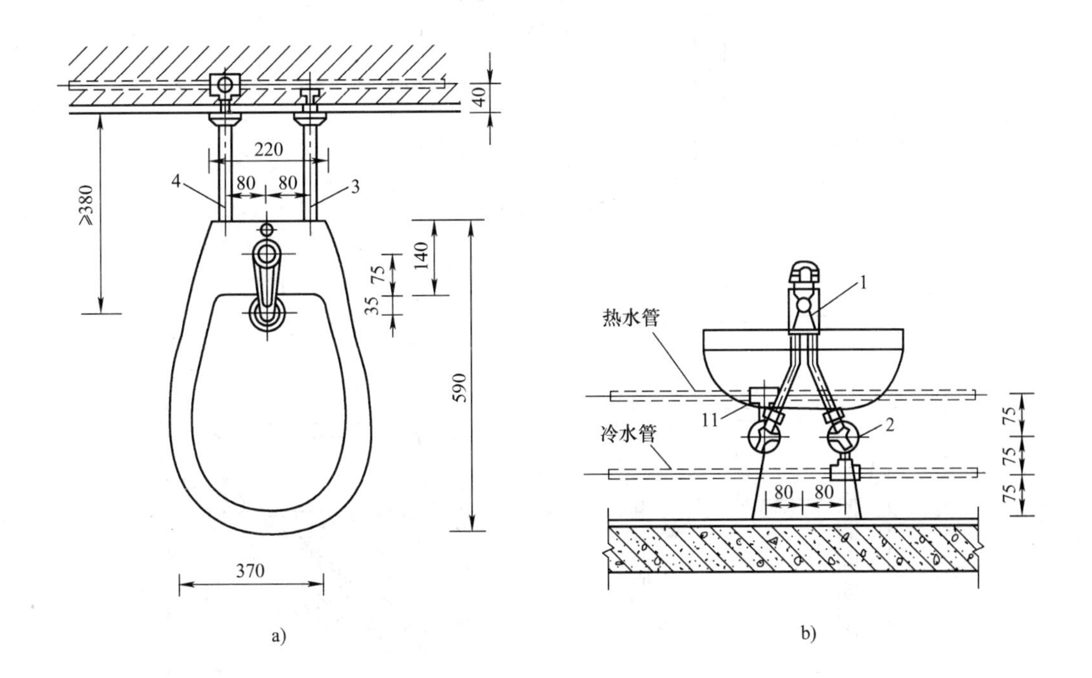


图 5-12　净身盆安装示意图

a）平面图　b）立面图

1—单把净身盆给水阀　2—角式截止阀　3—冷水管　4—热水管

5—净身盆　6—排水栓　7—排水阀　8—短管　9—存水管

10—弯头　11—三通

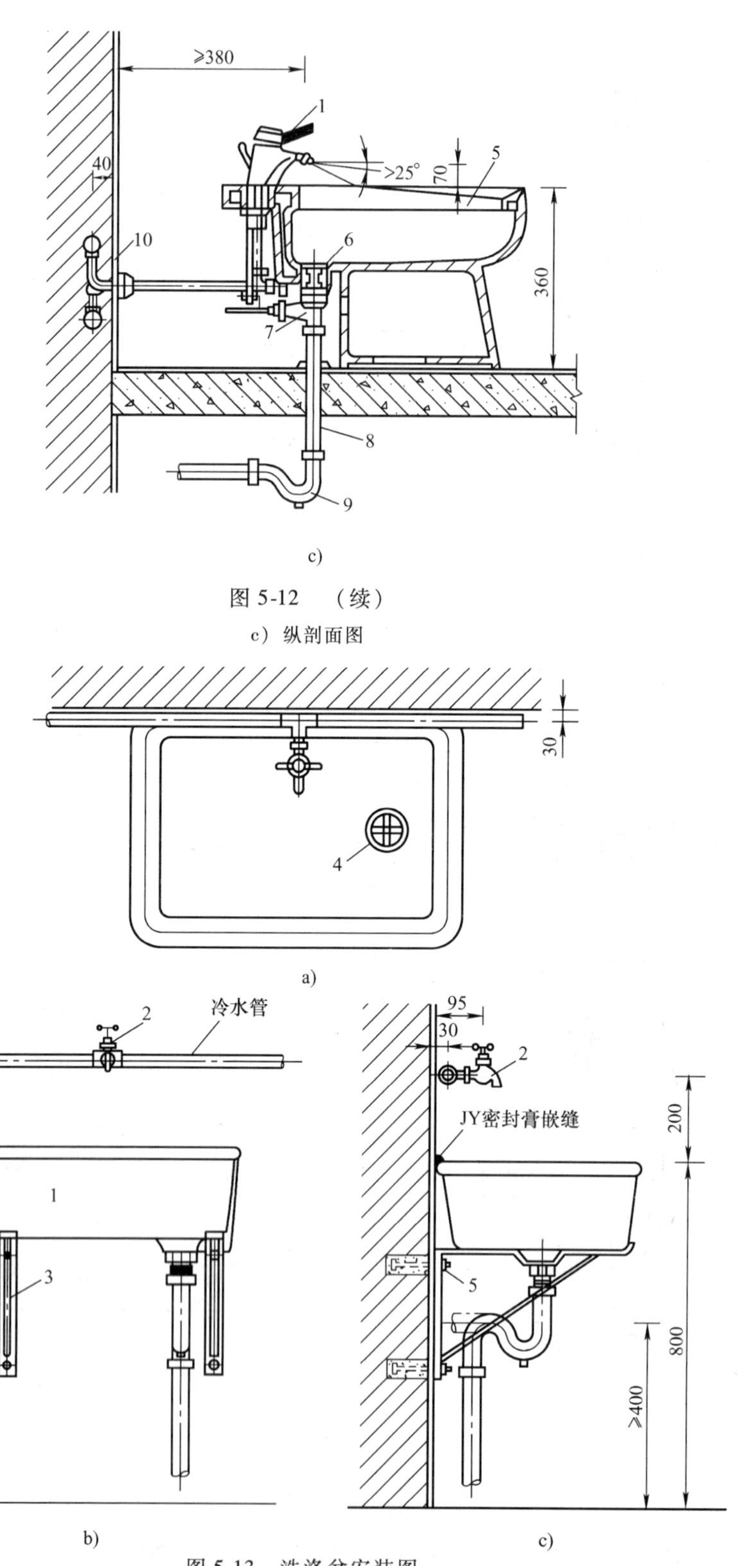


图 5-12　（续）

c）纵剖面图

图 5-13　洗涤盆安装图

a）平面图　b）立面图　c）侧面图

1—洗涤盆　2—龙头　3—托架　4—排水栓　5—螺栓

**表 5-6 洗涤盆规格尺寸** （单位：mm）

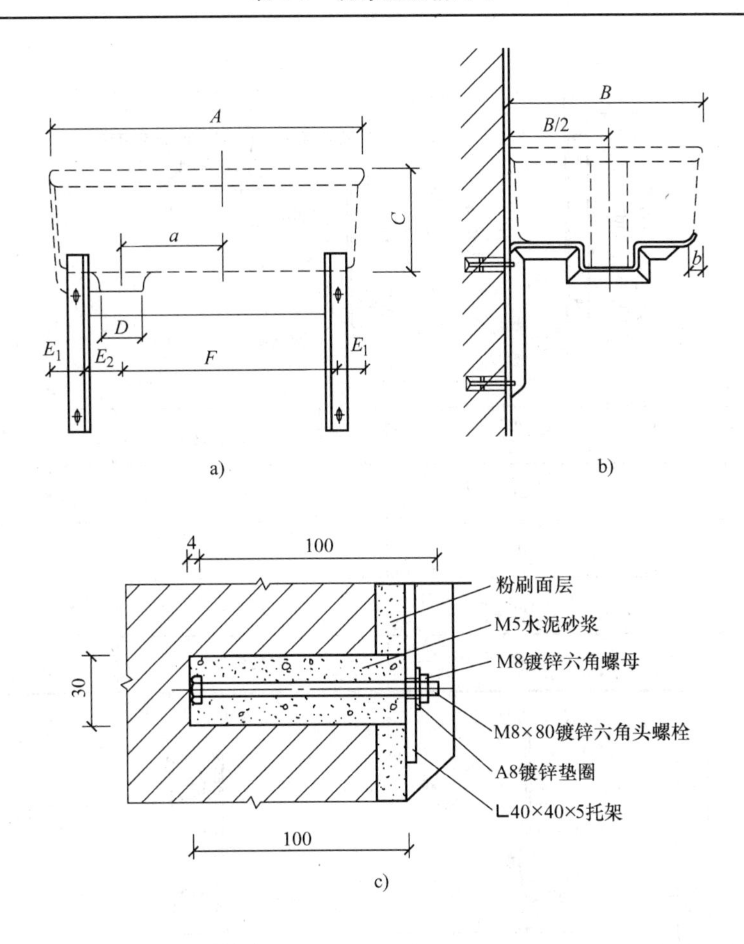


a)　　b)　　c)

a）立面图　b）侧面图　c）螺栓节点图

<table>
<tr><td></td><td>代号</td><td colspan="5">尺寸</td></tr>
<tr><td rowspan="5">类别</td><td>A</td><td>610</td><td>560</td><td>510</td><td>460</td><td>410</td></tr>
<tr><td rowspan="2">B</td><td>410</td><td>360</td><td rowspan="2">360</td><td>310</td><td rowspan="2">310</td></tr>
<tr><td>460</td><td>410</td><td>360</td></tr>
<tr><td>C</td><td colspan="3">200</td><td colspan="2">150</td></tr>
<tr><td>D</td><td colspan="3">65</td><td colspan="2">50</td></tr>
<tr><td rowspan="4">卷沿盆</td><td>$E_1$</td><td colspan="5">55</td></tr>
<tr><td>$E_2$</td><td colspan="5">85</td></tr>
<tr><td>F</td><td>415</td><td>365</td><td>315</td><td>265</td><td>215</td></tr>
<tr><td>a</td><td>165</td><td>140</td><td>115</td><td>90</td><td>65</td></tr>
<tr><td rowspan="4">直沿盆</td><td>$E_1$</td><td colspan="5">40</td></tr>
<tr><td>$E_2$</td><td colspan="5">70</td></tr>
<tr><td>F</td><td>460</td><td>410</td><td>360</td><td>310</td><td>260</td></tr>
<tr><td>a</td><td>195</td><td>170</td><td>145</td><td>120</td><td>95</td></tr>
</table>

**表 5-7　洗涤盆托架尺寸**

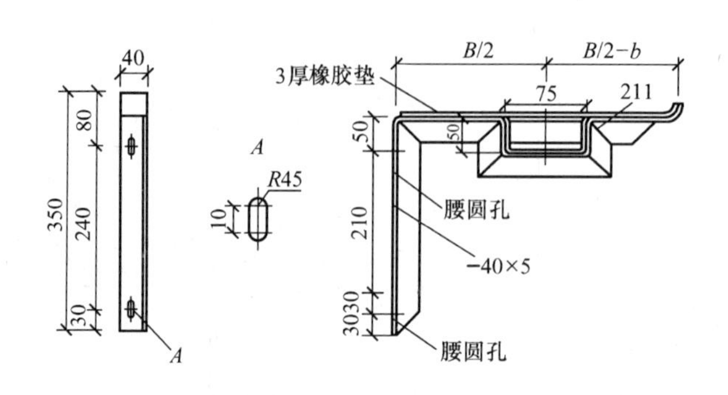


| $B$ | $B/2$ | $B/2-b$（卷沿盆） | $B/2-b$（直沿盆） |
|---|---|---|---|
| 460 | 230 | 200 | 220 |
| 410 | 205 | 175 | 195 |
| 360 | 180 | 150 | 170 |
| 310 | 155 | 125 | 145 |

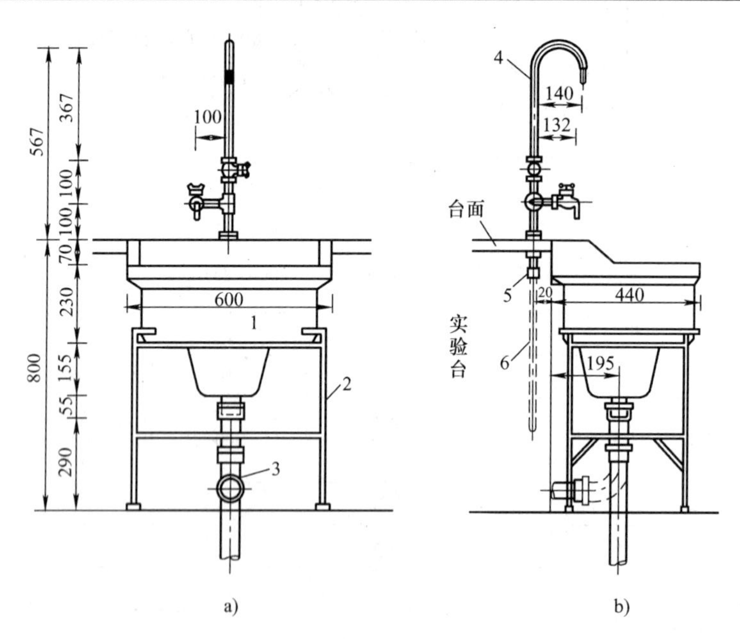


图 5-14　双联化验龙头化验盆安装图

a）立面图　b）侧面图

1—化验盆　2—支架　3—排水管　4—双联化验龙头　5—管接头　6—冷水管

淋浴室地漏管径见表 5-8。

地漏应设置在易溅水的器具附近及地面的最低处，地漏安装图如图 5-18 所示。

淋浴排水地漏直径见表 5-9。

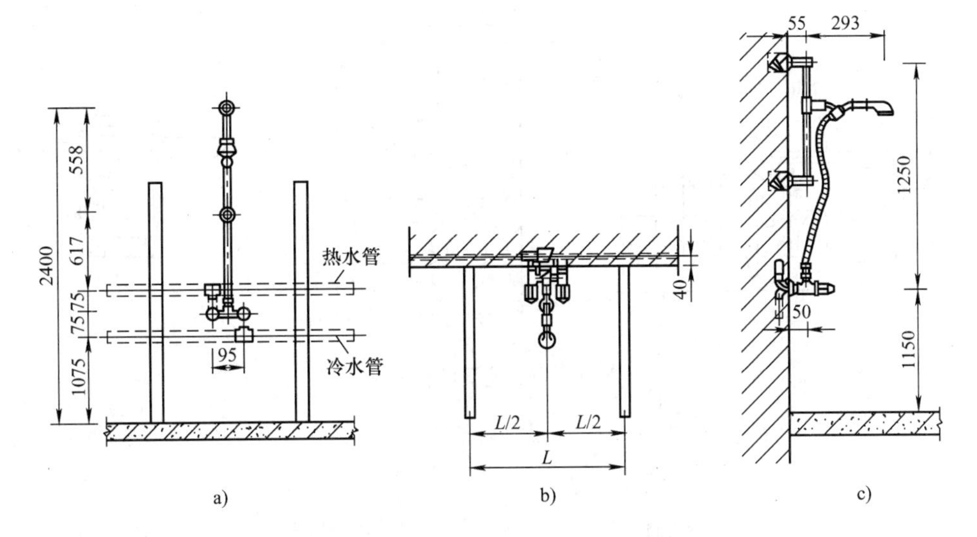


图 5-15 淋浴器-升降式安装（暗管）

a）立面图 b）平面图 c）侧面图

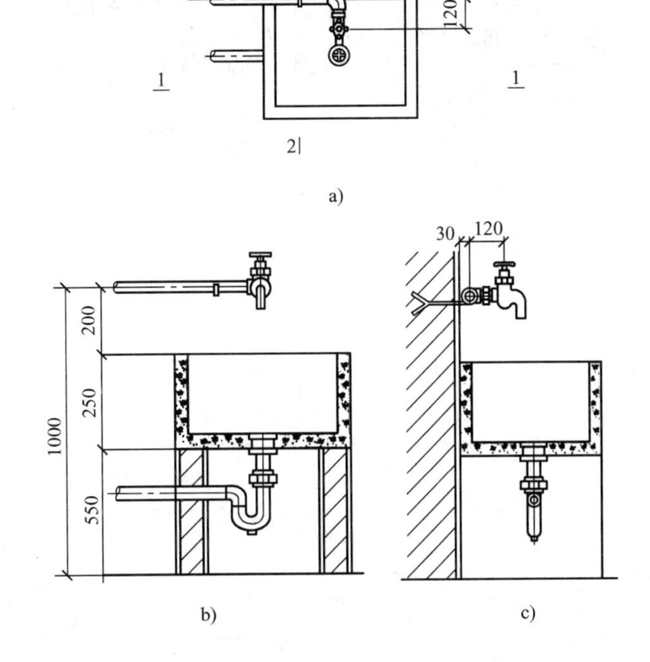


图 5-16 污水盆安装图

a）平面图 b）1—1 剖视图 c）2—2 剖视图

**表 5-8 淋浴室地漏管径**

| 淋浴器数量/个 | 1 ~ 2 | 3 | 4 ~ 5 |
|---|---|---|---|
| 地漏管径/mm | 50 | 75 | 100 |

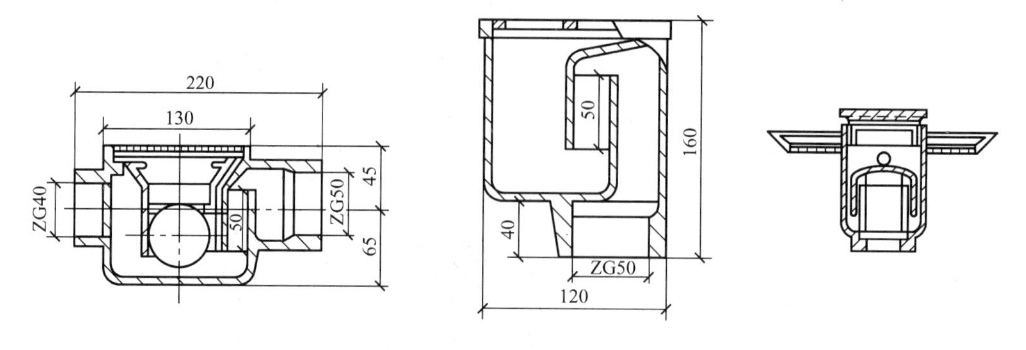


图 5-17　地漏的构造

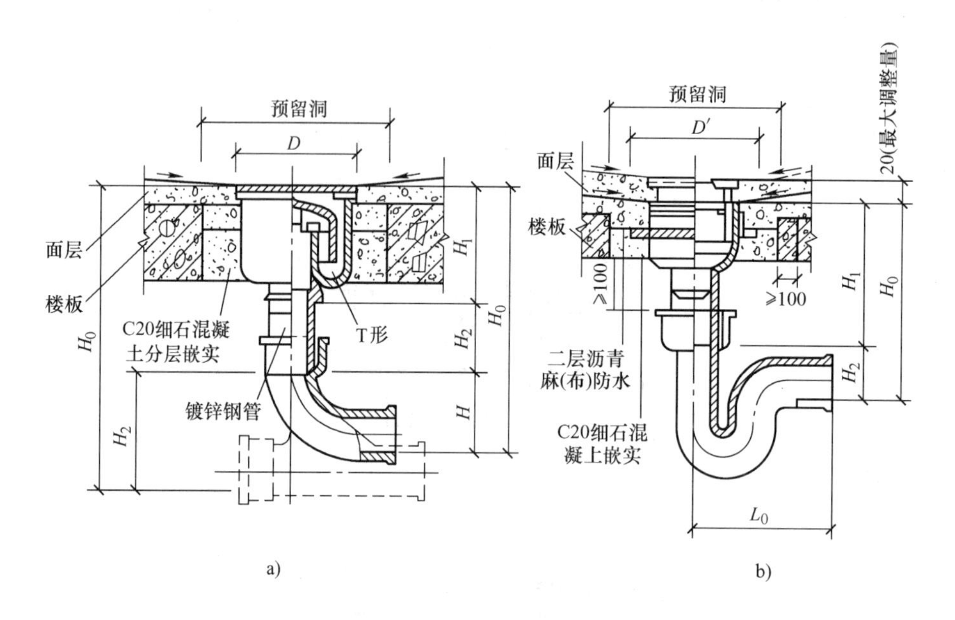


图 5-18　地漏安装图

a）有水封地漏　b）无水封地漏

**表 5-9　淋浴排水地漏直径**

| 淋浴器数量/个 | 地漏直径/mm | |
|---|---|---|
| | 设在沟内 | 设在地面上 |
| 1～2 | 50 | 75 |
| 3～4 | 75 | 100 |
| 5～8 | 100 | 150 |

## 5.1.4　卫生器具安装质量标准

卫生器具安装质量验收标准见表 5-10。

**表 5-10 卫生器具安装质量验收标准**

| 项目 | 内容 |
| --- | --- |
| 主控项目 | （1）排水栓和地漏的安装应平正、牢固，低于排水表面，周边无渗漏。地漏水封高度不得小于50mm<br>（2）卫生器具交工前应做满水和通水试验<br>（3）与排水横管连接的各卫生器具的受水口和立管均应采取妥善可靠的固定措施。管道与楼板的接合部位应采取牢固可靠的防渗、防漏措施<br>（4）连接卫生器具的排水管道接口应紧密不漏，其固定支架和管卡等支撑位置应正确、牢固，与管道的接触应平整 |
| 一般项目 | （1）卫生器具安装的允许偏差应符合表 5-11 中的规定<br>（2）有饰面的浴盆应留有通向浴盆排水口的检修门<br>（3）小便槽冲洗管应采用镀锌钢管或硬质塑料管。冲洗孔应斜向下方安装，冲洗水流同墙面成45°角。镀锌钢管粘孔后应进行二次镀锌<br>（4）卫生器具的支、托架必须防腐良好，安装平整、牢固，与器具接触紧密、平稳<br>（5）卫生器具排水管道安装的允许偏差应符合表 5-12 中的规定<br>（6）若连接卫生器具的排水管管径和最小坡度设计无要求时，应符合相关规定 |

**表 5-11 卫生器具安装的允许偏差**

| 项次 | 项目 | | 允许偏差/mm | 检验方法 |
| --- | --- | --- | --- | --- |
| 1 | 坐标 | 单独器具 | 10 | 拉线、吊线和尺量检查 |
| | | 成排器具 | 5 | |
| 2 | 标高 | 单独器具 | ±15 | |
| | | 成排器具 | ±10 | |
| 3 | 器具水平度 | | 2 | 用水平尺和尺量检查 |
| 4 | 器具垂直度 | | 3 | 吊线和尺量检查 |

**表 5-12 卫生器具排水管道安装的允许偏差**

| 项次 | 项目 | | 允许偏差/mm | 检验方法 |
| --- | --- | --- | --- | --- |
| 1 | 横管弯曲度 | 每 1m 长 | 2 | 用水平尺量检查 |
| | | 横管长度≤10m，全长 | <8 | |
| | | 横管长度>10m，全长 | 10 | |
| 2 | 卫生器具的排水管及横支管的纵横坐标 | 单独器具 | 10 | 用尺量检查 |
| | | 成排器具 | 5 | |
| 3 | 卫生器具的接口标高 | 单独器具 | ±10 | 用水平尺和尺量检查 |
| | | 成排器具 | ±5 | |

卫生器具附件安装质量验收标准见表 5-13。

**表 5-13 卫生器具附件安装质量验收标准**

| 项目 | 内容 |
| --- | --- |
| 主控项目 | 卫生器具配件应完好无损伤，接口严密，启闭部分灵活 |
| 一般项目 | （1）卫生器具配件安装标高的允许偏差和检验方法应符合表 5-14 中的规定。<br>（2）浴盆软管淋浴器挂钩的高度，如设计无要求，应距地面 1.8m |

表 5-14　卫生器具配件安装标高的允许偏差和检验方法

| 项次 | 项目 | 允许偏差/mm | 检验方法 |
|---|---|---|---|
| 1 | 大便器高、低水箱角阀及截止阀 | ±10 | 尺量检查 |
| 2 | 水嘴 | ±10 | |
| 3 | 淋浴器喷头下沿 | ±15 | |
| 4 | 浴盆软管淋浴器挂钩 | ±20 | |

# 5.2　室内排水管道安装

## 5.2.1　管道安装一般要求

若工业厂房内生活排水管埋设深度设计无要求时，不得小于表 5-15 中的规定。

表 5-15　工业厂房生活排水管由地面至管顶最小埋设深度　（单位：m）

| 管　材 | 地面种类 | |
|---|---|---|
| | 土地面、碎石地面、砖地面 | 混凝土地面、水泥地面、菱苦土地面 |
| 铸铁管、钢管 | 0.7 | 0.7 |
| 钢筋混凝土管 | 0.7 | 0.5 |
| 陶土管、石棉水泥管 | 1.0 | 0.6 |

注：1. 厂房生活间和其他不受机械损坏的房间内，管道的埋设深度可酌减到 300mm。
2. 在铁轨下铺设钢管或给水铸铁管，轨底至管顶埋设深度不得小于 1m。
3. 在管道有防止机械损伤措施或不可能受机械损坏的情况下，其埋设深度可小于表中及注 2 中规定的数值。

排水横管支架的最大间距见表 5-16。

表 5-16　排水横管支架的最大间距

| 公称直径 *DN*/mm | | 50 | 75 | 100 |
|---|---|---|---|---|
| 支架最大间距/m | 塑料管 | 0.6 | 0.8 | 1.0 |
| | 铸铁管 | ≤2 | | |

排水立管仅设出顶通气管时，最底排水横支管与立管连接处距排水立管管底的垂直距离，应符合表 5-17 中的要求。

表 5-17　最底横支管与立管连接处至立管底部的垂直距离

| 立管连接卫生器具的层数/层 | ≤4 | 5～6 | 7～19 | ≥20 |
|---|---|---|---|---|
| 垂直距离/m | 0.45 | 0.75 | 3.00 | 6.00 |

塑料管支承件的间距，立管外径为 50mm 的应不大于 1.5m；外径为 75mm 及以上的应不大于 2m。横管支承件应不大于表 5-18 中的规定。

表 5-18　塑料横管支承件的间距　（单位：mm）

| 外径 | 40 | 50 | 75 | 110 | 160 |
|---|---|---|---|---|---|
| 间距 | 400 | 500 | 750 | 1100 | 1600 |

## 5.2.2　排水管管径

建筑排水工程实践中，各类排水管道的最小管径见表5-19。

表5-19　排水管道的最小管径

| 序号 | 管道名称 | 最小管径/mm |
|---|---|---|
| 1 | 单个饮水器排水管 | 25 |
| 2 | 单个洗脸盆、浴盆、净身器等排泄较洁净废水的卫生洁具排水管 | 40 |
| 3 | 连接大便器的排水管 | 100 |
| 4 | 大便槽排水管 | 150 |
| 5 | 公共食堂厨房污水干管<br>公共食堂厨房污水支管 | 100<br>75 |
| 6 | 医院污物的洗涤盆、污水盆排水管 | 75 |
| 7 | 小便槽或连接3个及3个以上小便器的排水管 | 75 |
| 8 | 排水立管管径 | 不小于所连接的横支管管径 |
| 9 | 多层住宅厨房间立管 | 75 |

注：除表中1、2项外，室内其他排水管管径不得小于50mm。

排水管的最大排水能力，即使排水管道压力波动保持在允许范围内的最大排水量。不通气排水立管和生活排水水管的最大排水能力分别见表5-20和表5-21。

表5-20　不通气排水立管的最大排水能力

| 立管工作高度/m | 排水能力/（L/s） | | | |
|---|---|---|---|---|
| | 立管管径/mm | | | |
| | 50 | 75 | 100 | 125 |
| 2 | 1.0 | 1.70 | 3.8 | 5.0 |
| ≤3 | 0.64 | 1.35 | 2.40 | 3.4 |
| 4 | 0.50 | 0.92 | 1.76 | 2.7 |
| 5 | 0.40 | 0.70 | 1.36 | 1.9 |
| 6 | 0.40 | 0.50 | 1.00 | 1.5 |
| 7 | 0.40 | 0.50 | 0.70 | 1.2 |
| ≥8 | 0.40 | 0.50 | 0.64 | 1.0 |

注：1. 排水立管工作高度，是指最高排水横支管和立管连接点至排出管中心线间的距离。
2. 如排水立管工作高度在表中列出的两个高度值之间时，可用内插法求得排水立管的最大排水能力数值。

表5-21　生活排水立管的最大排水能力

| 生活排水立管管径/mm | 排水能力/（L/s） | |
|---|---|---|
| | 无专用通气立管 | 有专用通气立管或主通气立管 |
| 50 | 1.0 | — |
| 75 | 2.5 | 5 |
| 100 | 4.5 | 9 |
| 125 | 7.0 | 14 |
| 150 | 10.0 | 25 |

## 5.2.3　通气管管径

通气管必须伸出屋面，其高度不得小于0.3m，且应大于最大积雪厚度。通气管穿过屋面的做法如图 5-19 所示。

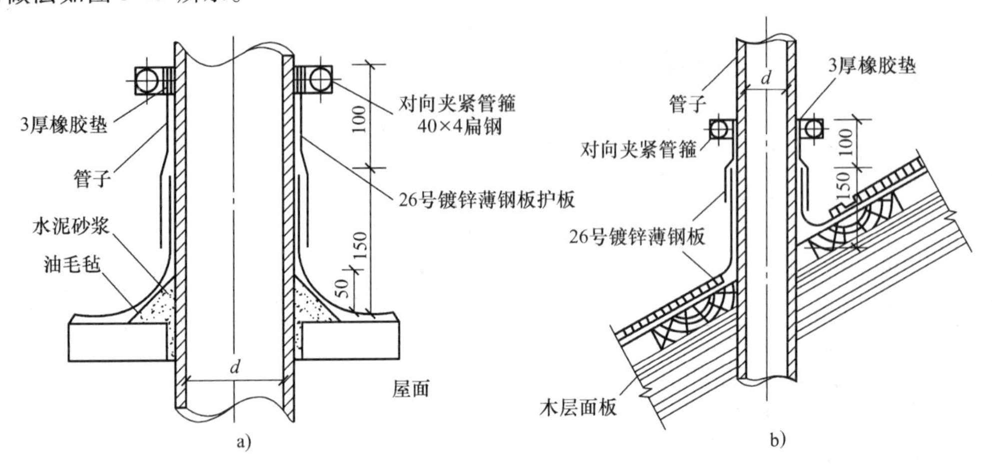


图 5-19　通气管穿过屋面的做法

a）平屋顶　b）坡屋面

辅助通气立管管径应采用表 5-22 中的规定。

**表 5-22　辅助通气立管管径**　　（单位：mm）

| 污水立管管径 | 50 | 75 | 100 | 125 | 150 |
|---|---|---|---|---|---|
| 辅助通气立管管径 | 40 | 50 | 75 | 75 | 100 |

对于卫生器具在 4 个以上，且距立管大于 12m 或同一横支管连接 6 个及 6 个以上大便器时，应设辅助通气管，如图 5-20 所示。

按照规定须设置辅助透气管和辅助透气立管时，其管径根据排水支管和立管管径按表 5-23 确定。

**表 5-23　辅助透气管及透气立管管径**　　（单位：mm）

| 排水支管管径 | 辅助透气管管径 |
|---|---|
| 50 | 25～32 |
| 70 | 32～40 |
| 100 | 40～50 |
| — | — |
| 50 | 40 |
| 75 | 50 |
| 100 | 75 |
| 150 | 100 |

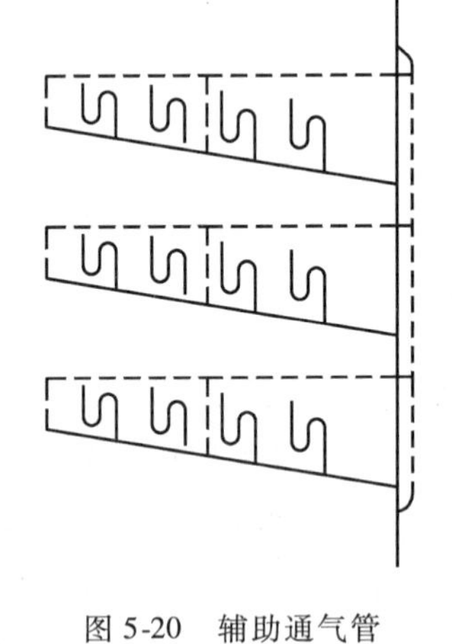

图 5-20　辅助通气管

## 5.2.4　排水铸铁管安装

高度 50m 以上的高层建筑排水铸铁管，抗震设防 8 度地区，在立管上设置柔性接口，如图 5-21 所示。

在立管转弯处应安装固定装置，如图 5-22 所示。

高层建筑采用辅助透气管，用辅助透气异型管件连接，如图 5-23 所示。

最低横支管与立管连接处至立管管底的垂直距离应符合表 5-24 和图 5-24 中的规定。

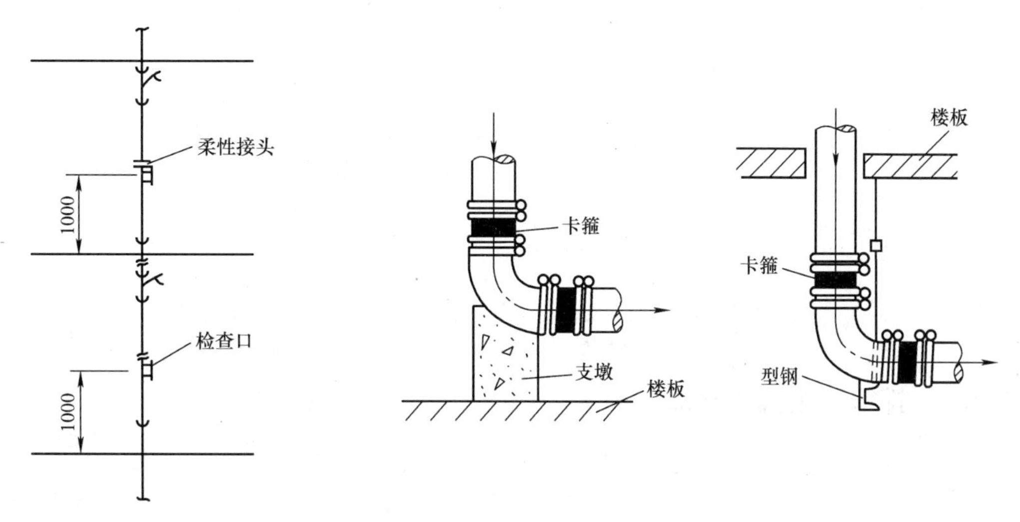


图 5-21　柔性铸铁管连接　　图 5-22　固定装置

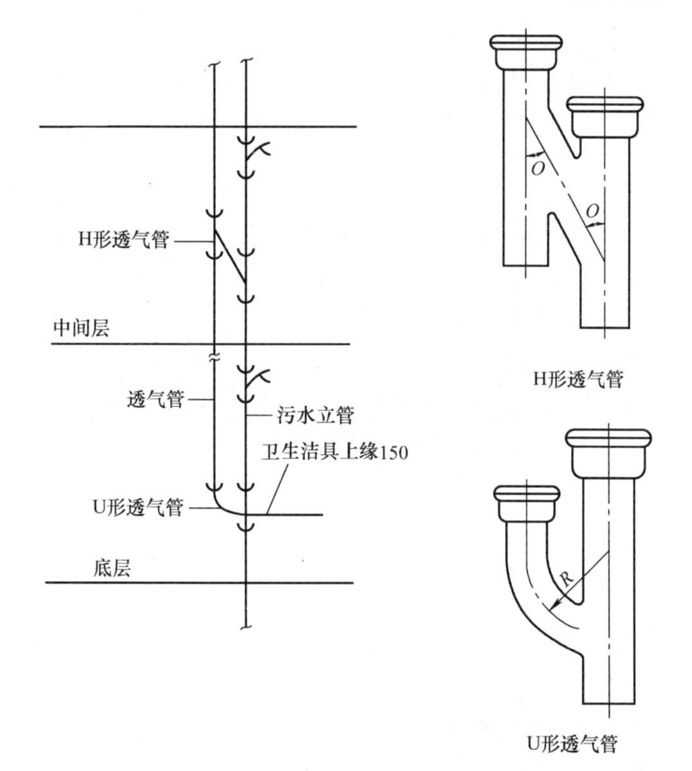


图 5-23　透气异型管件连接

**表 5-24　最低横支管与立管连接处至立管管底的垂直距离**

| 项次 | 立管连接卫生器具的层数/层 | 垂直距离/m | 项次 | 立管连接卫生器具的层数/层 | 垂直距离/m |
|---|---|---|---|---|---|
| 1 | ≤4 | 0.45 | 4 | 13～19 | 3.00 |
| 2 | 5～6 | 0.75 | 5 | ≥20 | 6.00 |
| 3 | 7～12 | 1.2 | | | |

注：当与排出管连接的立管底部放大 1 号管径或横干管比与之连接的立管大 1 号管径时，可将表中垂直距离缩小一档。

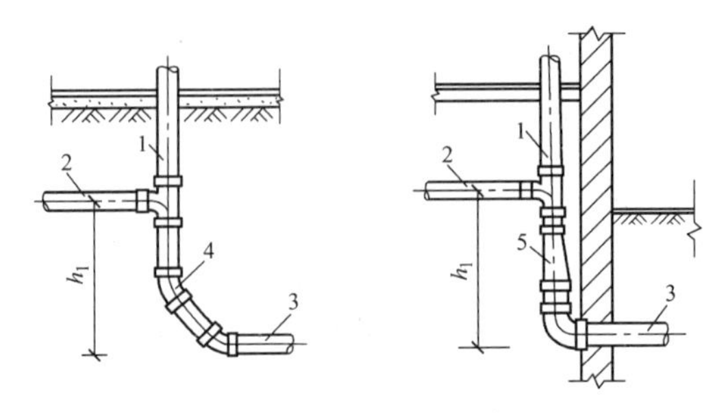


图 5-24　最低横支管与立管连接处至立管管底的垂直距离

1—立管　2—横支管　3—排出管　4—45°弯头　5—偏心异径管

## 5.2.5　排水管道灌水试验

通球用胶球按管道直径配用。胶球直径的选择见表 5-25。

表 5-25　胶球直径的选择　（单位：mm）

| 管径 | 150 | 100 | 75 |
|---|---|---|---|
| 胶球直径 | 100 | 70 | 50 |

准备工作将胶管和胶囊等按图 5-25 所示组合后，并对工具进行试漏检查，将胶囊放置在水盆内，水盆装满水，边充气、边检查胶囊和胶管接口处是否漏气。

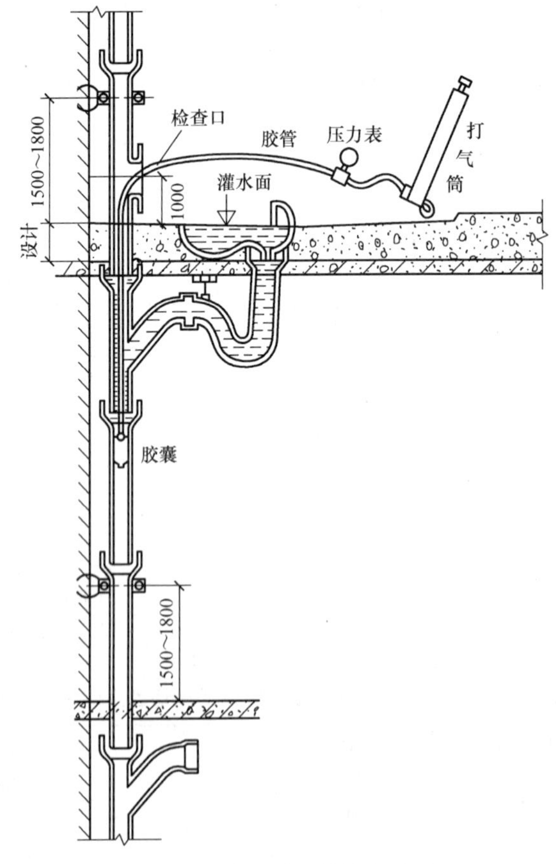


图 5-25　室内排水管灌水试验

注：灌水高度高于大便器上沿 5mm，观察 30min，无渗漏为合格。

## 5.2.6　室内排水管道安装质量标准

室内排水管道安装质量验收标准见表5-26。

表5-26　室内排水管道安装质量验收标准

| 项目 | 内容 |
| --- | --- |
| 主控项目 | （1）隐蔽或埋地的排水管道在隐蔽前必须做灌水试验，其灌水高度应不低于底层卫生器具的上边缘或底层地面高度。安装在室内的雨水管道安装后应做灌水试验，灌水高度必须到每根立管上部的雨水斗<br>（2）生活污水铸铁管道的坡度必须符合设计或表5-27中的规定，坡度均匀、一致<br>（3）生活污水塑料管道的坡度必须符合设计或表5-28中的规定，坡度均匀、一致<br>（4）悬吊式雨水管道的敷设坡度不得小于5‰；埋地雨水管道的最小坡度，应符合表5-29中的规定，坡度均匀、一致<br>（5）排水、雨水管道如采用塑料管必须按设计要求及位置装设伸缩节。如设计无要求时，伸缩节间距不得大于4m。高层建筑中明设排水塑料管道应按设计要求设置阻火圈或防火套管<br>（6）排水主立管及水平干管管道均应做通球试验，通球球径不小于排水管道管径的2/3，通球率必须达到100% |
| 一般项目 | （1）在生活污水管道上设置的检查口或清扫口，当设计无要求时应符合下列规定：<br>1）在立管上应每隔一层设置一个检查口；但在最底层和有卫生器具的最高层必须设置。如为两层建筑时，可仅在底层设置立管检查口；如有乙字弯管时，则在该层乙字弯管的上部设置检查口。检查口中心高度距操作地面一般为1m，允许偏差±20mm；检查口的朝向应便于检修。暗装立管，在检查口处应安装检修门<br>2）在连接2个及2个以上大便器或3个及3个以上卫生器具的污水横管上应设置清扫口。当污水管在楼板下悬吊敷设时，可将清扫口设在上一层楼地面上，污水管起点的清扫口与管道相垂直的墙面距离不得小于200mm；若污水管起点设置堵头代替清扫口时，与墙面距离不得小于400mm<br>3）在转角小于135°的污水横管上，应设置检查口或清扫口。污水横管的直线管段，应按设计要求的距离设置检查口或清扫口<br>（2）埋在地下或地板下的排水管道的检查口，应设在检查井内。井底表面标高与检查口的法兰相平，井底表面应有5%坡度，坡向检查口<br>（3）金属排水管道上的吊钩或卡箍应固定在承重结构上。固定件间距：横管不大于2m；立管不大于3m。楼层高度小于或等于4m，立管可安装一个固定件。立管底部的弯管处应设支墩或采取固定措施。企业标准为在合格的基础上管架形式合理，排列整齐。螺母在同侧，拧紧后，螺杆凸出螺母长度一致，且为螺杆直径的1/2。型钢支架朝向一致<br>（4）排水塑料管道支、吊架间距应符合表5-30和表5-31的规定。企业标准为在合格的基础上管架形式合理，排列整齐。螺母在同侧，拧紧后，螺杆凸出螺母长度一致，且为螺杆直径的1/2。型钢支架朝向一致<br>（5）排水通气管不得与风道或烟道连接，且应符合下列规定：<br>1）通气管应高出屋面300mm，但必须大于最大积雪厚度<br>2）在通气管出口4m以内有门、窗时，通气管应高出门、窗顶600mm或引向无门、窗一侧<br>3）在经常有人停留的平屋顶上，通气管应高出屋面2m，并应根据防雷要求设置防雷装置<br>4）屋顶有隔热层应从隔热层板面算起<br>（6）通向室外的排水管，穿过墙壁或基础必须下返时，应采用45°三通和45°弯头连接，并应在垂直管段顶部设置清扫口<br>（7）用于室内排水的水平管道与水平管道、水平管道与立管的连接，应采用45°三通或45°四通和90°斜三通或90°斜四通。立管与排出管端部的连接，应采用两个45°弯头或曲率半径不小于4倍管径的90°弯头<br>（8）雨水斗管的连接应固定在屋面承重结构上。雨水斗边缘与屋面相连处应严密不漏。连接管管径当设计无要求时，不得小于100mm<br>（9）悬吊式雨水管道的检查口或带法兰堵口的三通的间距不得大于表5-32中的规定<br>（10）室内排水管道、雨水管道安装的允许偏差应符合表5-33中的相关规定 |

**表 5-27　生活排水铸铁管道的坡度**

| 管径/mm | 50 | 75 | 100 | 125 | 150 | 200～400 |
|---|---|---|---|---|---|---|
| 标准坡度（‰） | 35 | 25 | 20 | 15 | 10 | 8 |
| 最小坡度（‰） | 25 | 15 | 12 | 10 | 7 | 5 |

**表 5-28　生活排水塑料管道的坡度**

| 管径/mm | 50 | 75 | 110 | 125 | 160～400 |
|---|---|---|---|---|---|
| 标准坡度（‰） | 25 | 15 | 12 | 10 | 7 |
| 最小坡度（‰） | 12 | 8 | 6 | 5 | 4 |

**表 5-29　埋地雨水排水管道的最小坡度**

| 管径/mm | 50 | 75 | 100 | 125 | 150 | 200～400 |
|---|---|---|---|---|---|---|
| 最小坡度（‰） | 20 | 15 | 8 | 6 | 5 | 4 |

**表 5-30　塑料排水管支吊架允许最大间距**

| 管径/mm | 50 | 75 | 110 | 125 | 160 |
|---|---|---|---|---|---|
| 干管支吊架间距/m | 0.5 | 0.75 | 1.10 | 1.30 | 1.60 |

**表 5-31　排水塑料管道立管支架最大间距**

| 管径/mm | 50 | 75 | 110 | 125 | 160 |
|---|---|---|---|---|---|
| 立管支架最大间距/m | 1.2 | 1.5 | 2.0 | 2.0 | 2.0 |

**表 5-32　悬吊管检查口间距**

| 悬吊管管径/mm | 150 | 200 |
|---|---|---|
| 检查口间距/m | 15 | 20 |

**表 5-33　室内排水和雨水管道安装的允许偏差和检验方法**

<table>
<tr><th rowspan="2">项次</th><th rowspan="2" colspan="4">项目</th><th colspan="2">允许偏差/mm</th><th rowspan="2">检验方法</th></tr>
<tr><th>合格</th><th>企标</th></tr>
<tr><td>1</td><td colspan="4">坐标</td><td>15</td><td>12</td><td rowspan="12">用水准仪（水平尺）、直尺、拉线和尺量检查</td></tr>
<tr><td>2</td><td colspan="4">标高</td><td>±15</td><td>±12</td></tr>
<tr><td rowspan="10">3</td><td rowspan="10">横管纵横方向弯曲</td><td rowspan="2" colspan="2">铸铁管</td><td>每1m</td><td>≤1</td><td>—</td></tr>
<tr><td>全长（25m以上）</td><td>≤25</td><td>≤20</td></tr>
<tr><td rowspan="4">钢管</td><td rowspan="2">每1m</td><td>管径≤100mm</td><td>1</td><td>—</td></tr>
<tr><td>管径>100mm</td><td>1.5</td><td>—</td></tr>
<tr><td rowspan="2">全长（25m以上）</td><td>管径≤100mm</td><td>≤25</td><td>≤20</td></tr>
<tr><td>管径>100mm</td><td>≤30</td><td>—</td></tr>
<tr><td rowspan="2">塑料管</td><td colspan="2">每1m</td><td>1.5</td><td>1</td></tr>
<tr><td colspan="2">全长（25m以上）</td><td>≤38</td><td>—</td></tr>
<tr><td rowspan="2">钢筋混凝土管、混凝土管</td><td colspan="2">每1m</td><td>3</td><td>2</td></tr>
<tr><td colspan="2">全长（25m以上）</td><td>≤75</td><td>≤70</td></tr>
</table>

（续）

| 项次 | 项目 | | | 允许偏差/mm | | 检验方法 |
|---|---|---|---|---|---|---|
| | | | | 合格 | 企标 | |
| 4 | 立管垂直度 | 铸铁管 | 每 1m | 3 | 2 | 吊线和尺量检查 |
| | | | 全长（5m 以上） | ≤15 | ≤12 | |
| | | 钢管 | 每 1m | 3 | 2 | |
| | | | 全长（5m 以上） | ≤10 | ≤8 | |
| | | 塑料管 | 每 1m | 3 | 2 | |
| | | | 全长（5m 以上） | ≤15 | ≤12 | |

### 5.2.7　PVC-U 管穿楼板的技术处理

PVC-U 管穿楼板处如固定，应按图 5-26a 所示进行施工，PVC-U 管穿楼板处如不固定，应按图 5-26b 所示进行施工。

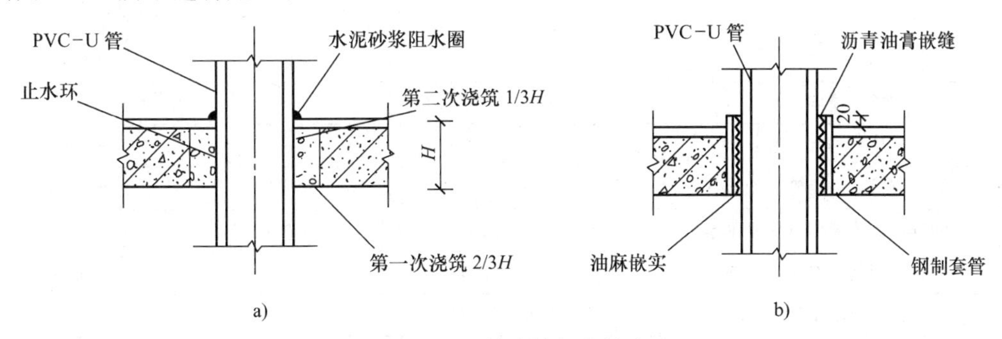


图 5-26　PVC-U 管穿楼板的技术处理

## 5.3　室外排水管道安装

### 5.3.1　排水管的埋设深度及管径

排水管的埋设深度包括覆土厚度及埋设深度，如图 5-27 所示。覆土深度是指管道外壁顶部到地面的距离；埋设深度是指管道内壁底到地面的距离。

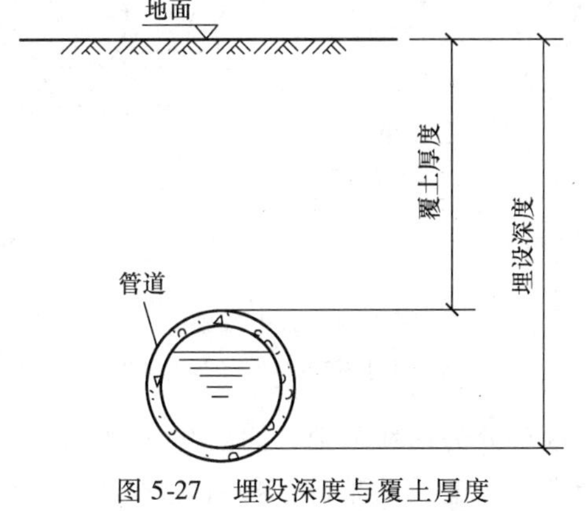


图 5-27　埋设深度与覆土厚度

为防止管道堵塞，便于清通、检查，排水管的管径不应小于表 5-34 的规定。

表 5-34　排水管最小管径

| 管　　别 | | 位　　置 | 最小管径/mm |
|---|---|---|---|
| 污水管道 | 接户管 | 建筑物周围 | 150 |
| | 支管 | 组团内道路下 | 200 |
| | 干管 | 小区道路、市政道路下 | 300 |
| 雨水管和合流管道 | 接户管 | 建筑物周围 | 200 |
| | 支管及干管 | 小区道路、市政道路下 | 300 |
| 雨水连接管 | | — | 200 |

注：污水管道接户管最小管径 150mm，服务人口不宜超过 250 人（70 户），超过 250 人（70 户），最小管径宜用 200mm。

雨水管道的最小管径和横管的最小设计坡度应符合表 5-35 的规定。

表 5-35　雨水管道的最小管径和横管的最小设计坡度

| 管道名称 | 最小管径/mm | 横管最小设计坡度 | |
|---|---|---|---|
| | | 铸铁管、钢管 | 塑料管 |
| 建筑外墙雨落水管 | 75（75） | — | — |
| 雨水排水立管 | 100（110） | — | — |
| 重力流排水悬吊管、埋地管 | 100（110） | 0.01 | 0.0050 |
| 满管压力流屋面排水悬吊管 | 50（50） | 0.00 | 0.000 |
| 小区建筑物周围雨水接户管 | 200（225） | — | 0.0030 |
| 小区道路下干管、支管 | 300（315） | — | 0.0015 |
| 13#沟头的雨水口的连接管 | 150（160） | — | 0.0100 |

注：表中铸铁管管径为公称直径，括号内数据为塑料管外径。

## 5.3.2　排水管道基础施工

弧形素土基础是在原土层上挖一弧形管槽，管子落在弧形管槽内，如图 5-28a 所示，砂垫层基础是在挖好的弧形槽内铺一层粗砂，砂垫层厚度通常为100～150mm，如图5-28b所示。

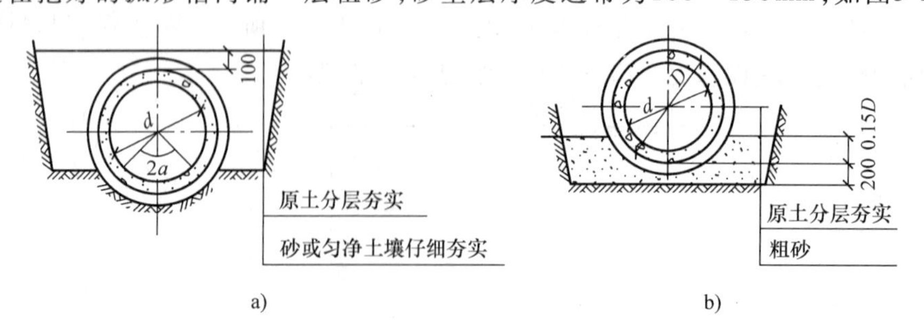


图 5-28　砂土基础
a）弧形素土基础　b）砂垫层基础

混凝土枕基是设置在管接口处的局部基础，如图 5-29 所示。

混凝土带形基础是沿管道全长铺设的基础。按管座形式分为 90°、135°、180°三种。如

图 5-30 所示为 90°混凝土带形基础。

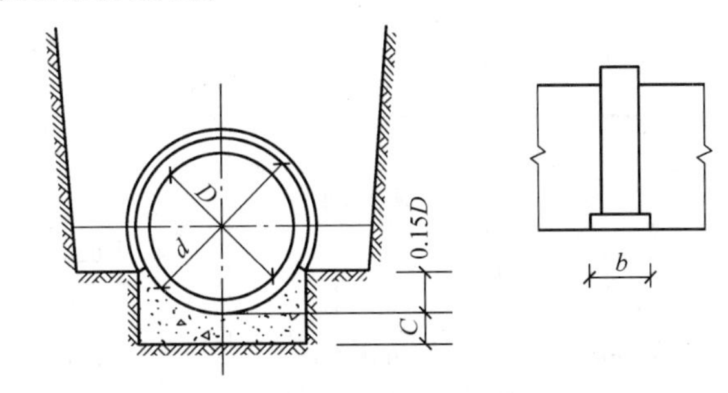


图 5-29 混凝土枕基

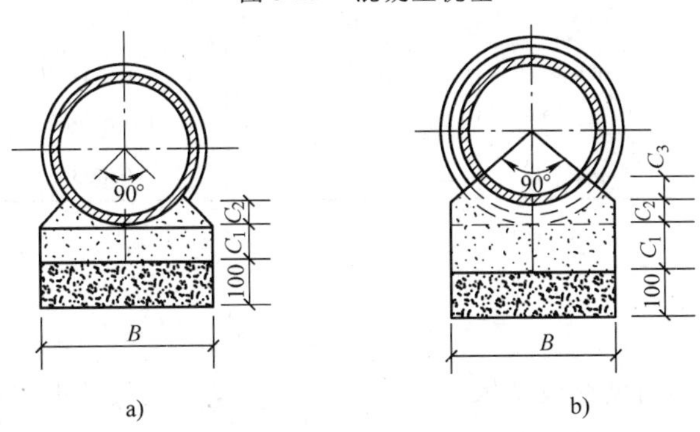


图 5-30 90°混凝土带形基础
a）抹带接口式 b）套环接口式或承插接口式

## 5.3.3 排水管的敷设要求

为便于管道的施工、检修应将管道尽量埋在绿地或不通行车辆的地段，且排水管与其他埋地管线和构筑物的间距应不小于表 5-36 的规定。

**表 5-36 地下管线（构筑物）间最小净距** （单位：m）

| 种类 | 给水管 | | 污水管 | | 雨水管 | |
|---|---|---|---|---|---|---|
| | 水平 | 垂直 | 水平 | 垂直 | 水平 | 垂直 |
| 给水管 | 0.5～1.0 | 0.1～0.15 | 0.8～1.5 | 0.1～0.15 | 0.8～1.5 | 0.1～0.15 |
| 污水管 | 0.8～1.5 | 0.1～0.15 | 0.8～1.5 | 0.1～0.15 | 0.8～1.5 | 0.1～0.15 |
| 雨水管 | 0.8～1.5 | 0.1～0.15 | 0.8～1.5 | 0.1～0.15 | 0.8～1.5 | 0.1～0.15 |
| 低压煤气管 | 0.5～1.0 | 0.1～0.15 | 1.0 | 0.1～0.15 | 1.0 | 0.1～0.15 |
| 直埋式热水管 | 1.0 | 0.1～0.15 | 1.0 | 0.1～0.15 | 1.0 | 0.1～0.15 |
| 热力管沟 | 0.5～1.0 | — | 1.0 | — | 1.0 | — |
| 乔木中心 | 1.0 | — | 1.5 | — | 1.5 | — |
| 电力电缆 | 1.0 | 直埋 0.5<br>穿管 0.25 | 1.0 | 直埋 0.5<br>穿管 0.25 | 1.0 | 直埋 0.5<br>穿管 0.25 |
| 通信电缆 | 1.0 | 直埋 0.5<br>穿管 0.15 | 1.0 | 直埋 0.5<br>穿管 0.15 | 1.0 | 直埋 0.5<br>穿管 0.15 |

注：净距是指管外壁距离，管道交叉设套管时是指套管外壁距离，直埋式热水管是指保温管壳外壁距离。

对生活污水、生产废水、雨水、生产污水管道敷设坡度的要求，应满足表 5-37 的要求。

**表 5-37　排水管道的最小坡度**

| 管径 *DN* /mm | 生活污水 | | 生产废水、雨水 | 生产污水 |
|---|---|---|---|---|
| | 标准坡度 | 最小坡度 | | |
| 50 | 0.035 | 0.025 | 0.020 | 0.020 |
| 75 | 0.025 | 0.015 | 0.015 | 0.020 |
| 100 | 0.020 | 0.012 | 0.008 | 0.012 |
| 125 | 0.015 | 0.010 | 0.006 | 0.010 |
| 150 | 0.010 | 0.007 | 0.005 | 0.006 |
| 200 | 0.008 | 0.005 | 0.004 | 0.004 |
| 250 | — | — | 0.0035 | 0.0035 |
| 300 | — | — | 0.003 | 0.003 |

## 5.3.4　稳管

**1. 中线法**

由测量人员将管中心测设在坡度板上，稳管时，由操作人员挂上中心线，在中心线上挂一垂球，如图 5-31 所示。

**2. 边线法**

当沟槽不便设置坡度板或用中线法不方便时，可采用边线对中法，如图 5-32 所示。

**3. 高程控制**

将相邻坡度板上的高程钉用小线连成坡度线，稳管时，使坡度线上任何一点至管内底的垂直距离为一常数（或称下反数），操作人员调整管子高程，使下反数的标志与坡度线重合，表明稳管高程合格，如图 5-33 所示。

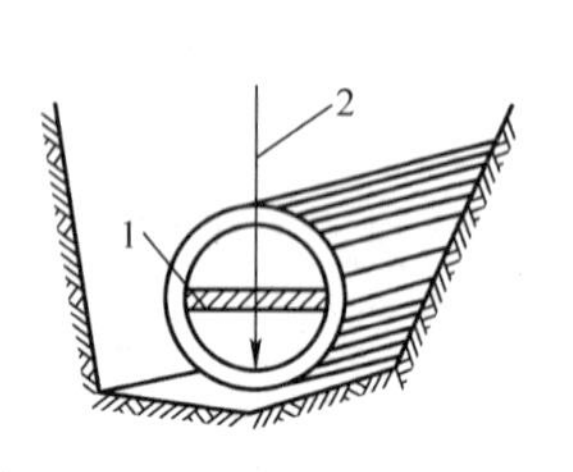


图 5-31　中线对中法
1—水平尺
2—中心垂线

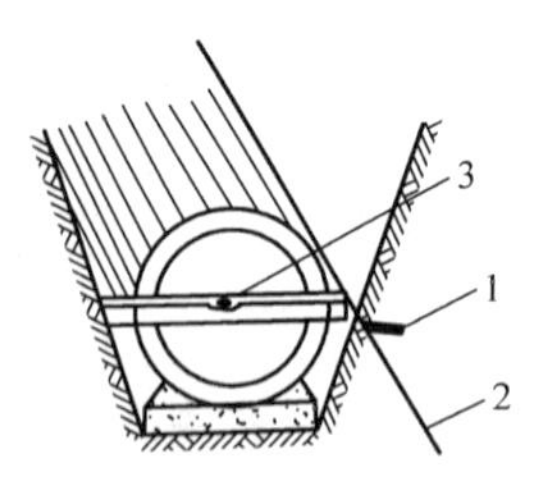


图 5-32　边线对中法
1—边桩　2—边线
3—稳管常数标尺

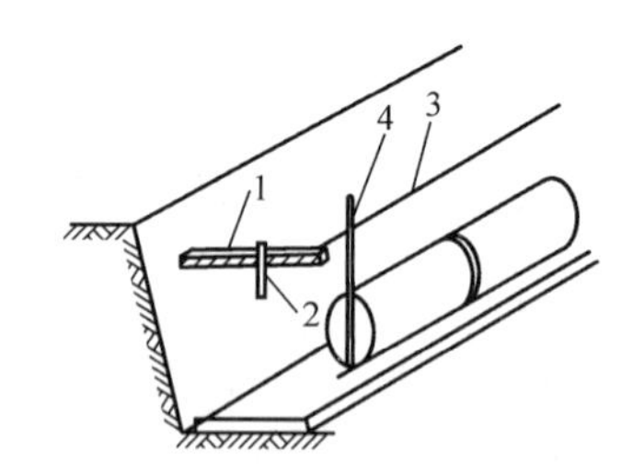


图 5-33　高程控制
1—坡度板　2—高程钉　3—坡度线
4—下反常数刻度尺

## 5.3.5　排水管道接口及安装

接口一般采用石棉水泥作填充材料，接口缝隙处填充一圈油麻，形式如图 5-34 所示。

管座为 90°包角时，可用 150mm 方木支模，如图 5-35 所示。模板支设要牢固。

端面碰伤纵向深度不超过 100mm，环向长度限值不得超过表 5-38。

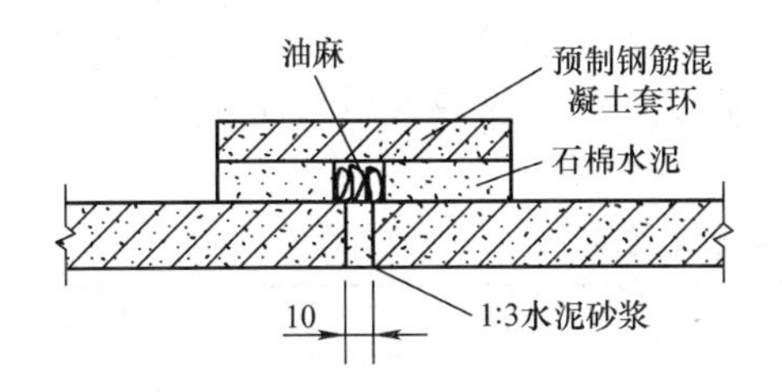


图 5-34　排水管预制套环接口

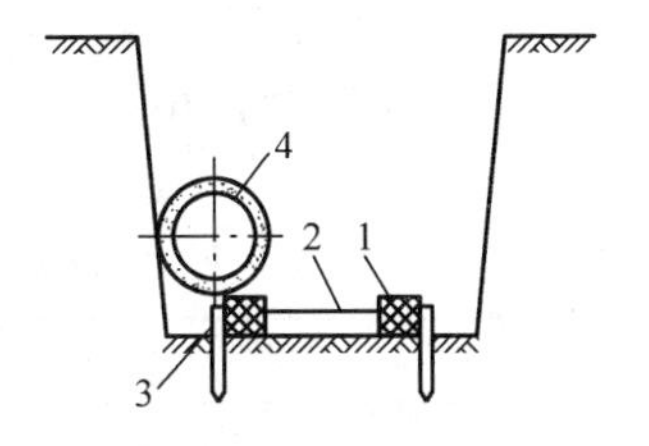


图 5-35　模板支设示意图

1—方木　2—撑杆　3—铁钎　4—管子

**表 5-38　端面碰伤长度**　　（单位：mm）

| 公称内径 | 碰伤长度限值 | 公称内径 | 碰伤长度限值 |
|---|---|---|---|
| 100 ~ 200 | 40 ~ 45 | 1000 ~ 1500 | 85 ~ 105 |
| 300 ~ 500 | 50 ~ 60 | 1600 ~ 2400 | 110 ~ 120 |
| 600 ~ 900 | 65 ~ 80 | — | — |

## 5.3.6　雨水斗及雨水排水管道安装

安装雨水斗时，是将其安放在事先预留的孔洞内，雨水斗安装如图 5-36 所示。

悬吊管通常采用铸铁管石棉水泥接口，但在管道可能受到振动的地方，或跨度过大的厂房，应采用焊接钢管焊接接口，悬吊管检查口间距不得大于表 5-39 中的规定。

**表 5-39　悬吊管检查口间距**

| 项次 | 悬吊管直径/mm | 检查口间距/m |
|---|---|---|
| 1 | ≤150 | ≤15 |
| 2 | ≥200 | ≥20 |

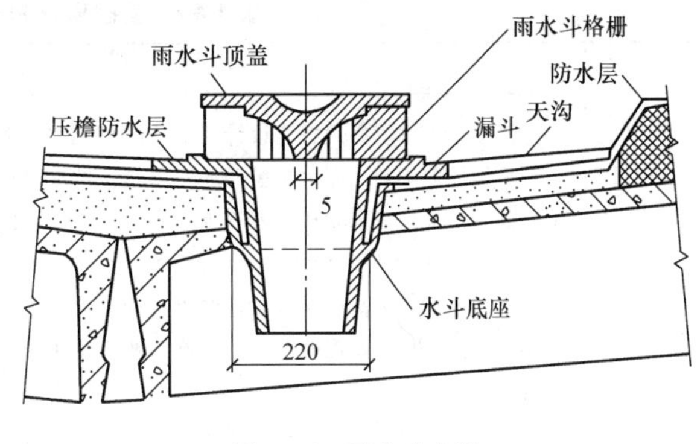


图 5-36　雨水斗安装

当立管排泄的雨水总量（即设计泄流量）不超过表 5-40 中同管径立管最大设计泄流量时，不同高度悬吊管的雨、雪水也可排入同一根立管。

**表 5-40　雨水立管最大设计泄流量**

| 管径/mm | 最大设计泄流量/（L/s） |
|---|---|
| 100 | 19 |
| 150 | 42 |
| 200 | 75 |

注：雨水设计泄流量 $q_y$（L/s）的计算公式为：$q_y = k\frac{Fq_5}{10000}$，式中 $F$ 为汇水面积，应按屋面的水平投影面积计算。窗井、贴近高层建筑外墙的地下汽车库出入口坡道、高层建筑裙房还应附加高层侧墙面积的 1/2 折算成的屋面汇水面积，单位为 $m^2$；$q_5$ 为当地降雨历时为 5min 的降雨强度，单位为 L/（s · ha）；$k$ 为屋面宣泄能力的系数，当设计重现期为 1 年时，屋面坡度 < 2.5%，$k = 1$；屋面坡度 ≥ 2.5%，$k = 1.5 \sim 2.0$。

埋地横管将室内雨水管道汇集的雨、雪水，排至室外雨水管渠。其排水能力远小于立管，所以最小管径不宜小于200mm。埋地管的最小坡度和最大计算充满度分别见表5-41和表5-42。

**表5-41　室内雨水管道最小坡度**

| 管径/mm | 150 | 200 | 250 | 300 |
|---|---|---|---|---|
| 最小坡度 | 0.005 | 0.004 | 0.0035 | 0.003 |

**表5-42　埋地雨水管道的最大计算充满度**

| 管道名称 | 管径/mm | 最大计算充满度 |
|---|---|---|
| 密闭系统的埋地管 | — | 1.0 |
| 敞开系统的埋地管 | ≤300<br>350～450<br>≥500 | 0.5<br>0.65<br>0.80 |

### 5.3.7　室外排水管道安装质量标准

室外排水管道安装工程质量验收标准的主控项目和一般项目见表5-43。

**表5-43　主控项目和一般项目**

| 项目 | 内容 |
|---|---|
| 主控项目 | 排水管道的坡度必须符合设计要求，严禁无坡或倒坡<br>管道埋设前必须做灌水试验和通水试验，排水应畅通，无堵塞，管接口无渗漏。按排水检查井分段试验，试验水头应以试验段上游管顶加1m，时间不少于30min，逐段观察 |
| 一般项目 | 管道的坐标和标高应符合设计要求，安装的允许偏差应符合有关规定<br>排水铸铁管采用水泥捻口时，油麻填塞应密实，接口水泥应密实饱满，其接口面凹入承口边缘且深度不得大于2mm<br>排水铸铁管外壁在安装前应除锈，涂两遍石油沥青漆<br>承插接口的排水管道安装时，管道和管件的承口应与水流方向相反<br>混凝土管或钢筋混凝土管采用抹带接口时，应符合下列规定：<br>（1）抹带前应将管口的外壁凿毛，扫净，当管径小于或等于500mm时，抹带可一次完成；当管径大于500mm时，应分两次抹成，抹带不得有裂纹<br>（2）钢丝网应在管道就位前放入下方，抹压砂浆时应将钢丝网抹压牢固，钢丝网不得外露<br>（3）抹带厚度不得小于管壁的厚度，宽度宜为80～100mm |

## 5.4　室外排水构筑物安装与管路试压

### 5.4.1　室外排水构筑物安装

**1. 跌水井**

当生活污水管道上下游跌水水头大于0.5m时，为防止水流下跌时对排水检查井的冲刷，应设置跌水井，竖管式跌水井如图5-37所示。

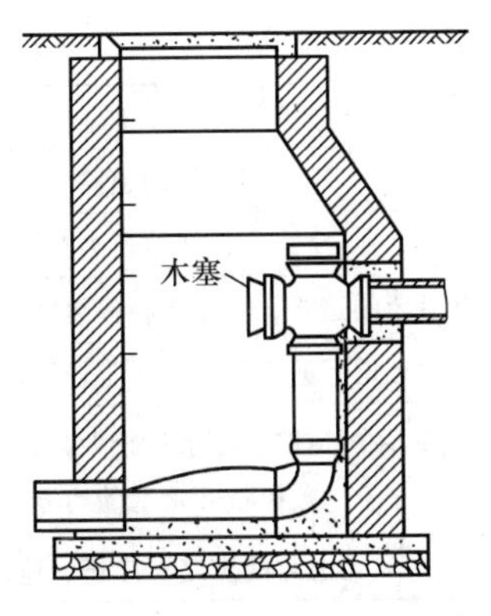


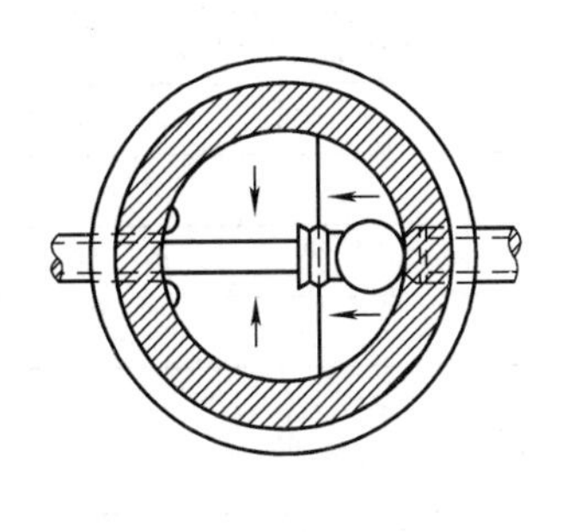

图 5-37 竖管式跌水井

溢流堰式跌水井如图 5-38 所示。

**2. 雨水口**

雨水口构造包括进水箅、井筒和连接管三部分，如图 5-39 所示。

雨水口的形式及泄水能力见表 5-44。

截流倍数 $n_0$ 的粗估值见表 5-45。

雨水调蓄池出水管管径见表 5-46。

串联雨水口连接管管径见表 5-47。

**3. 化粪池**

双格化粪池第一格的容量宜为计算总容量的 75%，三格化粪池第一格的容量宜为总容量的 60%，第二格和第三格各宜为总容量的 20%，如图 5-40 所示。

适用于各类房屋的化粪池快速选型表见表 5-48。

化粪池实际使用人数占总人数的百分率 $\alpha$ 见表 5-49。

各型截粪池能适应的实际使用卫生器具的人数见表 5-50。

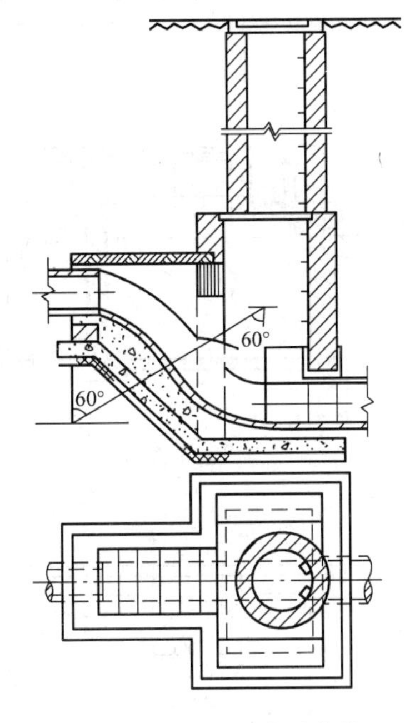


图 5-38 溢流堰式跌水井

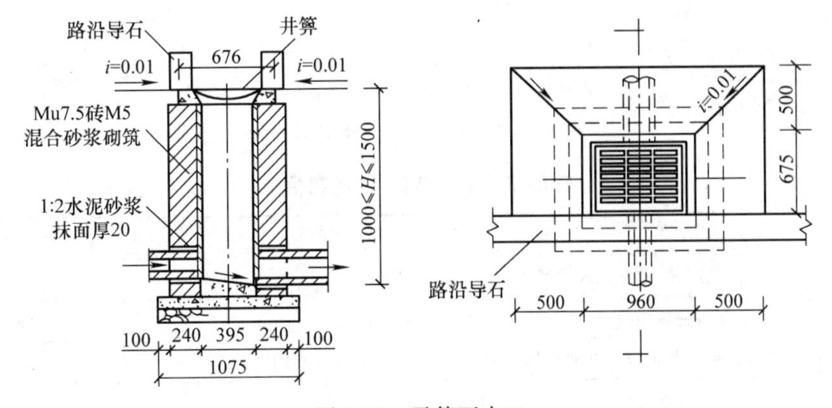


图 5-39 平箅雨水口

表 5-44　雨水口的形式及泄水能力

| 形式 | 泄水能力/（L/s） | 适用条件 |
| --- | --- | --- |
| 道牙平箅式 | 20 | 有道牙的道路 |
| 道牙立箅式 | — | 有道牙的道路 |
| 道牙立孔式 | 约 20 | 有道牙的道路，箅隙容易被树叶堵塞的地方 |
| 道牙平箅立箅联合式 | — | 有道牙的道路，汇水量较大的地方 |
| 道牙平箅立孔联合式 | 30 | 有道牙的道路，汇水量较大，且箅隙容易被树枝叶堵塞的地方 |
| 地面平箅式 | 20 | 无道牙的道路、广场、地面 |
| 道牙小箅雨水口 | 约 10 | 降雨强度较小城市有道牙的道路 |
| 钢筋混凝土箅雨水口 | 约 10 | 不通行重车的地方 |

注：大雨时易被杂物堵塞的雨水口，泄水能力应按乘以 0.5 ~ 0.7 的系数计算。

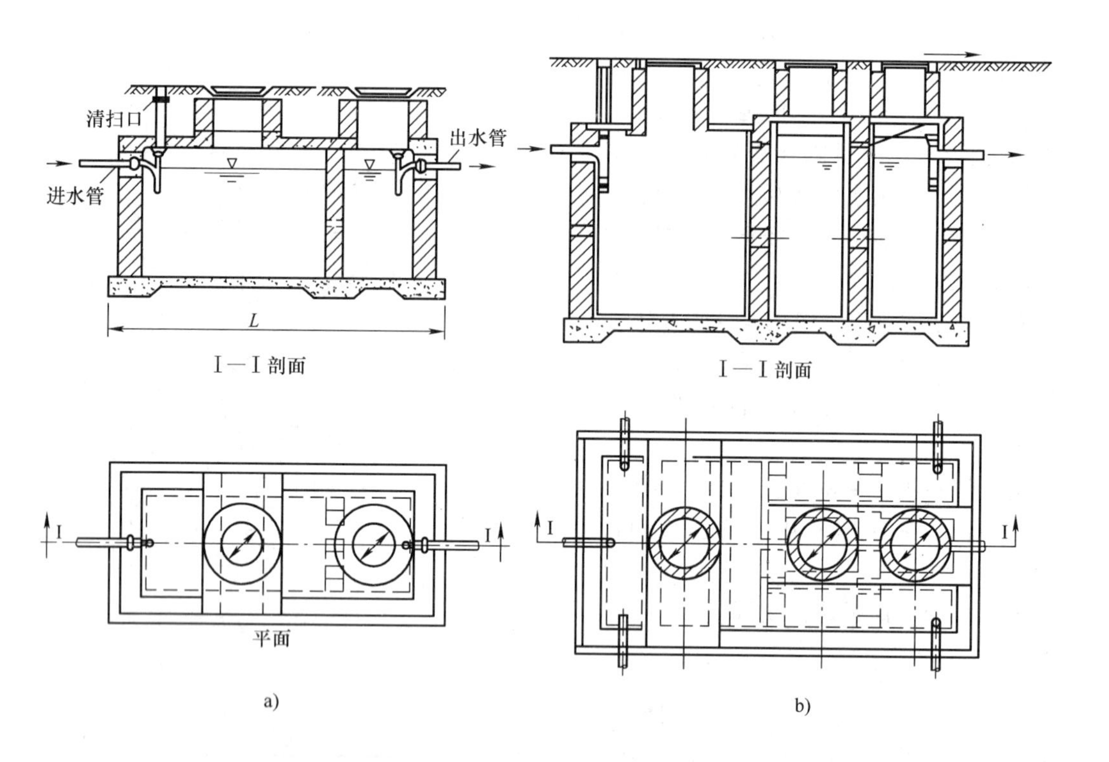


图 5-40　化粪池构造图

a）双格化粪池　b）三格化粪池

表 5-45　截流倍数 $n_0$ 的粗估值

| 排放条件 | $n_0$ |
| --- | --- |
| 在居住区内排入大河流（$Q>10m^3/s$） | 1 ~ 2 |
| 在居住区内排入小河流（$Q=5\sim10m^3/s$） | 3 ~ 5 |
| 在区域泵站和总泵站前及排水总管的端部根据居住区内水体的不同特性 | 0.5 ~ 2 |
| 在处理构筑物旁根据不同处理方法与不同构筑物的组成 | 0.5 ~ 1 |

**表 5-46 雨水调蓄池出水管管径**

| 调蓄池容积/$m^3$ | 管径/mm |
|---|---|
| 500 ~ 1000 | 150 ~ 200 |
| 1000 ~ 2000 | 200 ~ 300 |
| 2000 ~ 4000 | 300 ~ 400 |

**表 5-47 串联雨水口连接管管径**

| 雨水口形式 \ 雨水口连接管管径/mm | | 串联雨水口数量 | | |
|---|---|---|---|---|
| | | 1 | 2 | 3 |
| 平箅式、偏沟式、联合式、立箅式 | 单箅 | 200 | 300 | 300 |
| | 双箅 | 300 | 300 | 400 |
| | 多箅 | 300 | 300 | 400 |

注：此表只适用于同型雨水口串联，如为不同型雨水口串联，则应由计算确定。

**表 5-48 化粪池快速选型表**

| 对于各类房屋的总人数 $z$/人 | | | | 宜选用的化粪池 | | | |
|---|---|---|---|---|---|---|---|
| 医院、疗养院、幼儿园（有住宿） | 住宅、集体宿舍、旅馆 | 办公楼、教学楼、工业企业生活间 | 公共食堂、影剧院、体育场及类似公共场所（按座位数计） | 平面形状 | 型号 | 有效容积/$m^3$ | 格数 |
| $e=100\%$ | $e=70\%$ | $e=40\%$ | $e=10\%$ | | | | |
| 33 ~ 64 | 47 ~ 91 | 80 ~ 160 | 330 ~ 640 | 圆形 | 1# | 2 | 2 |
| 65 ~ 120 | 92 ~ 170 | 162 ~ 300 | 650 ~ 1200 | 圆形 | 2# | 3.75 | 2 |
| | | | | 矩形 | 2# | 3.75 | 2 |
| 121 ~ 160 | 171 ~ 228 | 302 ~ 400 | 1210 ~ 1600 | 圆形 | 3# | 5.00 | 2 |
| 161 ~ 200 | 230 ~ 286 | 402 ~ 500 | 1610 ~ 2000 | 矩形 | 4# | 6.25 | 2 |
| 201 ~ 240 | 288 ~ 342 | 502 ~ 600 | 2010 ~ 2400 | 圆形 | 4# | 7.50 | 2 |
| 241 ~ 320 | 343 ~ 457 | 602 ~ 800 | 2410 ~ 3200 | 圆形 | 5# | 10.00 | 2 |
| 321 ~ 400 | 459 ~ 572 | 802 ~ 1000 | 3210 ~ 4000 | 矩形 | 6# | 12.50 | 2 |
| 401 ~ 640 | 573 ~ 915 | 1002 ~ 1600 | 4010 ~ 6400 | 矩形 | 7# | 20.00 | 2 |
| | | | | | 7# | 20.00 | 3 |
| 641 ~ 960 | 916 ~ 1370 | 1602 ~ 2400 | 6410 ~ 9600 | 矩形 | 9# | 30.00 | 3 |
| 961 ~ 1280 | 1371 ~ 1830 | 2402 ~ 3200 | 9610 ~ 12800 | 矩形 | 10# | 40.00 | 3 |
| 1281 ~ 1600 | 1831 ~ 2280 | 3202 ~ 4000 | 12810 ~ 16000 | 矩形 | 11# | 50.00 | 3 |
| 32 | 45 | 80 | 320 | 圆形 | 1# | 1.00 | 1 |

**表 5-49 化粪池实际使用人数占总人数的百分率 $\alpha$** （单位:%）

| 建筑物名称 | $\alpha$ 值 |
|---|---|
| 医院、疗养院、幼儿园（有住宿） | 100 |
| 住宅、集体宿舍、旅馆 | 60 ~ 70 |
| 办公楼、教学楼、工业企业生活间 | 40 ~ 50 |
| 公共食堂、影剧院、体育场及其类似公共场所 | 10 |

表 5-50　各型截粪池能适应的实际使用卫生器具的人数（$m = ez$）

| $q_1$/[L/(人·d)] | $t_1$/h | $t_2$ | Ⅰ | Ⅱ | Ⅲ | Ⅳ | Ⅴ | Ⅵ | Ⅷ |
|---|---|---|---|---|---|---|---|---|---|
| | | | 有效容积/m³ | | | | | | |
| | | /d | 3.75 | 6.25 | 12.5 | 20 | 30 | 40 | 50 |
| 60 | 4 | 7 | 1～300 | 301～480 | 481～975 | | | | |
| | | 15 | 1～220 | 221～390 | 391～780 | | | | |
| | | 30 | 1～170 | 171～280 | 281～560 | 561～900 | | | |
| | 6 | 7 | 1～216 | 211～350 | 351～700 | | | | |
| | | 15 | 1～175 | 176～300 | 301～600 | 601～950 | | | |
| | | 30 | 1～140 | 141～230 | 231～460 | 461～740 | | | |
| 100 | 4 | 7 | 1～190 | 191～320 | 321～640 | | | | |
| | | 15 | 1～160 | 161～275 | 276～550 | 551～880 | | | |
| | | 30 | 1～130 | 131～210 | 211～440 | 441～700 | | | |
| | 6 | 7 | 1～131 | 136～220 | 231～450 | 451～720 | | | |
| | | 15 | 1～120 | 121～200 | 201～400 | 401～650 | 651～970 | | |
| | | 30 | 1～100 | 101～170 | 171～330 | 341～540 | 541～800 | | |
| 150 | 4 | 7 | 1～135 | 136～220 | 221～450 | 451～720 | | | |
| | | 15 | 1～120 | 121～200 | 201～400 | 401～650 | 651～960 | | |
| | | 30 | 1～100 | 101～170 | 171～330 | 331～540 | 541～810 | | |
| | 6 | 7 | 1～75 | 76～150 | 151～310 | 311～495 | 496～750 | 751～1000 | |
| | | 15 | 1～75 | 76～140 | 141～280 | 281～460 | 461～690 | 691～920 | |
| | | 30 | 1～65 | 66～125 | 126～250 | 251～400 | 401～600 | 601～800 | |
| 200 | 4 | 1 | 1～100 | 101～175 | 176～340 | 341～550 | 551～830 | | |
| | | 15 | 1～90 | 91～160 | 161～315 | 316～500 | 501～760 | 761～1000 | |
| | | 30 | 1～75 | 76～180 | 141～275 | 276～440 | 441～660 | 661～880 | |
| | 6 | 7 | 1～70 | 71～120 | 121～240 | 241～380 | 381～570 | 571～760 | 761～949 |
| | | 15 | 1～65 | 66～110 | 111～220 | 221～360 | 361～535 | 536～715 | 716～900 |
| | | 30 | 1～60 | 61～100 | 101～200 | 201～320 | 321～480 | 481～650 | 651～800 |

注：$q_1$ 为每人每天的污水定额；$m$ 为实际使用卫生器具的人数；$e$ 为使用卫生器具实际人数占总人数 $z$ 的百分数；$t_1$ 为污水在池中的停留时间（h）；$t_2$ 为污泥清挖周期（d）。

**4. 隔油池**（井）

隔油池（井）采用上浮法除油，其构造如图 5-41 所示。

对含乳化油的污水，可采用二级除油池处理，如图 5-42 所示，在该池的乳化油处理池底，通过管道注入压缩空气，更有效地上浮油脂。

砖砌隔油池的选用见表 5-51。

**5. 降温池及沉砂池**

供热锅炉房或其他小型锅炉房的排污水，温度均较高，当余热不便利用时，为减少降温池的冷水用量，可首先使污水在常压下二次蒸发，二次蒸发降温池如图 5-43 所示。

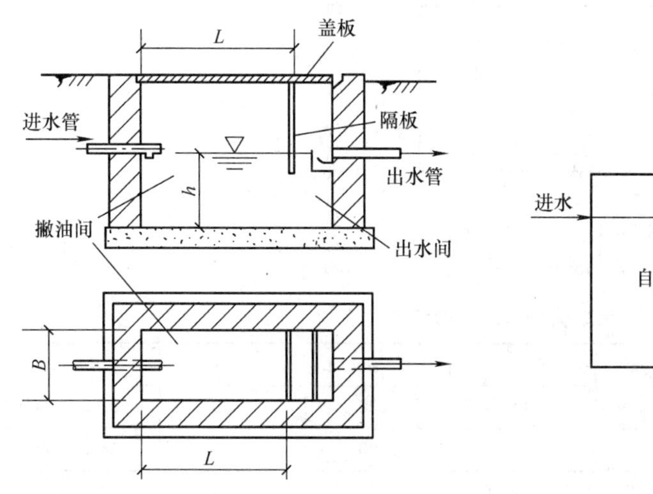


图 5-41 隔油池（井）构造图

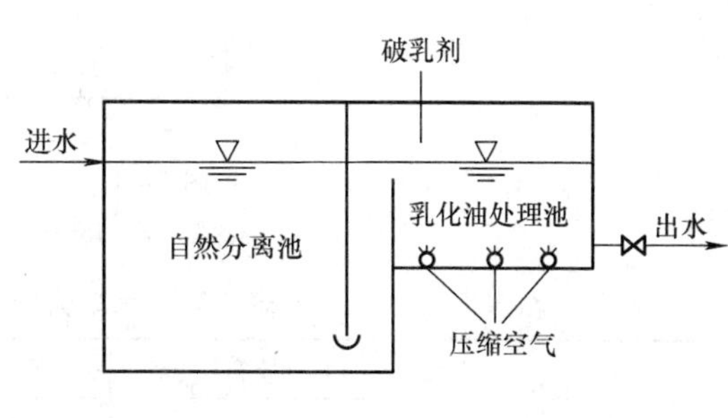


图 5-42 二级除油池

**表 5-51 砖砌隔油池的选用**

| 每餐就餐人数 | 型号 | 有效容积/$m^3$ | 长/mm | 宽/mm | 进水管高 $H_1$/mm | 高 $H$/mm |
|---|---|---|---|---|---|---|
| 1500 | Ⅰ | 2.30 | 2000 | 1000 | 1200 | 1850～2600 |
| 1000 | Ⅱ | 1.60 | 2000 | 1000 | 850 | 1500～2250 |
| 500 | Ⅲ | 0.68 | 1500 | 1000 | 500 | 1100～1900 |
| 200 | Ⅳ | 0.53 | 1500 | 1000 | 400 | 1000～1800 |

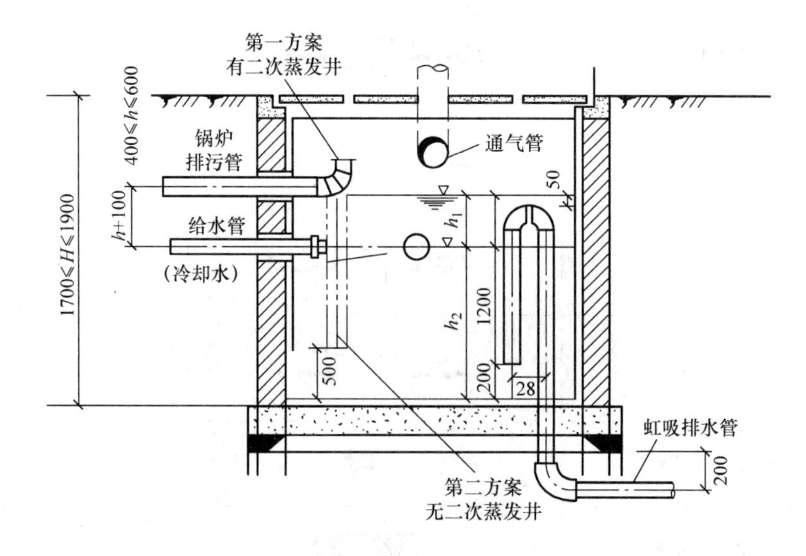


图 5-43 二次蒸发降温池

汽车库内冲洗汽车的污水含有大量的泥砂，在排入城市排水管道之前，应设沉砂池，以除去污水中粗大颗粒杂质。小型沉砂池的构造如图 5-44 所示。

汽车洗车污水沉砂池选用表见表 5-52。

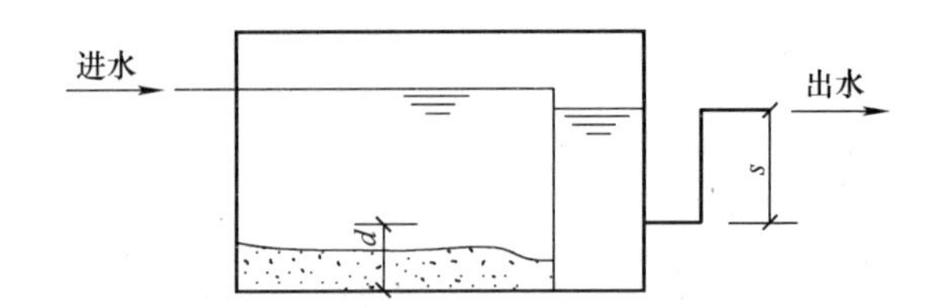


图 5-44　小型沉砂池的构造

$d$—砂坑深度　$d \geqslant 150$mm　$s$—水封深度，$s \geqslant 100$mm

**表 5-52　汽车洗车污水沉砂池选用表**

| 存车数 $n$ | 型号 | 有效容积/$m^3$ | 长/mm | 宽/mm | $H_1$/mm | $H$/mm |
|---|---|---|---|---|---|---|
| $n \leqslant 25$ | Ⅰ | 4.86 | 3000 | 1200 | 1400 | 2100～2800 |
| $25 < n \leqslant 50$ | Ⅱ | 7.02 | 3500 | 1200 | 2000 | 2800～3400 |

注：污泥清除周期 15d，污泥部分容积按每车冲洗水量 3% 计算。

## 6. 排水构筑物常用图例

排水构筑物常用图例见表 5-53。

**表 5-53　排水构筑物常用图例**

| 序号 | 名　称 | 图　例 | 备　注 |
|---|---|---|---|
| 1 | 矩形化粪池 | HC | HC 为化粪池 |
| 2 | 圆形化粪池 | HC | — |
| 3 | 隔油池 | YC | YC 为隔油池代号 |
| 4 | 沉淀池 | CC | CC 为沉淀池代号 |
| 5 | 降温池 | JC | JC 为降温池代号 |
| 6 | 中和池 | ZC | ZC 为中和池代号 |
| 7 | 雨水口（单箅） |  | — |
| 8 | 雨水口（双箅） |  | — |
| 9 | 阀门井及检查井 | J-×× W-×× Y-××　J-×× W-×× Y-×× | 以代号区别管道 |

（续）

| 序号 | 名　称 | 图　例 | 备　注 |
| --- | --- | --- | --- |
| 10 | 水封井 | ⦶ | — |
| 11 | 跌水井 | ⊘ | — |
| 12 | 水表井 | ▶ | — |

## 5.4.2 排水管沟及井池质量标准

室外排水管沟及井池安装工程质量验收标准的主控项目和一般项目见表5-54。

表5-54 主控项目和一般项目

| 项目 | 内　容 |
| --- | --- |
| 主控项目 | 沟基的处理和井池的底板强度必须符合设计要求<br>排水检查井、化粪池的底板及进、出水管的标高，必须符合设计，其允许偏差为±15mm |
| 一般项目 | 井、池的规格、尺寸和位置应正确，砌筑和抹灰符合要求<br>井盖选用应正确，标志应明显，标高应符合设计要求 |

## 5.4.3 无压力管道闭水试验

无压力管道闭水试验实测渗水量应小于或等于表5-55规定的允许渗水量。

表5-55 无压力管道严密性试验允许渗水量

| 管　材 | 管道内径 $D_1$/mm | 允许渗水量/［$m^3$/（24h·km）］ |
| --- | --- | --- |
| 钢筋混凝土管 | 400 | 25.00 |
| | 500 | 27.95 |
| | 600 | 30.60 |
| | 700 | 33.00 |
| | 800 | 35.35 |
| | 900 | 37.50 |
| | 1000 | 39.52 |
| | 1100 | 41.45 |
| | 1200 | 43.30 |
| | 1300 | 45.00 |
| | 1400 | 46.70 |
| | 1500 | 48.40 |
| | 1600 | 50.00 |
| | 1700 | 51.50 |
| | 1800 | 53.00 |
| | 1900 | 54.48 |
| | 2000 | 55.90 |

# 6 常规给水处理

## 6.1 给水水质标准

### 6.1.1 生活饮用水水质标准

**1. 生活饮用水水质标准**

生活饮用水水质应符合表6-1和表6-2卫生要求。集中式供水出厂水中消毒剂限值、出厂水和管网末梢水中消毒剂余量均应符合表6-3要求。

表6-1 水质常规指标及限值

| 指 标 | 限 值 |
|---|---|
| 1. 微生物指标[①] | |
| 总大肠菌群/(MPN/100mL或CFU/100mL) | 不得检出 |
| 耐热大肠菌群/(MPN/100mL或CFU/100mL) | 不得检出 |
| 大肠埃希氏菌/(MPN/100mL或CFU/100mL) | 不得检出 |
| 菌落总数/(CFU/mL) | 100 |
| 2. 毒理指标 | |
| 砷/(mg/L) | 0.01 |
| 镉/(mg/L) | 0.005 |
| 铬(六价)/(mg/L) | 0.05 |
| 铅/(mg/L) | 0.01 |
| 汞/(mg/L) | 0.001 |
| 硒/(mg/L) | 0.01 |
| 氰化物/(mg/L) | 0.05 |
| 氟化物/(mg/L) | 1.0 |
| 硝酸盐(以N计)/(mg/L) | 10<br>地下水源限制时为20 |
| 三氯甲烷/(mg/L) | 0.06 |
| 四氯化碳/(mg/L) | 0.002 |
| 溴酸盐(使用臭氧时)/(mg/L) | 0.01 |
| 甲醛(使用臭氧时)/(mg/L) | 0.9 |
| 亚氯酸盐(使用二氧化氯消毒时)/(mg/L) | 0.7 |
| 氯酸盐(使用复合二氧化氯消毒时)/(mg/L) | 0.7 |

（续）

| 指　标 | 限　值 |
| --- | --- |
| 3. 感官性状和一般化学指标 | |
| 色度（铂钴色度单位） | 15 |
| 浑浊度/（NTU-散射浊度单位） | 1<br>水源与净水技术条件限制时为 3 |
| 臭和味 | 无异臭、异味 |
| 肉眼可见物 | 无 |
| pH（pH 单位） | 不小于 6.5 且不大于 8.5 |
| 铝/（mg/L） | 0.2 |
| 铁/（mg/L） | 0.3 |
| 锰/（mg/L） | 0.1 |
| 铜/（mg/L） | 1.0 |
| 锌/（mg/L） | 1.0 |
| 氯化物/（mg/L） | 250 |
| 硫酸盐/（mg/L） | 250 |
| 溶解性总固体/（mg/L） | 1000 |
| 总硬度（以 $CaCO_3$ 计）/（mg/L） | 450 |
| 耗氧量（$COD_{Mn}$法，以 $O_2$ 计）/（mg/L） | 3<br>水源限制，原水耗氧量 >6mg/L 时为 5 |
| 挥发酚类/（以苯酚计）/（mg/L） | 0.002 |
| 阴离子合成洗涤剂/（mg/L） | 0.3 |
| 4. 放射性指标② | 指导值 |
| 总 α 放射性/（Bq/L） | 0.5 |
| 总 β 放射性/（Bq/L） | 1 |

① MPN 表示最可能数；CFU 表示菌落形成单位。当水样检出总大肠菌群时，应进一步检验大肠埃希氏菌或耐热大肠菌群；水样未检出总大肠菌群，不必检验大肠埃希氏菌或耐热大肠菌群。

② 放射性指标超过指导值，应进行核素分析和评价，判定能否饮用。

**表 6-2　水质非常规指标及限值**

| 指　标 | 限　值 |
| --- | --- |
| 1. 微生物指标 | |
| 贾第鞭毛虫/（个/10L） | <1 |
| 隐孢子虫/（个/10L） | <1 |
| 2. 毒理指标 | |
| 锑/（mg/L） | 0.005 |
| 钡/（mg/L） | 0.7 |
| 铍/（mg/L） | 0.002 |
| 硼/（mg/L） | 0.5 |
| 钼/（mg/L） | 0.07 |
| 镍/（mg/L） | 0.02 |

（续）

| 指　　标 | 限　　值 |
|---|---|
| 2. 毒理指标 | |
| 银/(mg/L) | 0.05 |
| 铊/(mg/L) | 0.0001 |
| 氯化氰(以 $CN^-$ 计)/(mg/L) | 0.07 |
| 一氯二溴甲烷/(mg/L) | 0.1 |
| 二氯一溴甲烷/(mg/L) | 0.06 |
| 二氯乙酸/(mg/L) | 0.05 |
| 1，2-二氯乙烷/(mg/L) | 0.03 |
| 二氯甲烷/(mg/L) | 0.02 |
| 三卤甲烷(三氯甲烷、一氯二溴甲烷、二氯一溴甲烷、三溴甲烷的总和) | 该类化合物中各种化合物的实测浓度与其各自限值的比值之和不超过1 |
| 1，1，1-三氯乙烷/(mg/L) | 2 |
| 三氯乙酸/(mg/L) | 0.1 |
| 三氯乙醛/(mg/L) | 0.01 |
| 2，4，6-三氯酚/(mg/L) | 0.2 |
| 三溴甲烷/(mg/L) | 0.1 |
| 七氯/(mg/L) | 0.0004 |
| 马拉硫磷/(mg/L) | 0.25 |
| 五氯酚/(mg/L) | 0.009 |
| 六六六(总量)/(mg/L) | 0.005 |
| 六氯苯/(mg/L) | 0.001 |
| 乐果/(mg/L) | 0.08 |
| 对硫磷/(mg/L) | 0.003 |
| 灭草松/(mg/L) | 0.3 |
| 甲基对硫磷/(mg/L) | 0.02 |
| 百菌清/(mg/L) | 0.01 |
| 呋喃丹/(mg/L) | 0.007 |
| 林丹/(mg/L) | 0.002 |
| 毒死蜱/(mg/L) | 0.03 |
| 草甘膦/(mg/L) | 0.7 |
| 敌敌畏/(mg/L) | 0.001 |
| 莠去津/(mg/L) | 0.002 |
| 溴氰菊酯/(mg/L) | 0.02 |
| 2，4-滴/(mg/L) | 0.03 |
| 滴滴涕/(mg/L) | 0.001 |
| 乙苯/(mg/L) | 0.3 |
| 二甲苯/(mg/L) | 0.5 |
| 1，1-二氯乙烯/(mg/L) | 0.03 |

（续）

| 指　　标 | 限　　值 |
| --- | --- |
| 2. 毒理指标 | |
| 1，2-二氯乙烯/(mg/L) | 0.05 |
| 1，2-二氯苯/(mg/L) | 1 |
| 1，4-二氯苯/(mg/L) | 0.3 |
| 三氯乙烯/(mg/L) | 0.07 |
| 三氯苯(总量)/(mg/L) | 0.02 |
| 六氯丁二烯/(mg/L) | 0.0006 |
| 丙烯酰胺/(mg/L) | 0.0005 |
| 四氯乙烯/(mg/L) | 0.04 |
| 甲苯/(mg/L) | 0.7 |
| 邻苯二甲酸二(2-乙基己基)酯/(mg/L) | 0.008 |
| 环氧氯丙烷/(mg/L) | 0.0004 |
| 苯/(mg/L) | 0.01 |
| 苯乙烯/(mg/L) | 0.02 |
| 苯并(a)芘/(mg/L) | 0.00001 |
| 氯乙烯/(mg/L) | 0.005 |
| 氯苯/(mg/L) | 0.3 |
| 微囊藻毒素-LR/(mg/L) | 0.001 |
| 3. 感官性状和一般化学指标 | |
| 氨氮(以N计)/(mg/L) | 0.5 |
| 硫化物/(mg/L) | 0.02 |
| 钠/(mg/L) | 200 |

**表6-3　饮用水中消毒剂常规指标及要求**

| 消毒剂名称 | 与水接触时间 | 出厂水中限值 | 出厂水中余量 | 管网末梢水中余量 |
| --- | --- | --- | --- | --- |
| 氯气及游离氯制剂(游离氯)/(mg/L) | 至少30min | 4 | ≥0.3 | ≥0.05 |
| 一氯胺(总氯)/(mg/L) | 至少120min | 3 | ≥0.5 | ≥0.05 |
| 臭氧($O_3$)/(mg/L) | 至少12min | 0.3 | — | 0.02如加氯，总氯≥0.05 |
| 二氧化氯($ClO_2$)/(mg/L) | 至少30min | 0.8 | ≥0.1 | ≥0.02 |

## 6.1.2　生活饮用水水源的水质标准

生活饮用水水源水质分为两级，其标准限值见表6-4。

**表 6-4　生活饮用水水源水质**

| 项　　目 | | 标准限值 | |
|---|---|---|---|
| | | 一级 | 二级 |
| 色 | | 色度不超过 15 度，并不得呈现其他异色 | 不应有明显的其他异色 |
| 浑浊度 | /度 | ≤3 | — |
| 臭和味 | | 不得有异臭、异味 | 不应有明显的异臭、异味 |
| pH 值 | | 6.5 ~ 8.5 | 6.5 ~ 8.5 |
| 总硬度(以碳酸钙计) | /(mg/L) | ≤350 | ≤450 |
| 溶解铁 | /(mg/L) | ≤0.3 | ≤0.5 |
| 锰 | /(mg/L) | ≤0.1 | ≤0.1 |
| 铜 | /(mg/L) | ≤1.0 | ≤1.0 |
| 锌 | /(mg/L) | ≤1.0 | ≤1.0 |
| 挥发酚(以苯酚计) | /(mg/L) | ≤0.002 | ≤0.004 |
| 阴离子合成洗涤剂 | /(mg/L) | ≤0.3 | ≤0.3 |
| 硫酸盐 | /(mg/L) | <250 | <250 |
| 氯化物 | /(mg/L) | <250 | <250 |
| 溶解性总固体 | /(mg/L) | <1000 | <1000 |
| 氟化物 | /(mg/L) | ≤1.0 | ≤1.0 |
| 氰化物 | /(mg/L) | ≤0.05 | ≤0.05 |
| 砷 | /(mg/L) | ≤0.05 | ≤0.05 |
| 硒 | /(mg/L) | ≤0.01 | ≤0.01 |
| 汞 | /(mg/L) | ≤0.001 | ≤0.001 |
| 镉 | /(mg/L) | ≤0.01 | ≤0.01 |
| 铬(六价) | /(mg/L) | ≤0.05 | ≤0.05 |
| 铅 | /(mg/L) | ≤0.05 | ≤0.07 |
| 银 | /(mg/L) | ≤0.05 | ≤0.05 |
| 铍 | /(mg/L) | ≤0.0002 | ≤0.0002 |
| 氨氮(以氮计) | /(mg/L) | ≤0.5 | ≤1.0 |
| 硝酸盐(以氮计) | /(mg/L) | ≤10 | ≤20 |
| 耗氧量($KMnO_4$ 法) | /(mg/L) | ≤3 | ≤6 |
| 苯并(a)芘 | /(mg/L) | ≤0.01 | ≤0.01 |
| 滴滴涕 | /(mg/L) | ≤1 | ≤1 |
| 六六六 | /(mg/L) | ≤5 | ≤5 |
| 百菌清 | /(mg/L) | ≤0.01 | ≤0.01 |
| 总大肠菌群 | /(个/L) | ≤1000 | ≤10000 |
| 总 $\alpha$ 放射性 | /(Bq/L) | ≤0.1 | ≤0.1 |
| 总 $\beta$ 放射性 | /(Bq/L) | ≤1 | ≤1 |

## 6.1.3 饮用天然矿泉水的水质标准

感官指标见表6-5。

**表6-5 感官指标**

| 项 目 | 要 求 |
|---|---|
| 色度/度 | ≤15，并不得呈现其他异色 |
| 浑浊度/NTU | ≤5 |
| 臭和味 | 具有本矿泉水的特征性口味，不得有异臭、异味 |
| 肉眼可见物 | 允许有极少量的天然矿物盐沉淀，但不得含有其他异物 |

界限指标见表6-6。

**表6-6 界限指标**

| 项 目 | 指 标 |
|---|---|
| 锂/(mg/L) ≥ | 0.20 |
| 锶/(mg/L) ≥ | 0.20(含量在0.20～0.40mg/L时，水温必须在25℃以上) |
| 锌/(mg/L) ≥ | 0.20 |
| 碘化物/(mg/L) ≥ | 0.20 |
| 偏硅酸/(mg/L) ≥ | 25.0(含量在25.0～30.0mg/L时，水温必须在25℃以上) |
| 硒/(mg/L) ≥ | 0.01 |
| 游离二氧化碳/(mg/L) ≥ | 250 |
| 溶解性总固体/(mg/L) ≥ | 1000 |

限量指标见表6-7。

**表6-7 限量指标**

| 项 目 | 指 标 | 项 目 | 指 标 |
|---|---|---|---|
| 硒/(mg/L) < | 0.05 | 锰/(mg/L) < | 0.4 |
| 锑/(mg/L) < | 0.005 | 镍/(mg/L) < | 0.02 |
| 砷/(mg/L) < | 0.01 | 银/(mg/L) < | 0.05 |
| 铜/(mg/L) < | 1.0 | 溴酸盐/(mg/L) < | 0.01 |
| 钡/(mg/L) < | 0.7 | 硼酸盐(以B计)/(mg/L) < | 5 |
| 镉/(mg/L) < | 0.003 | 硝酸盐(以$NO_3^-$)计)/(mg/L) < | 45 |
| 铬/(mg/L) < | 0.05 | 氟化物(以$F^-$)计/(mg/L) < | 1.5 |
| 铅/(mg/L) < | 0.01 | 耗氧量(以$O_2$计)/(mg/L) < | 3.0 |
| 汞/(mg/L) < | 0.001 | $^{226}$镭放射性/(Bq/L) < | 1.1 |

污染物指标见表6-8。

**表6-8 污染物指标**

| 项 目 | 指 标 |
|---|---|
| 挥发性酚(以苯酚计)/(mg/L) < | 0.002 |
| 氰化物(以$CN^-$计)/(mg/L) < | 0.010 |
| 阴离子合成洗涤剂/(mg/L) < | 0.3 |

（续）

| 项　目 | 指　标 |
| --- | --- |
| 矿物油/(mg/L)　< | 0.05 |
| 亚硝酸盐(以 $NO_2^-$ 计)/(mg/L)　< | 0.1 |
| 总β放射性/(Bq/L)　< | 1.50 |

微生物指标见表 6-9。

**表 6-9　微生物指标**

| 项　目 | 要　求 |
| --- | --- |
| 大肠菌群/(MPN/100mL) | 0 |
| 粪链球菌/(CFU/250mL) | 0 |
| 铜绿假单胞菌/(CFU/250mL) | 0 |
| 产气荚膜梭菌/(CFU/50mL) | 0 |

### 6.1.4　城市杂用水水质标准

城市杂用水水质标准见表 6-10。

**表 6-10　城市杂用水水质标准**

| 项　目 | 冲厕 | 道路清扫、消防 | 城市绿化 | 车辆冲洗 | 建筑施工 |
| --- | --- | --- | --- | --- | --- |
| pH | 6.0~9.0 | | | | |
| 色/度≤ | 30 | | | | |
| 嗅 | 无不快感 | | | | |
| 浊度/NTU≤ | 5 | 10 | 10 | 5 | 20 |
| 溶解性总固体/(mg/L)≤ | 1500 | 1500 | 1000 | 1000 | — |
| 五日生化需氧量(BOD5)/(mg/L)≤ | 10 | 15 | 20 | 10 | 15 |
| 氨氮/(mg/L)≤ | 10 | 10 | 20 | 10 | 20 |
| 阴离子表面活性剂/(mg/L) | 1.0 | 1.0 | 1.0 | 0.5 | 1.0 |
| 铁/(mg/L)≤ | 0.3 | — | — | 0.3 | — |
| 锰/(mg/L)≤ | 1.0 | — | — | 0.1 | — |
| 溶解氧/(mg/L)≥ | 1.0 | | | | |
| 总余氯/(mg/L) | 接触 30min 后≥1.0，管网末端≥0.2 | | | | |
| 总大肠菌群/(个/L)≤ | 3 | | | | |

## 6.2　投药

### 6.2.1　投药方式

**1. 重力投药**

投药管布置如图 6-1 所示，在吸水管上和吸水喇叭口处重力投药的要求如图 6-2 和图 6-3 所示。

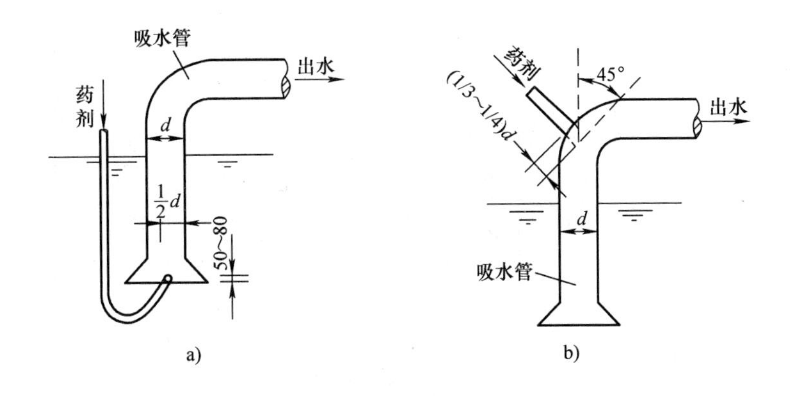


图 6-1　投药管布置

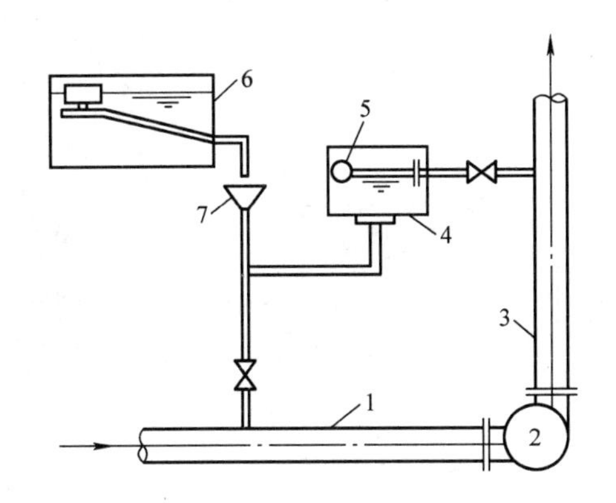


图 6-2　吸水管内重力投药

1—吸水管　2—水泵　3—压力管　4—水封箱
5—浮球阀　6—溶液池　7—漏斗

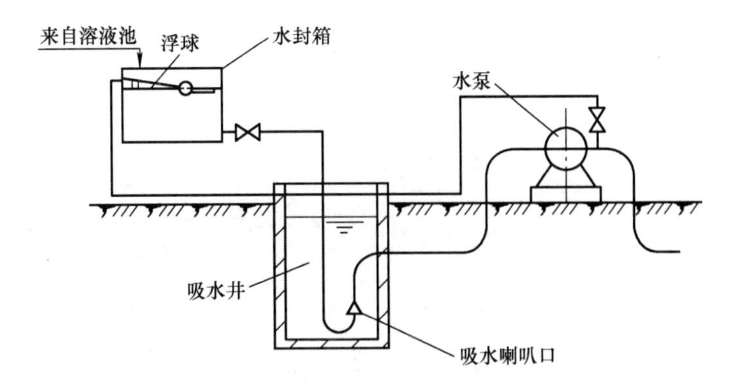


图 6-3　吸水喇叭口处重力投药

**2. 压力投药**

压力投药时，较多采用水射器（图 6-4）或计量泵（图 6-5）投加到原水管中，需保持稳定的药液浓度，以便准确投加。

投药用水射器如图 6-6 所示。

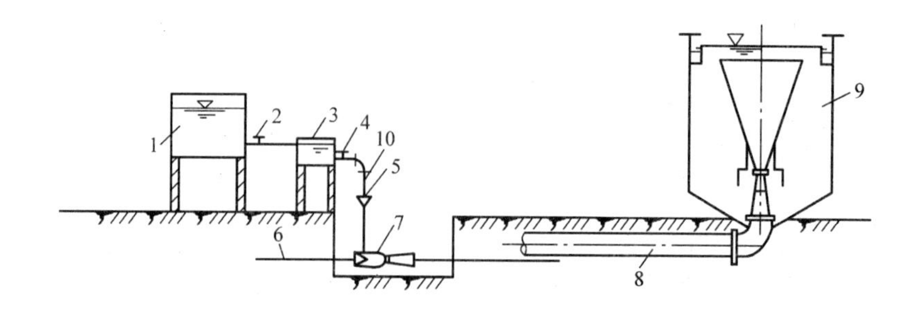


图 6-4　水射器压力投加

1—溶液池　2、4—阀门　3—投药箱　5—漏斗　6—高压水管

7—水射器　8—原水进水管　9—澄清池　10—孔、嘴等计量装置

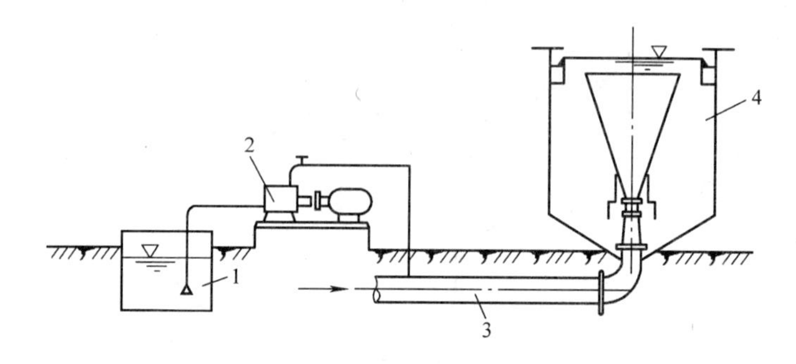


图 6-5　应用计量泵压力投药

1—溶液池　2—计量泵　3—进水管　4—澄清池

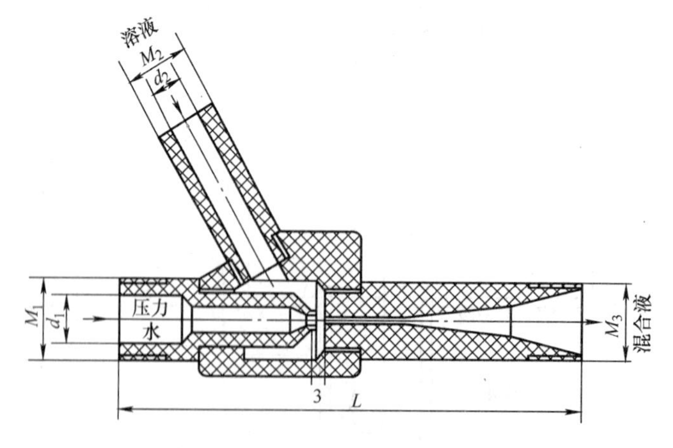


图 6-6　投药用水射器

$d_1$—原水进口内径　$d_2$—投药口内径　$d_3$—药液出口外径

$M_1$—原水进口外径　$M_2$—投药口内径　$L$—长度

## 6.2.2　投药混合

水处理加药混合方式及适用条件见表 6-11。

**表 6-11 水处理加药混合方式及适用条件**

| 混合方式 | 图示 | 适用条件 |
|---|---|---|
| 静态混合器 | 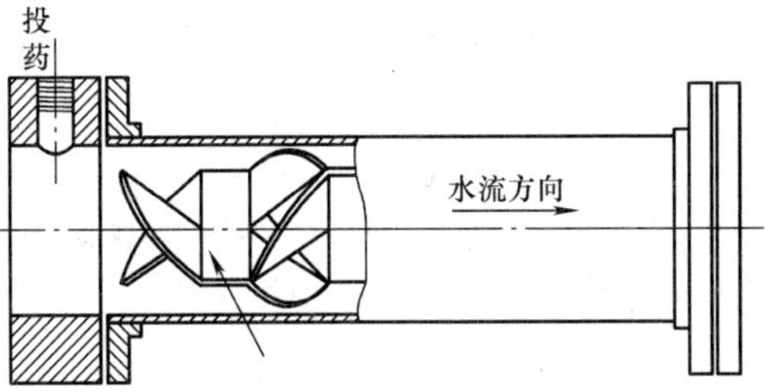 投药 水流方向 | 1）适用于流量变化较小的水厂<br>2）混合器内采用 1～4 个分流单元 |
| 扩散混合器 | 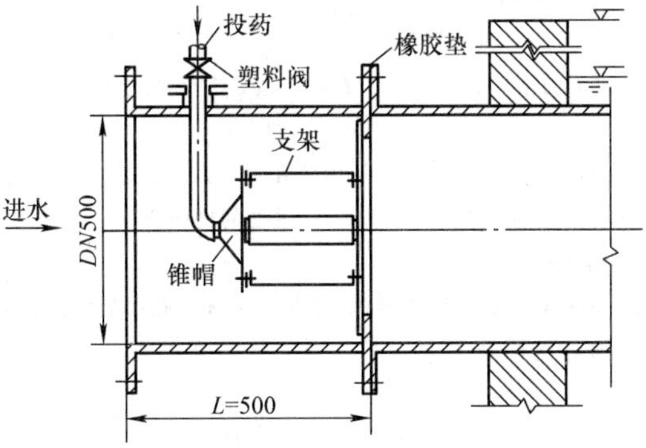 投药 塑料阀 橡胶垫 支架 进水 DN500 锥帽 L=500 | 1）多用于直径 400～800mm 的进水管<br>2）安装位置应低于絮凝池水面<br>3）适用于中、小型水厂 |
| 跌水混合器 | 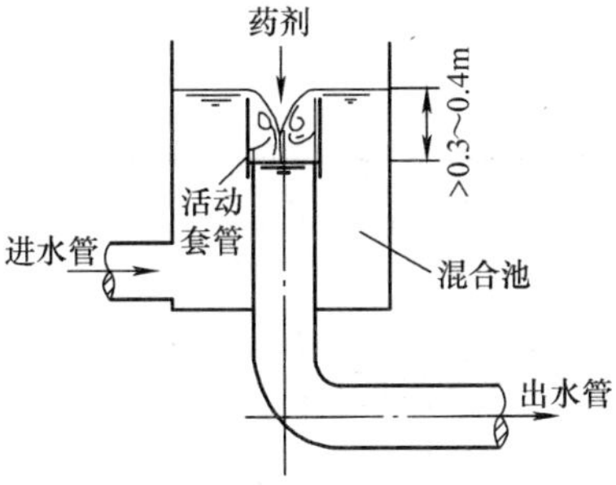 药剂 >0.3～0.4m 活动套管 进水管 混合池 出水管 | 1）适用于小水量时<br>2）活动套管内外的水位差应保持 0.3～0.4m，最大不超过 1.0m |

混合池设计要点见表 6-12。

**表 6-12 混合池设计要点**

| 形式 | 特点和设计要点 |
|---|---|
| 隔板混合池 | （1）利用水体的曲折行进所产生的湍流进行混合<br>（2）一般为设有三块隔板的窄长形水槽，两道隔板间的距离为槽宽的两倍<br>（3）最后一道隔板后的槽中水深不少于 0.4～0.5m，该处的槽中流速 $v$ 为 0.6m/s<br>（4）缝隙处的流速 $v_0$ 为 1m/s，每个缝隙处的水头损失为 0.13m；一般其总水头损失为 0.39m<br>（5）为避免进入空气，缝隙必须具有淹没水深 100～150mm |
| 跌水混合池 | （1）利用水流在跌落过程中产生的巨大冲击达到混合的效果<br>（2）其构造为在混合池的输水管上加装一活动套管，混合的最佳效果可由调节活动套管的高低来达到<br>（3）套管内外水位差，至少应保持 0.3～0.4m，最大不超过 1m |

（续）

| 形　　式 | 特点和设计要点 |
|---|---|
| 水跃式混合池 | （1）适用于有较多水头的大、中型水厂，利用3m/s以上的流速迅速流下时所产生的水跃进行混合<br>（2）水头差至少要在0.5m以上 |
| 涡流式混合池 | （1）适用于中小型水厂，特别适合于石灰乳的混合，其单池处理能力不大于1200～1500$m^3$/h<br>（2）其平面形状呈正方形或者圆形，与此相适应的下部呈倒金字塔形或者圆锥形，其中心角为30°～45°<br>（3）进口处上升流速1～1.5m/s，混合池上口处流速为25mm/s<br>（4）停留时间≤2min，一般可采用1～1.5min |
| 穿孔混合池 | （1）适用于1000$m^3$/h以下的水厂，不适用于石灰乳或者有较大渣子的药剂混合，以免石灰粒子或渣子堵塞孔眼<br>（2）为设有三块隔板的矩形水槽，板上具有较多的孔眼，以造成较多的涡流<br>（3）最后一道隔板后的槽中水深最少0.4～0.5m；该处的槽中流速一般采用0.6m/s<br>（4）两道隔板间的距离等于槽宽<br>（5）为避免进入空气，孔眼必须具有淹没水深100～150mm，孔眼处的流速可取1m/s，孔眼直径$d$一般采用20～120mm，孔眼距为(1.5～2)$d$<br>（6）穿孔水头损失为<br>$$h=\frac{v_0^2}{\mu^2 2g}(\mathrm{m})$$<br>式中　$\mu$——流量系数；<br>　　　$g$——重力加速度($m/s^2$) |

苗嘴装置如图6-7所示。

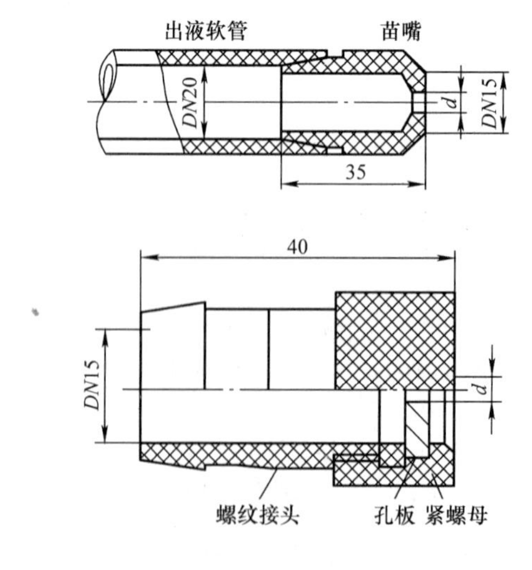


图6-7　苗嘴装置

浮杯计量装置如图6-8所示。

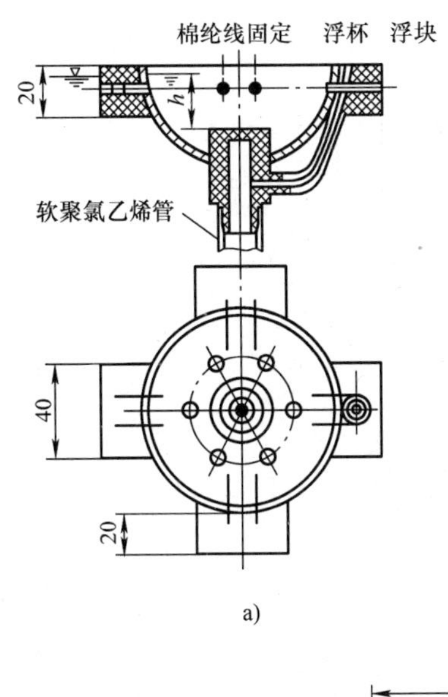


a)

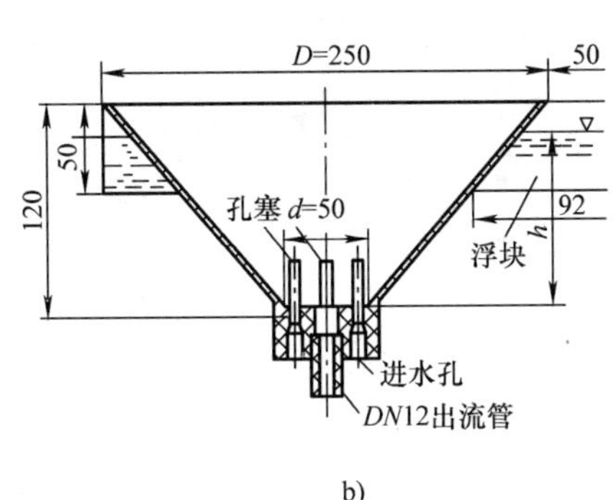


b)

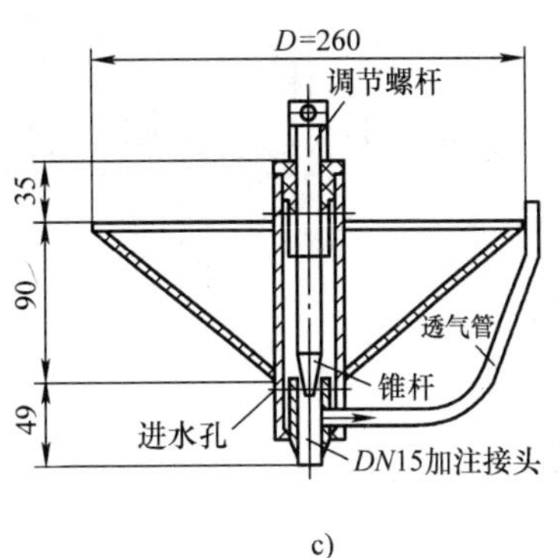


c)

图 6-8 浮杯计量装置

a)浸没式浮杯 b)孔塞式浮杯 c)锥杆式浮杯

## 6.3 絮凝

### 6.3.1 絮凝池形式

**1. 隔板絮凝池**

隔板絮凝池分为往复式和回旋式两种，如图 6-9 所示。

如图 6-10 所示为与平流沉淀池合建的往复式隔板絮凝池。

**2. 栅条、网格絮凝池**

网格絮凝池在全池约 2/3 的分格内，垂直水流方向放置网格或栅条(图 6-11)。栅条、网格构件的厚度宜采用以下数值：木材板条厚度 20～25mm；扁钢构件厚度 5～6mm；铸铁构件厚度 10 ~ 15mm；钢筋混凝土预制件厚度 30 ~ 70mm。

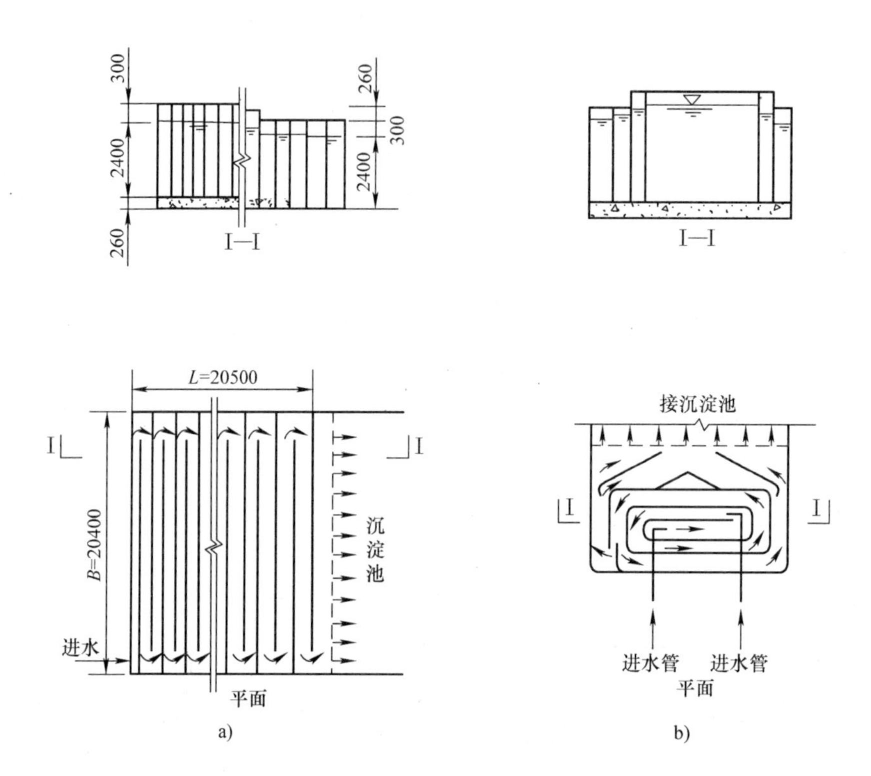


图 6-9　隔板絮凝池

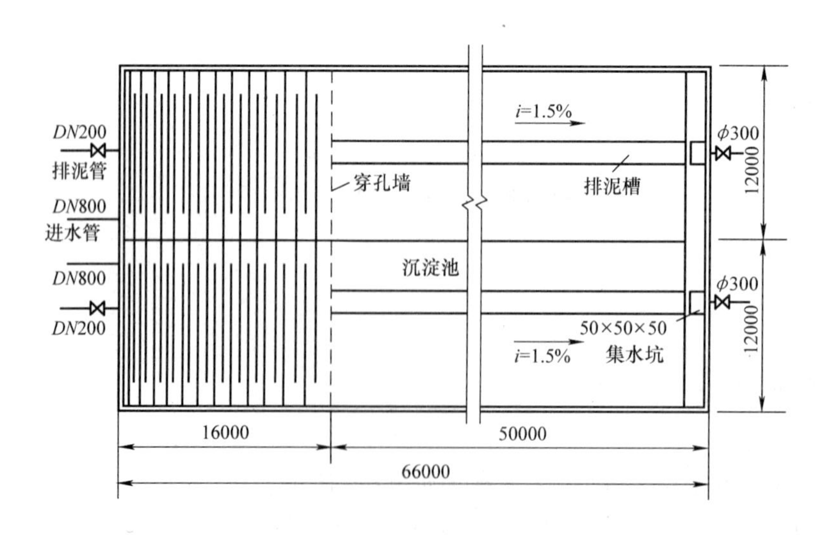


图 6-10　往复式隔板絮凝池

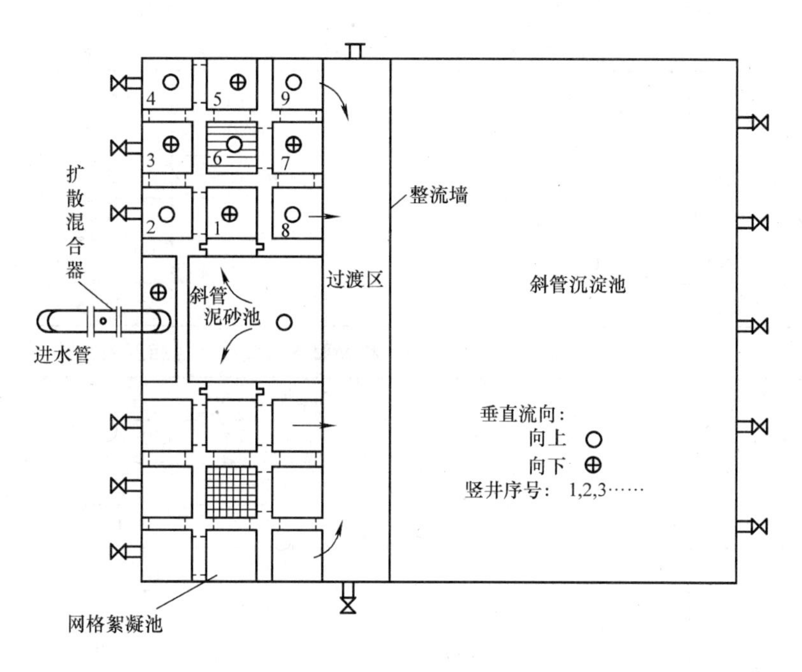


图 6-11　网格（栅条）絮凝池

### 6.3.2　絮凝池设计

絮凝池设计宜分三段，其过栅、过网和过孔洞流速以及各段平均流速梯度应逐段递减，各段设计的水力参数及栅条、网格构件的规格和布设，可参照表 6-13 内的数值采用。

**表 6-13　栅条网格絮凝池主要设计参数**

| 絮凝池型 | 絮凝池分段 | 栅条缝隙或网格孔限尺寸/mm | 板条宽度/mm | 竖井平均流速 $v_2$/(m/s) | 过栅或过网流速 $v_1$/(m/s) | 竖井之间孔洞流速 $v$/(m/s) | 栅条或网格构件层距/cm | 设计絮凝时间/min |
|---|---|---|---|---|---|---|---|---|
| 栅条絮凝池 | 前段（安放密栅条） | 50 | 50 | 0.12～0.14 | 0.25～0.30 | 0.30～0.20 | 60 | 3～5 |
| | 中段（安放疏栅条） | 80 | 50 | 0.12～0.14 | 0.22～0.25 | 0.20～0.15 | 60 | 3～5 |
| | 末段（不安放栅条） | — | — | 0.10～1.14 | — | 0.10～0.14 | — | 4～5 |
| 网格絮凝池 | 前段（安放密栅条） | 80×80 | 35 | 0.12～0.14 | 0.25～0.30 | 0.30～0.20 | 60～70 | 3～5 |
| | 中段（安放疏栅条） | 100×100 | 35 | 0.12～0.14 | 0.22～0.25 | 0.20～0.15 | 60～70 | 3～5 |
| | 末段（不安放栅条） | — | — | 0.10～0.14 | - | 0.10～0.14 | — | 4～5 |

## 6.4　沉淀池

对于城市污水处理厂，如无污水沉淀性能的实测资料时，可参照表 6-14 的经验参数设计。沉淀池的有效水深、沉淀时间与表面水力负荷的相互关系见表 6-15。

表 6-14 城市污水处理厂沉淀池设计参数

| 沉淀池 | 沉淀池位置 | 沉淀时间 /h | 表面负荷 $q$ /[$m^3$/($m^2$·h)] | 污泥量 /($m^3$/h) | 污泥含水率 (%) | 堰口负荷 /[L/(s·m)] |
|---|---|---|---|---|---|---|
| 初次沉淀池 | 单独沉淀法 | 1.5～2.0 | 1.5～2.5 | 15～27 | 95～97 | ≤2.9 |
| | 二级处理前 | 1.5～2.0 | 1.5～3.0 | 14～25 | 95～97 | ≤2.9 |
| 二次沉淀池 | 活性污泥法 | 1.5～2.5 | 1.0～1.5 | 10～21 | 99.2～97 | 1.5～2.9 |
| | 生物膜法后 | 1.5～2.5 | 1.0～2.0 | 7～19 | 96～98 | 1.5～2.9 |

表 6-15 有效水深 $H$、沉淀时间 $t$ 和表面水力负荷 $q$ 的相互关系

| 表面水力负荷 $q$/[$m^3$/($m^2$·h)] | 沉淀时间 $t$/h | | | | |
|---|---|---|---|---|---|
| | $H$=2.0m | $H$=2.5m | $H$=3.0m | $H$=3.5m | $H$=4.0m |
| 3.0 | — | — | 1.0 | 1.17 | 1.33 |
| 2.5 | — | 1.0 | 1.2 | 1.4 | 1.6 |
| 2.0 | 1.0 | 1.25 | 1.5 | 1.75 | 2.0 |
| 1.5 | 1.33 | 1.67 | 2.0 | 2.33 | 2.67 |
| 1.0 | 2.0 | 2.5 | 3.0 | 3.5 | 4.0 |

当利用污水处理站二级处理出水作为中水水源时，为去除水中残留的悬浮物，降低水的浊度和色度，宜选用物化处理或与生化处理结合的深度处理工艺流程，如图 6-12 所示。

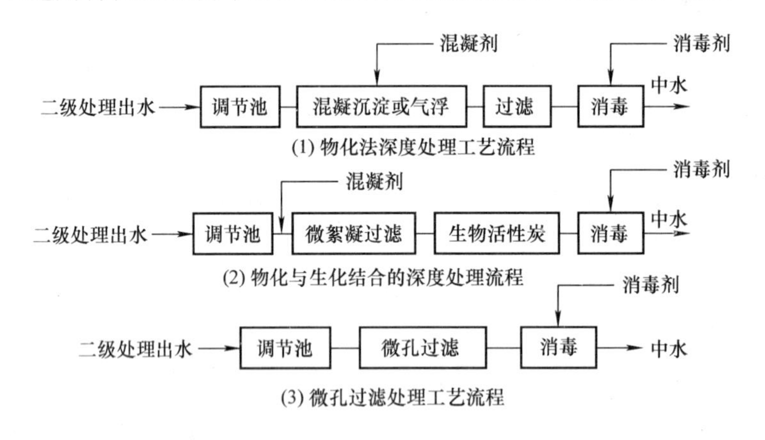


图 6-12 污水处理站二级出水作中水水源

泥砂颗粒沉降速度见表 6-16。

表 6-16 泥砂颗粒沉降速度

| 粒径 $d$/mm | 粒度分类 | 水温 10℃时沉降速度/(mm/s) | |
|---|---|---|---|
| | | 理论值 | 实用推荐值 |
| >2 | 砾砂 | >314 | >205 |
| 2 | 粗砂 | 314 | 205 |
| 0.1 | 细砂 | 7.5 | 4.97 |
| 0.01 | 粗粉砂 | $7.5\times10^{-2}$ | $5.14\times10^{-2}$ |
| 0.001 | 黏土 | $7.5\times10^{-4}$ | $5.14\times10^{-2}$ |

目前常按照沉淀时间和水平流速或表面水力负荷进行计算，其计算公式见表 6-17。

**表 6-17 平流式沉淀池的设计计算公式**

| 计算内容 | 公式 | 符号含义及单位 |
| --- | --- | --- |
| 沉淀池表面积 $A$ | $A=Q_{max}/q$ | $Q_{max}$——设计最大流量($m^3/h$)<br>$q$——表面水力负荷[$m^3/(m^2 \cdot h)$] |
| 沉淀区有效水深 $h_2$ | $h_2=qt$ | $t$——水力停留时间(h) |
| 沉淀区有效容积 $V_1$ | $V_1=Ah_2$ | $A$——沉积池表面积($m^2$) |
| 沉淀池长度 $L$ | $L=3.6vt$ | $v$——最大设计流量时的水平流速(mm/s) |
| 沉淀区总宽度 $B$ | $B=A/L$ | $L$——沉淀池长度(m) |
| 沉淀池的座数 $n$ | $N=B/b$ | $b$——每座沉淀池的宽度(m) |
| 污泥量 $W$ | $W=[Q_{max}(C_0-C_1)T]/\gamma(1-x)$ | $C_0$，$C_1$——进水、出水悬浮物浓度(g/L)<br>$T$——两次排泥间隔时间(h)<br>$\gamma$——污泥密度($kg/m^3$)<br>$x$——污泥含水率 |
| 污泥区梯形部分容积 $V_2$ | $V_2=[(l_1+l_2)/2]h_4B$ | $l_1$，$l_2$——梯形上、下底边长(m)<br>$h_4$——污泥区高度(m)<br>$B$——沉淀池的总高度(m) |
| 沉淀池的总高度 $h$ | $h=h_1+h_2+h_3+h_4$ | $h_1$——沉淀池高度(m)<br>$h_2$——沉淀区有效水深(m)<br>$h_3$——缓冲层高度(m) |

如图 6-13 所示为与回流隔板絮凝池合建的平流式沉淀池。

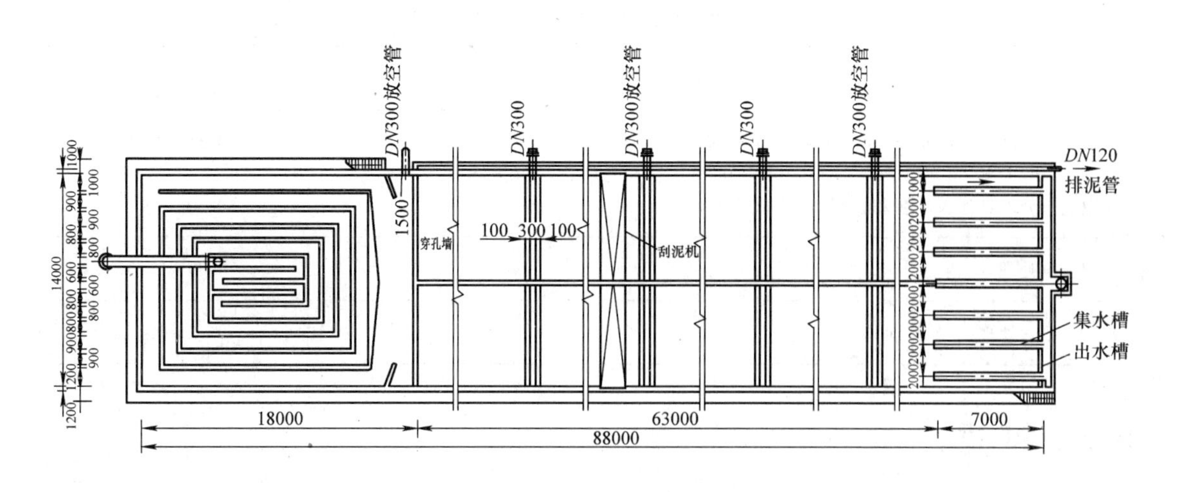


图 6-13 与回流隔板絮凝池合建的平流式沉淀池

混凝沉淀处理废水流程如图 6-14 所示。

为挖掘潜力，可在平流式沉淀池后半部池面积增设斜管或斜板，如图 6-15 所示。

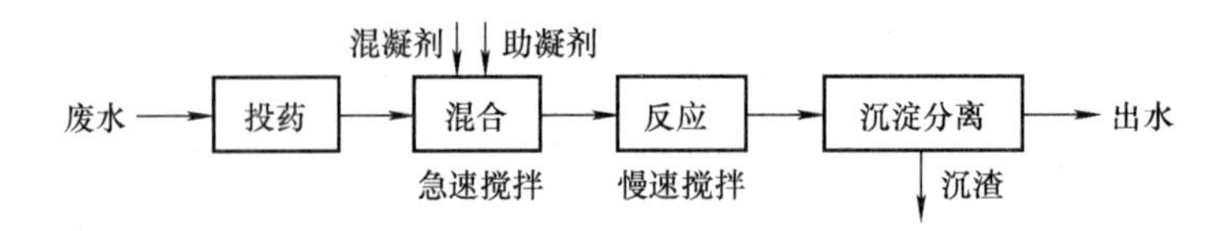


图 6-14　混凝沉淀处理废水流程

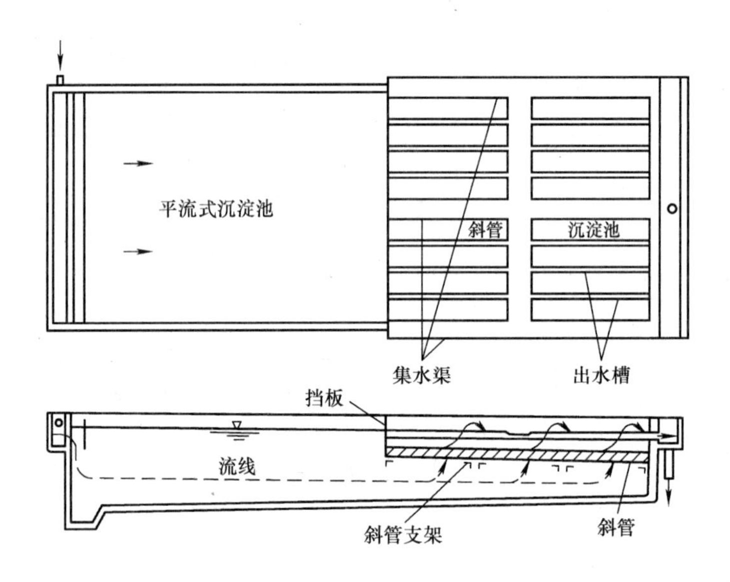


图 6-15　平流式沉淀池后半部分设置斜管

悬浮物在静水中的沉降速度见表 6-18。

**表 6-18　悬浮物在静水中的沉降速度**

| 原水特性和处理方法 | 沉降速度 $\mu$/(mm/s) |
|---|---|
| 用混凝剂处理有色水或悬浮物含量在 200~250mg/L 以内的浑浊水 | 0.35~0.45 |
| 用混凝剂处理悬浮物含量大于 250mg/L 的浑浊水 | 0.50~0.60 |
| 用混凝剂处理高浊度水 | 0.30~0.35 |
| 不用混凝剂处理(自然沉淀) | 0.12~0.15 |

# 6.5　过滤

## 6.5.1　过滤机

如图 6-16 所示为微滤机总图。

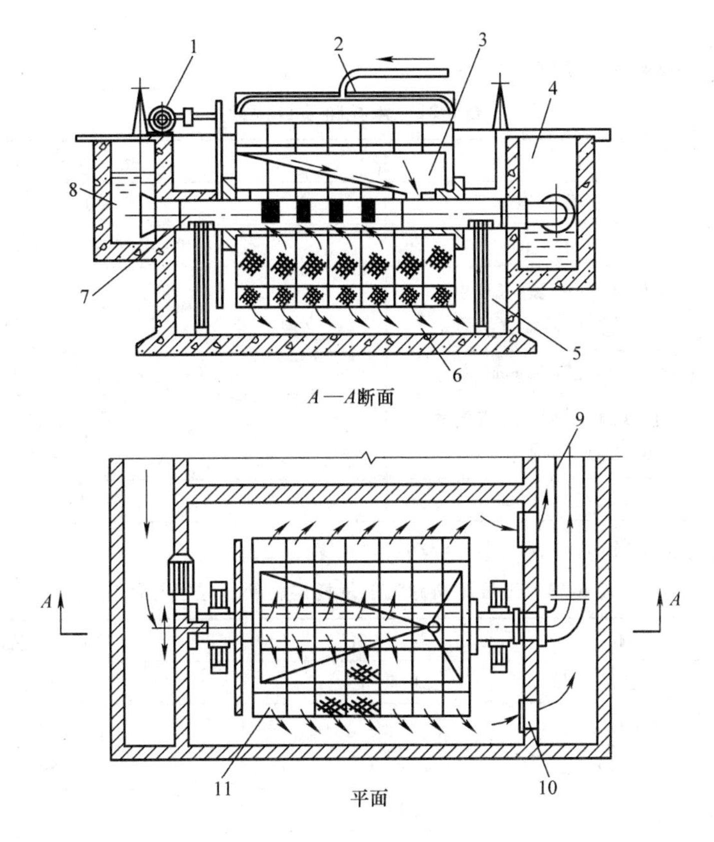


图 6-16　微滤机总图

1—电动机　2—冲洗设备　3—集水水斗　4—集水渠　5—支承轴承　6—水池　7—空心轴　8—进水渠　9—冲洗换水管　10—溢流堰　11—带有金属滤网的转鼓

## 6.5.2　常用滤料

### 1. 人工陶粒滤料

人工陶粒滤料项目指标见表 6-19。

表 6-19　人工陶粒滤料项目指标

| 项　　目 | 指　　标 | 项　　目 | 指　　标 |
|---|---|---|---|
| 粒径范围/mm | 0.5～9.0 | 盐酸可溶率，$C_{ha}$(%) | ≤2 |
| 破碎率与磨损率之和，$C_b$(%) | ≤6 | 空隙率，$v$(%) | ≥40 |
| 含泥量，$C_s$(%) | ≤1 | 比表面积，$S_w$/($cm^2$/g) | ≥$0.5\times10^4$ |

### 2. 天然锰砂滤料

天然锰砂滤料项目指标见表 6-20。

表 6-20　天然锰砂滤料项目指标

| 项　　目 | | 指　　标 | 项　　目 | 指　　标 |
|---|---|---|---|---|
| 粒径/mm | 最小粒径 | 0.5～0.6 | 盐酸可溶率（百分率按质量,%） | ≤3.5 |
| | 最大粒径 | 1.2～2.0 | | |
| 含锰量(以 $MnO_2$ 计)(%) | | 20～35 | 破碎率和磨损率之和(%) | ≤3 |
| 平均密度/($g/cm^3$) | | 3.2～3.6 | 含泥量(%) | ≤2.5 |

**3. 承托料**

承托料项目指标见表6-21。

**表 6-21　承托料项目指标**

| 序号 | 项目 | | 指标 |
|---|---|---|---|
| 1 | 锰矿承托料 | 含泥量(%) | ≤1 |
| | | 粒径/mm | 2～4、4～8、8～16 |
| 2 | 砾石承托料 | 明显扁平、细长(长度超过5倍厚度)的颗粒(%) | ≤2 |
| | | 粒径范围/mm | 2～4、4～8、8～16、16～32、32～64 |
| 3 | 高密度矿石承托料 | 明显扁平、细长(长度超过5倍厚度)的颗粒(%) | ≤2 |
| | | 粒径范围/mm | 5～1、1～2、2～4、4～8 |

三层滤料滤池的承托层材料、粒径与厚度见表6-22。

**表 6-22　三层滤料滤池的承托层材料、粒径与厚度**　　（单位：mm）

| 层次(自上而下) | 材　料 | 粒　径 | 厚　度 |
|---|---|---|---|
| 1 | 重质矿石 | 0.5～1 | 50 |
| 2 | 重质矿石 | 1～2 | 50 |
| 3 | 重质矿石 | 2～4 | 50 |
| 4 | 重质矿石 | 4～8 | 50 |
| 5 | 砾石 | 8～16 | 100 |
| 6 | 砾石 | 16～32 | 本层顶面应高出配水系统孔眼100 |

滤料和承托料规格的规定见表6-23。

**表 6-23　滤料和承托料规格的规定**

| 项　目 | 无烟煤滤料 | 石英砂滤料 | 高密度矿石滤料 | 砾石承托料 | 高密度矿石承托料 |
|---|---|---|---|---|---|
| 密度/($g/cm^3$) | 1.4～1.6 | 2.5～2.7 | >3.8 | >2.5 | >3.8 |
| 含泥量(%) | <3 | <1 | <1 | <1 | <1.5 |
| 盐酸可溶率(%) | <3.5 | <3.5 | — | <5 | — |
| 破碎率与磨损率之和(%) | <2 | <2 | — | — | — |

注：磁铁矿滤料和承托料的密度一般为4.4～5.2$g/cm^3$。

## 6.5.3　微滤水处理设备

微滤是指利用孔径为0.05～10μm的微孔滤膜为过滤介质，以压力差为驱动力，达到浓缩和分离目的的一种过滤技术。微滤水处理设备型号由设备代号、滤膜种类代号、产水量、过滤精度与效率代号、膜元件构型代号组成。设备型号示例：MF $N_6$-5-022×999-Zd，是指微孔滤膜材质为尼龙6，产水量为5$m^3$/h，过滤精度为0.22μm，过滤效率为99.9%的折叠式膜元件微滤水处理设备。微滤水处理设备的滤膜种类代号见表6-24、过滤精度代号见表6-25、过滤效率和膜元件构型代号见表6-26。

表 6-24 滤膜种类代号

| 滤膜种类 | 代　　号 | 滤膜种类 | 代　　号 |
| --- | --- | --- | --- |
| 尼龙 6 微孔滤膜 | $N_6$ | 混合纤维素微孔滤膜 | CA-CN |
| 聚醚砜微孔滤膜 | PES | 316L 不锈钢微孔滤膜 | SS316L |
| 聚偏氟乙烯微孔滤膜 | PVDF | 钛金属微孔滤膜 | Ti |
| 聚四氟乙烯微孔滤膜 | PTFE | 氧化铝陶瓷微孔滤膜 | $Al_2O_3$ |
| 二醋酸纤维素微孔滤膜 | CA | 氧化锆陶瓷微孔滤膜 | $ZrO_2$ |
| 三醋酸纤维素微孔滤膜 | CTA | — | |

注：未列出的滤膜种类代号依此类推。

表 6-25 过滤精度代号

| 过滤精度/μm | 代　　号 | 过滤精度/μm | 代　　号 |
| --- | --- | --- | --- |
| 0.2 | 02 | 0.65 | 065 |
| 0.5 | 05 | 1.0 | 10 |
| 0.8 | 08 | 3.0 | 30 |
| 0.22 | 022 | 10 | 100 |
| 0.45 | 045 | — | |

注：未列出的过滤精度代号依此类推。

表 6-26 过滤效率和膜元件构型代号

| 膜元件构型 | 代　　号 | 过滤效率(%) | 代　　号 |
| --- | --- | --- | --- |
| 管式 | G | 99 | 99 |
| 折叠式 | Zd | 99.9 | 999 |
| 中空纤维式(毛细管式) | Zk | 99.99 | 9999 |
| 板框式 | B | — | |
| 卷式 | J | — | |

## 6.5.4 滤料池设计

滤池是地表水厂中不可缺少的净水构筑物，普通快滤池(图 6-17)适用于大、中、小型水厂。

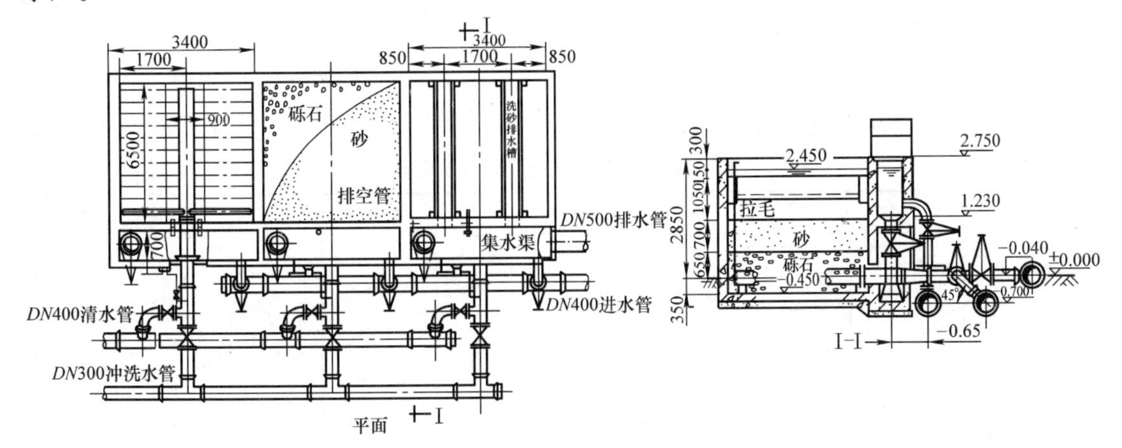


图 6-17 普通快滤池

滤池的滤速及滤料组成见表 6-27。

**表 6-27　滤池的滤速及滤料组成**

| 滤料种类 | 滤料组成 | | | 正常滤速/(m/h) | 强制滤速/(m/h) |
|---|---|---|---|---|---|
| | 粒径/mm | 不均匀系数 $K_{80}$ | 厚度/mm | | |
| 单层细砂滤料 | 石英砂<br>$d_{10}$ = 0.55 | <2.0 | 700 | 7 ~ 9 | 9 ~ 2 |
| 双层滤料 | 无烟煤<br>$d_{10}$ = 0.85 | <2.0 | 300 ~ 400 | 9 ~ 12 | 12 ~ 6 |
| | 石英砂<br>$d_{10}$ = 0.55 | <2.0 | 400 | | |
| 三层滤料 | 无烟煤<br>$d_{10}$ = 0.85 | <1.7 | 450 | 16 ~ 8 | 20 ~ 24 |
| | 石英砂<br>$d_{10}$ = 0.50 | <1.5 | 250 | | |
| | 重质矿石<br>$d_{10}$ = 0.55 | <1.7 | 70 | | |
| 均匀配给粗砂滤料 | 石英砂<br>$d_{10}$ = 0.9 ~ 1.2 | <1.4 | 1200 ~ 1500 | 8 ~ 0 | 10 ~ 13 |

注：$d_{10}$——有效粒径。滤料的相对密度为：石英砂 2.50 ~ 2.70；无烟煤：1.4 ~ 1.6；重质矿石 4.40 ~ 5.20。

如图 6-18 所示为滤池水泵冲洗示意图，如图 6-19 所示为滤池水塔冲洗示意图。

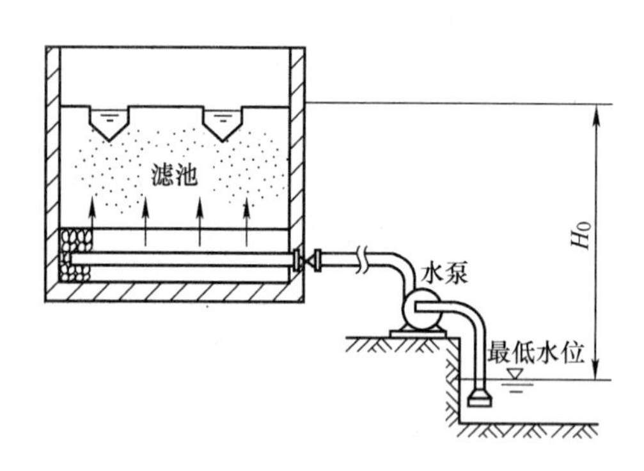


图 6-18　水泵冲洗

$H_0$—高低水位差

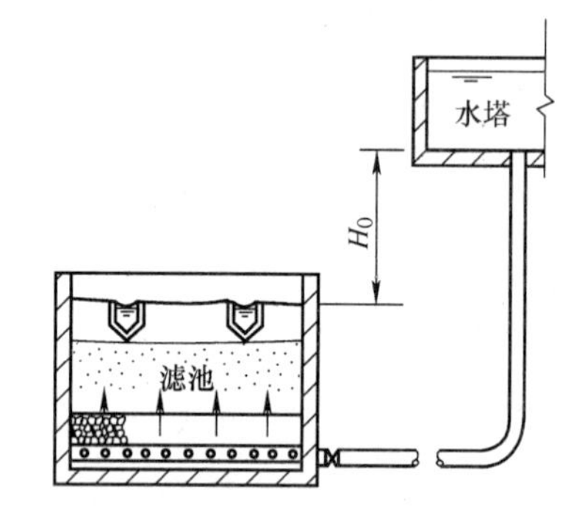


图 6-19　水塔冲洗

$H_0$—高低水位差

气水冲洗强度和冲洗时间见表 6-28。

**表 6-28　气水冲洗强度和冲洗时间**

| 滤料种类 | 先气冲洗 | | 气水同时冲洗 | | | 后水冲洗 | | 表面扫洗 | |
|---|---|---|---|---|---|---|---|---|---|
| | 强度/[(L/(m²·s)] | 冲洗时间/min | 气强度/[(L/(m²·s)] | 水强度/[(L/(m²·s)] | 冲洗时间/min | 强度/[(L/(m²·s)] | 冲洗时间/min | 强度/[(L/(m²·s)] | 冲洗时间/min |
| 单层细砂级配滤料 | 15 ~ 20 | 3 ~ 1 | — | — | — | 8 ~ 10 | 7 ~ 5 | — | — |
| 双层煤、砂级配滤料 | 15 ~ 20 | 3 ~ 1<br>2 ~ 1 | — | 4 | —<br>4 ~ 3 | 6.5 ~ 10 | 6 ~ 5 | — | — |

（续）

| 滤料种类 | 先气冲洗 | | 气水同时冲洗 | | | 后水冲洗 | | 表面扫洗 | |
|---|---|---|---|---|---|---|---|---|---|
| | 强度/[(L/($m^2$·s)] | 冲洗时间/min | 气强度/[(L/($m^2$·s)] | 水强度/[(L/($m^2$·s)] | 冲洗时间/min | 强度/[(L/($m^2$·s)] | 冲洗时间/min | 强度/[(L/($m^2$·s)] | 冲洗时间/min |
| 单层粗砂均匀级配滤料 | 13~17<br>(13~17) | 2~1<br>(2~1) | 13~17<br>(13~17) | 3~4<br>(2.5~3) | 4~3<br>(5~4) | 4~8<br>(4~6) | 8~5<br>(8~5) | 1.4~2.3 | 全程 |

注：表中单层粗砂均匀级配滤料中，无括号的数值适用于无表面扫洗的滤池；括号内的数值适用于有表面扫洗的滤池。

双层滤池去除浊度的试验资料见表6-29。

**表6-29 双层滤池去除浊度的试验资料**

| 过滤时间/h | 进水浊度/度 | 煤下2.5cm | | 煤下12cm | | 煤下19.5cm | | 煤砂交接面 | | 砂下11cm | | 总计去除(%) |
|---|---|---|---|---|---|---|---|---|---|---|---|---|
| | | 浊度 | 去除(%) | 浊度 | 去除(%) | 浊度 | 去除(%) | 浊度 | 去除(%) | 浊度 | 去除(%) | |
| 3 | 8 | 4.0 | 50 | 1.5 | 31 | 1.0 | 6.0 | 0.5 | 6.0 | 0.5 | 0 | 94 |
| 7 | 10 | 6.0 | 40 | 3.0 | 30 | 2.5 | 5.0 | 1.0 | 15 | 1.0 | 0 | 90 |
| 11 | 10 | 4.5 | 55 | 3.5 | 10 | 2.5 | 9.0 | 1.5 | 10 | 1.0 | 5.0 | 90 |
| 15 | 10 | — | (25) | 5.5 | (20) | 4.5 | 10 | 2.0 | 25 | 1.5 | 5.0 | 85 |
| 22 | 10 | 7.5 | 25 | 5.5 | 20 | 5.5 | 0 | 2.5 | 30 | 1.0 | 15 | 90 |
| 26 | 10 | 9.0 | 10 | — | (20) | 6.0 | (10) | 3.0 | 30 | 1.0 | 20 | 90 |
| 30 | 11 | 9.0 | 18 | — | (12) | 6.5 | (10) | 4.0 | 23 | 1.0 | 27 | 91 |
| 34 | 10 | 9.5 | 5 | — | (25) | 6.0 | (10) | 5.0 | 10 | 1.0 | 40 | 90 |
| 39 | 10 | 9.0 | 10 | — | (5) | 7.5 | (5) | 5.5 | 25 | 1.0 | 45 | 90 |
| 44 | 10 | 9.5 | 5 | — | (5) | 8.5 | (5) | 5.5 | 30 | 1.0 | 45 | 90 |

注：括号内去除率是根据前后相邻两层的浊度推算的。

曝气生物滤池法流程如图6-20所示。

曝气生物滤池处理城镇污水主要设计参数见表6-30。

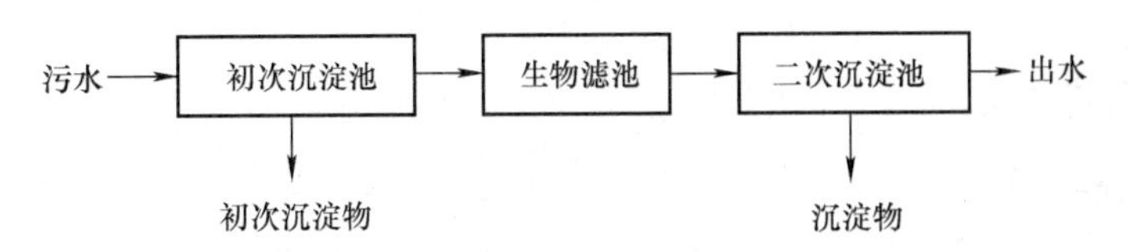


图6-20 曝气生物滤池法流程

**表6-30 曝气生物滤池处理城镇污水主要设计参数**

| 类型 | 功能 | 参数 | 取值 |
|---|---|---|---|
| 碳氧化曝气生物滤池(C池) | 降解污水中含碳有机物 | 滤池表面水力负荷(滤速)/{$m^3$/[$m^2$·h(m/h)]} | 3.0~6.0 |
| | | $BOD_5$负荷/[$kgBOD_5$/($m^3$·d)] | 2.5~6.0 |
| | | 空床水力停留时间/min | 40.0~60.0 |

（续）

| 类型 | 功能 | 参数 | 取值 |
|---|---|---|---|
| 碳氧化/部分硝化曝气生物滤池（C/N 池） | 降解污水中含碳有机物并对氨氮进行部分硝化 | 滤池表面水力负荷（滤速）/{$m^3$/[$m^2$·h(m/h)]} | 2.5～4.0 |
| | | $BOD_5$ 负荷/[kg$BOD_5$/($m^3$·d)] | 1.2～2.0 |
| | | 硝化负荷/[(kg$NH_4$-N)/($m^3$·d)] | 0.4～6.0 |
| | | 空床水力停留时间/min | 70.0～80.0 |
| 硝化曝气生物滤池（N 池） | 对污水中的氨氮进行硝化 | 滤池表面水力负荷（滤速）/{$m^3$/[$m^2$·h(m/h)]} | 3.0～12.0 |
| | | 硝化负荷/[(kg$NH_4$-N)/($m^3$·d)] | 0.6～1.0 |
| | | 空床水力停留时间/min | 30.0～45.0 |
| 前置后硝化生物曝气滤池（per-DN 池） | 利用污水中的碳源对硝态氮进行反硝化 | 滤池表面水力负荷（滤速）/{$m^3$/[$m^2$·h(m/h)]} | 8.0～10.0（含回流） |
| | | 反硝化负荷/[(kg$NO_3^-$-N)/($m^3$·d)] | 0.8～1.2 |
| | | 空床水力停留时间/min | 20.0～30.0 |
| 后置反硝化生物滤池（post-DN 池） | 利用外加碳源对硝态氮进行反硝化 | 滤池表面水力负荷（滤速）/{$m^3$/[$m^2$·h(m/h)]} | 8.0～12.0 |
| | | 反硝化负荷/[(kg$NO_3^-$-N)/($m^3$·d)] | 1.5～3.0 |
| | | 空床水力停留时间/min | 15.0～25.0 |
| 精处理曝气生物滤池 | 对二级污水处理厂尾水进行含碳有机物降解及氨氮硝化 | 滤池表面水力负荷（滤速）/{$m^3$/[$m^2$·h(m/h)]} | 3.0～5.0 |
| | | 硝化负荷/[(kg$NH_4$-N)/($m^3$·d)] | 0.3～0.6 |
| | | 空床水力停留时间/min | 35.0～45.0 |

注：1. 设计水温较低、进水浓度较低或出水水质要求较高时，有机负荷、硝化负荷、反硝化负荷应取下限值。
2. 反硝化滤池的水力负荷、空床停留时间均按消化液回流量确定，反硝化回流比应根据总氮去除率确定。

# 6.6 消毒

## 6.6.1 常用消毒方法

### 1. 紫外线消毒

生活饮用水紫外线消毒器用直管形石英紫外线低压汞灯及灯管的主要尺寸、外形光电参数参见图 6-21、表 6-31、表 6-32。

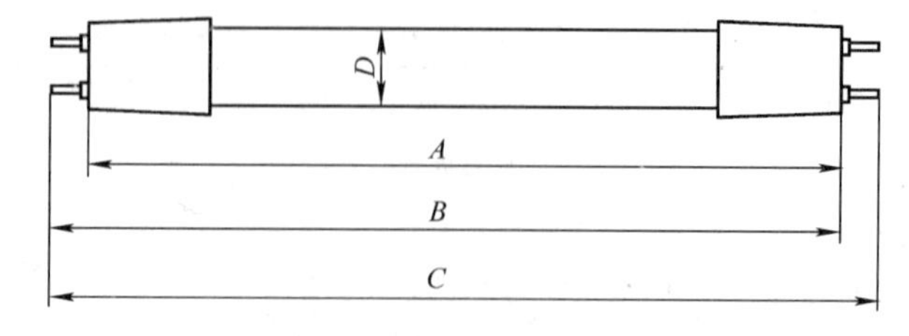


图 6-21 直管形石英紫外线低压汞灯

表 6-31 灯管主要尺寸

| 灯的功率/W | 外形尺寸/mm | | | | | 灯头型号 |
|---|---|---|---|---|---|---|
| | A | B | | C | D | |
| | 最大值 | 最大值 | 最小值 | 最大值 | 最大值 | |
| 8 | 288.3 | 295.4 | 293.0 | 302.5 | 16 | G5 |
| 15 | 437.4 | 444.5 | 442.0 | 451.6 | 21 | G13 |
| 20 | 589.8 | 596.9 | 594.5 | 604.0 | 21 | G13 |
| 30 | 894.6 | 901.7 | 899.3 | 908.8 | 21 | G13 |
| 40 | 1199.4 | 1206.5 | 1204.1 | 1213.6 | 25 | G13 |

表 6-32 外形光电参数

| 灯的型号 | 功率/W | | 工作电压/V | | | 电流/A | | 紫外线辐照强度/($W/cm^2$) |
|---|---|---|---|---|---|---|---|---|
| | 额定值 | 最大值 | 额定值 | 最小值 | 最大值 | 工作 | 预热 | |
| ZSZ8<br>ZSZ8D | 8 | 11 | 54 | 44 | 65 | 0.19 | 0.22 | ≥10 |
| ZSZ15<br>ZSZ15D | 15 | 18 | 65 | 53 | 70 | 0.30 | 0.45 | ≥30 |
| ZSZ20<br>ZSZ20D | 20 | 24 | 80 | 73 | 90 | 0.32 | 0.43 | ≥60 |
| ZSZ30<br>ZSZ30D | 30 | 35 | 130 | 120 | 140 | 0.30 | 0.50 | ≥90 |
| ZSZ40<br>ZSZ40D | 40 | 43 | 140 | 130 | 150 | 0.33 | 0.65 | ≥100 |

注：电流为参考值。

污水处理出水消毒紫外灯适用表见表 6-33。

表 6-33 污水处理出水消毒紫外灯适用表

| 项　　目 | 低压灯 | 低压高强灯 | 中压灯 | 备　　注 |
|---|---|---|---|---|
| 处理流量范围/(万 $m^2$/d) | <5 | 340 | >20 | — |
| 水质条件 | $SS$≤20mg/L<br>$UVT$≥50% | $SS$≤20mg/L<br>$UVT$≥50% | $SS$≤20mg/L<br>$UVT$≥50% | — |
| 清洗方式 | 人工清洗/机械清洗 | 人工清洗、机械加化学清洗 | 机械加化学清洗 | — |
| 电功率 | 较低 | 较低 | 较高 | 中压灯光电转换效率低，但单根紫外灯输出功率高，所需紫外灯数少 |
| 灯管更换费用比较 | 较高 | 较高 | 较低 | — |
| 水力负荷/($m^2$/d/根紫外灯) | 100～200 | 250～500 | 1000～2000 | — |

生活饮用水紫外线消毒器的规格及进、出水管管径应符合表 6-34 的规定。

表 6-34 消毒器的规格及进、出水管管径

| 消毒水量/($m^3$/h) | 管径/mm | 消毒水量/($m^3$/h) | 管径/mm |
|---|---|---|---|
| 1 | 20 | 20 | 80 |
| 4 | 40 | 30 | 100 |
| 8 | 50 | 40 | 100 |
| 15 | 65 | 50 | 125 |

**2. 液氯消毒**

JSL—73 真空式加氯机流程示意如图 6-22 所示。

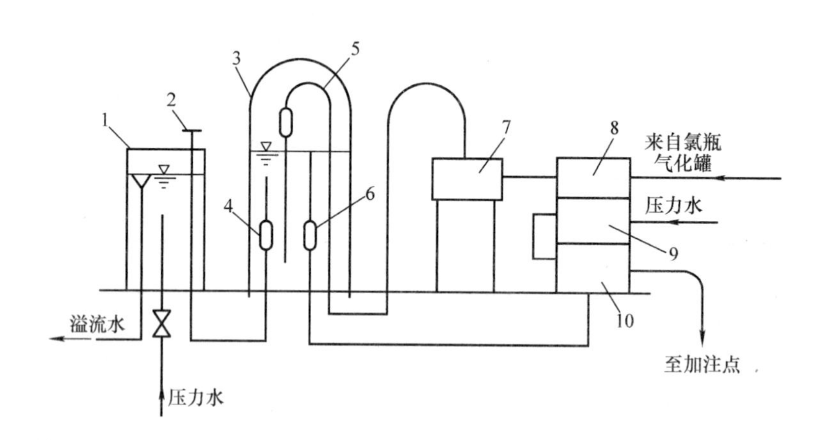


图 6-22　JSL—73 真空式加氯机流程示意

1—水箱　2—水氯调节阀　3—真空罩　4—进水止水阀　5—压差管
6—出流止回阀　7—旋流分离器　8—氯阀　9—水阀　10—水射器

氯瓶中的氯气不能直接用管道加到水中，须经过加氯机后投加，如图 6-23 所示。LS 转子真空加氯机如图 6-24 所示。

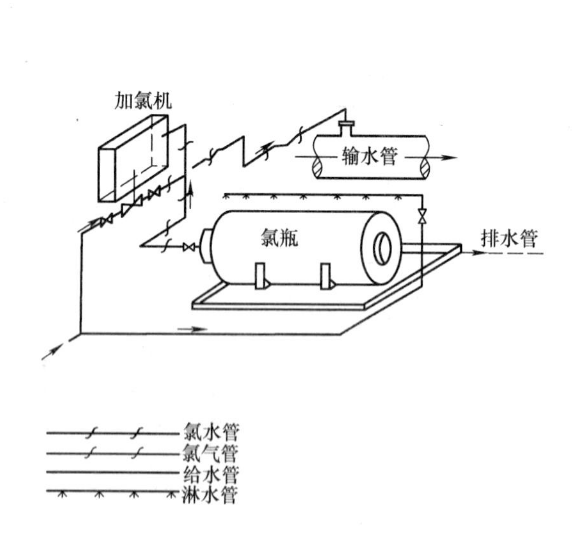


图 6-23　氯的投加

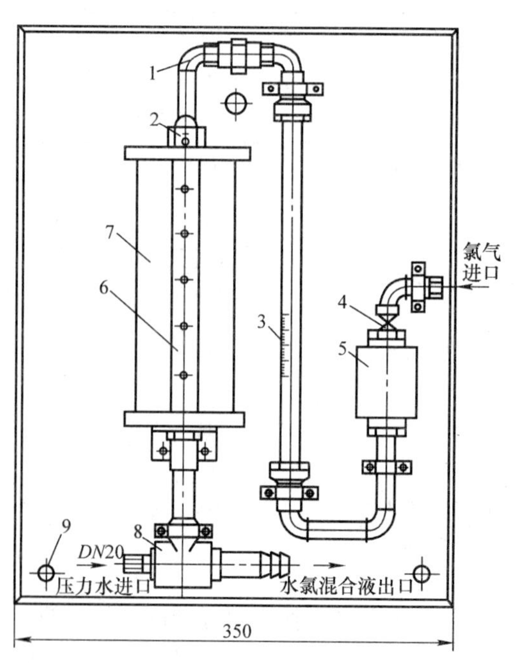


图 6-24　LS 转子真空加氯机

1—弯管　2—进气阀　3—转子流量计　4—控制阀
5—过滤器　6—出氯管　7—真空泵
8—水射器　9—安装螺孔

### 3. 漂白粉消毒

漂白粉产品应符合表6-35要求。

表6-35　漂白粉产品要求

| 项　　目 | | 规　　格 | | |
|---|---|---|---|---|
| | | B-35 | B-32 | B-28 |
| | | 指　　标 | | |
| 有效氯(以Cl计)(%) | ≥ | 35.0 | 32.0 | 28.0 |
| 水分(%) | ≤ | 4.0 | 5.0 | 6.0 |
| 总氯量与有效氯之差(%) | ≤ | 2.0 | 3.0 | 4.0 |
| 热稳定系数 | ≥ | 0.75 | — | — |

各种水源水消毒的漂白粉用量见表6-36。

表6-36　各种水源水消毒的漂白粉用量

| 水源种类 | 干漂白粉/(g/m³ 水) | 1‰漂白粉溶液/(L/m³ 水) |
|---|---|---|
| 雨水及污染较轻的地下水 | 2～4 | 2～4 |
| 污染较轻，但较浑浊的地下水 | 4～8 | 4～8 |
| 较浑浊的地面水 | 8～10 | 8～10 |
| 污染较重及较浑浊的地面水 | 10～12 | 10～12 |

### 4. 臭氧消毒

臭氧消毒流程如图6-25所示。

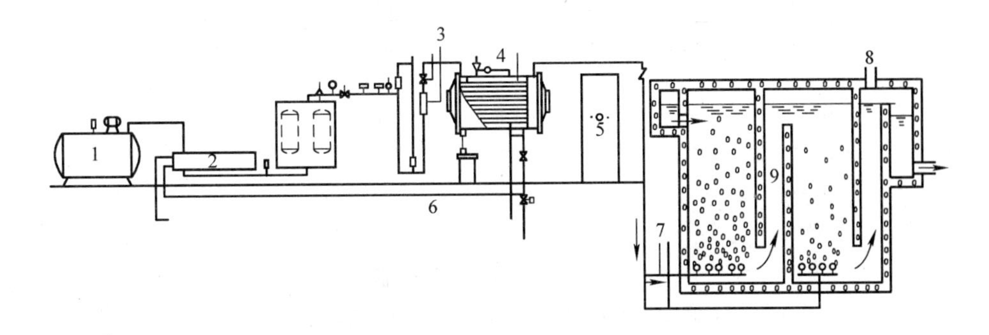


图6-25　臭氧消毒流程

1—压缩机组　2—换热器　3—空气流量计　4—臭氧发生器　5—电气柜
6—变压器　7—臭氧化空气进口　8—尾气管　9—接触池

如图6-26所示为臭氧在水中反应的途径。

立板式臭氧发生器如图6-27所示。

管式臭氧发生器如图6-28所示。

供气气源指标见表6-37。臭氧发生器额定臭氧产量规格应符合表6-38的规定。

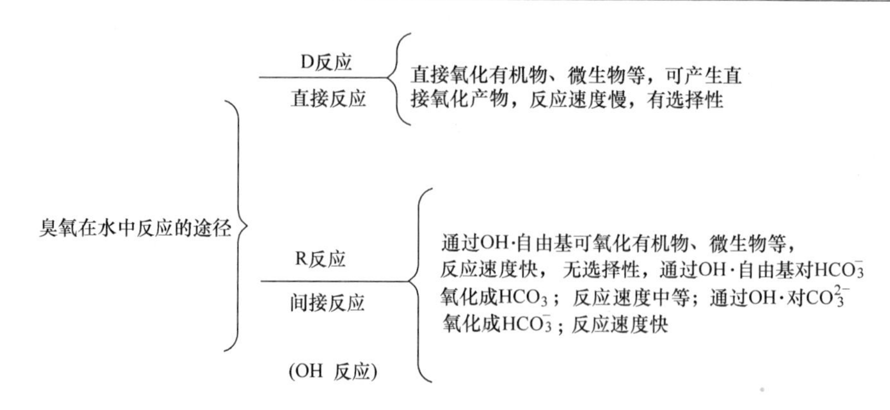


图 6-26 臭氧在水中反应的途径

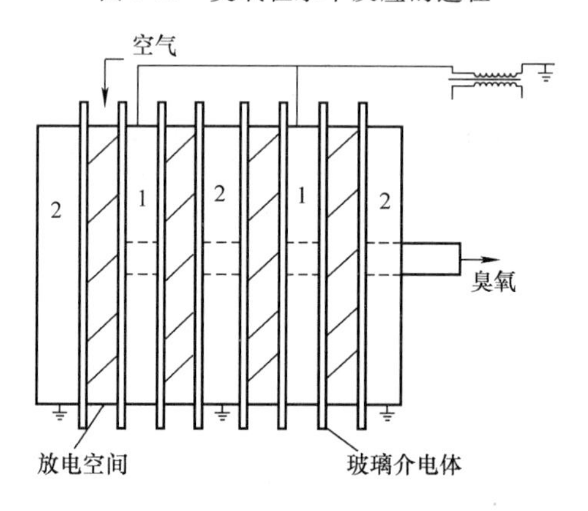


图 6-27 立板式臭氧发生器

1—高压极 2—低压极(地级)

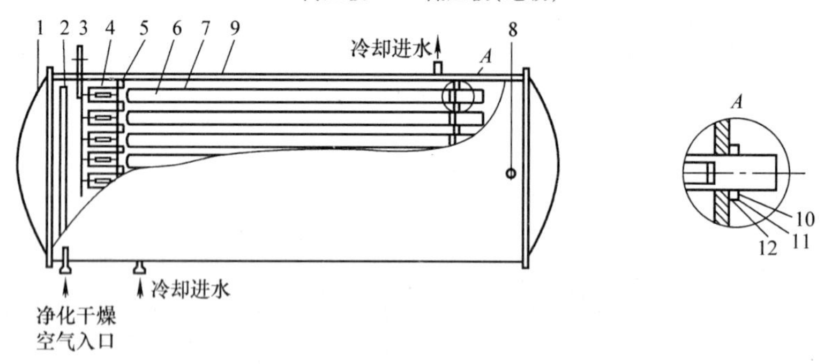


图 6-28 管式臭氧发生器

1—封头 2—布气管 3—高压电极接线柱 4—高压熔丝 5—花板 6—玻璃介电管 7—不锈钢管高压电极 8—臭氧化气出口 9—筒壁 10—压环 11—螺栓 12—乙丙橡胶圈

**表 6-37 供气气源指标**

| 气源种类 | | 供气压力/MPa | 常压露点/℃ | 氧气体积分数(%) |
|---|---|---|---|---|
| 空气 | | ≥0.2 | ≤ -55 | 21 |
| 空气 PSA/VPSA 制氧 | $<1m^3/h$ | ≥0.1 | ≤ -50 | ≥90 |
| | $\geq 1m^3/h$ | ≥0.2 | ≤ -60 | ≥90 |
| 液氧 | | ≥0.25 | ≤ -70 | ≥99.5 |

**表 6-38 臭氧发生器额定臭氧产量规格**

| 臭氧发生器类型 | 单 位 | 规 格 | | | | | | | | | | |
|---|---|---|---|---|---|---|---|---|---|---|---|---|
| 小型 | g/h | 5 | 10 | 15 | 20 | 25 | 30 | 40 | 50 | 70 | 85 | 100 |
| 中型 | g/h | 200 | 300 | 400 | 500 | 700 | 800 | 1000 | | | | |
| 大型 | kg/h | 1.5 | 2.0 | 2.5 | 3.0 | 4.0 | 5.0 | 6.0 | 7.0 | 8.0 | 10 | 12 |
| | | 15 | 20 | 25 | 30 | 40 | 50 | 60 | 70 | 80 | 100 | |

## 6.6.2 常用消毒剂投放

### 1. 常用消毒剂

常用的消毒剂性能见表 6-39。

**表 6-39 常用的消毒剂性能**

| 性能 | 氯、漂白粉 | 氯氨 | 二氧化氯 | 臭氧 | 紫外线辐射 |
|---|---|---|---|---|---|
| 消毒灭细菌 | 优良（HOCl） | 适中，较氯差 | 优良 | 优良 | 良好 |
| 灭病毒 | 优良（HOCl） | 差（接触时间长时效果好） | 优良 | 优良 | 良好 |
| 灭活微生物效果 | 第三位 | 第四位 | 第二位 | 第一位 | — |
| pH 值的影响 | 消毒效果随 pH 增大而下降，在 pH = 7 左右时加氯较好 | 受 pH 值的影响小，pH≤7 时主要为二氯胺，pH≥7 时为一氯胺 | pH 值的影响比较小，pH 值 >7 时，效果稍好 | pH 值的影响小，pH 值小时，剩余 $O_2$ 残留较久 | 对 pH 值变化不敏感 |
| 在配水管网中的剩余消毒作用 | 有 | 可保持较长时间的余氯量 | 比氯有更长的剩余消毒时间 | 无，补加氯 | 无，补加氯 |
| 副产物生成 $THM_s$ | 可生成 | 不大可能 | 不大可能 | 不大可能 | 不大可能 |
| 其他中间产物 | 产生氯化和氧化中间产物，如氯胺、氯酚、氯化有机物等，某些会产生臭味 | 产生的中间产物不详，不会产生氯臭味 | 产生的中间产物为氯化芳香族化合物，氯酸盐，亚氯酸盐等 | 中间产物为醛，芳族羧酸，酞酸盐等 | 产生何种中间产物不详 |
| 一般投加量/(mg/L) | 2 ~ 20 | 0.5 ~ 3.0 | 0.1 ~ 1.5 | 1 ~ 3 | — |
| 接触时间 | 30min | 2h | — | 数秒至 10min | — |
| 适用条件 | 绝大多数水厂用氯消毒，漂白粉只用于小水厂 | 原水中有机物较多和供水管线较长时，用氯胺消毒较适宜 | 适用于有机物如酚污染严重时，需现场制备 | 制水成本高，适用于有机物污染严重时。因无持续消毒作用，在进入管网的水中还应加少量氯消毒 | 管网中没有持续消毒作用。适用于工矿企业等集中用户用水处理 |

**2. 常用消毒剂投加量**

氯、漂白粉为2～20mg/L；氯胺为0.5～3.0mg/L；二氧化氯为0.1～1.5mg/L；臭氧为1～3mg/L。氯消毒化合物的有效氯含量见表6-40。

**表6-40　氯消毒化合物的有效氯含量**

| 化合物 | 分子量 | $Cl^+$含量(%) | 有效氯(%) |
|---|---|---|---|
| $Cl_2$ | 71 | 50 | 100 |
| HOCl | 52.5 | 67.7 | 135.4 |
| NaOCl | 74.5 | 47.7 | 95.4 |
| $Ca(OCl)_2$ | 143 | 49.6 | 99.2 |
| $NH_2Cl$ | 51.5 | 69.0 | 138.0 |
| $NHCl_2$ | 86 | 82.5 | 165.0 |
| $NCl_3$ | 120.5 | 88.5 | 177.0 |
| $ClO_2$ | 67.5 | 52.3 | 263.0 |

# 6.7　曝气

## 6.7.1　曝气装置的选择

莲蓬头式曝气除铁装置如图6-29所示。

微孔曝气器适用于鼓风曝气池的空气扩散，为浅层曝气，如图6-30所示。

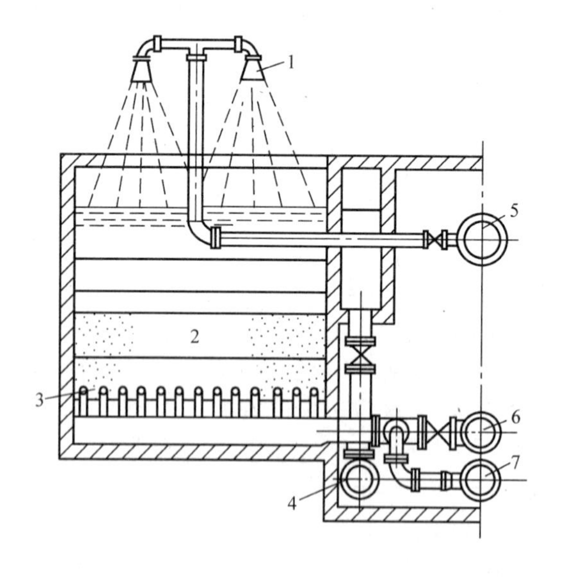


图6-29　莲蓬头式曝气除铁装置

1—莲蓬头　2—滤料层　3—排水装置　4—排水管　5—进水管　6—出水管　7—反洗水管

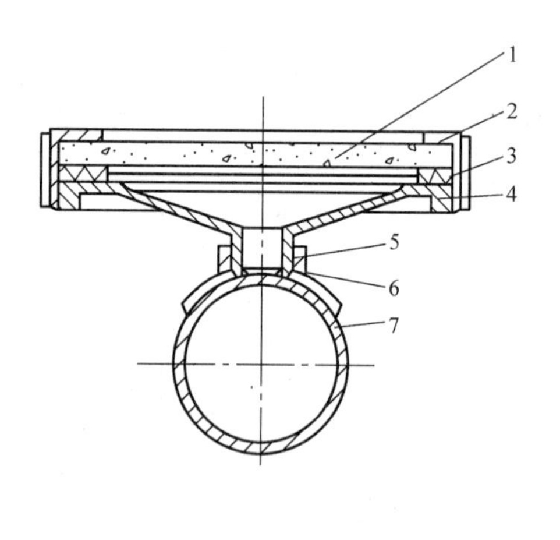


图6-30　HWB型微孔曝气器

1—棕钢玉曝气板　2—螺母　3，6—胶垫　4—底盘　5—连接座　7—横支管

跌水曝气装置如图6-31所示。

水处理用刚玉微孔曝气器如图6-32所示。

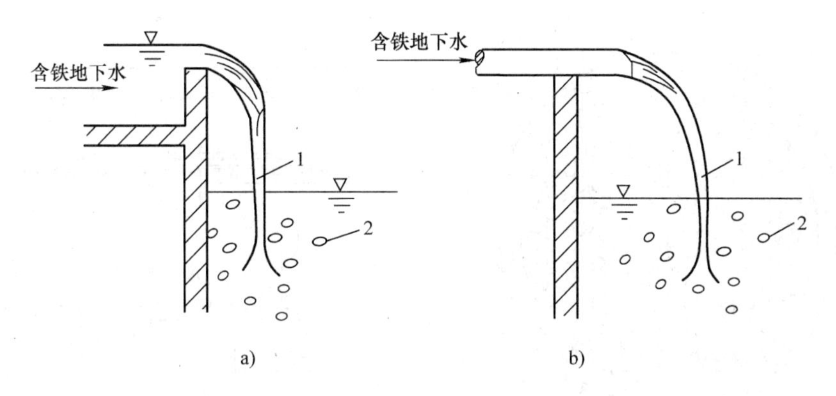


图 6-31　跌水曝气装置

a）溢流堰曝气　b）水管跌水曝气

1—水舌　2—空气泡

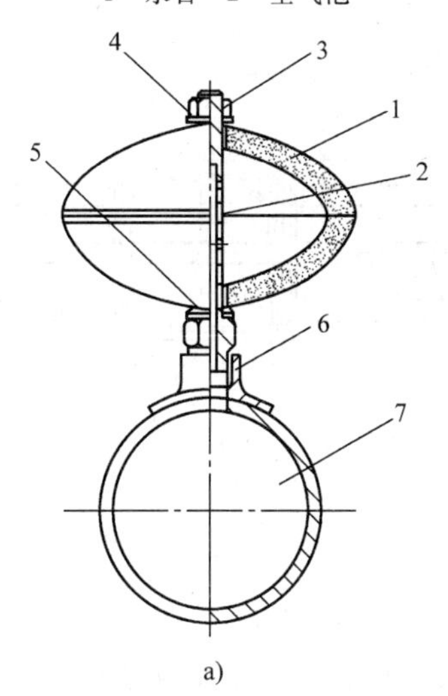


1—曝气壳（刚玉）　2—通气螺杆（ABS）　3—紧固螺母（ABS）

4—密封垫圈（橡胶）　5—密封垫圈（橡胶）

6—连接块（ABS）　7—通气支管（UPVC）

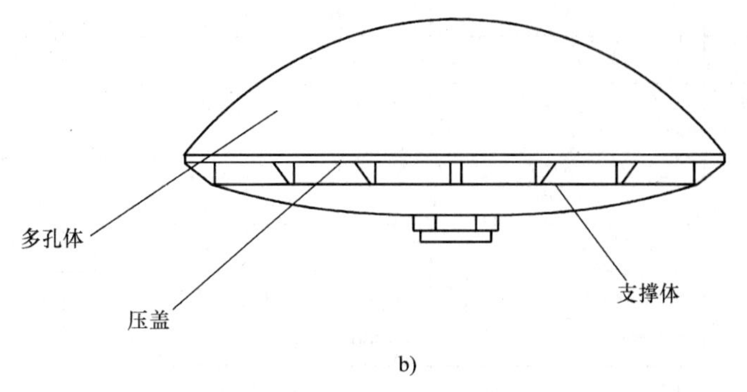


图 6-32　刚玉微孔曝气器

a）球形　b）钟罩形

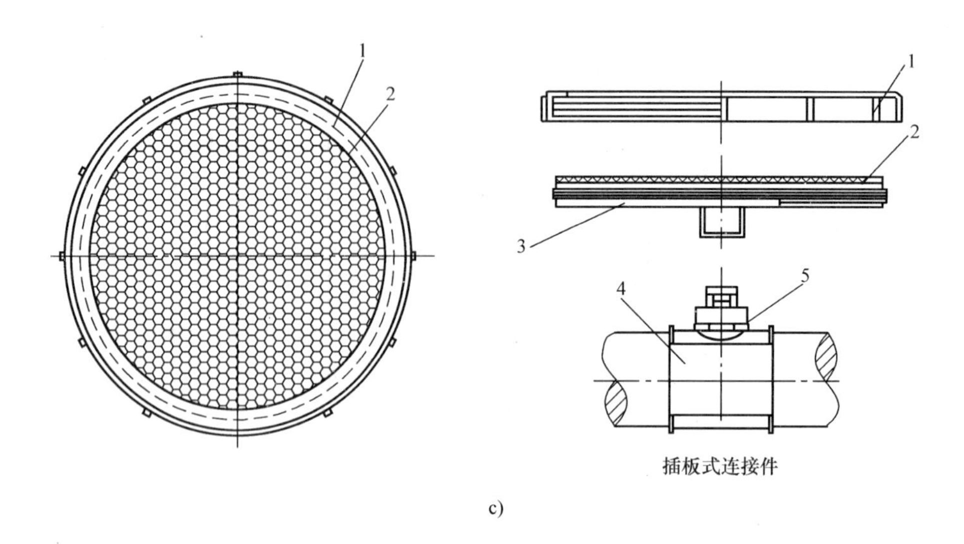


c)

1—压盖　2—多孔板　3—底盘　4—插板　5—O 形圈

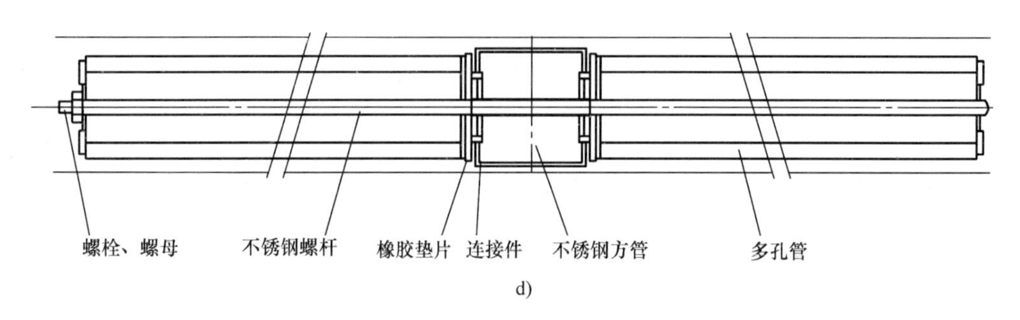


d)

图 6-32　（续）

c）圆板形　d）管形

盘式（球形、圆板、钟罩形）刚玉微孔曝气器充氧性能指标见表 6-41。

**表 6-41　盘式（球形、圆板、钟罩形）刚玉微孔曝气器充氧性能指标**

| 指标 | 单位 | 规格 | | | | | | |
|---|---|---|---|---|---|---|---|---|
| 直径 | mm | ≥178 | | ≥250 | | ≥300 | | |
| 曝气密度 | % | ≥5 | | ≥10 | | ≥7 | | |
| 通气量 | $m^3/h$ | 2 | 3 | 2 | 3 | 3 | 4 | 5 |
| 标准氧转移速率 SOTR | kg/h | ≥0.25 | ≥0.37 | ≥0.27 | ≥0.39 | ≥0.40 | ≥0.50 | ≥0.60 |
| 标准氧转移效率 SOTE | % | ≥36 | ≥34 | ≥39 | ≥37 | ≥37 | ≥35 | ≥33 |
| 比标准氧转移效率 SSOTE | $\% O_2/m$ | ≥6.0 | ≥5.6 | ≥6.5 | ≥6.1 | ≥6.1 | ≥5.8 | ≥5.6 |
| | $g O_2/(Nm^3 \cdot m)$ | ≥16 | ≥15 | ≥17 | ≥16 | ≥17 | ≥18 | ≥15 |
| 理论动力效率 | kg/（kW·h） | ≥7.5 | ≥7.0 | ≥7.5 | ≥7.0 | ≥7.0 | ≥6.8 | ≥6.5 |
| 阻力损失 | Pa | ≤3500 | ≤4000 | ≤3500 | ≤4000 | ≤4500 | | |

注：测试水深为 6m，测试池面积为 $1m^2$。测试用清水 TDS≤1g/L，CND≤2ms/cm。

测试池面积：直径≥300mm 的曝气器为 $1m^2$，其余规格曝气器均为 $0.5m^2$。

管式刚玉微孔曝气器充氧性能指标见表 6-42。

**表 6-42 管式刚玉微孔曝气器充氧性能指标**

| 指标 | 单位 | 规格 | | | | | |
|---|---|---|---|---|---|---|---|
| 直径×长度 | mm | 70×750 | | | 100×750 | | |
| 曝气密度 | % | 12 | | | 16 | | |
| 通气量 | $m^3/h$ | 3 | 5 | 7 | 4 | 7 | 10 |
| 标准氧转移速率 SOTR | kg/h | ≥0.40 | ≥0.60 | ≥0.80 | ≥0.55 | ≥0.90 | ≥1.25 |
| 标准氧转移效率 SOTE | % | ≥37 | ≥35 | ≥33 | ≥40 | ≥37 | ≥34 |
| 比标准氧转移效率 SSOTE | $\%O_2/m$ | ≥6.1 | ≥5.8 | ≥5.5 | ≥6.6 | ≥6.2 | ≥5.6 |
| | $gO^2/(Nm^3 \cdot m)$ | ≥17 | ≥15 | ≥14 | ≥18 | ≥17 | ≥16 |
| 理论动力效率 | kg/(kW·h) | ≥8.0 | ≥7.5 | ≥7.0 | ≥8.0 | ≥7.5 | ≥7.0 |
| 阻力损失 | Pa | ≤4000 | ≤4500 | ≤5000 | ≤4000 | ≤4500 | ≤5000 |

注：测试水深为 6m，测试池面积为 $0.5m^2$。测试用清水 TDS≤1g/L，CND≤2ms/cm。

水处理用橡胶模微孔曝气器的结构形式分为盘式、管式及板式，如图 6-33 所示。

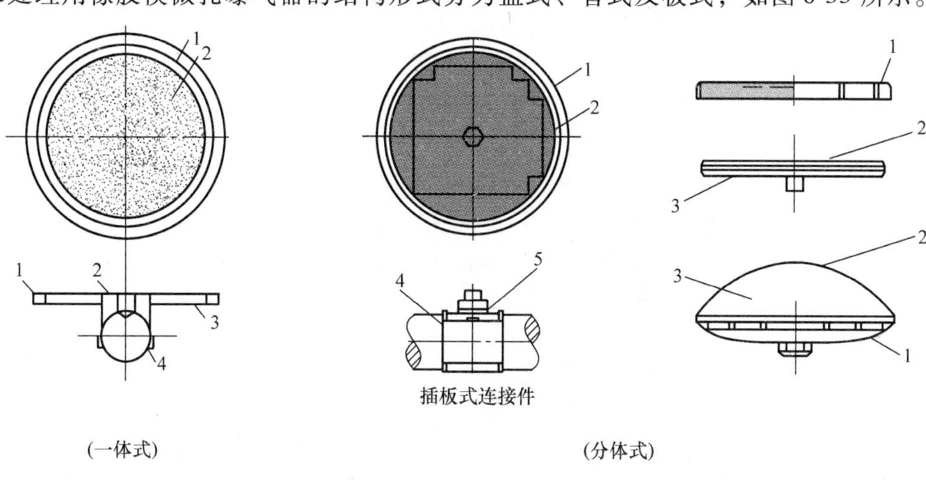


a)

1—压盖 2—橡胶薄膜 3—底盘 4—插板 5—O 形圈

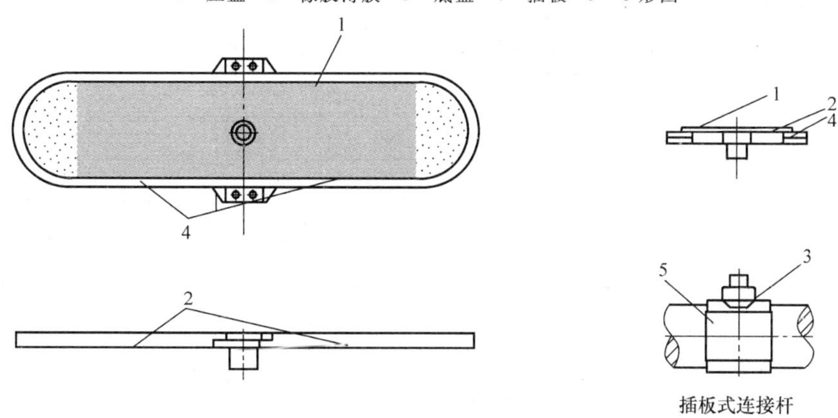


b)

1—橡胶薄膜 2—支撑管 3—O 形圈 4—U 形卡环 5—插板

图 6-33 水处理用橡胶模微孔曝气器

a）盘式 b）板式

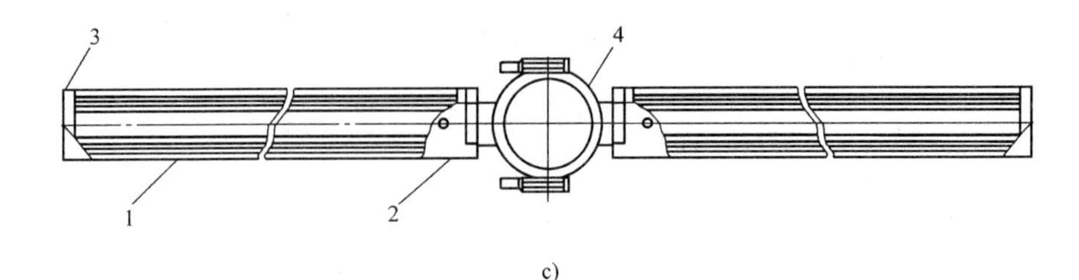


c)

1—橡胶薄膜 2—支撑管 3—卡环 4—连接件

图 6-33 （续）

c）管式

盘式橡胶膜微孔曝气器充氧性能指标见表 6-43。

**表 6-43 盘式橡胶膜微孔曝气器充氧性能指标**

| 指标 | 单位 | 规格 | | | | | | | | |
|---|---|---|---|---|---|---|---|---|---|---|
| 直径 | mm | ≥192 | | | ≥250 | | | ≥300 | | |
| 曝气密度 | % | ≥7 | | | ≥10 | | | ≥14 | | |
| 通气量 | $m^3/h$ | 2 | 3 | 4 | 2 | 3 | 4 | 4 | 5 | 6 |
| 标准氧转移速率 SOTR | kg/h | ≥0. 29 | ≥0. 39 | ≥0. 49 | ≥0. 3 | ≥0. 40 | ≥0. 48 | ≥0. 56 | ≥0. 64 | ≥0. 74 |
| 标准氧转移效率 SOTE | % | ≥40 | ≥36 | ≥34 | ≥41 | ≥37 | ≥34 | ≥38 | ≥34 | ≥33 |
| 比标准氧转移效率 SSOTE | % $O_2$/m | ≥6. 6 | ≥6. 0 | ≥5. 7 | ≥6. 9 | ≥6. 2 | ≥5. 7 | ≥6. 3 | ≥5. 7 | ≥5. 6 |
| | g/（$Nm^3$ · m） | ≥19 | ≥17 | ≥16 | ≥19 | ≥18 | ≥17 | ≥17 | ≥15 | ≥14 |
| 理论动力效率 | kg/（kW · h） | ≥8. 0 | ≥7. 5 | ≥7. 0 | ≥8. 5 | ≥8. 0 | ≥7. 3 | ≥8. 0 | ≥7. 20 | ≥7. 0 |
| 阻力损失 | Pa | ≤3500 | ≤4000 | | ≤3500 | ≤4000 | | ≤5000 | ≤4500 | |

注：1. 测试水深为 6m，测试池面积为 0. 5$m^2$。

2. 测试用清水 TDS≤1g/L，CND≤2ms/cm。

管式橡胶膜微孔曝气器充氧性能指标见表 6-44。

**表 6-44 管式橡胶膜微孔曝气器充氧性能指标**

| 指标 | 单位 | 规格 | | | | | | | | | |
|---|---|---|---|---|---|---|---|---|---|---|---|
| 直径 × 长度 | mm | 62 × 650 | | | 65 × 1000 | | | 93 × 1000 | | | |
| 曝气密度 | % | 19 | | | 15 | | | 22 | | | |
| 通气量 | $m^3/h$ | 6 | 8 | 10 | 6 | 8 | 10 | 6 | 8 | 10 | 12 |
| 标准氧转移速率 SOTR | kg/h | ≥0. 80 | ≥1. 00 | ≥1. 20 | ≥0. 85 | ≥1. 05 | ≥1. 15 | ≥0. 95 | ≥1. 20 | ≥1. 40 | ≥1. 60 |
| 标准氧转移效率 SOTE | % | ≥37 | ≥34 | ≥31 | ≥39 | ≥36 | ≥32 | ≥43 | ≥40 | ≥37 | ≥35 |
| 比标准氧转移效率 SSOTE | % $O_2$/m | ≥6. 1 | ≥5. 6 | ≥5. 1 | ≥6. 5 | ≥6. 0 | ≥5. 3 | ≥7. 1 | ≥6. 6 | ≥6. 1 | ≥5. 8 |
| | g/（$Nm^3$ · m） | ≥17 | ≥16 | ≥15 | ≥18 | ≥17 | ≥15 | ≥21 | ≥19 | ≥18 | ≥17 |

（续）

| 指标 | 单位 | 规　格 | | | | | | | | | |
|---|---|---|---|---|---|---|---|---|---|---|---|
| 理论动力效率 | kg/（kW·h） | ≥8.0 | ≥7.2 | ≥6.4 | ≥8.0 | ≥7.5 | ≥6.7 | ≥10.0 | ≥9.0 | ≥8.5 | ≥8.0 |
| 阻力损失 | Pa | ≤5000 | ≤5500 | | ≤5000 | ≤5500 | | ≤5000 | ≤5500 | ≤6000 | |

注：测试水深为6m，测试用清水TDS≤1g/L，CND≤2ms/cm。

测试池面积：62mm×650mm，曝气器为0.5$m^2$，其余规格曝气器均为1$m^2$。

板式橡胶膜微孔曝气器充氧性能指标见表6-45。

**表6-45　板式橡胶膜微孔曝气器充氧性能指标**

| 指　标 | 单　位 | 规　格 | | |
|---|---|---|---|---|
| 直径×长度 | mm | 650×150 | | |
| 曝气密度 | % | 8.45 | | |
| 通气量 | $m^3/h$ | 6 | 8 | 11 |
| 标准氧转移速率SOTR | kg/h | ≥0.85 | ≥1.05 | ≥1.40 |
| 标准氧转移效率SOTE | % | ≥40 | ≥37 | ≥35 |
| 比标准氧转移效率SSOTE | $\%O_2/m$ | ≥6.6 | ≥6.1 | ≥5.8 |
| | g/（$Nm^3$·m） | ≥18 | ≥17 | ≥16 |
| 理论动力效率 | kg/（kW·h） | ≥8.5 | ≥8.0 | ≥7.5 |
| 阻力损失 | Pa | ≤4000 | ≤4500 | ≤5000 |

注：测试水深为6m，测试池面积为1$m^2$。

测试用清水TDS≤1g/L，CND≤2ms/cm。

地下水曝气装置的适用条件见表6-46。

**表6-46　地下水曝气装置的适用条件**

| 曝气装置 | | 曝气效果 | | 适用条件 | | | 备　注 |
|---|---|---|---|---|---|---|---|
| | | 溶氧饱和度（%） | 二氧化碳去除率（%） | 功能 | 处理系统 | 含铁量/（mg/L） | |
| 水-气射流泵加气 | 泵前加注 | 100 | — | 溶氧 | 压力式 | <10 | 泵壳及压水管易堵 |
| | 滤池前加注 | 60～70 | — | 溶氧 | 压力式、重力式 | 不限 | |
| 压缩空气曝气 | 喷嘴式混合器 | 30～70 | — | 溶氧 | 压力式 | 不限 | 设备费高，管理复杂，水头损失大，孔眼易堵 |
| | 穿孔管混合器 | 30～70 | — | 溶氧 | 压力式 | <10 | |
| 跌水曝气 | | 30～50 | — | 溶氧 | 重力式 | 不限 | |
| 叶轮表面曝气 | | 80～90 | 50～70 | 溶氧、去除二氧化碳 | 重力式 | 不限 | 有机电设备，管理较复杂 |
| 莲蓬头曝气 | | 50～65 | 40～55 | 溶氧、去除二氧化碳 | 重力式 | <10 | 孔眼易堵 |

（续）

| 曝气装置 | 曝气效果 | | 适用条件 | | | 备注 |
|---|---|---|---|---|---|---|
| | 溶氧饱和度（%） | 二氧化碳去除率（%） | 功能 | 处理系统 | 含铁量/（mg/L） | |
| 板条式曝气塔 | 60~80 | 30~60 | 溶氧、去除二氧化碳 | 重力式 | 不限 | |
| 接触式曝气塔 | 70~90 | 50~70 | 溶氧、去除二氧化碳 | 重力式 | <10 | 填料层易堵 |
| 机械通风式曝气塔（板条填料） | 90 | 80~90 | 溶氧、去除二氧化碳 | 重力式 | 不限 | 有机电设备，管理较复杂 |

## 6.7.2 氧的溶解

空气中氧在纯水中溶解度见表6-47，曝气水中氧的饱和度见表6-48。

**表6-47 空气中氧在纯水中溶解度**

| 水温/℃ | 0 | 5 | 10 | 15 | 20 | 25 | 30 | 40 |
|---|---|---|---|---|---|---|---|---|
| 溶解度/（mg/L） | 14.6 | 12.8 | 11.3 | 10.2 | 9.2 | 8.4 | 7.6 | 6.6 |

注：大气压为1.01105Pa。

**表6-48 曝气水中氧的饱和度**

| 曝气方法 | 气水混合方法 | 气水混合时间/s | 饱和度（%） |
|---|---|---|---|
| 压缩空气 | 喷嘴式混合器 | 10~15 | 40 |
| 压缩空气 | 喷嘴式混合器 | 20~30 | 70 |
| 水、气射流泵 | 管道混合 | 15 | 70 |
| 水、气射流泵 | 水泵混合 | 0 | 100 |

## 6.7.3 曝气设计

曝气池容积按20~40min处理水量计算；叶轮直径与池长边或直径之比为1:6~1:8；叶轮外缘线速度为4~6m/s；平板叶轮曝气的主要设计参数见表6-49。

**表6-49 平板叶轮曝气的主要设计参数**

| 叶轮直径/mm | 叶片数目 | 叶片高度/mm | 叶片长度/mm | 进气孔数 | 进气孔直径/mm | 叶轮浸没深度/mm |
|---|---|---|---|---|---|---|
| 300 | 16 | 58 | 58 | 16 | 20 | 45 |
| 400 | 18 | 68 | 68 | 18 | 24 | 50 |
| 500 | 20 | 76 | 76 | 20 | 27 | 55 |
| 600 | 20 | 84 | 84 | 20 | 30 | 60 |
| 700 | 24 | 92 | 92 | 24 | 33 | 65 |
| 800 | 24 | 100 | 100 | 24 | 36 | 70 |
| 1000 | 26 | 110 | 110 | 26 | 40 | 77 |

其他曝气方式的设计数据见表6-50。

**表6-50 其他曝气方式的设计数据**

| 项目 | 设计数据 |
| --- | --- |
| 跌水曝气 | 一般可采用跌水1～3级，每级跌水高度0.5～1.0m；单宽流量一般为20～50$m^3$/（h·$m^2$）；曝气后水中溶解氧可达2～5mg/L |
| 莲蓬头曝气 | 莲蓬头锥顶夹角为45°～60°，锥底弧形面直径为150～250mm；孔眼直径为4～6mm，开孔率10%～20%；在池内水面上安装高度为1.5～2.5m；一个莲蓬头服务面积为1～1.5$m^2$；孔口流速为2～3m/s；适于原水含铁量<10mg/L，可使水中溶解氧饱和度达50%～65%，二氧化碳散除率40%～50% |
| 喷嘴曝气 | 喷嘴口径为25～40mm；喷嘴前工作水头为0.05～0.07MPa；一个喷嘴服务面积为1.5～2.5$m^2$；淋水密度为5$m^3$/（h·$m^2$）；曝气后水中溶解氧饱和度可达80%～90%，二氧化碳散除率达70%～80% |
| 接触式曝气塔 | 填料粒径为30～50mm；每层填料厚300～400mm，共设2～5层；填料层间净距不小于600mm；淋水密度可为5～10$m^3$/（h·$m^2$）；集水池容积可按15～20min处理水量计；适于原水含铁量<10mg/L |
| 板条式曝气塔 | 板条层数可为4～10层；层间净距为0.3～0.8m；淋水密度为5～15$m^3$/（h·$m^2$），经曝气，水中溶解氧饱和度可达80%，二氧化碳散除率可达40%～60% |

# 7 城市污水处理

## 7.1 污水厂基础设计

### 7.1.1 占地面积

污水处理厂所需面积见表7-1。

**表7-1 污水处理厂所需面积** [单位：$10^4m^2/(10^4m^3\cdot d)$]

| 处理水量/($m^3/d$) | 一级处理 | 二级处理 | |
|---|---|---|---|
| | | 生物滤池 | 曝气池或高负荷生物滤池 |
| 5000 | 0.5～0.7 | 2～3 | 1～1.25 |
| 10000 | 0.8～1.2 | 4～6 | 1.5～2.0 |
| 15000 | 1.0～1.5 | 6～9 | 1.85～2.5 |
| 20000 | 1.2～1.8 | 8～16 | 2.2～3.0 |
| 30000 | 1.6～2.5 | 12～18 | 3.0～4.5 |
| 40000 | 2.0～3.2 | 16～24 | 4.0～6.0 |
| 50000 | 2.5～3.8 | 20～30 | 5.0～7.5 |
| 75000 | 3.75～5.0 | 30～45 | 7.5～10.0 |
| 100000 | 5.0～6.5 | 40～60 | 10.0～12.5 |

污水厂附属设施用房的建筑面积可参照表7-2所列指标采用。

**表7-2 污水厂附属设施用房的建筑面积指标** (单位：$m^2$)

| 规模 | | Ⅰ类 | Ⅱ类 | Ⅲ类 | Ⅳ类 | Ⅴ类 |
|---|---|---|---|---|---|---|
| 一级污水厂 | 辅助生产用房 | 1420～1645 | 1155～1420 | 950～1155 | 680～950 | 485～680 |
| | 管理用房 | 1320～1835 | 1025～1320 | 815～1025 | 510～815 | 385～510 |
| | 生活设施用房 | 890～1035 | 685～890 | 545～685 | 390～545 | 285～390 |
| | 合计 | 3630～4515 | 2865～3630 | 2310～2865 | 1580～2310 | 1155～1580 |
| 二级污水厂 | 辅助生产用房 | 1835～2200 | 1510～1835 | 1185～1510 | 940～1185 | 495～940 |
| | 管理用房 | 1765～2490 | 1095～1765 | 870～1095 | 695～870 | 410～695 |
| | 生活设施用房 | 1000～1295 | 850～1000 | 610～850 | 535～610 | 320～535 |
| | 合计 | 4600～5985 | 3455～4600 | 2665～3455 | 2170～2665 | 1225～2170 |

采用活性污泥法的城市污水处理厂用地指标见表7-3。

**表7-3 采用活性污泥法的城市污水处理厂用地指标**

| 工　艺 | 处理厂规模/($m^3/d$) | 用地指标/[$10^4m^2/(10^4m^3\cdot d)$] |
|---|---|---|
| 鼓风曝气(传统法，吸附再生法，有初次沉淀池) | 10000以下 | 1.0～1.2 |
| | 20000～120000 | 0.6～0.93① |
| 曝气沉淀池(圆形池，无初次沉淀池) | 10000以下 | 0.6～0.90② |

（续）

| 工　　艺 | 处理厂规模/($m^3$/d) | 用地指标/[$10^4m^2$/($10^4m^3$·d)] |
|---|---|---|
| 分建式曝气（方形池，有初次沉淀池） | 35000～60000 | 0.70～0.88 |
| 深水中层曝气（有初次沉淀池和污泥消化池） | 25000 | 0.64 |

① 如设污泥消化池，面积需增 18% 左右。

② 如设初次沉淀池，面积需增 20%～50%。

## 7.1.2 污水处理厂运行、维护技术指标

污水厂的处理效率一般可按表 7-4 的规定取值。

**表 7-4 污水处理厂的处理效率**

| 处理级别 | 处理方法 | 主要工艺 | 处理效率（%） | |
|---|---|---|---|---|
| | | | SS | $BOD_5$ |
| 一级 | 沉淀法 | 沉淀（自然沉淀） | 40～55 | 20～30 |
| 二级 | 生物膜法 | 初次沉淀、生物膜反应、二次沉淀 | 60～90 | 65～90 |
| | 活性污泥法 | 初次沉淀、活性污泥反应、二次沉淀 | 70～90 | 65～95 |

注：1. 表中 SS 表示悬浮固体量，$BOD_5$ 表示五日生化需氧量。

2. 活性污泥法根据水质、工艺流程等情况，可不设置初次沉淀池。

污水处理系统或水泵前，必须设置格栅。格栅的设计要求见表 7-5。

**表 7-5 格栅的设计要求**

| 项　　目 | | 内　　容 |
|---|---|---|
| 栅条间隙宽度 | 粗格栅 | 机械清除时宜为 16～25mm，人工清除时宜为 25～40mm。特殊情况下，最大间隙可为 100mm |
| | 细格栅 | 宜为 1.5～10mm |
| 污水过栅流速 | | 宜采用 0.6～1.0m/s |
| 格栅的安装角度 | 机械清除格栅 | 宜为 60°～90° |
| | 人工清除格栅 | 宜为 30°～60° |
| 格栅上部工作平台 | | 其高度应高出格栅前最高设计水位 0.5m<br>格栅工作平台两侧边道宽度宜采用 0.7～1.0m。工作平台正面过道宽度，采用机械清除时不应小于 1.5m，采用人工清除时不应小于 1.2m |

多斗式平流沉淀池如图 7-1 所示。

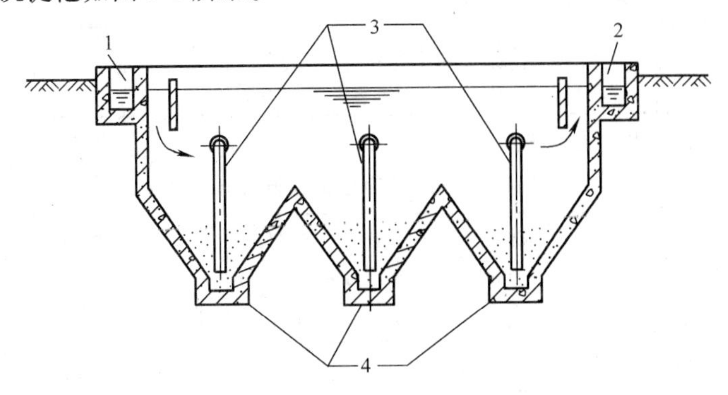


图 7-1 多斗式平流沉淀池

1—进水槽 2—出水槽 3—排泥管 4—污泥斗

各类沉砂池运行参数见表 7-6。

**表 7-6 各类沉砂池运行参数**

| 池型 | 停留时间/s | 流速/(m/s) | 曝气强度<br>/($m^3$ 气/$m^3$ 水) | 表面水力负荷<br>/[$m^3$/($m^2$ · h)] |
|---|---|---|---|---|
| 平流式沉砂池 | 30 ~ 60 | 0.15 ~ 0.3 | — | — |
| 竖流式沉砂池 | 30 ~ 60 | 0.02 ~ 0.1 | — | — |
| 曝气式沉砂池 | 120 ~ 240 | 0.06 ~ 0.12(水平流速)<br>0.25 ~ 0.3(旋流速度) | 0.1 ~ 0.2 | 150 ~ 200 |
| 比氏沉砂池 | >30 | 0.6 ~ 0.9 | — | 150 ~ 200 |
| 钟式沉砂池 | >30 | 0.15 ~ 1.2 | — | — |

竖流式沉淀池如图 7-2 所示。

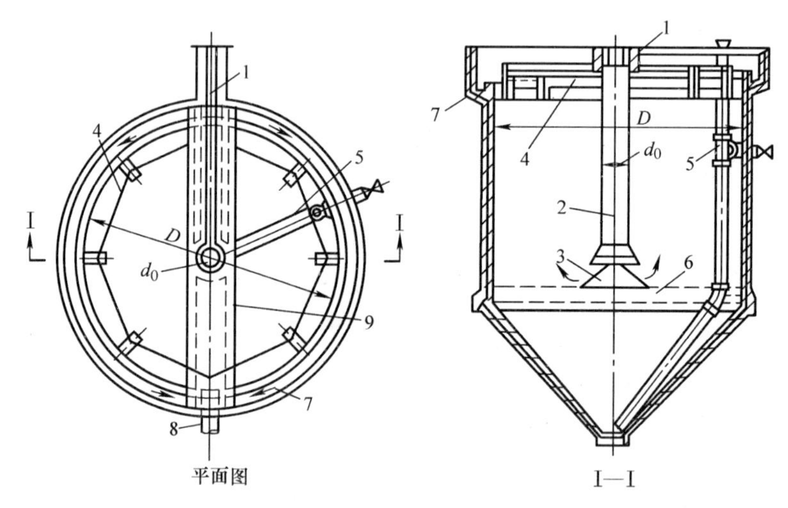


图 7-2 竖流式沉淀池

1—进水槽 2—中心管 3—反射板 4—挡板 5—排泥管
6—缓冲层 7—集水槽 8—出水管 9—过桥

初沉池运行参数见表 7-7。

**表 7-7 初沉池运行参数**

| 池型 | 表面负荷/[$m^3$/($m^2$ · h)] | 停留时间/h | 含水率(%) |
|---|---|---|---|
| 平流式沉淀池 | 0.8 ~ 2.0 | 1.0 ~ 2.5 | 95 ~ 97 |
| 辐流式沉淀池 | 1.5 ~ 3.0 | 1.0 ~ 2.0 | 95 ~ 97 |

二沉池正常运行参数见表 7-8。

**表 7-8 二沉池正常运行参数**

| 池型 | | 表面负荷<br>/[$m^3$/($m^2$ · d)] | 固体负荷<br>/[kg/($m^2$ · d)] | 停留时间<br>/h | 污泥含水率<br>(%) |
|---|---|---|---|---|---|
| 平流式沉淀池 | 活性污泥法后 | 0.6 ~ 1.5 | ≤150 | 1.5 ~ 4.0 | 99.2 ~ 99.6 |
| | 生物膜法后 | 1.0 ~ 2.0 | ≤150 | 1.5 ~ 4.0 | 96.0 ~ 98.0 |
| 中心进周边出辐流式沉淀池 | | 0.6 ~ 1.5 | ≤150 | 1.5 ~ 4.0 | 99.2 ~ 99.6 |
| 周进周出辐流式沉淀池 | | 1.0 ~ 2.5 | ≤240 | 1.5 ~ 4.0 | 98.8 ~ 99.0 |

生物反应池正常运行参数见表 7-9。

**表 7-9 生物反应池正常运行参数**

| 生物处理类型 | 污泥负荷/[kgBOD$_5$/(kgMLSS·d)] | 泥龄/d | 外回流比(%) | 内回流比(%) | MLSS/(mg/L) | 水力停留时间/h |
|---|---|---|---|---|---|---|
| 传统活性污泥法 | 0.2～0.4 | 4～15 | 25～75 | — | 1500～2500 | 4～8 |
| 吸附再生法 | 0.2～0.4 | 4～15 | 50～100 | — | 2500～6000 | 吸附段 1～3 |
| 阶段曝气法 | 0.2～0.4 | 4～15 | 25～75 | — | 1500～3000 | 3～8 |
| 合建式完全混合曝气法 | 0.25～0.5 | 4～15 | 100～400 | — | 2000～4000 | 3～50 |
| A/O 法(厌氧/好氧法) | 0.1～0.4 | 3.5～7 | 40～100 | — | 1800～4500 | 3～8(厌氧段 1～2) |
| A/A/O 法(厌氧/缺氧/好氧法) | 0.1～0.3 | 10～20 | 20～100 | 200～400 | 2500～4000 | 7～14(厌氧段 1～2，缺氧段 0.5～3.0) |
| 倒置 A/A/O 法 | 0.1～0.3 | 10～20 | 20～100 | 200～400 | 2500～4000 | |
| AB 法 A 段 | 3～4 | 0.4～0.7 | <70 | — | 2000～3000 | 0.5 |
| AB 法 B 段 | 0.15～0.3 | 15～20 | 50～100 | — | 2000～4000 | 0.5 |
| 传统 SBR 法 | 0.05～0.15 | 20～30 | — | — | 4000～6000 | 4～12 |
| DAT-IAT 法 | 0.045 | 25 | — | 400 | 4500～5500 | 8～12 |
| CAST 法 | 0.070～0.18 | 12～25 | 20～35 | — | 3000～5500 | 16～12 |
| LUCAS/UNITANK 法 | 0.05～0.10 | 15～20 | — | — | 2000～5000 | 8～12 |
| MSBR 法 | 0.05～0.13 | 8～15 | 30～50 | 130～150 | 2200～4000 | 12～18 |
| ICEAS 法 | 0.05～0.15 | 12～25 | — | — | 3000～6000 | 14～20 |
| 卡鲁塞尔式氧化沟 | 0.05～0.15 | 12～25 | 75～150 | — | 3000～5500 | ≥16 |
| 奥贝尔式氧化沟 | 0.05～0.15 | 12～18 | 60～100 | — | 3000～5000 | ≥16 |
| 双沟式(DE 型氧化沟) | 0.05～0.10 | 10～30 | 60～200 | — | 2500～4500 | ≥16 |
| 三沟式氧化沟 | 0.05～0.10 | 20～30 | — | — | 3000～6000 | ≥16 |
| 水解酸化法 | — | 15～20 | — | — | 7000～15000 | 5～14 |
| 延时曝气法 | 0.05～0.15 | 20～30 | 50～150 | — | 3000～6000 | 18～36 |

生物转盘如图 7-3 所示。

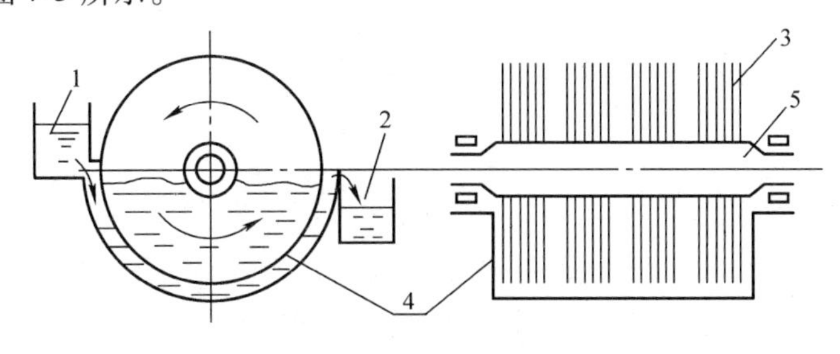


图 7-3 生物转盘

1—进水沟 2—出水沟 3—废水处理槽 4—转盘 5—转动轴

生物膜法工艺正常运行参数见表 7-10。

表 7-10 生物膜法工艺正常运行参数

| 工艺 | 水力负荷 /[$m^3$/($m^2$ · d)] | 转盘速度 /(r/min) | BOD 负荷 /[kg/($m^3$ · d)] | 反冲洗周期 /h | 反冲洗水量 (%) |
|---|---|---|---|---|---|
| 曝气生物滤池(BIOFOR) | — | — | — | 14 ~ 40 | 5 ~ 12 |
| 低负荷生物滤池 | 1 ~ 3 | — | 0.15 ~ 0.30 | — | — |
| 高负荷生物滤池 | 10 ~ 30 | — | 0.8 ~ 1.2 | — | — |
| 生物转盘 | 0.08 ~ 0.2 | 0.8 ~ 3.0 | 0.005 ~ 0.02 | — | — |

液氯消毒正常运行参数见表 7-11。

表 7-11 液氯消毒正常运行参数

| 项目 | 接触时间 /min | 加氯间内氯气的最高容许浓度 /(mg/$m^3$) | 出水余氯量 /(mg/L) |
|---|---|---|---|
| 污水 | ≥30 | 1 | — |
| 再生水 | ≥30 | 1 | ≥0.2(城市杂用水) |
| | | | ≥0.05(工业用水) |
| | | | ≥1.00 ~ 1.50(农田灌溉) |
| | | | ≥0.05(景观环境水) |

注：1. 对于景观环境用水采用非加氯方式消毒时，无此项要求。
2. 表中城市杂用水和工业用水的余氯值均是指管网末端。

不同种类臭氧发生器生产每千克臭氧的电耗参数见表 7-12。

表 7-12 不同种类臭氧发生器生产每千克臭氧的电耗参数

| 发生器种类 | 臭氧产量/(g/h) | 电耗/[kW · h/(kg · $O_3$)] |
|---|---|---|
| 大型 | > 1000 | ≤18 |
| 中型 | 100 ~ 1000 | ≤20 |
| 小型 | 1.0 ~ 100 | ≤22 |
| 微型 | < 1.0 | 实测 |

注：表中电耗指标限制不包括净化气源的电耗。

# 7.2 活性污泥法

## 7.2.1 普通活性污泥法

活性污泥法处理污水的流程如图 7-4 所示。

渐减曝气法的流程如图 7-5 所示。逐步曝气法的流程如图 7-6 所示。吸附再生曝气法的流程如图 7-7 所示。

处理城市污水的生物反应池的主要设计参数，可按表 7-13 的规定取值。

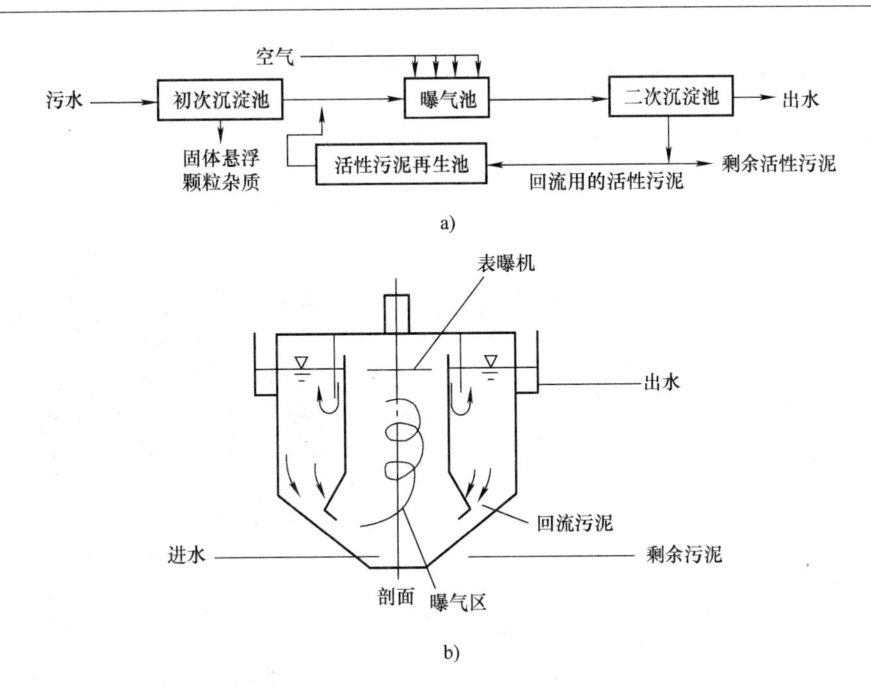


图 7-4 活性污泥法处理污水的流程

a)吸附再生法 b)合建式表面曝气池

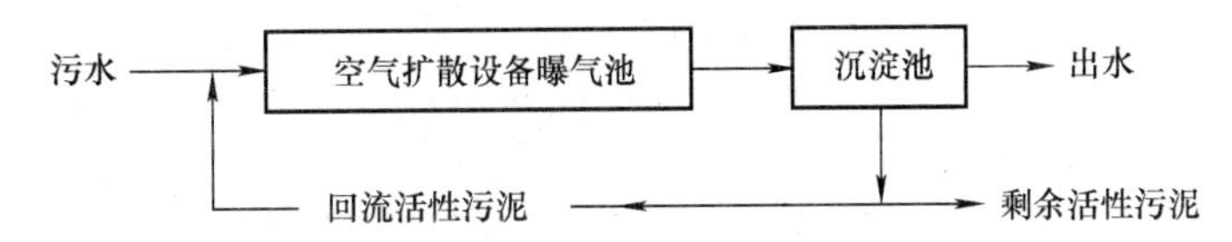


图 7-5 渐减曝气法的流程

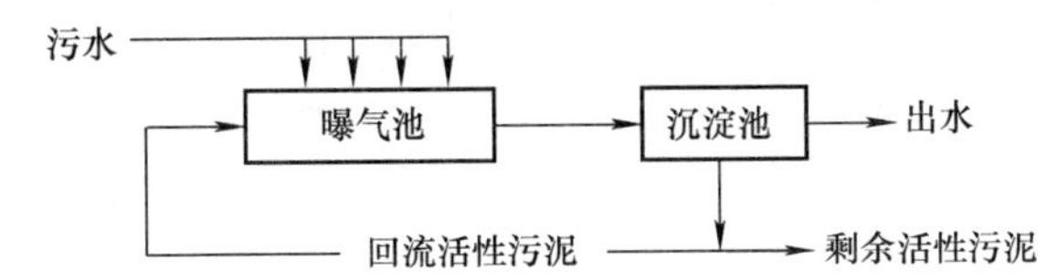


图 7-6 逐步曝气法的流程

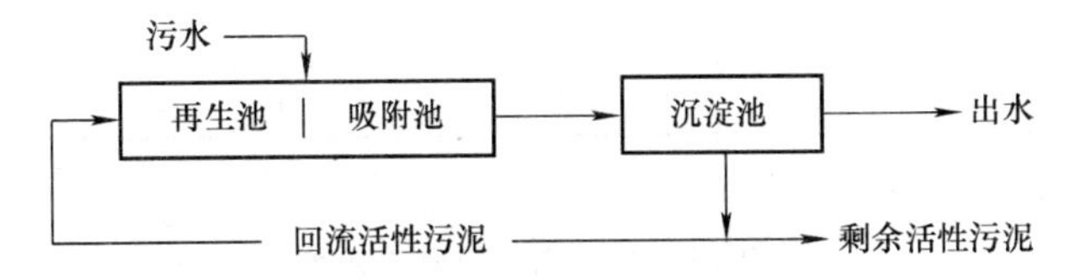


图 7-7 吸附再生曝气法的流程

**表 7-13 处理城市污水的生物反应池的主要设计参数**

| 类别 | $L_s$ /[kg/(kg · d)] | X/(g/L) | $L_V$ /[kg/($m^3$ · d)] | 污泥回流比(%) | 总处理效率(%) |
|---|---|---|---|---|---|
| 普通曝气 | 0.2~0.4 | 1.5~2.5 | 0.4~0.9 | 25~75 | 90~95 |
| 阶段曝气 | 0.2~0.4 | 1.5~3.0 | 0.4~1.2 | 25~75 | 85~95 |
| 吸附再生曝气 | 0.2~0.4 | 2.5~6.0 | 0.9~1.8 | 50~100 | 80~90 |
| 合建式完全混合曝气 | 0.25~0.5 | 2.0~4.0 | 0.5~1.8 | 100~400 | 80~90 |

## 7.2.2　寒冷地区污水活性污泥法

图 7-8 所示为一种采用表面曝气叶轮的圆形曝气沉淀池。

曝气池推荐设计参数见表 7-14。

**表 7-14　曝气池推荐设计参数**

| 项　　目 | 设计参数 |
|---|---|
| 曝气池水温/℃ | 5 ~ 10 |
| 污泥负荷 $F$/[kgBOD$_5$/(kgMLSS · d)] | 0. 15 ~ 0. 25 |
| 混合液污泥浓度 MLSS/(g/L) | 2. 0 ~ 3. 0 |
| 污泥回流比(%) | 50 ~ 100 |
| 曝气时间/h | 6 ~ 8 |

注：当水温低，处理水质要求高时，污泥负荷取小值。当水温高，原水浓度较高时，曝气时间取大值。

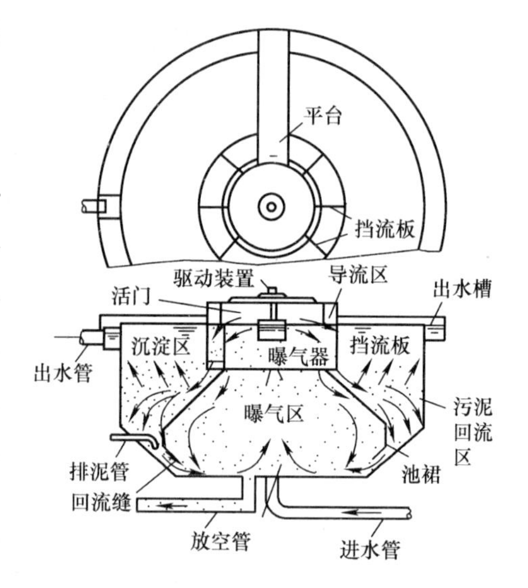


图 7-8　曝气沉淀池示意图

低温季节沉淀池运行参数见表 7-15。

**表 7-15　低温季节沉淀池运行参数**

| 沉淀池类型 | 沉淀时间/h | 表面负荷/[m$^3$/(m$^2$ · h)] |
|---|---|---|
| 初沉池 | 1. 5 ~ 2. 0 | 1. 5 ~ 2. 5 |
| 二沉池 | 2. 0 ~ 2. 5 | 0. 8 ~ 1. 3 |

## 7.2.3　氧化沟活性污泥法污水处理

常见的氧化沟构造形式如图 7-9 所示。

### 1. 污染物去除率

综合生活污染水量总变化系数见表 7-16。

**表 7-16　综合生活污染水量总变化系数**

| 平均日流量/(L/s) | 5 | 15 | 40 | 70 | 100 | 200 | 500 | ≥1000 |
|---|---|---|---|---|---|---|---|---|
| 总变化系数 | 2. 3 | 2. 0 | 1. 8 | 1. 7 | 1. 6 | 1. 5 | 1. 4 | 1. 3 |

氧化沟污染物去除率见表 7-17。

**表 7-17　氧化沟污染物去除率**

| 污水类别 | 主体工艺 | 污染物去除率(%) | | | | | |
|---|---|---|---|---|---|---|---|
| | | 悬浮物(SS) | 五日生化需氧量(BOD$_5$) | 化学耗氧量(CODcr) | TN | NH$_3$-N | TP |
| 城镇污水 | 预(前)处理 + 氧化沟、二沉池 | 70 ~ 90 | 80 ~ 95 | 80 ~ 90 | 55 ~ 85 | 85 ~ 95 | 50 ~ 75 |
| 工业废水 | 预(前)处理 + 氧化沟、二沉池 | 70 ~ 90 | 70 ~ 90 | 70 ~ 90 | 45 ~ 85 | 70 ~ 95 | 40 ~ 75 |

注：根据水质、工艺流程等情况，可不设置初沉池，根据沟型需要可设置二沉池。

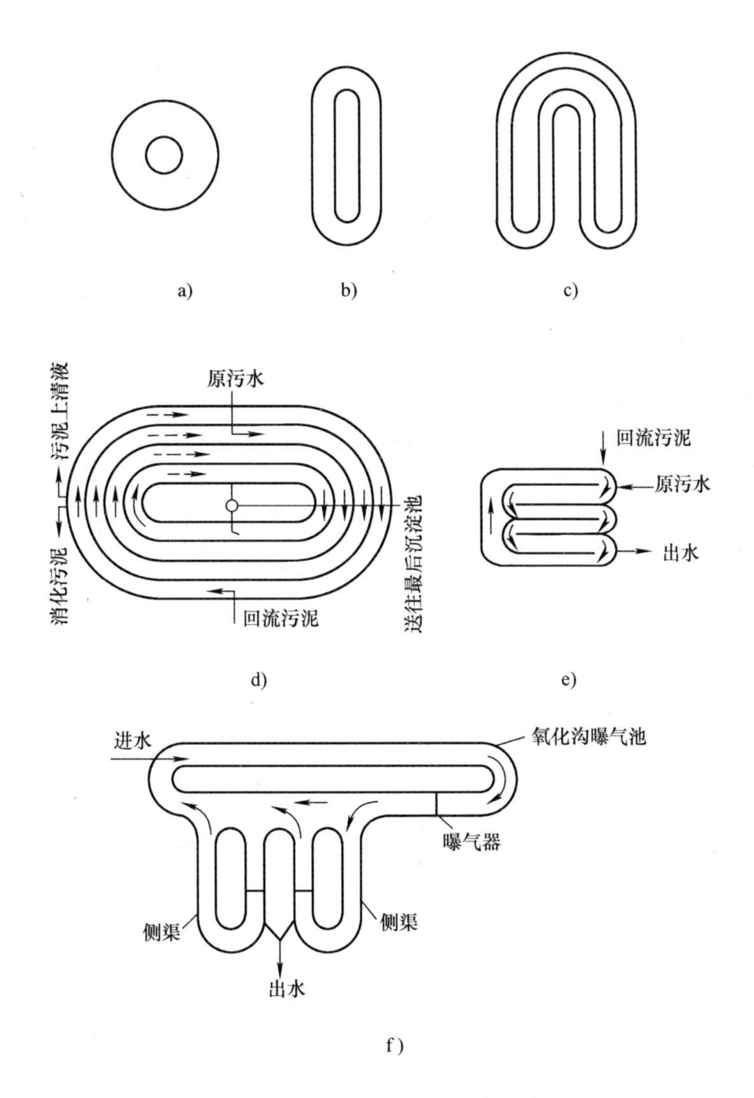


图 7-9　常见的氧化沟构造形式

## 2. 设计参数

去除碳源污染物主要设计参数见表 7-18。

**表 7-18　去除碳源污染物主要设计参数**

| 项目名称 | | 符号 | 单位 | 参数值 |
|---|---|---|---|---|
| 反应池 $BOD_5$ 污泥负荷 | | $L_S$ | $kgBOD_5/(kgMLVSS \cdot d)$ | 0.14 ~ 0.36 |
| | | | $kgBOD_5/(kgMLSS \cdot d)$ | 0.10 ~ 0.25 |
| 反应池混合液悬浮固体平均浓度 | | $X$ | kgMLSS/L | 2.0 ~ 4.5 |
| 反应池混合液挥发性悬浮固体平均浓度 | | $X_V$ | kgMLVSS/L | 1.4 ~ 3.2 |
| MLVSS 在 MLSS 中所占比例 | 设初沉池 | $y$ | gMLVSS/gMLSS | 0.7 ~ 0.8 |
| | 不设初沉池 | | gMLVSS/gMLSS | 0.5 ~ 0.7 |
| $BOD_5$ 容积负荷 | | $L_V$ | $kgBOD_5/(m^3 \cdot d)$ | 0.20 ~ 2.25 |
| 设计污泥泥龄（供参考） | | $\theta_C$ | d | 5 ~ 15 |

（续）

| 项目名称 | | 符号 | 单位 | 参数值 |
|---|---|---|---|---|
| 污泥产率系数 | 设初沉池 | $Y$ | $kgVSS/kgBOD_5$ | 0.3~0.6 |
| | 不设初沉池 | | $kgVSS/kgBOD_5$ | 0.6~1.0 |
| 总水力停留时间 | | $HRT$ | h | 4~20 |
| 污泥回流比 | | $R$ | % | 50~100 |
| 需氧量 | | $O_2$ | $kgO_2/kgBOD_5$ | 1.1~1.8 |
| $BOD_5$ 总处理率 | | $\eta$ | % | 75~95 |

生物脱氮主要设计参数见表7-19。

**表7-19 生物脱氮主要设计参数**

| 项目名称 | | 符号 | 单位 | 参数值 |
|---|---|---|---|---|
| 反应池 $BOD_5$ 污泥负荷 | | $L_S$ | $kgBOD_5/(kgMLVSS \cdot d)$ | 0.07~0.21 |
| | | | $kgBOD_5/(kgMLSS \cdot d)$ | 0.05~0.15 |
| 反应池混合液悬浮固体平均浓度 | | $X$ | kgMLSS/L | 2.0~4.5 |
| 反应池混合液挥发性悬浮固体平均浓度 | | $X_V$ | kgMLVSS/L | 1.4~3.2 |
| MLVSS在MLSS中所占比例 | 设初沉池 | $y$ | gMLVSS/gMLSS | 0.65~0.75 |
| | 不设初沉池 | | gMLVSS/gMLSS | 0.5~0.65 |
| $BOD_5$ 容积负荷 | | $L_V$ | $kgBOD_5/(m^3 \cdot d)$ | 0.12~0.50 |
| 总氮负荷率 | | $L_{TN}$ | $kgTN/(kgMLSS \cdot d)$ | ≤0.05 |
| 设计污泥泥龄(供参考) | | $\theta_C$ | d | 12~25 |
| 污泥产率系数 | 设初沉池 | $Y$ | $kgVSS/kgBOD_5$ | 0.3~0.6 |
| | 不设初沉池 | | $kgVSS/kgBOD_5$ | 0.5~0.8 |
| 污泥回流比 | | $R$ | % | 50~100 |
| 缺氧水力停留时间 | | $t_n$ | h | 1~4 |
| 好氧水力停留时间 | | $t_o$ | h | 6~14 |
| 总水力停留时间 | | $HRT$ | h | 7~18 |
| 混合液回流比 | | $R_i$ | % | 100~400 |
| 需氧量 | | $O_2$ | $kgO_2/kgBOD_5$ | 1.1~2.0 |
| $BOD_5$ 总处理率 | | $\eta$ | % | 90~95 |
| $NH_3$-N总处理率 | | $\eta$ | % | 85~95 |
| TN总处理率 | | $\eta$ | % | 60~85 |

生物脱氮除磷主要设计参数见表7-20。

**表7-20 生物脱氮除磷主要设计参数**

| 项目名称 | 符号 | 单位 | 参数值 |
|---|---|---|---|
| 反应池 $BOD_5$ 污泥负荷 | $L_S$ | $kgBOD_5/(kgMLVSS \cdot d)$ | 0.10~0.21 |
| | | $kgBOD_5/(kgMLSS \cdot d)$ | 0.07~0.15 |
| 反应池混合液悬浮固体平均浓度 | $X$ | kgMLSS/L | 2.0~4.5 |

（续）

| 项目名称 | | 符号 | 单位 | 参数值 |
|---|---|---|---|---|
| 反应池混合液挥发性悬浮固体平均浓度 | | $X_V$ | kgMLVSS/L | 1.4～3.2 |
| MLVSS 在 MLSS 中所占比例 | 设初沉池 | $y$ | gMLVSS/gMLSS | 0.65～0.7 |
| | 不设初沉池 | | gMLVSS/gMLSS | 0.5～0.65 |
| $BOD_5$ 容积负荷 | | $L_V$ | $kgBOD_5/(m^3 \cdot d)$ | 0.20～0.7 |
| 总氮负荷率 | | $L_{TN}$ | kgTN/(kgMLSS · d) | ≤0.06 |
| 设计污泥泥龄（供参考） | | $\theta_c$ | d | 12～25 |
| 污泥产率系数 | 设初沉池 | $Y$ | $kgVSS/kgBOD_5$ | 0.3～0.6 |
| | 不设初沉池 | | $kgVSS/kgBOD_5$ | 0.5～0.8 |
| 厌氧水力停留时间 | | $t_p$ | h | 1～2 |
| 缺氧水力停留时间 | | $t_n$ | h | 1～4 |
| 好氧水力停留时间 | | $t_o$ | h | 6～12 |
| 总水力停留时间 | | $HRT$ | h | 8～18 |
| 污泥回流比 | | $R$ | % | 50～100 |
| 混合液回流比 | | $R_i$ | % | 100～400 |
| 需氧量 | | $O_2$ | $kgO_2/kgBOD_5$ | 1.1～1.8 |
| $BOD_5$ 总处理率 | | $\eta$ | % | 85～95 |
| TP 总处理率 | | $\eta$ | % | 50～75 |
| TN 总处理率 | | $\eta$ | % | 55～80 |

延时曝气氧化沟主要设计参数见表 7-21。

**表 7-21 延时曝气氧化沟主要设计参数**

| 项目名称 | | 符号 | 单位 | 参数值 |
|---|---|---|---|---|
| 反应池 $BOD_5$ 污泥负荷 | | $L_S$ | $kgBOD_5/(kgMLVSS \cdot d)$ | 0.04～0.11 |
| | | | $kgBOD_5/(kgMLSS \cdot d)$ | 0.03～0.08 |
| 反应池混合液悬浮固体平均浓度 | | $X$ | kgMLSS/L | 2.0～4.5 |
| 反应池混合液挥发性悬浮固体平均浓度 | | $X_V$ | kgMLVSS/L | 1.4～3.2 |
| MLVSS 在 MLSS 中所占比例 | 设初沉池 | $y$ | gMLVSS/gMLSS | 0.65～0.7 |
| | 不设初沉池 | | gMLVSS/gMLSS | 0.5～0.65 |
| $BOD_5$ 容积负荷 | | $L_V$ | $kgBOD_5/(m^3 \cdot d)$ | 0.06～0.36 |
| 设计污泥泥龄（供参考） | | $\theta_C$ | d | >15 |
| 污泥产率系数 | 设初沉池 | $Y$ | $kgVSS/kgBOD_5$ | 0.3～0.6 |
| | 不设初沉池 | | $kgVSS/kgBOD_5$ | 0.4～0.8 |
| 污泥回流比 | | $R$ | % | 75～150 |
| 混合液回流比 | | $R_i$ | % | 100～400 |
| 需氧量 | | $O_2$ | $kgO_2/kgBOD_5$ | 1.5～2.0 |
| 总水力停留时间 | | $HRT$ | h | ≥16 |
| $BOD_5$ 总处理效率 | | $\eta$ | % | 95 |

导流墙(一道)的设置参考数据见表7-22。

**表7-22 导流墙(一道)的设置参考数据**

| 转刷长度(直径)/m | 氧化沟沟宽/m | 导流墙偏心距/m | 导流墙半径/m |
|---|---|---|---|
| 3.0 | 4.15 | 0.35 | 2.25 |
| 4.5 | 5.56 | 0.50 | 3.00 |
| 6.0 | 7.15 | 0.65 | 3.75 |
| 7.5 | 8.65 | 0.80 | 4.50 |
| 9.0 | 10.15 | 0.95 | 5.25 |

### 3. 曝气设备性能

氧化沟曝气设备性能见表7-23。

**表7-23 氧化沟曝气设备性能**

| 名　　称 | 适应条件 | 技术性能 | |
|---|---|---|---|
| | | 充氧能力 | 动力效率 |
| 转刷曝气机 | $D=400\sim1000$mm<br>$h=0.1\sim0.3$m<br>$n=50\sim80$r/min | $4\sim8$kg$O_2$/(m·h) | $1.5\sim2.5$kg$O_2$/kW·h |
| 盘式曝气机 | $D=1000\sim1300$mm<br>$h=0.2\sim0.4$m<br>$n=43\sim75$r/min | $0.26\sim0.86$kg$O_2$/(盘·h) | $0.9\sim1.5$kg$O_2$/kW·h |
| 垂直轴表面曝气机 | — | — | $1.8\sim2.3$kg$O_2$/kW·h |
| 自吸螺旋曝气机 | — | — | $1.8\sim2.0$kg$O_2$/kW·h |
| 射流曝气机 | — | — | $0.6\sim0.8$kg$O_2$/kW·h |

注：$D$为转刷直径，$h$为浸没深度，$n$为转速。

## 7.2.4 序批式活性污泥法污水处理

SBP污水处理工艺的污染物去除率设计值见表7-24。

**表7-24 SBP污水处理工艺的污染物去除率设计值**

| 污水类别 | 主体工艺 | 污染物去除率(%) | | | | | |
|---|---|---|---|---|---|---|---|
| | | 悬浮物(SS) | 五日生化需氧量($BOD_5$) | 化学耗氧量(CODcr) | 氨氮 $NH_3$-N | 总氮 TN | 总磷 TP |
| 城镇污水 | 初次沉淀* +SBR | 70~90 | 80~95 | 80~90 | 85~95 | 60~85 | 50~85 |
| 工业废水 | 预处理+SBR | 70~90 | 70~90 | 70~90 | 85~95 | 55~85 | 50~85 |

注："*"表示应根据水质、SBR工艺类型等情况，决定是否设置初次沉淀池。

去除碳源污染物的主要设计参数见表7-25。

**表7-25 去除碳源污染物的主要设计参数**

| 项目名称 | 符号 | 单位 | 参数值 |
|---|---|---|---|
| 反应池五日生化需氧量污泥负荷 | $L_S$ | kg$BOD_5$/(kgMLVSS·d) | 0.25~0.50 |
| | | kg$BOD_5$/(kgMLSS·d) | 0.10~0.25 |

（续）

| 项目名称 | | 符号 | 单位 | 参数值 |
| --- | --- | --- | --- | --- |
| 反应池混合液悬浮固体平均浓度 | | $X$ | kgMLSS/$m^3$ | 3.0～5.0 |
| 反应池混合液挥发性悬浮固体平均浓度 | | $X_V$ | kgMLVSS/$m^3$ | 1.5～3.0 |
| 污泥产率系数 | 设初沉池 | $Y$ | kgVSS/$kgBOD_5$ | 0.3 |
| | 不设初沉池 | | kgVSS/$kgBOD_5$ | 0.6～1.0 |
| 总水力停留时间 | | $HRT$ | h | 8～20 |
| 需氧量 | | $O_2$ | $kgO_2$/$kgBOD_5$ | 1.1～1.8 |
| 活性污泥容积指数 | | $SVI$ | mL/g | 70～100 |
| 充水比 | | $m$ | | 0.40～0.50 |
| $BOD_5$ 总处理率 | | $\eta$ | % | 80～95 |

去除氨氮污染物的主要设计参数见表7-26。

**表7-26 去除氨氮污染物的主要设计参数**

| 项目名称 | 符号 | 单位 | 参数值 |
| --- | --- | --- | --- |
| 反应池五日生化需氧量污泥负荷 | $L_S$ | $kgBOD_5$(kgMLVSS · d) | 0.10～0.30 |
| | | $kgBOD_5$(kgMLSS · d) | 0.07～0.20 |
| 反应池混合悬浮固体平均浓度 | $X$ | kgMLSS/$m^3$ | 3.0～5.0 |
| 污泥产率系数 | $Y$ | kgvSS/$kgBOD_5$ | 0.4～0.8 |
| | | kgvSS/$kgBOD_5$ | 0.6～1.0 |
| 总水力停留时间 | $HRT$ | h | 10～29 |
| 需氧量 | $O_2$ | $kgO_2$/$kgBOD_5$ | 1.1～2.0 |
| 活性污泥容积指数 | $SVI$ | mL/g | 70～120 |
| 充水比 | $m$ | | 0.30～0.40 |
| $BOD_5$ 总处理率 | $\eta$ | % | 90～95 |
| $NH_3$-N 总处理率 | $\eta$ | % | 85～95 |

生物脱氮的主要设计参数见表7-27。

**表7-27 生物脱氮的主要设计参数**

| 项目名称 | | 符号 | 单位 | 参数值 |
| --- | --- | --- | --- | --- |
| 反应池五日生化需氧量污泥负荷 | | $L_S$ | $kgBOD_5$/(kgMLVSS · d) | 0.06～0.20 |
| | | | $kgBOD_5$/(kgMLSS · d) | 0.04～0.13 |
| 反应池混合悬浮固体平均浓度 | | $X$ | kgMLSS/$m^3$ | 3.0～5.0 |
| 总单位负荷率 | | $X_V$ | kgTN/(kgMLSS · d) | ≤0.05 |
| 污泥产率系数 | 设初沉池 | $Y$ | kgVSS/$kgBOD_5$ | 3.0～0.6 |
| | 不设初沉池 | | kgVSS/$kgBOD_5$ | 0.5～0.8 |
| 缺氧水力停留时间占反应时间比例 | | | % | 20 |
| 好氧水力停留时间占反应时间比例 | | | % | 80 |
| 总水力停留时间 | | $HRT$ | h | 15～30 |

（续）

| 项目名称 | 符号 | 单位 | 参数值 |
| --- | --- | --- | --- |
| 需氧量 | $O_2$ | $kgO_2/kgBOD_5$ | 0.7～1.1 |
| 活性污泥容积指数 | $SVI$ | mL/g | 70～140 |
| 充水比 | $m$ | | 0.30～0.35 |
| $BOD_5$ 总处理率 | $\eta$ | % | 90～95 |
| $NH_5-N$ 总处理率 | $\eta$ | % | 85～95 |
| TN 总处理率 | $\eta$ | % | 60～85 |

生物脱氮除磷的主要设计参数见表 7-28。

**表 7-28 生物脱氮除磷的主要设计参数**

| 项目名称 | | 符号 | 单位 | 参数值 |
| --- | --- | --- | --- | --- |
| 反应池五日生化需氧量污泥负荷 | | $L_S$ | $kgBOD_5/(kgMLVSS \cdot d)$ | 0.15～0.25 |
| | | | $kgBOD_5/(kgMLSS \cdot d)$ | 0.07～0.15 |
| 反应池混合悬浮固体平均浓度 | | $X$ | $kgMLSS/m^3$ | 2.5～4.5 |
| 总单位负荷率 | | | $kgTN/(kgMLSS \cdot d)$ | |
| 污泥产率系数 | 设初沉池 | $Y$ | $kgVSS/kgBOD_5$ | 0.3～0.6 |
| | 不设初沉池 | | $kgVSS/kgBOD_5$ | 0.5～0.8 |
| 缺氧水力停留时间占反应时间比例 | | | % | 5～10 |
| 好氧水力停留时间占反应时间比例 | | | % | 10～15 |
| 总水力停留时间 | | $HRT$ | h | 20～30 |
| 污泥回流比(仅适用于 CASS 或 CAST) | | $R$ | % | 20～100 |
| 混合液回流比(仅适用于 CASS 或 CAST) | | $R_i$ | % | |
| 需氧量 | | $O_2$ | $kgO_2/kgBOD_5$ | 1.5～2.0 |
| 活性污泥容积指数 | | $SVI$ | mL/g | 70～140 |
| 充水比 | | $m$ | | 0.30～0.35 |
| $BOD_5$ 总处理率 | | $\eta$ | % | 85～95 |
| TP 总处理率 | | $\eta$ | % | 50～75 |
| TN 总处理率 | | $\eta$ | % | 55～80 |

生物除磷的主要设计参数见表 7-29。

**表 7-29 生物除磷的主要设计参数**

| 项目名称 | 符号 | 单位 | 参数值 |
| --- | --- | --- | --- |
| 反应池五日生化需氧量污泥负荷 | $L_S$ | $kgBOD_5/(kgMLSS \cdot d)$ | 0.4～0.7 |
| 反应池混合液悬浮固体平均浓度 | $X$ | $kgMLSS/m^3$ | 2.0～4.0 |
| 反应池污泥产率系数 | $Y$ | $kgVSS/kgBOD_5$ | 0.4～0.8 |
| 厌氧水力停留时间占反应时间比例 | | % | 25～33 |
| 好氧水力停留时间占反应时间比例 | | % | 67～75 |
| 总水力停留时间 | $HRT$ | h | 3～8 |

（续）

| 项目名称 | 符号 | 单位 | 参数值 |
|---|---|---|---|
| 需氧量 | $O_2$ | $kgO_2/kgBOD_5$ | 0.7～1.1 |
| 活性污泥容积指数 | $SVI$ | mL/g | 70～140 |
| 充水比 | $m$ | | 0.30～0.40 |
| 污泥含磷率 | | kgTP/kgVSS | 0.03～0.07 |
| 污泥回流比（仅适用于 CASS 或 CAST） | | % | 40～100 |
| TP 总处理率 | $\eta$ | % | 75～85 |

连续和间歇曝气工艺（DAT-IAT）的主要设计参数见表 7-30。

**表 7-30　连续和间歇曝气工艺（DAT-IAT）的主要设计参数**

| 项目 | 符号 | 单位 | | 主要设计参数 | | | |
|---|---|---|---|---|---|---|---|
| | | | | 去除含碳有机物 | 要求硝化 | 要求硝化、反硝化 | 好氧污泥稳定 |
| 反应池五日生化需氧量污泥负荷 | $L_S$ | $kgBOD_5/(kgMLVSS·d)$ | | 0.1[①] | 0.07～0.09 | 0.07 | 0.05 |
| 混合液悬浮固体浓度 | $X$ | $kgMLSS/m^3$ | DAT | 2.5～4.5 | 2.5～4.5 | 2.5～4.5 | 2.5～4.5 |
| | | | IAT | 3.5～5.5 | 3.5～5.5 | 3.5～5.5 | 3.5～5.5 |
| | | | 平均值 | 3.0～5.0[①] | 3.0～5.0 | 3.0～5.0 | 3.0～5.0 |
| 混合液回流比 | $R$ | % | | 100～400 | 100～400 | 400～600 | 100～400 |
| 污泥龄 | $\theta_C$ | d | | >6～8 | >10 | >12 | >20 |
| DAT/IAT 的容积比 | | | | 1 | >1 | >1 | >1 |
| 充水比 | $m$ | | | 0.17～0.33[①] | 0.17～0.33 | 0.17～0.33 | 0.17～0.33 |
| IAT 周期时间 | $t$ | h | | 3 | 3 | 3 | 3 |

① 高负荷时 $L_s$ 为 0.1～0.4$kgBOD_5/(kgMLVSS·d)$，MLSS 平均浓度为 1.5～2.0$kgMLSS/m^3$，充水比 $m$ 为 0.25～0.5。

## 7.2.5　缺氧-好氧活性污泥法（AAO 法）

AAO 法同步脱氮除磷工艺流程如图 7-10 所示。

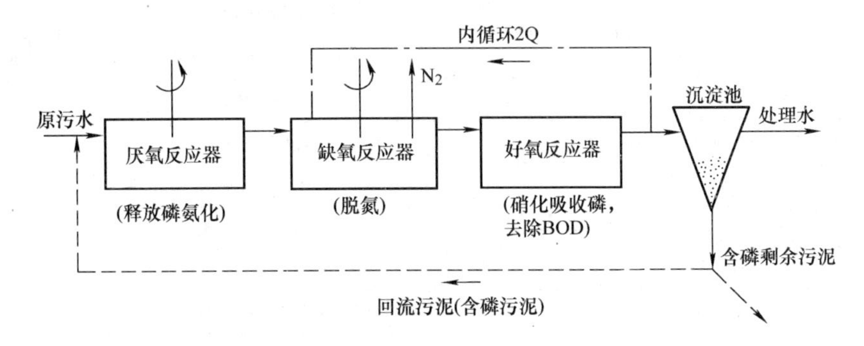


图 7-10　AAO 法同步脱氮除磷工艺流程

缺氧-好氧法生物脱氮的主要设计参数，宜根据试验资料确定；无试验资料时，可采用经验数据或按表 7-31 的规定取值。

**表 7-31 缺氧-好氧法生物脱氮的主要设计参数**

| 项 目 | 单 位 | 参数值 |
| --- | --- | --- |
| BOD 污泥负荷 $L_s$ | $kgBOD_5/(kgMLSS \cdot d)$ | 0.05～0.15 |
| 总氮负荷率 | $kgTN/(kgMLSS \cdot d)$ | ≤0.05 |
| 污泥浓度(MLSS) $X$ | g/L | 2.5～4.5 |
| 污泥龄 $\theta_C$ | d | 11～23 |
| 污泥产率 $Y$ | $kgVSS/kgBOD_5$ | 0.3～0.6 |
| 需氧量 $O_2$ | $kgO_2/kgBOD_5$ | 1.1～2.0 |
| 水力停留时间 $HRT$ | h | 8～16 |
| | | 其中缺氧段 0.5～3.0h |
| 污泥回流比 $R$ | % | 50～100 |
| 混合液回流比 $R_i$ | % | 100～400 |
| 总处理效率 $\eta$ | % | 90～95($BOD_5$) |
| | | 60～85(TN) |

AAO 污染物去除率见表 7-32。

**表 7-32 AAO 污染物去除率**

| 污水类别 | 主体工艺 | 污染物去除率(%) | | | | | |
| --- | --- | --- | --- | --- | --- | --- | --- |
| | | 化学耗氧量(CODcr) | 五日生化需氧量($BOD_5$) | 悬浮物(SS) | 氨氮($NH_3$-N) | 总氮(TN) | 总磷(TP) |
| 城镇污水 | 预(前)处理 + AAO 反应池 + 二沉池 | 70～90 | 80～95 | 80～95 | 80～95 | 60～85 | 60～90 |
| 工业废水 | 预(前)处理 + AAO 反应池 + 二沉池 | 70～90 | 70～90 | 70～90 | 80～90 | 60～80 | 60～90 |

缺氧-好氧工艺设计参数见表 7-33。

**表 7-33 缺氧-好氧工艺设计参数**

| 项目 | | 符号 | 单位 | 参数值 |
| --- | --- | --- | --- | --- |
| 反应池五日生化需氧量污泥负荷 | | $L_S$ | $kgBOD_5/(kgMLVSS \cdot d)$ | 0.07～0.21 |
| | | | $kgBOD_5/(kgMLSS \cdot d)$ | 0.05～0.15 |
| 反应池混合液悬浮固体平均浓度 | | $X$ | kgMLSS/L | 2.0～4.5 |
| 反应池混合液挥发性悬浮固体平均浓度 | | $X_V$ | kgMLVSS/L | 1.4～3.2 |
| MLVSS 在 MLSS 中所占比例 | 设初沉池 | $y$ | gMLVSS/gMLSS | 0.65～0.75 |
| | 不设初沉池 | | gMLVSS/gMLSS | 0.5～0.65 |
| 设计污泥泥龄 | | $\theta_C$ | d | 10～25 |
| 污泥产率系数 | 设初沉池 | $Y$ | $kgVSS/kgBOD_5$ | 0.3～0.6 |
| | 不设初沉池 | | $kgVSS/kgBOD_5$ | 0.5～0.8 |
| 缺氧水力停留时间 | | $t_n$ | h | 2～4 |

（续）

| 项目 | 符号 | 单位 | 参数值 |
|---|---|---|---|
| 好氧水力停留时间 | $t_o$ | h | 8~12 |
| 总水力停留时间 | $HRT$ | h | 10~16 |
| 污泥回流比 | $R$ | % | 50~100 |
| 混合液回流比 | $R_i$ | % | 100~400 |
| 需氧量 | $O_2$ | $kgO_2/kgBOD_5$ | 1.1~2.0 |
| $BOD_5$ 总处理率 | $\eta$ | % | 90~95 |
| $NH_3$-N 总处理率 | $\eta$ | % | 85~95 |
| TN 总处理率 | $\eta$ | % | 60~85 |

### 7.2.6 厌氧-好氧法活性污泥法（APO 法）

厌氧-好氧法生物除磷的主要设计参数，宜根据试验资料确定；无试验资料时，可采用经验数据或按表 7-34 的规定取值。

**表 7-34 厌氧／好氧法（APO 法）生物除磷的主要设计参数**

| 项目 | 单位 | 参数值 |
|---|---|---|
| BOD 污泥负荷 $L_s$ | $kgBOD_5/(kgMLSS \cdot d)$ | 0.4~0.7 |
| 污泥浓度（MLSS）$X$ | g/L | 2.0~4.0 |
| 污泥龄 $\theta_C$ | d | 3.5~7 |
| 污泥产率 $Y$ | $kgVSS/kgBOD_5$ | 0.4~0.8 |
| 污泥含磷率 | kgTP/kgVSS | 0.03~0.07 |
| 需氧量 $O_2$ | $kgO_2/kgBOD_5$ | 0.7~1.1 |
| 水力停留时间 $HRT$ | h | 3~8h |
| | | 其中厌氧段 1~2h |
| | | AP: O=1:2~1:3 |
| 污泥回流比 $R$ | % | 40~100 |
| 总处理效率 $\eta$ | % | 80~90（$BOD_5$） |
| | % | 75~85（TP） |

厌氧-好氧工艺的主要设计参数见表 7-35。

**表 7-35 厌氧-好氧工艺的主要设计参数**

| 项目名称 | | 符号 | 单位 | 参数值 |
|---|---|---|---|---|
| 反应池五日生化需氧量污泥负荷 | | $L_S$ | $kgBOD_5/(kgMLVSS \cdot d)$ | 0.30~0.60 |
| | | | $kgBOD_5/(kgMLSS \cdot d)$ | 0.20~0.40 |
| 反应池混合液悬浮固体平均浓度 | | $X$ | gMLSS/L | 2.0~4.0 |
| 反应池混合液挥发性悬浮固体平均浓度 | | $X_V$ | gMLVSS/L | 1.4~2.8 |
| MLVSS 在 MLSS 中所占比例 | 设初沉池 | $y$ | gMLVSS/gMLSS | 0.65~0.75 |
| | 不设初沉池 | | gMLVSS/gMLSS | 0.5~0.65 |

（续）

| 项目名称 | | 符号 | 单位 | 参数值 |
|---|---|---|---|---|
| 设计污泥泥龄 | | $\theta_C$ | d | 3～7 |
| 污泥产率系数 | 设初沉池 | $Y$ | $kgVSS/kgBOD_5$ | 0.3～0.6 |
| | 不设初沉池 | | $kgVSS/kgBOD_5$ | 0.5～0.8 |
| 厌氧水力停留时间 | | $t_p$ | h | 1～2 |
| 好氧水力停留时间 | | $t_o$ | h | 3～6 |
| 总水力停留时间 | | $HRT$ | h | 4～8 |
| 污泥回流比 | | $R$ | % | 40～100 |
| 需氧量 | | $O_2$ | $kgO_2/kgBOD_5$ | 0.7～1.1 |
| $BOD_5$ 总处理率 | | $\eta$ | % | 80～95 |
| TP 总处理率 | | $\eta$ | % | 75～90 |

## 7.2.7　厌氧-缺氧-好氧法活性污泥法

厌氧-缺氧-好氧法生物脱氮除磷的主要设计参数，宜根据试验资料确定；没有试验资料时，可采用经验数据或按表 7-36 的规定取值。

**表 7-36　厌氧-缺氧-好氧法生物脱氮除磷的主要设计参数**

| 项　　目 | 单　　位 | 参数值 |
|---|---|---|
| BOD 污泥负荷 $L_s$ | $kgBOD_5/(kgMLSS \cdot d)$ | 0.1～0.2 |
| 污泥浓度（MLSS）$X$ | g/L | 2.5～4.5 |
| 污泥龄 $\theta_C$ | d | 10～20 |
| 污泥产率 $Y$ | $kgVSS/kgBOD_5$ | 0.3～0.6 |
| 需氧量 $O_2$ | $kgO_2/kgBOD_5$ | 1.1～1.8 |
| 水力停留时间 $HRT$ | h | 7～14 |
| | | 其中厌氧 1～2h |
| | | 缺氧 0.5～3h |
| 污泥回流比 $R$ | % | 20～100 |
| 混合液回流比 $R_i$ | % | ≥200 |
| 总处理效率 $\eta$ | % | 85～95（$BOD_5$） |
| | % | 50～75（TP） |
| | % | 55～80（TN） |

厌氧-缺氧-好氧工艺的主要设计参数见表 7-37。

**表 7-37　厌氧-缺氧-好氧工艺的主要设计参数**

| 项目名称 | 符号 | 单位 | 参数值 |
|---|---|---|---|
| 反应池五日生化需氧量污泥负荷 | $L_S$ | $kgBOD_5/(kgMLVSS \cdot d)$ | 0.07～0.21 |
| | | $kgBOD_5/(kgMLSS \cdot d)$ | 0.05～0.15 |
| 反应池混合液悬浮固体平均浓度 | $X$ | kgMLSS/L | 2.0～4.5 |

（续）

| 项目名称 | | 符号 | 单位 | 参数值 |
|---|---|---|---|---|
| 反应池混合液挥发性悬浮固体平均浓度 | | $X_V$ | kgMLVSS/L | 1.4～3.2 |
| MLVSS在MLSS中所占比例 | 设初沉池 | $y$ | gMLVSS/gMLSS | 0.65～0.7 |
| | 不设初沉池 | | gMLVSS/gMLSS | 0.5～0.65 |
| 设计污泥泥龄 | | $\theta_C$ | d | 10～25 |
| 污泥产率系数 | 设初沉池 | $Y$ | $kgVSS/kgBOD_5$ | 0.3～0.6 |
| | 不设初沉池 | | $kgVSS/kgBOD_5$ | 0.5～0.8 |
| 厌氧水力停留时间 | | $t_p$ | h | 1～2 |
| 缺氧水力停留时间 | | $t_n$ | h | 2～4 |
| 好氧水力停留时间 | | $t_o$ | h | 8～12 |
| 总水力停留时间 | | $HRT$ | h | 11～18 |
| 污泥回流比 | | $R$ | % | 40～100 |
| 混合液回流比 | | $R_i$ | % | 100～400 |
| 需氧量 | | $O_2$ | $kgO_2/kgBOD_5$ | 1.1～1.8 |
| $BOD_5$总处理率 | | $\eta$ | % | 85～95 |
| $NH_3$-N总处理率 | | $\eta$ | % | 80～90 |
| TN总处理率 | | $\eta$ | % | 55～80 |
| TP总处理率 | | $\eta$ | % | 60～80 |

# 7.3　膜生物法、膜分离法

## 7.3.1　膜生物法

浸没式膜生物法污水处理的设计参数见表7-38。

**表7-38　浸没式膜生物法污水处理的设计参数**

| 膜形式 | 污泥负荷/[$kgBOD_5$/(kgMLSS·d)] | 混合液悬浮固体/(mg/L) | 过膜压差/kPa |
|---|---|---|---|
| 中空纤维膜 | 0.05～0.15 | 6000～12000 | 0～60 |
| 平板膜 | 0.05～0.15 | 6000～20000 | 0～20 |

## 7.3.2　膜分离法

内压式中空纤维微滤、超滤系统进水参考值见表7-39。

**表7-39　内压式中空纤维微滤、超滤系统进水参考值**

| 膜材质＼项目 | 参考值 | | |
|---|---|---|---|
| | 浊度(NTU) | SS/(mg/L) | 矿物油含量/(mg/L) |
| 聚偏氟乙烯(PVDF) | ≤20 | ≤30 | ≤3 |
| 聚乙烯(PE) | <30 | ≤50 | ≤3 |

（续）

| 项目<br>膜材质 | 参考值 | | |
|---|---|---|---|
| | 浊度(NTU) | SS/(mg/L) | 矿物油含量/(mg/L) |
| 聚丙烯(PP) | ≤20 | ≤50 | ≤5 |
| 聚丙烯腈(PAN) | ≤30 | (颗粒物粒径 <5μm) | 不允许 |
| 聚氯乙烯(PVC) | <200 | ≤30 | ≤8 |
| 聚醚砜(PES) | <200 | <150 | ≤30 |

外压式中空纤维微滤、超滤系统进水参考值见表7-40。

**表 7-40　外压式中空纤维微滤、超滤系统进水参考值**

| 项目<br>膜材质 | 参考值 | | |
|---|---|---|---|
| | 浊度(NTU) | SS/(mg/L) | 矿物油含量/(mg/L) |
| 聚偏氟乙烯(PVDF) | ≤50 | ≤300 | ≤3 |
| 聚丙烯(PP) | ≤30 | ≤100 | ≤5 |

纳滤、反渗透系统进水限值见表7-41。

**表 7-41　纳滤、反渗透系统进水限值**

| 项目<br>膜材质 | 限值 | | |
|---|---|---|---|
| | 浊度(NTU) | SDI | 余氯/(mg/L) |
| 聚酰胺复合膜(PA) | ≤1 | ≤5 | ≤0.1 |
| 醋酸纤维膜(CA/CTA) | ≤1 | ≤5 | ≤0.5 |

各种膜单元功能适宜性见表7-42。

**表 7-42　各种膜单元功能适宜性**

| 膜单元种类 | 过滤精度/μm | 截留相对分子质量(Daltons 道尔顿) | 功能 | 主要用途 |
|---|---|---|---|---|
| 微滤(MF) | 0.1～10 | >100000 | 去除悬浮颗粒、细菌、部分病毒及大尺度胶体 | 饮用水去浊，中水回用，纳滤或反渗透系统预处理 |
| 超滤(UF) | 0.002～0.1 | 10000～100000 | 去除胶体、蛋白质、微生物和大分子有机物 | 饮用水净化，中水回用，纳滤或反渗透系统预处理 |
| 纳滤(NF) | 0.001～0.003 | 200～1000 | 去除多价离子、部分一价离子和相对分子质量200～1000Daltons的有机物 | 脱除井水的硬度、色度及放射性镭，部分去除溶解性盐，工艺物料浓缩等 |
| 反渗透(RO) | 0.0004～0.0006 | >100 | 去除溶解性盐及相对分子质量大于100Daltons的有机物 | 海水及苦咸水淡化，锅炉给水、工业纯水制备，废水处理及特种分离等 |

# 7.4 污泥处理

## 7.4.1 污泥泥质

污泥泥质基本控制项目和限值见表7-43。

表7-43 污泥泥质基本控制项目和限值

| 序号 | 控制项目 | 限值 |
| --- | --- | --- |
| 1 | pH值 | 5～10 |
| 2 | 含水率(%) | <80 |
| 3 | 粪大肠菌群菌值 | >0.01 |
| 4 | 细菌总数/(MPN/kg干污泥) | $<10^5$ |

污泥泥质选择性控制项目和限值见表7-44。

表7-44 污泥泥质选择性控制项目和限值 (单位：mg/kg干污泥)

| 控制项目 | 限值 | 控制项目 | 限值 |
| --- | --- | --- | --- |
| 总镉 | <20 | 总锌 | <4000 |
| 总汞 | <25 | 总镍 | <200 |
| 总铅 | <1000 | 矿物油 | <3000 |
| 总铬 | <1000 | 挥发酚 | <40 |
| 总砷 | <75 | 总氢化物 | <10 |
| 总铜 | <1500 | | |

城镇污水处理农用污泥污染物浓度限制见表7-45。

表7-45 城镇污水处理农用污泥污染物浓度限制

| 控制项目 | 限值/(mg/kg) | | 控制项目 | 限值/(mg/kg) | |
| --- | --- | --- | --- | --- | --- |
| | A级污泥 | B级污泥 | | A级污泥 | B级污泥 |
| 总砷 | <30 | <75 | 总铅 | <300 | <1000 |
| 总镉 | <3 | <15 | 总锌 | <1500 | <3000 |
| 总铬 | <500 | <1000 | 苯并(a)芘 | <2 | <3 |
| 总铜 | <500 | <1500 | 矿物油 | <500 | <3000 |
| 总汞 | <3 | <15 | 多环芳烃 | <5 | <6 |
| 总镍 | <100 | <200 | | | |

城镇污水处理园林绿化用污泥污染物浓度限制见表7-46。

表7-46 城镇污水处理园林绿化用污泥污染物浓度限制

| 序号 | 控制项目 | 限值 | |
| --- | --- | --- | --- |
| | | 在酸性土壤(pH值<6.5)上 | 在酸性土壤(pH值≥6.5)上 |
| 1 | 总镉/(mg/kg干污泥) | <5 | <20 |

（续）

| 序号 | 控制项目 | 限值 | |
|---|---|---|---|
| | | 在酸性土壤（pH 值<6.5）上 | 在酸性土壤（pH 值≥6.5）上 |
| 2 | 总汞/（mg/kg 干污泥） | <5 | <15 |
| 3 | 总铅/（mg/kg 干污泥） | <300 | <1000 |
| 4 | 总铬/（mg/kg 干污泥） | <600 | <1000 |
| 5 | 总砷/（mg/kg 干污泥） | <75 | <75 |
| 6 | 总镍/（mg/kg 干污泥） | <100 | <200 |
| 7 | 总锌/（mg/kg 干污泥） | <2000 | <4000 |
| 8 | 总铜/（mg/kg 干污泥） | <800 | <1500 |
| 9 | 硼/（mg/kg 干污泥） | <150 | <150 |
| 10 | 矿物油/（mg/kg 干污泥） | <3000 | <3000 |
| 11 | 苯并（a）花/（mg/kg 干污泥） | <3 | <3 |
| 12 | 多氯代二苯并二恶英/多氯二苯口门呋喃（PCDD/PCDF 单位：mg；毒性单位：mg/kg） | <100 | <100 |
| 13 | 可吸附有机卤化物（AOX）（以 Cl 计）/（mg/kg 干污泥） | <500 | <500 |
| 14 | 多氯联苯（PCBs）/（mg/kg 干污泥） | <0.2 | <0.2 |

## 7.4.2　污泥浓缩

污泥的屈服剪应力 $\tau_0$ 和塑性黏度 $\mu_{PL}$ 值见表 7-47。

**表 7-47　污泥的屈服剪应力 $\tau_0$ 和塑性黏度 $\mu_{PL}$ 值**

| 污泥种类 | 温度/℃ | 固体浓度（%） | $\tau_0$/（kg/m²） | $\mu_{PL}$/[kg/（m·s）] |
|---|---|---|---|---|
| 水 | 20 | 0 | 0 | 0.001 |
| 初次污泥 | 12 | 6.7 | 4.386 | 0.028 |
| 消化污泥 | 17 | 10 | 1.530 | 0.092 |
| | 17 | 12 | 2.244 | 0.098 |
| | 17 | 14 | 2.958 | 0.101 |
| | 17 | 16 | 4.386 | 0.116 |
| | 17 | 18 | 6.222 | 0.118 |
| 活性污泥 | 20 | 0.4 | 0.0102 | 0.006 |
| | 20 | 0.3 | 0.00714 | 0.005 |
| | 20 | 0.2 | 0.00204 | 0.004 |

重力浓缩池主要用于浓缩初次污泥及初次污泥和剩余活性污泥的混合污泥，按其运转方式可以分为连续式和间歇式，按池形可以分为圆形和矩形，如图 7-11、图 7-12 所示。

污泥固体负荷及含水率见表 7-48。

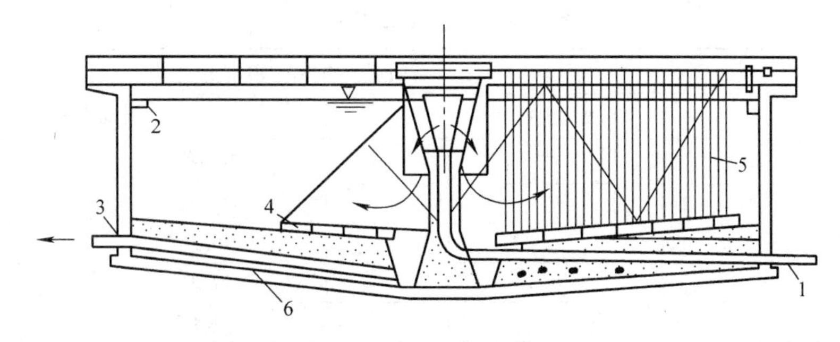


图 7-11　连续流浓缩池（带刮泥机及栅条）

1—中心进泥管　2—上清液溢流堰　3—底流排除管

4—刮泥机　5—搅动栅　6—钢筋混凝土

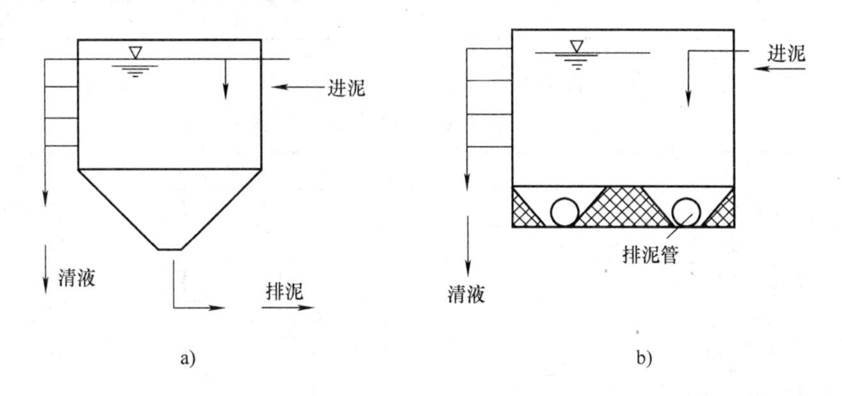


图 7-12　间歇流浓缩池

**表 7-48　污泥固体负荷及含水率**

| 污泥种类 | 进泥含水率（%） | 污泥固体负荷 /[kg/(m$^2$·d)] | 浓缩后污泥含水率（%） |
|---|---|---|---|
| 初次沉淀污泥 | 95～97 | 80～120 | 90～92 |
| 活性污泥 | 99.2～99.6 | 20～30；60～90① | 97.5 |
| 在初次沉淀池中投入剩余污泥所排出的污泥 | 97.1～98.3 | 75～105 | 93.75～94.75 |

① 与活性污泥性质有关。一般当曝气池的前段设有厌氧段时，采用此值。

重力浓缩池设计参数见表 7-49。

**表 7-49　重力浓缩池设计参数**

| 污泥种类 | 污泥固体负荷 /[kg/(m$^2$·d)] | 浓缩后污泥含水率（%） | 停留时间 /h |
|---|---|---|---|
| 初次污泥 | 80～120 | 95～97 | 6～8 |
| 剩余活性污泥 | 20～30 | 97～98 | 6～8 |
| 初次污泥与剩余活性污泥的混合污泥 | 50～75 | 95～98 | 10～12 |

搅拌栅的浓缩效果见表 7-50。

表 7-50　搅拌栅的浓缩效果

| 浓缩时间/h | 浓缩污泥固体浓度(%) | | | |
|---|---|---|---|---|
| | 不投加混凝剂 | | 投加混凝剂 | |
| | 不搅拌 | 搅拌 | 不搅拌 | 搅拌 |
| 0 | 2.8 | 2.94 | 3.26 | 3.26 |
| 5 | 6.4 | 13.3 | 10.3 | 15.4 |
| 9.5 | 11.9 | 18.5 | 12.3 | 19.6 |
| 20.5 | 15.0 | 21.7 | 14.1 | 23.8 |
| 30.8 | 16.3 | 23.5 | 15.4 | 25.3 |
| 46.3 | 18.2 | 25.2 | 17.2 | 27.4 |
| 59.3 | 20.0 | 25.8 | 18.5 | 27.4 |
| 77.5 | 21.1 | 26.3 | 19.6 | 27.6 |

重力浓缩池生产运行数据见表 7-51。

表 7-51　重力浓缩池生产运行数据

| 污泥种类 | 污泥固体通量/[kg/(m² · d)] | 浓缩污泥浓度/(g/L) |
|---|---|---|
| 生活污水污泥 | 1 ~ 2 | 50 ~ 70 |
| 初次沉淀污泥 | 4 ~ 6 | 80 ~ 100 |
| 改良曝气活性污泥 | 3 ~ 5.1 | 70 ~ 85 |
| 活性污泥 | 0.5 ~ 1.0 | 20 ~ 30 |
| 腐殖污泥 | 1.2 ~ 2.0 | 70 ~ 90 |
| 初沉污泥与活性污泥混合污泥 | 1.2 ~ 2.0 | 50 ~ 80 |
| 初沉污泥与改良曝气活性污泥混合污泥 | 4.1 ~ 5.1 | 80 ~ 120 |
| 初沉污泥与腐殖污泥混合污泥 | 2.0 ~ 2.4 | 70 ~ 90 |
| 给水污泥 | 5 ~ 10 | 80 ~ 120 |

当浓缩活性污泥时，一般采用出水部分回流加压溶气的流程，如图 7-13 所示，池子的形状有矩形和圆形两种，如图 7-14、图 7-15 所示。

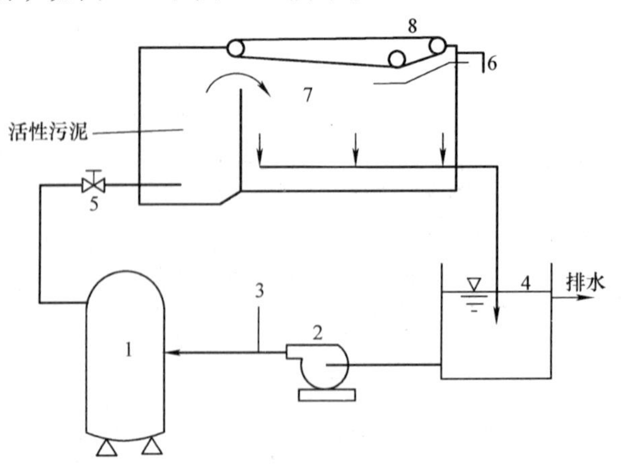


图 7-13　出水部分回流加压溶气的浮选浓缩流程

1—溶气罐　2—加压泵　3—压缩空气　4—出流　5—减压阀
6—浮渣排除　7—气浮浓缩池　8—刮渣机械

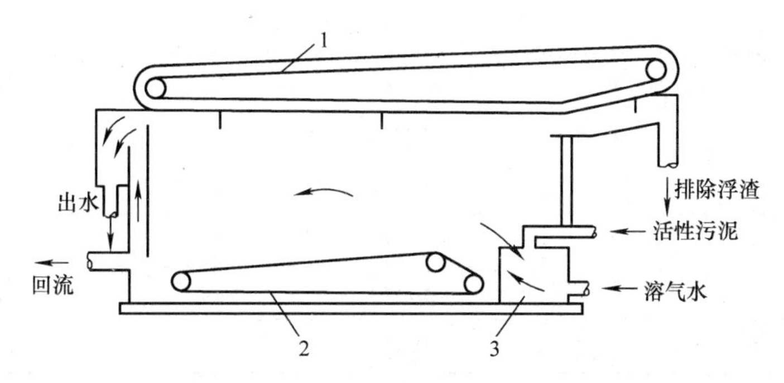


图 7-14　矩形浮选浓缩池

1—刮渣机　2—刮泥机　3—进泥室

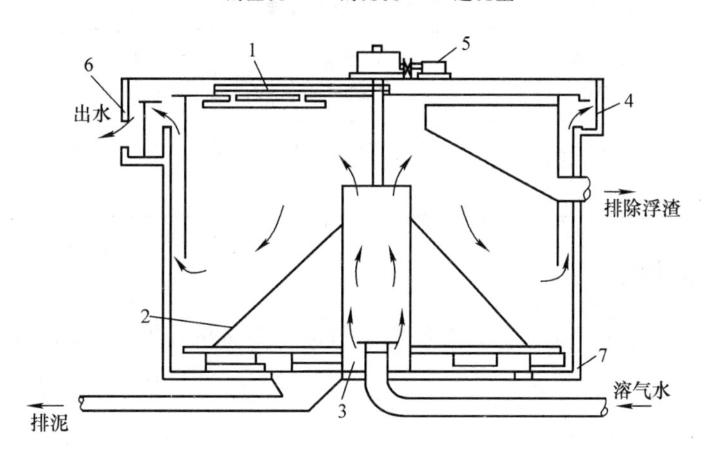


图 7-15　圆形浮选浓缩池

1—刮渣机　2—刮泥机　3—进泥室　4—浮渣槽

5—电动机　6—调节堰　7—钢筋混凝土

气浮浓缩池水力负荷、固体负荷见表 7-52。

**表 7-52　气浮浓缩池水力负荷、固体负荷**

| 污泥种类 | 入流污泥浓度(%) | 表面水力负荷/[$m^3/(m^2 \cdot d)$] | 固体负荷/[$kg/(m^2 \cdot d)$] | 气浮污泥浓度(%) |
|---|---|---|---|---|
| 活性污泥 | 不大于 0.5 | 1.0～3.6<br>一般用 1.8 | 1.8～5.0 | 3～5 |

浓缩池运行的参数应符合设计要求，可按表 7-53 中的规定确定。

**表 7-53　浓缩池运行参数**

| 污泥类型 | 污泥固体负荷/[$kg/(m^2 \cdot d)$] | 浓缩后污泥含水率(%) | 停留时间/h |
|---|---|---|---|
| 初沉污泥 | 80～120 | 95～97 | 6～8 |
| 剩余活性污泥 | 20～30 | 97～98 | 6～8 |
| 初沉污泥与剩余活性污泥的混合污泥 | 50～75 | 95～98 | 10～12 |

空气溶解度及密度见表 7-54。

**表 7-54　空气溶解度及密度**

| 气温/℃ | 溶解度/(L/L) | 空气密度/(mg/L) |
|---|---|---|
| 0 | 0.0292 | 1252 |
| 10 | 0.0228 | 1206 |
| 20 | 0.0187 | 1164 |
| 30 | 0.0157 | 1127 |
| 40 | 0.0142 | 1092 |

其他有关数据见表 7-55。

**表 7-55　有关数据**

| 污泥种类 | 混凝剂(%) | 水力负荷/[$m^3/(m^2 \cdot d)$] | 固体负荷/[$kg/(m^2 \cdot d)$] | 浮选后含水率(%) |
|---|---|---|---|---|
| 活性污泥 | 不投加混凝剂 | 1～3.6 | 1.8～5.0 | 95～97 |
| | 投加聚合电解质 2～3(干泥重) | 1.5～7.2 | 2.7～10 | 94～96 |

## 7.4.3　双层沉淀池

隐化池又称为双层沉淀池，它具有使污水沉淀，并将沉淀的污泥同时进行厌氧消化处理的功能，如图 7-16 所示。

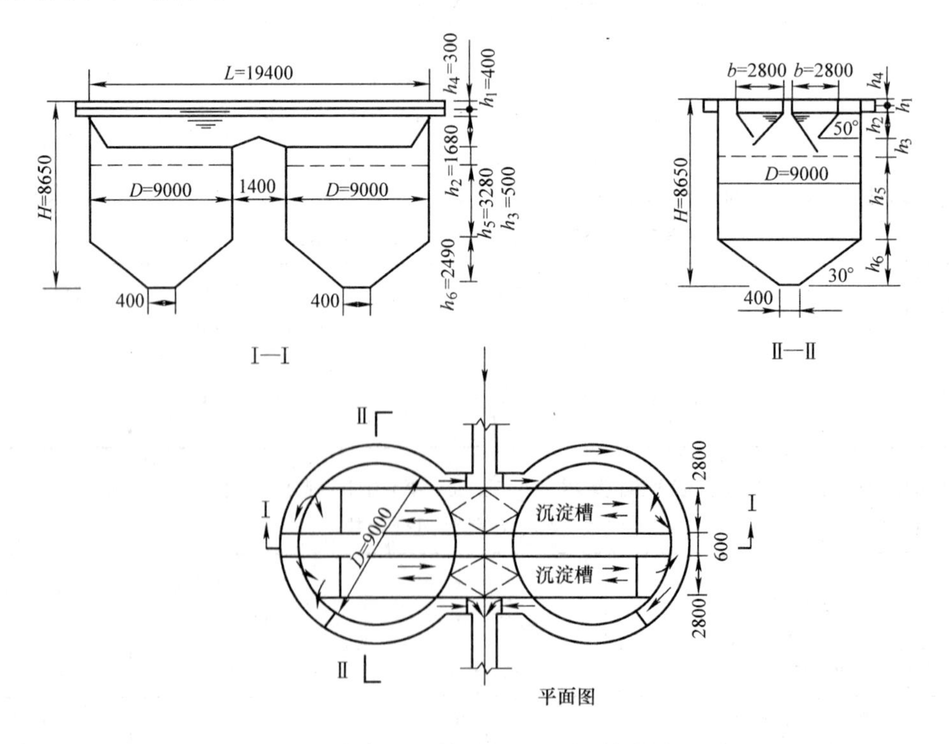


图 7-16　双室双抽双向过水圆形隐化池

按年平均气温计算消化室容积见表 7-56。

表 7-56　按年平均气温计算消化室容积

| 年平均气温/℃ | 4～7 | 7～10 | >10 |
|---|---|---|---|
| 每人所需消化室容积/L | 45 | 35 | 30 |

注：有曝气池剩余活性污泥或生物滩池后的二次沉淀池污泥进入时，消化室增加的容积应按计算决定。

按污水水温计算消化时间和消化室容积见表 7-57。

表 7-57　按污水水温计算消化时间和消化室容积

| 生活污水冬季平均温度/℃ | 污泥消化时间/d | 每人所需消化室容积/L |
|---|---|---|
| 6 | 210 | 80 |
| 7 | 180 | 70 |
| 8.5 | 150 | 55 |
| 10 | 120 | 45 |
| 12 | 90 | 35 |
| 15 | 60 | 20 |
| 20 | 30 | 10 |
| 25 | 20 | 7 |

## 7.4.4　污泥消化

好氧消化池设计参数见表 7-58。

表 7-58　好氧消化池设计参数

| 设计参数 | | 数　值 |
|---|---|---|
| 污泥停留时间/d | 活性污泥 | 10～15 |
| | 初沉污泥、初沉污泥与活性污泥混合污泥 | 15～20 |
| 有机负荷/[kg·VSS/(m³·d)] | | 0.38～2.24 |
| 空气需要量(鼓风曝气时)/[m³/(m³·min)] | 活性污泥 | 0.02～0.04 |
| | 初沉污泥、初沉污泥与活性污泥混合污泥 | ≥0.06 |
| 机械曝气所需功率/[kW/(m³·池)] | | 0.03 |
| 最低溶解氧/(mg/L) | | 2 |
| 温度/℃ | | >15℃ |
| 挥发性固体(VSS)去除率(%) | | 50 左右 |

饱和蒸汽的含热量见表 7-59。

表 7-59　饱和蒸汽的含热量

| 温度/℃ | 绝对压力/(×10⁵Pa) | 含热量 | |
|---|---|---|---|
| | | kJ/kg | kcal/kg |
| 100 | 1.012 | 2674.5 | 638.8 |
| 110 | 1.432 | 2690.0 | 642.5 |
| 120 | 1.985 | 2705.1 | 646.1 |
| 130 | 2.699 | 2719.3 | 649.5 |
| 140 | 3.611 | 2733.1 | 652.8 |

（续）

| 温度/℃ | 绝对压力/（$\times 10^5$ Pa） | 含热量 | |
|---|---|---|---|
| | | kJ/kg | kcal/kg |
| 150 | 4.757 | 2745.7 | 655.8 |
| 160 | 6.176 | 2757.4 | 658.6 |
| 170 | 7.914 | 2767.9 | 661.1 |
| 180 | 10.020 | 2777.5 | 663.4 |
| 190 | 12.543 | 2785.9 | 665.4 |
| 200 | 15.539 | 2792.6 | 667.0 |

各种污泥底物含量及 *C/N* 见表7-60。

**表7-60　各种污泥底物含量及 *C/N***

| 底物名称 | 污泥种类 | | |
|---|---|---|---|
| | 初次沉淀污泥 | 活性污泥 | 混合污泥 |
| 碳水化合物（%） | 32.0 | 16.5 | 26.3 |
| 脂肪、脂肪酸（%） | 35.0 | 17.5 | 28.5 |
| 蛋白质（%） | 39.0 | 66.0 | 45.2 |
| *C/N* | (9.40～0.35):1 | (4.60～5.40):1 | (6.80～7.50):1 |

温度对沼气产量的影响见表7-61。

**表7-61　温度对沼气产量的影响**

| 发酵温度/℃ | 10 | 15 | 20 | 25 | 30 |
|---|---|---|---|---|---|
| 每kg干物重的产气量/L | 450 | 530 | 610 | 710 | 760 |

各类消化池的运行参数应符合设计要求，可按表7-62中的规定确定。

**表7-62　污泥厌氧消化池的运行参数**

| 序号 | 项　　目 | | 厌氧中温消化池 | 高温消化池 |
|---|---|---|---|---|
| 1 | 温度/℃ | | 33～35 | 52～55 |
| | | | ±1 | |
| 3 | 投配率（%） | | 5～8 | 5～12 |
| 4 | 消化池（一级）污泥含水率（%） | 进　泥 | 96～97 | |
| | | 出　泥 | 97～98 | |
| | 消化池（二级）污泥含水率（%） | 出　泥 | 95～96 | |
| 5 | pH值 | | 6.4～7.8 | |
| 6 | 沼气中主要气体成分（%） | | $CH_4$ >50 | |
| | | | $CO_2$ <40 | |
| | | | CO <10 | |
| | | | $H_2S$ <1 | |
| | | | $O_2$ <2 | |
| 7 | 产气率/（$m^3$ 气/$m^3$ 泥） | | >5 | |
| 8 | 有机物分解率（%） | | >40 | |

沼气的主要成分见表7-63。

**表7-63 沼气的主要成分**

| 甲烷($CH_4$)(%) | 二氧化碳($CO_2$)(%) | 一氧化碳(CO)(%) | 氢 $H_2$(%) | 氮 $N_2$(%) | 氧 $O_2$(%) | 硫化氢 $H_2S$(%) |
|---|---|---|---|---|---|---|
| 57~62 | 33~38 | 0~1.5 | 0~2 | 0~6 | 0~3 | 0.005~0.01 |

沼气发热量与几种燃料的比较见表7-64。

**表7-64 沼气发热量与几种燃料的比较**

| 燃料种类 | 纯甲烷 | 沼气(含甲烷60%) | 煤气 | 汽油 | 柴油 |
|---|---|---|---|---|---|
| 发热量/($kJ/m^3$) | 35923 | 23027 | 16747 | 30563 | 39775 |

## 7.4.5 污泥脱水

排入干化场的污泥含水率见表7-65。

**表7-65 排入干化场的污泥含水率**

| 来源 | 污泥含水率(%) | 来源 | 污泥含水率(%) |
|---|---|---|---|
| 初次沉淀池 | 95~97 | 消化池 | 97 |
| 生物沉淀池后的二次沉淀池 | 97 | 曝气池后的二次沉淀池 | 99.2~99.6 |

各种污泥的大致比阻值见表7-66。

**表7-66 各种污泥的大致比阻值**

| 污泥种类 | 比阻值 | |
|---|---|---|
| | ($s^2/g$) | (m/kg)① |
| 初次沉淀污泥 | $(4.7\sim6.2)\times10^9$ | $(46.1\sim60.8)\times10^9$ |
| 消化污泥 | $(12.6\sim14.2)\times10^9$ | $(123.6\sim139.3)\times10^9$ |
| 活性污泥 | $(16.8\sim28.8)\times10^9$ | $(164.8\sim282.5)\times10^9$ |
| 腐殖污泥 | $(6.1\sim8.3)\times10^9$ | $(59.8\sim81.4)\times10^9$ |

① $s^2/g\times9.81\times10^3=m/kg$。

带式压滤的产泥能力见表7-67。

**表7-67 带式压滤的产泥能力**

| 污泥种类 | | 进泥含水率(%) | 聚合物用量污泥干重(%) | 产泥能力/[kg干污泥/(m·h)] | 泥饼含水率(%) |
|---|---|---|---|---|---|
| 生污泥 | 初沉污泥 | 90~95 | 0.09~0.2 | 250~400 | 65~75 |
| | 初沉污泥+活性污泥 | 92~96.5 | 0.15~0.3 | 150~300 | 70~80 |
| 消化污泥 | 初沉污泥 | 91~96 | 0.1~0.3 | 250~500 | 65~75 |
| | 初沉污泥+活性污泥 | 93~97 | 0.2~0.5 | 120~350 | 70~80 |

# 8　给水排水工程造价

## 8.1　工程量清单概述

### 8.1.1　一般规定

《建设工程工程量清单计价规范》（GB 50500—2008）规定了实行工程量清单计价时，

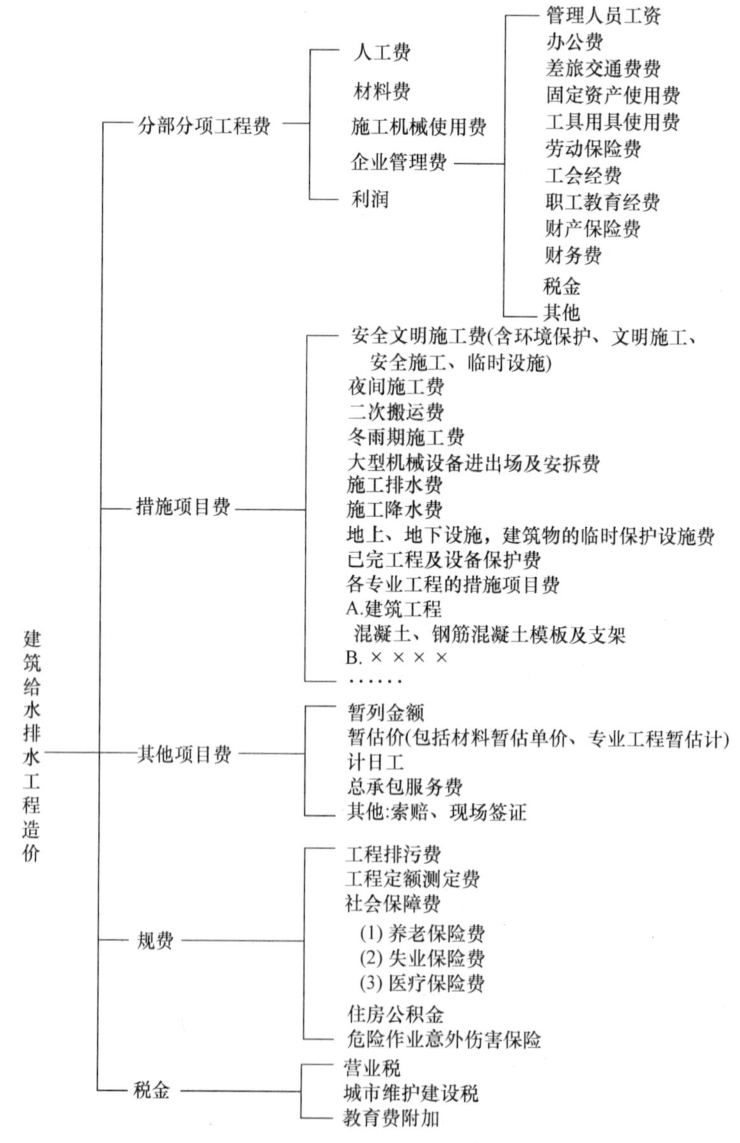


图 8-1　工程量清单计价的建筑给水排水工程造价组成

工程造价由分部分项工程费、措施项目费、其他项目费和规费、税金五部分组成，如图 8-1 所示。

建筑工程安全防护、文明施工措施项目清单见表 8-1。

**表 8-1 建筑工程安全防护、文明施工措施项目清单**

<table>
<tr><th>类别</th><th colspan="2">项目名称</th><th>具体要求</th></tr>
<tr><td rowspan="8">文明施工与环境保护</td><td colspan="2">安全警示标志牌</td><td>在易发伤亡事故（或危险）处设置明显的、符合国家标准要求的安全警示标志牌</td></tr>
<tr><td colspan="2">现场围挡</td><td>1）现场采用封闭围挡，高度不小于 1.8m<br>2）围挡材料可采用彩色、定型钢板，砖、混凝土砌块等墙体</td></tr>
<tr><td colspan="2">五板一图</td><td>在进门处悬挂工程概况、管理人员名单及监督电话、安全生产、文明施工、消防保卫五板；施工现场总平面图</td></tr>
<tr><td colspan="2">企业标志</td><td>现场出入的大门应设有企业标识</td></tr>
<tr><td colspan="2">场容场貌</td><td>1）道路畅通<br>2）排水沟、排水设施通畅<br>3）工地地面硬化处理<br>4）绿化</td></tr>
<tr><td colspan="2">材料堆放</td><td>1）材料、构件、料具等堆放时，悬挂有名称、品种、规格等标牌<br>2）水泥和其他易飞扬的细颗粒建筑材料应密闭存放或采取覆盖等措施<br>3）易燃、易爆和有毒有害物品分类存放</td></tr>
<tr><td colspan="2">现场防火</td><td>消防器材配置合理，符合消防要求</td></tr>
<tr><td colspan="2">垃圾清运</td><td>施工现场应设置密闭式垃圾站，施工垃圾、生活垃圾应分类存放。施工垃圾必须采用相应容器或管道运输</td></tr>
<tr><td rowspan="4">临时设施</td><td colspan="2">现场办公生活设施</td><td>1）施工现场办公、生活区与作业区分开设置，保持安全距离<br>2）工地办公室、现场宿舍、食堂、厕所、饮水、休息场所符合卫生和安全要求</td></tr>
<tr><td rowspan="2">施工现场临时用电</td><td>配电线路</td><td>1）按照 TN-S 系统要求配备五芯电缆、四芯电缆和三芯电缆<br>2）按要求架设临时用电线路的电杆、横担、瓷夹、瓷瓶等，或电缆埋地的地沟<br>3）对靠近施工现场的外电线路，设置木质、塑料等绝缘体的防护设施</td></tr>
<tr><td>配电箱开关箱</td><td>1）按三级配电要求，配备总配电箱、分配电箱、开关箱三类标准电箱。开关箱应符合一机、一箱、一闸、一漏。三类电箱中的各类电器应是合格品<br>2）按两级保护的要求，选取符合容量要求和质量合格的总配电箱和开关箱中的漏电保护器</td></tr>
<tr><td colspan="2">接地保护装置</td><td>施工现场保护零线的重复接地应不少于三处</td></tr>
</table>

（续）

| 类别 | 项目名称 | | 具体要求 |
| --- | --- | --- | --- |
| 安全施工 | 临边洞口交叉高处作业防护 | 楼板、屋面、阳台等临边防护 | 用密目式安全立网全封闭，作业层另加两边防护栏杆和18cm高的踢脚板 |
| | | 通道口防护 | 设防护棚，防护棚应为不小于5cm厚的木板或两道相距50cm竹笆。两侧应沿栏杆架用密目式安全网封闭 |
| | | 预留洞口防护 | 用木板全封闭；短边超过1.5m长的洞口，除封闭外四周不应高出防护栏杆 |
| | | 电梯井口防护 | 设置定型化、工具化、标准化的防护门；在电梯进口每隔两层（不大于10m）设置一道安全平网 |
| | | 楼梯边防护 | 设1.2m高的定型化、工具化、标准化的防护栏杆，18cm高的踢脚板 |
| | | 垂直方向交叉作业防护 | 设置防护隔离棚或其他设施 |
| | | 高空作业防护 | 有悬挂安全带的悬索或其他设施；有操作平台；有上下的梯子或其他形式的通道 |
| 其他 | | 由各地自定 | |

注：表中所列建筑工程安全防护、文明施工措施项目，是依据现行法律法规及标准规范确定的。如修订法律法规和标准规范，本表所列项目应按照修订后的法律法规和标准规范进行调整。

## 8.1.2　招标工程工程量清单计价

招标工程工程量清单计价过程如图8-2所示。

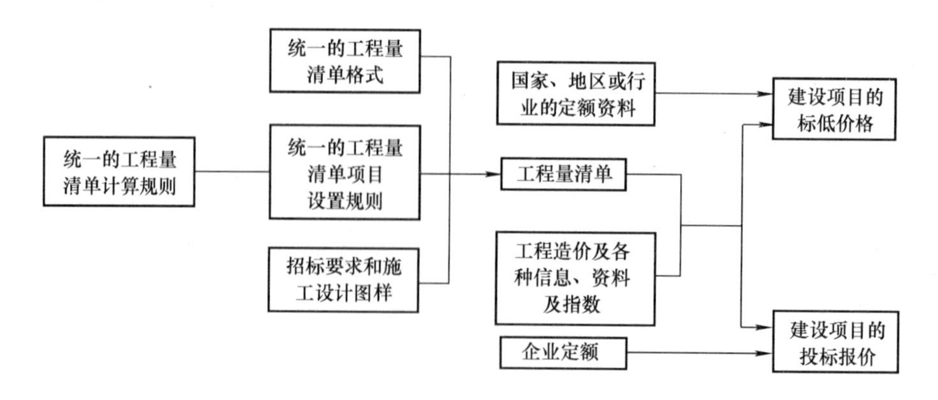


图8-2　招标工程工程量清单计价过程

## 8.1.3　工程量清单编制及计价

工程量清单编制及计价过程如图8-3所示。

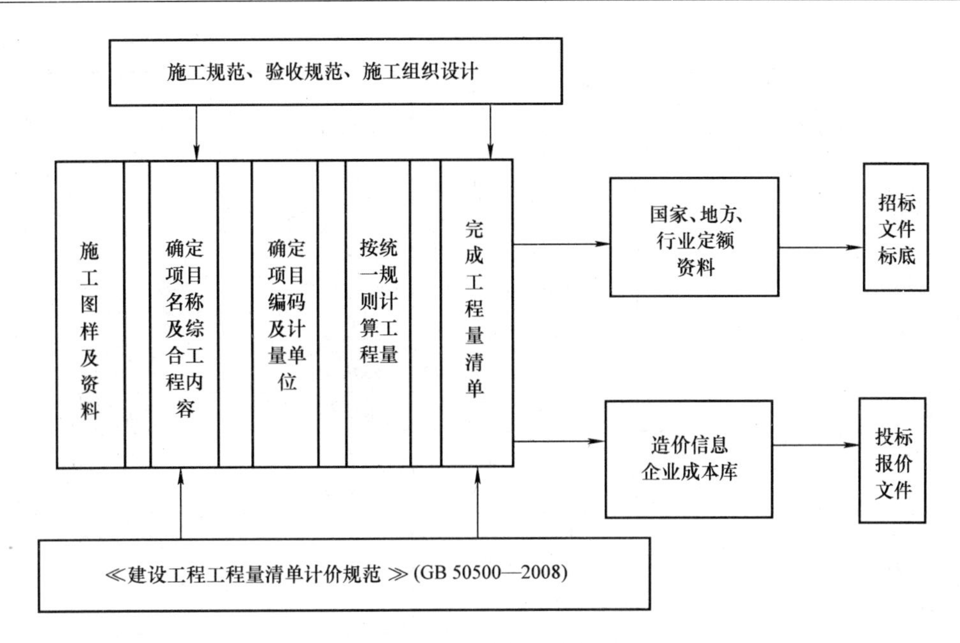


图 8-3　工程量清单编制及计价过程

# 8.2　工程量计算规则

## 8.2.1　材料损耗

主要材料损耗率见表 8-2。

表 8-2　主要材料损耗率

| 序号 | 名　　称 | 损耗率（%） | 序号 | 名　　称 | 损耗率（%） |
|---|---|---|---|---|---|
| 1 | 室外钢管（螺纹连接、焊接） | 1.5 | 17 | 大便器 | 1.0 |
| 2 | 室内钢管（丝接） | 2.0 | 18 | 瓷高低水箱 | 1.0 |
| 3 | 室内钢管（焊接） | 2.0 | 19 | 存水弯 | 0.5 |
| 4 | 室内塑料管 | 2.0 | 20 | 小便器 | 1.0 |
| 5 | 净身盆 | 1.0 | 21 | 小便槽冲洗管 | 2.0 |
| 6 | 洗脸盆 | 1.0 | 22 | 喷水鸭嘴 | 1.0 |
| 7 | 洗手盆 | 1.0 | 23 | 立式小便器配件 | 1.0 |
| 8 | 洗涤盆 | 1.0 | 24 | 水箱进水嘴 | 1.0 |
| 9 | 立式洗脸盆铜活 | 1.0 | 25 | 高低水箱配件 | 1.0 |
| 10 | 理发用洗脸盆铜活 | 1.0 | 26 | 冲洗管配件 | 1.0 |
| 11 | 脸盆架 | 1.0 | 27 | 钢管接头零件 | 1.0 |
| 12 | 浴盆排水配件 | 1.0 | 28 | 橡胶碗 | 10.0 |
| 13 | 浴盆水嘴 | 1.0 | 29 | 油麻 | 5.0 |
| 14 | 普通水嘴 | 1.0 | 30 | 油灰 | 4.0 |
| 15 | 螺纹阀门 | 1.0 | 31 | 室内煤气用钢管（螺纹连接） | 2.0 |
| 16 | 化验盆 | 1.0 | 32 | 室外排水铸铁管 | 3.0 |

（续）

| 序号 | 名　　称 | 损耗率（%） | 序号 | 名　　称 | 损耗率（%） |
|---|---|---|---|---|---|
| 33 | 室内排水铸铁管 | 7.0 | 47 | 石棉绳 | 4.0 |
| 34 | 型钢 | 5.0 | 48 | 石棉 | 10.0 |
| 35 | 单管卡子 | 5.0 | 49 | 青铅 | 8.0 |
| 36 | 带帽螺栓 | 3.0 | 50 | 铜丝 | 1.0 |
| 37 | 木螺钉 | 4.0 | 51 | 锁紧螺母 | 6.0 |
| 38 | 锯条 | 5.0 | 52 | 压盖 | 6.0 |
| 39 | 氧气 | 17.0 | 53 | 焦炭 | 5.0 |
| 40 | 乙炔气 | 17.0 | 54 | 木柴 | 5.0 |
| 41 | 铅油 | 2.5 | 55 | 红砖 | 4.0 |
| 42 | 清油 | 2.0 | 56 | 水泥 | 10.0 |
| 43 | 机油 | 3.0 | 57 | 砂子 | 10.0 |
| 44 | 沥青油 | 2.0 | 58 | 线麻 | 5.0 |
| 45 | 橡胶石棉板 | 15.0 | 59 | 漂白粉 | 5.0 |
| 46 | 橡胶板 | 15.0 | | | |

注：来自《2000 全国统一安装工程预算定额》。

## 8.2.2 计算规则

弯管段工程量长度计算如图 8-4 所示。

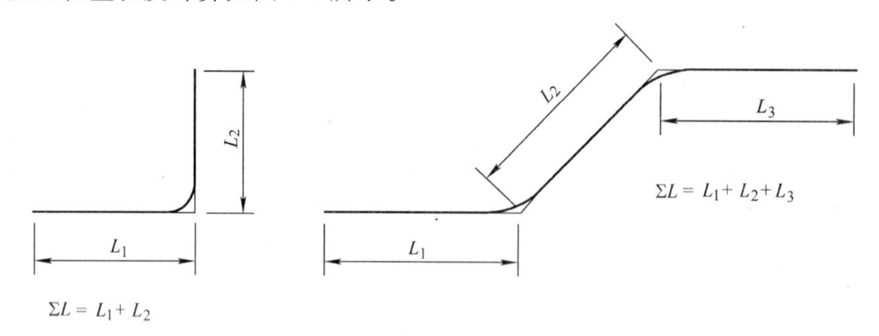


图 8-4　弯管段工程量长度计算

注：$L$ 为长度。

斜三通分支管线长度计算如图 8-5 所示。

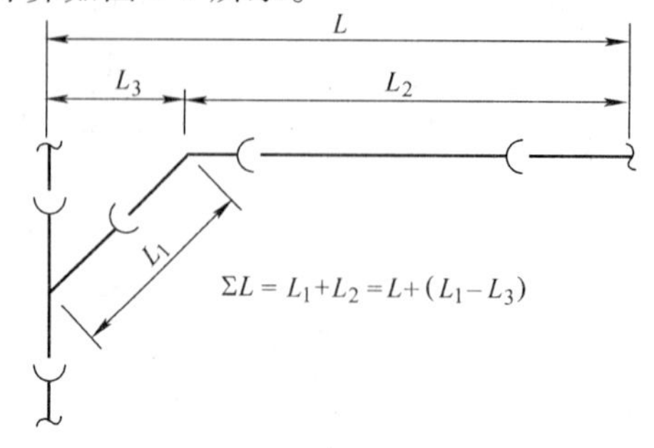


图 8-5　斜三通分支管线长度计算

注：$L$ 为长度。

排水铸铁斜三通或四通斜线增加长度见表8-3。

**表8-3　排水铸铁斜三通或四通斜线增加长度**　（单位：mm）

| 主管规格 | 支管规格 | 45°斜四通 | 45°斜三通 | TY三通 |
|---|---|---|---|---|
| 50 | 50 | 70 | 70 | 40 |
| 75 | 75 | 80 | 80 | 50 |
| | 50 | 80 | 70 | 40 |
| 100 | 50 | 90 | 80 | 60 |
| | ≤100 | 90 | 90 | 60 |
| 150 | 50 | 100 | 100 | 90 |
| | ≤100 | 100 | 100 | 70 |
| | ≤150 | 120 | 130 | 80 |

# 8.3　清单计价工程量计算规则

## 8.3.1　给水排水管道工程量清单计算规则

根据《建设工程工程量清单计价规范》（GB 50500—2008）的规定，给水排水管道工程量清单项目设置及工程量计算规则见表8-4。

**表8-4　给水排水管道工程量清单项目设置及工程量计算规则**（编码：030801）

| 项目编码 | 项目名称 | 项目特征 | 计量单位 | 工程量计算规则 | 工程内容 |
|---|---|---|---|---|---|
| 030801001 | 镀锌钢管 | 1. 安装部位（室内、外）<br>2. 输送介质（给水、排水、热媒体、燃气、雨水）<br>3. 材质<br>4. 型号、规格<br>5. 连接方式<br>6. 套管形式、材质、规格<br>7. 接口材料<br>8. 除锈、刷油、防腐、绝热及保护层设计要求 | m | 按设计图示管道中心线长度以延长米计算，不扣除阀门、管件（包括减压器、疏水器、水表、补偿器等组成安装）及各种井类所占的长度；方形补偿器以其所占长度按管道安装工程量计算 | 1. 管道、管件及弯管的制作、安装<br>2. 管件安装（是指铜管管件、不锈钢管管件）<br>3. 套管（包括防水套管）制作、安装<br>4. 管道除锈、刷油、防腐<br>5. 管道绝热及保护层安装、除锈、刷油<br>6. 给水管道消毒、冲洗<br>7. 水压及泄露试验 |
| 030801002 | 钢管 | | | | |
| 030801003 | 承插铸铁管 | | | | |
| 030801004 | 柔性抗震铸铁管 | | | | |
| 030801005 | 塑料管（UPVC、PVC、PP-C、PP-R、PE管等） | | | | |
| 030801006 | 橡胶连接管 | | | | |
| 030801007 | 塑料复合管 | | | | |
| 030801008 | 钢骨架塑料复合管 | | | | |
| 030801009 | 不锈钢管 | | | | |
| 030801010 | 钢管 | | | | |
| 030801011 | 承插缸瓦管 | 1. 安装部位（室内、外）<br>2. 输送介质（给水、排水、热媒体、燃气、雨水）<br>3. 材质<br>4. 型号、规格<br>5. 连接方式<br>6. 套管形式、材质、规格<br>7. 接口材料<br>8. 除锈、刷油、防腐、绝热及保护层设计要求 | m | 按设计图示管道中心线长度以延长米计算，不扣除阀门、管件（包括减压器、疏水器、水表、补偿器等组成安装）及各种井类所占的长度；方形补偿器以其所占长度按管道安装工程量计算 | 1. 管道、管件及弯管的制作、安装<br>2. 管件安装（是指铜管管件、不锈钢管管件）<br>3. 套管（包括防水套管）制作、安装<br>4. 管道除锈、刷油、防腐<br>5. 管道绝热及保护层安装、除锈、刷油<br>6. 给水管道消毒、冲洗<br>7. 水压及泄露试验 |
| 030801012 | 承插水泥管 | | | | |
| 030801013 | 承插陶土管 | | | | |

根据《建设工程工程量清单计价规范》（GB 50500—2008）的规定，管道支架制作安装工程量清单项目设置及工程量计算规则见表 8-5。

**表 8-5　管道支架制作安装工程量清单项目设置及工程量计算规则（编码：030802）**

| 项目编码 | 项目名称 | 项目特征 | 计量单位 | 工程量计算规则 | 工程内容 |
|---|---|---|---|---|---|
| 030802001 | 管道支架制作安装 | 1. 形式<br>2. 除锈、刷油设计要求 | kg | 按设计图示质量计算 | 1. 制作、安装<br>2. 除锈、刷油 |

## 8.3.2　管道附件工程量清单计算规则

根据《建设工程工程量清单计价规范》（GB 50500—2008）的规定，管道附件工程量清单项目设置及工程量计算规则见表 8-6。

**表 8-6　管道附件工程量清单项目设置及工程量计算规则（编码：030803）**

<table>
<tr><th>项目编码</th><th>项目名称</th><th>项目特征</th><th>计量单位</th><th>工程量计算规则</th><th>工程内容</th></tr>
<tr><td>030803001</td><td>螺纹阀门</td><td rowspan="6">1. 类型<br>2. 材质<br>3. 型号、规格</td><td rowspan="6">个</td><td rowspan="6">按设计图示数量计算（包括浮球阀、手动排气阀、液压式水位控制阀、不锈钢阀门、煤气减压阀、液相自动转换阀、过滤阀等）</td><td rowspan="6">安装</td></tr>
<tr><td>030803002</td><td>螺纹法兰阀门</td></tr>
<tr><td>030803003</td><td>焊接法兰阀门</td></tr>
<tr><td>030803004</td><td>带短管甲乙的法兰阀</td></tr>
<tr><td>030803005</td><td>自动排气阀</td></tr>
<tr><td>030803006</td><td>安全阀</td></tr>
<tr><td>030803007</td><td>减压器</td><td rowspan="4">1. 材质<br>2. 型号、规格<br>3. 连接方式</td><td rowspan="2">组</td><td rowspan="6">按设计图示数量计算</td><td rowspan="4">安装</td></tr>
<tr><td>030803008</td><td>疏水器</td></tr>
<tr><td>030803009</td><td>法兰</td><td>副</td></tr>
<tr><td>030803010</td><td>水表</td><td>组</td></tr>
<tr><td>030803011</td><td>燃气表</td><td>1. 公用、民用、工业用<br>2. 型号、规格</td><td>块</td><td>1. 安装<br>2. 托架及表底基础制作、安装</td></tr>
<tr><td>030803012</td><td>塑料排水管消声器</td><td>型号、规格</td><td rowspan="2">个</td><td rowspan="7">安装</td></tr>
<tr><td>030803013</td><td>补偿器</td><td>1. 类型<br>2. 材质<br>3. 型号、规格<br>4. 连接方式</td><td>按设计图示数量计算</td></tr>
<tr><td>030803014</td><td>浮标液面计</td><td>型号、规格</td><td>组</td><td rowspan="5">按设计图示数量计算</td></tr>
<tr><td>030803015</td><td>浮漂水位标尺</td><td>1. 用途<br>2. 型号、规格</td><td>套</td></tr>
<tr><td>030803016</td><td>抽水缸</td><td>1. 材质<br>2. 型号、规格</td><td rowspan="3">个</td></tr>
<tr><td>030803017</td><td>燃气管道调长器</td><td rowspan="2">型号、规格</td></tr>
<tr><td>030803018</td><td>调长器与阀门连接</td></tr>
</table>

注：方形补偿器的两臂，按臂长的 2 倍合并在管道安装长度内计算。

### 8.3.3 卫生器具制作安装工程量清单计算规则

卫生器具制作安装见表8-7。

表8-7 卫生器具制作安装（编码：030804）

<table>
<tr><th>项目编码</th><th>项目名称</th><th>项目特征</th><th>计量单位</th><th>工程量计算规则</th><th>工程内容</th></tr>
<tr><td>030804001</td><td>浴盆</td><td rowspan="6">1. 材质<br>2. 组装形式<br>3. 型号<br>4. 开关</td><td rowspan="7">组</td><td rowspan="15">按设计图示数量计算</td><td rowspan="13">器具、附件安装</td></tr>
<tr><td>030804002</td><td>净身盆</td></tr>
<tr><td>030804003</td><td>洗脸盆</td></tr>
<tr><td>030804004</td><td>洗手盆</td></tr>
<tr><td>030804005</td><td>洗涤盆（洗菜盆）</td></tr>
<tr><td>030804006</td><td>化验盆</td></tr>
<tr><td>030804007</td><td>淋浴器</td><td rowspan="7">1. 材质<br>2. 组装方式<br>3. 型号、规格</td></tr>
<tr><td>030804008</td><td>淋浴间</td><td rowspan="7">套</td></tr>
<tr><td>030804009</td><td>桑拿浴房</td></tr>
<tr><td>030804010</td><td>按摩浴缸</td></tr>
<tr><td>030804011</td><td>烘手机</td></tr>
<tr><td>030804012</td><td>大便器</td></tr>
<tr><td>030804013</td><td>小便器</td></tr>
<tr><td>030804014</td><td>水箱制作安装</td><td>1. 材质<br>2. 类型<br>3. 型号、规格</td><td>1. 制作<br>2. 安装<br>3. 支架制作、安装及除锈、刷油<br>4. 除锈、刷油</td></tr>
<tr><td>030804015</td><td>排水栓</td><td>1. 带存水弯、不带存水弯<br>2. 材质<br>3. 型号、规格</td><td>组</td><td>安装</td></tr>
<tr><td>030804016</td><td>水龙头</td><td rowspan="2">1. 材质<br>2. 型号、规格</td><td rowspan="3">个</td><td rowspan="12">按设计图示数量计算</td><td rowspan="3">安装</td></tr>
<tr><td>030804017</td><td>地漏</td></tr>
<tr><td>030804018</td><td>地面扫除口</td><td rowspan="2">1. 材质<br>2. 型号、规格</td></tr>
<tr><td>030804019</td><td>小便槽冲洗管制作安装</td><td>m</td><td>制作、安装</td></tr>
<tr><td>030804020</td><td>热水器</td><td>1. 电能源<br>2. 太阳能源</td><td rowspan="3">台</td><td>1. 安装<br>2. 管道、管件、附件安装<br>3. 保温</td></tr>
<tr><td>030804021</td><td>开水炉</td><td rowspan="2">1. 类型<br>2. 型号、规格<br>3. 安装方式</td><td>安装</td></tr>
<tr><td>030804022</td><td>容积式热交换器</td><td>1. 安装<br>2. 保温<br>3. 基础砌筑</td></tr>
<tr><td>030804023</td><td>蒸汽-水加热器</td><td rowspan="5">1. 类型<br>2. 型号、规格</td><td rowspan="2">套</td><td rowspan="2">1. 安装<br>2. 支架制作、安装<br>3. 支架除锈、刷油</td></tr>
<tr><td>030804024</td><td>冷热水混合器</td></tr>
<tr><td>030804025</td><td>电消毒器</td><td rowspan="2">台</td><td rowspan="3">安装</td></tr>
<tr><td>030804026</td><td>消毒锅</td></tr>
<tr><td>030804027</td><td>饮水器</td><td>套</td></tr>
</table>

# 参 考 文 献

[1] 中华人民共和国住房和城乡建设部，国家质量监督检验检疫总局 . GB 50015—2003 建筑给水排水设计规范(2009 年版)[S]. 北京：中国计划出版社，2010.

[2] 中华人民共和国住房和城乡建设部 . GB 50268—2008 给水排水管道工程施工及验收规范[S]. 北京：中国建筑工业出版社，2009.

[3] 中华人民共和国住房和城乡建设部 . GB 50014—2006 室外排水设计规范(2011 年版)[S]. 北京：中国计划出版社，2012.

[4] 中华人民共和国建设部 . GB 50013—2006 室外给水设计规范[S]. 北京：中国计划出版社，2006.

[5] 中华人民共和国住房和城乡建设部，国家质量监督检验检疫总局 . GB/T 50106—2010 建筑给水排水制图标准[S]. 北京：中国建筑工业出版社，2010.

[6] 中华人民共和国住房和城乡建设部，国家质量监督检验检疫总局 . GB 50016—2012 建筑设计防火规范[S]. 北京：中国计划出版社，2012.

[7] 中华人民共和国卫生部，中国国家标准化管理委员会 . GB 5749—2006 生活饮用水卫生标准[S]. 北京：中国标准出版社，2007

[8] 环保总局 . HJ 576—2010 厌氧-缺氧-好氧活性污泥法污水处理工程技术规范[S]. 北京：中国环境科学出版社，2011.

[9] 环保总局 . HJ 577—2010 序批式活性污泥法污水处理工程技术规范[S]. 北京：中国环境科学出版社，2011.

[10] 环保总局 . HJ 578—2010 氧化沟活性污泥法污水处理工程技术规范[S]. 北京：中国环境科学出版社，2011.

[11] 中华人民共和国住房和城乡建设部 . CJ/T 309—2009 城镇污水处理厂污泥处置 农用泥质[S]. 北京：中国标准出版社，2009.

[12] 王凤宝 . 建筑给水排水工程施工图建筑识图入门 300 例[M]. 武汉：华中科技大学出版社，2010.

[13] 刘强 . 给水排水工程识图[M]. 北京：化学工业出版社，2008.

[14] 张胜峰 . 建筑给水排水工程施工[M]. 北京：水利水电出版社，2010.

[15] 岳秀萍 . 建筑给水排水工程[M]. 北京：中国建筑工业出版社，2011.